Azure ネットワーク 設計・構築入門

基礎知識から利用シナリオ、設計・運用ベストプラクティスまで

山本 学、山田 浩也、山口 順也［著］

インプレス

本書情報および正誤表のWebページ

正誤表を掲載した場合、以下の本書情報ページに表示されます。

https://book.impress.co.jp/books/1122101083

はじめに

本書を手にとっていただいた方は、Microsoft Azure（アジュール）にシステムを移行することや、新規にシステムを構築することを検討されていることでしょう。Webアプリケーションであれば、Azureの仮想マシンやApp Serviceを、データ分析基盤であればSQL DatabaseやSynapse Analytics、Azure Databricksを、はたまたAI活用のためにAzure Open AI Serviceを使うことを考えているかもしれません。

しかし、これらのサービスを利用するときには、「企業ネットワークとどのように接続するのか」「どのようにネットワークセキュリティを担保すればよいのか」「可用性を十分に保つにはどのようなネットワーク構成にする必要があるのか」など、ネットワークに関して検討するべき事項が数多くあります。また、Azureのネットワークサービスにどのようなものがあるのか調べても「多数あるため理解しきれない」、ネットワークアーキテクチャを検討しても「どのようにサービスを組み合わせるのがよいかわからない」という方もいるでしょう。実際に筆者たちも、日々多くの方から、このようなAzureのネットワークに関する悩みを耳にします。

本書は、そのような、**Azureを利用しようとしている、もしくはすでに利用しているが、ネットワークサービス、アーキテクチャについてより理解を深め、セキュアで効率のよい利用方法を知りたい**という方のために執筆しました。また、**Azureをきっかけとして、ネットワークシステムについて学びたい**という方にも活用いただける内容になっています。

本書では、まずネットワーク活用の前提知識となるエンタープライズにおけるネットワーク要件とパブリッククラウドの特性、IPv4、TCPについて学びます。その後、Azureのネットワークの基本となるインフラや仮想ネットワーク、仮想ネットワークと組み合わせて利用する各種ネットワークサービスについて解説していきます。そしてさらに、Azureとオンプレミス、インターネットとの接続方法や、各ネットワークサービスの発展的な利用方法、各種ネットワークサービスを組み合わせたリファレンスアーキテクチャであるAzureランディングゾーン（Azure Landing Zone）の解説、Azure Virtual DesktopやAzure PaaS、Azure Kubernetes Serviceなど各種サービスを利用する場合のユースケース、というように段階を踏みながら学んでいきます。読者の方の知識レベル、知りたいことに合わせて、第1章から順に通読したり、必要な章や箇所だけ読んだりなど様々にご利用ください。

Azureではクラウドのネットワーク基盤にMicrosoftで開発した仮想ネットワーク技術を採用しており、オンプレミスのデータセンターでルーター、L3スイッチ、L2スイッチ、ファイアウォールなどを使って構築していたネットワークとは様々な点で異なっています。一朝一夕にすべてを理解するのは難しいですが、本書がその理解のための一助となれば幸いです。

本書を読む前に ── 対象読者と本書の概要

対象読者

本書は主に次の方を対象としています。

◯Azureでシステム構築を検討している、もしくはすでに構築・運用しているITエンジニア
◯ネットワークに関する技術・知識を学びたい方
◯企業のITシステムの戦略を検討するにあたり、パブリッククラウドのネットワーク特性の勘所をつかんでおきたい方

本書の構成

本書は次の10章で構成されており、章ごとにテーマが分かれています。第1章〜第3章ではネットワークの基礎的な用語・知識を扱っています。

各章の内容は独立した構成となっているため、関心が高い順番に読み進めることもできます。

第1章　クラウドとネットワーク

最初に、これまでのエンタープライズのITシステムの歴史を振り返り、エンタープライズネットワークには何が求められ、これまでどのようなアーキテクチャを採用してきたのかを振り返ります。そのうえで、エンタープライズのITシステムでパブリッククラウドを活用するために、パブリッククラウドの特性、利用方法をふまえて、これまでのネットワークアーキテクチャから考え方を変える必要があるポイントを検討します。

第2章　IPネットワークの基礎知識

Azureでシステムを構築し通信する際には通信プロトコルにIPを利用します。そのためAzureのネットワークについて学ぶにあたってIP、特にIPv4は必須の前提知識です。そこで本章ではAzureのネットワークの解説に入る前にIPv4の仕様について解説します。IPアドレスとはなにか、IPを使うことでパケットを運ぶ経路を決定しているのか（ルーティングしているのか）を説明します。すでにネットワークの知識をお持ちの方は本章を読み飛ばしていただいても大丈夫です。一方、ネットワークの基礎知識から学習したい方はぜひご覧ください。

第3章　ネットワークの通信制御

通信においてIPは、データ（パケット）を運ぶ先を示し、経路上のネットワーク機器が正しくデータを運ぶためのプロトコルです。そのうえで通信が正しく成立するにはデータの送信元とデータの受信先との間でどれだけのパケットを受け取り、どのパケットは再度送信する必要があるのか、どれだけのパケットを一気に送れば効率的に通信できるのかを制御する必要があります。この制御を実現するのがTCPです。Azureでネットワークを利用する場合、IPと合わせてTCPも必須の前提知識となるため、この章で解説します。第2章と同様に、ネットワークの基礎知識をお持ちの方は本章を読み飛ばしていただいても大丈夫です。

第4章　Azureネットワークを支える技術

この章からいよいよAzureのネットワークの解説に入っていきます。最初は、Azureのネットワークの基盤となっているAzureのインフラストラクチャの仕組みと、Azureの仮想ネットワークについて解説します。また、あわせて仮想ネットワーク内の通信制御の基本となるネットワークセキュリティグループ、複数の仮想ネットワークを相互接続するピアリング、名前解決に利用するAzure DNSについても解説します。

第5章　Azureネットワークサービス

この章では、仮想ネットワーク以外のAzureのネットワーク系のサービスの概要について説明します。オンプレミスと接続するためのExpressRoute（Azure専用線）やマネージドの踏み台サーバーのBastion（バッション）、DDoS ProtectionやAzure Firewallなどのセキュリティサービス、Azure Front DoorやAzure Application Gatewayなどの負荷分散サービス、Azure Monitorなどの監視サービスなどネットワークに関するサービスを網羅的に説明します。Azureのネットワーク系サービスで要件に合うものがないか探すときにご利用ください。

第6章　シナリオ別ユースケース
——Azureネットワークサービスの基本的な使い方

この章から、Azureのネットワークサービスを組み合わせたアーキテクチャに踏み込んでいきます。まず第6章では、Azureとオンプレミス、Azureの仮想ネットワーク同士、Azureとインターネットを接続しトラフィックをコントロールするときにどのようにサービスを組み合わせるのか、どのようなアーキテクチャを取るべきかについて解説します。ExpressRouteの具体的な使い方やAzureからインターネットにアウトバウンドでアクセスする際に、どのような仕組みを採用するか検討するときにご利用ください。

第7章　発展的なユースケース

この章では、システムのパフォーマンス、可用性、セキュリティに着目して、ネットワークサービスの使いどころ、仮想マシン（VM）のパラメータのチューニングについて解説します。仮想ネットワークを用意し、仮想マシンをデプロイしたもののどうにも通信のパフォーマンスが出ないとき、複数リージョンにシステムをデプロイして可用性を高めたいがどのように負荷分散、ルーティングしたらよいかわからないとき、ネットワークセキュリティはどのように確保したらよいかわからないときなど、シナリオに応じて内容をご確認ください。

第8章　Azureを使ったエンタープライズネットワークのベストプラクティス

Azureでは、クラウドの利用にあたって、組織として取り組むための指針であるクラウド導入フレームワーク（CAF）、クラウドに実装するシステムの設計指針であるAzure Well-Architected Framework（WAF）、具体的なシステムのリファレンスアーキテクチャであるAzureランディングゾーン（ALZ）を公開しています。この章では、ALZに従って、これまで紹介したネットワーク系サービスをどのように組み合わせたアーキテクチャを構成するのか、Azureの利用をグローバルに展開するにはどのように構成するのかを解説します。

第9章　Azureランディングゾーンを使ったユースケース

この章では、Azureランディングゾーン（ALZ）に従って構成したネットワークアーキテクチャを使って、各種ワークロード、ソリューションを構成していくかを解説します。オンプレミスから仮想マシンを移行する際に利用するAzure Migrateおよび移行後のVM構成、App ServiceとDBaaSを使ったフルPaaS構成、Azure Kubernetes Servicesを使ったコンテナアプリケーションの構成、Azure Virtual Desktopを使ったVDIの構成などユースケースごとにどのようなネットワーク構成となるのかを解説します。

第10章　運用と監視

最後に、Azureのネットワークを構成したあとにどのように運用・監視を行なうのかについて解説します。一般的にシステムのライフサイクルにおいて、構築フェーズよりも運用フェーズのほうが期間が長く、システムを安定的に利用するには「運用と監視」が重要なポイントとなります。特にAzure Monitorを使った監視について具体的に解説します。

謝辞

本書の執筆にあたっては、たくさんの方のご支援、ご協力をいただきました。まず、本書の執筆は当初想定していたよりも、かなり多くの時間を必要としましたが、最初の段階から様々なサポートをしていただいたインプレス編集部の皆様に感謝を申し上げます。また、本書を執筆するチャンスをくださった真壁徹さんにも感謝申し上げます。真壁さんからお声がけいただかなければ、本書は実現しませんでした。

本書を執筆する過程で多くの方にレビューしていただきました。赤間信幸さん、上田政登さん、牛上貴司さん、太田智之さん、川渕卓也さん、土居昭夫さん、檜山伊佐斗さん、松本雄介さん、本当にありがとうございました。皆様からいただいた鋭く、洞察に富んだご指摘により、本書の内容を深めることができました。

ご支援、ご協力をいただいた皆様なくして本書は完成できませんでした。今一度、本書に携わっていただいた方々に心から感謝を申し上げます。

最後に本書を手に取ってくださった読者の皆様へ感謝を申し上げます。本書の内容が読者の方々のお仕事や課題解決に貢献できることを切に願っております。

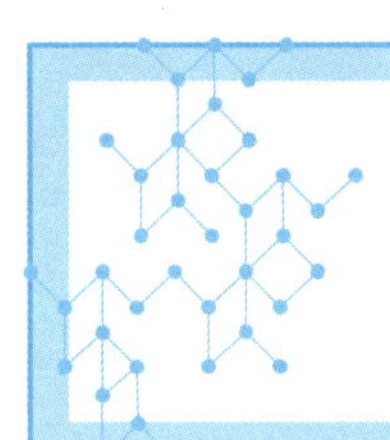

目次

Memo

Column コラム目次

クラウドとネットワーク

クラウド登場以前からの企業システムのネットワークの変遷を確認しつつ、企業システムでパブリッククラウドを活用するために考慮すべき点を確認します。そして、パブリッククラウドの特性や使い方、クラウド登場以前のネットワークアーキテクチャと考え方が異なるポイントなどについて検討します。

企業の活動に情報システムが導入、活用されるようになり、長い年月が経過しています。情報システムは当初スタンドアロン[▶1]のコンピュータの導入から始まりましたが、コンピュータと通信技術、特にパーソナルコンピュータ（以下、PC）とインターネットが発展・普及するとともに多数のコンピュータを互いに接続するネットワークを形成するようになりました。その情報システムの基盤が各企業が自社で所有するオンプレミス[▶2]の形態から、クラウドベンダーが構築して提供するパブリッククラウド[▶3]を利用する形態へ移行するにあたり、現在の企業ネットワーク[▶4]はどのような構成で、パブリッククラウドを利用するためにはどのような内容が不足しているか、どのようなことに対処する必要があるかを理解する必要があります。

本章では最初に、パブリッククラウドを活用する前の企業ネットワークの構成を理解するために、歴史的にどのような要件を取り込んでその構成に至ったのかを解説します。そのうえでクラウドコンピューティング[▶5]の特性をふまえてパブリッククラウドを導入・活用するためには企業ネットワークをさらにどのように変えていく必要があるのかを考察します。

[▶1] スタンドアロン　ネットワークにつながっていない（ネットワークから切り離された）ことを指す。

[▶2] オンプレミス　英語のOn-premiseは「建物（施設）上に」という意味で、IT用語としてはシステムの稼働に必要なハードウェアやソフトウェアなどを自社で所有して運営することを指す。ハードウェアやソフトウェアなどがサービスとして提供される（自社で保有・運営しない）クラウドとの対義語として用いられる。

[▶3] パブリッククラウド　クラウドコンピューティング[▶5]の提供形態の1つで、サービスやインフラストラクチャ（基盤や施設）が第三者のクラウドサービスプロバイダー（クラウドベンダー）によって運用され、インターネット経由で不特定多数の利用者に提供される（詳細は本章1-2節で解説）。

[▶4] 企業ネットワーク　本書では特に企業が利用するコンピュータネットワークを対象としているが、他にも政府や公共団体、軍など様々な組織がネットワークを構築してコンピュータを利用している。ネットワークに求められる可用性やセキュリティなどの要件は、利用する組織に依存する。

[▶5] クラウドコンピューティング　ネットワークを介してサーバー、ストレージ、データベース、ネットワーキング、ソフトウェアなどのコンピューティングリソースを提供する技術のこと。略してクラウドと呼ばれることも多く、クラウドの利用者は、物理的なハードウェア、およびそれを設置する場所への投資を行なうことなく、コンピューティングリソースを利用することができる。

1-1 企業ネットワークの変遷

1950年代・1960年代

日本では1950年代半ばから企業活動に情報システムが用いられるようになりました。情報システムを最初に導入し始めたのは、事業と情報システムで得られるメリットの相性がよい金融業界で、その後に国鉄や他の企業での利用が広がっていきます。

この年代のコンピュータは、とても高価で巨大でした。最初期のコンピュータは重さ2tで、窓からつり下げて搬入するほどの大きさだったそうです。これらのコンピュータは、給与の自動振り込みや公共料金の自動振り替え、予約情報をもとにした切符の発行のためのデータ出力など特定の業務に特化した処理を行なうものでした。これらの高価なコンピュータを効率的に利用するために、様々な場所に設置されたダム端末[▶6]やテラー端末[▶7]のような専用の端末と自営通信網や専用電話回線で接続されました。

[▶6] ダム端末　接続先のホストコンピュータに対してデータの入出力を行なうための端末。クライアント側単体では動作せず、基本的にデータ本体の加工、処理は行なわない。対してインテリジェント端末は、データを受け取って処理を行ない、その結果をホストコンピュータに送信する。ホストとは、ネットワーク内で処理やサービスを提供するコンピュータのこと（図1-1では中央コンピュータがホストに相当する）。

[▶7] テラー端末　現金の入出金を管理する専用の端末。銀行などに設置されるATMはAutomatic Teller Machineの略語であり、テラー端末の一種。

○1950年代、1960年代の企業ネットワークの要件と特徴（**図1-1**）

- 限られた業務に特化した高価で大型のコンピュータの利用
- コンピュータを効率的に様々な場所から利用するために自営通信網や専用電話回線で端末と接続

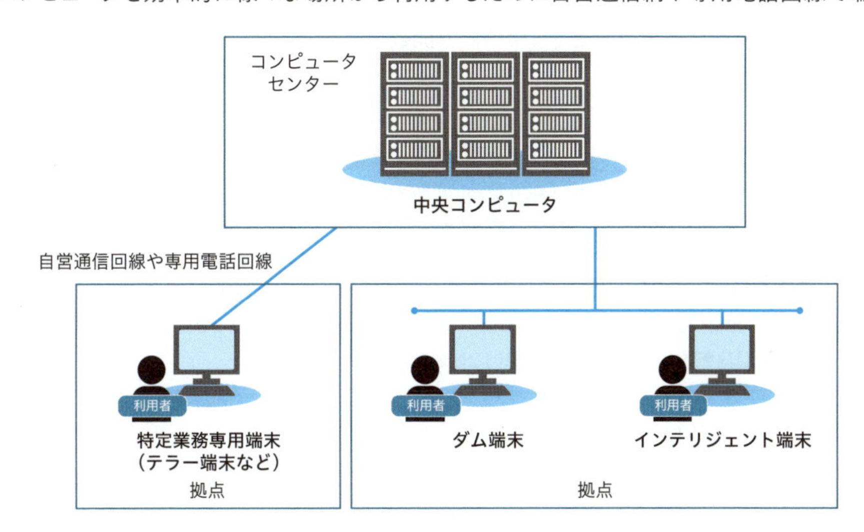

図1-1　1960年代ネットワーク構成図

1950年代・1960年代のIT、企業ネットワークのできごと

年	できごと
1955年	野村證券がUNIVAC120を導入
1959年	三和銀行がIBM 650を導入
1960年	国鉄が座席予約システムとしてマルス1を導入
1965年	三井銀行がオンラインシステムを導入

1970年代

1970年代になると、コンピュータを取り巻く様々な発明が生まれました。1960年代には単一の業務、アプリケーション用に使われていたコンピュータが、1970年代には複数の業務、アプリケーションに対応できるようになりました。これは、コンピュータの性能の向上、ダウンサイジング（小型化）、低価格化、メモリの容量の向上、ディスク装置の容量の向上、信頼性の向上により実現されたものです。銀行では第2次オンラインシステムとして利用され、預金、為替、融資などの主要業務の各元帳ファイルが結合・連動しながら処理できるようになりました。他方でネットワークに関しては、中心となる利用用途は引き続き「コンピュータ専用の端末に通信回線を通じて接続する」というものでしたが、特定通信回線、公衆通信回線でのデータ通信の利用制限撤廃、特定通信回線の他人使用基準の改正に伴い、徐々に**企業体どうしが企業ネットワークを相互接続する**ようになっていきます。

この年代では、コンピュータの歴史において重要な発明が相次ぎました。PCの登場により個人がコンピュータを所有するようになったり、現在のネットワーク技術を支えるTCP/IP（ティーシーピーアイピー）[▶8]に関する初の文書の公開や、国を越えた大学間でのコンピュータの接続のほか、現在VPN[▶9]などに使われているDiffie-Hellman鍵交換理論の考案をきっかけに公開鍵暗号方式、RSA暗号方式などのセキュリティに関する重要技術も登場しました。

[▶8] TCP/IP（ティーシーピーアイピー）　インターネットなどの通信で標準的に使われているプロトコル（通信の手順やルール）。1974年当時のTCP/IPは「Transmission Control Program」という名前で、1つのプロトコルとして定義された。その後、1981年のRFC791、RFC793の発表により、コネクション（接続）制御を担うTCP（Transmission Control Protocol）とパケット（データ）転送を担うIP（Internet Protocol）という2つのプロトコルに分離され再定義された。そのため、現在のTCP/IPは、TCPとIPという2つのプロトコルの組み合わせを意味する。

[▶9] VPN　Virtual Private Network（仮想プライベートネットワーク）の略語で、専用線ではなく通信業者の公衆回線を経由して構築された仮想的な組織内ネットワーク。

○1970年代の企業ネットワークの要件と特徴（**図1-2**）

- 様々な業務を処理できる汎用コンピュータの利用
- 特定通信回線、公衆通信回線でのデータ通信の利用制限撤廃、特定通信回線の他人使用基準の改正に伴う企業ネットワークどうしの接続の開始

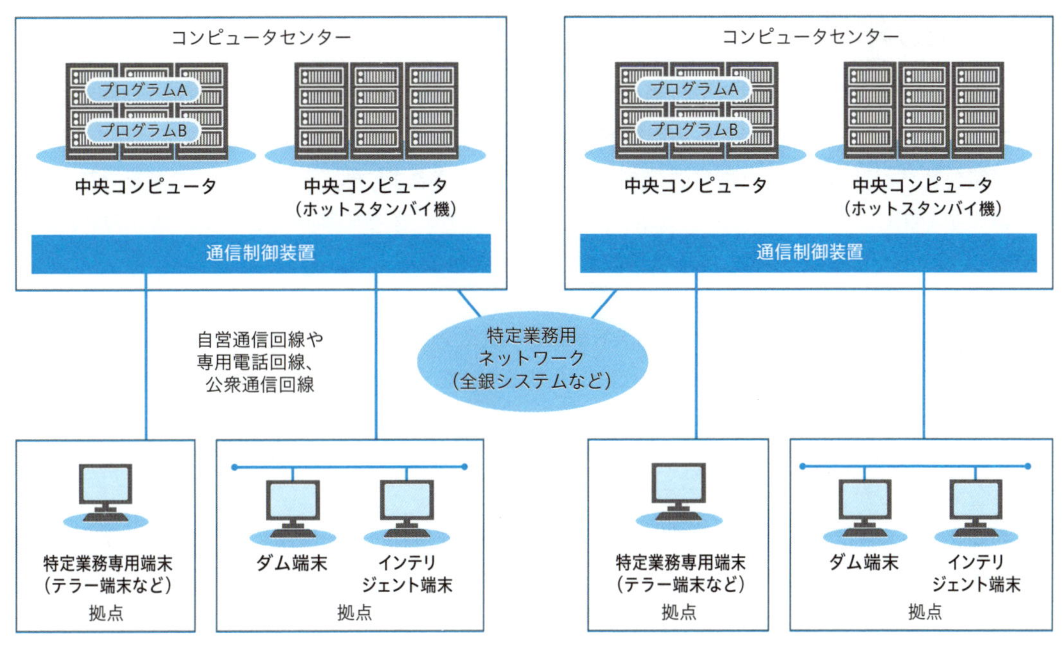

図1-2　1970年代ネットワーク構成図

1970年代のIT、企業ネットワークのできごと

年	できごと
1971年	Intel 4004発売
1972年	Intel 8008発売。CCITT※1のジュネーブ総会でISDN p.10 の基本概念が発表
1973年	全国銀行データ通信システムが稼働。TCP/IPについて記述された最初の文書が公開。東北大学とハワイ大学のコンピュータが接続
1974年	TCP（Transmission Control Program）の初のRFC [▶10] が発行。東大と京大がパケット [▶11] 通信網で接続
1975年	Apple I発売。ビル・ゲイツ、ポール・アレンがAltair 8800用のBASICインタープリタを開発
1976年	Apple II発売。Diffie-Hellman鍵交換理論が考案される
1977年	RSA暗号化方式発表
1979年	日本初のPC、PC-800発売。UNIXコンピュータどうしを接続するUUCP（Unix to Unix Protocol）が開発

[▶10] RFC　Request for Commentsの略語。IETF（Internet Engineering Task Force：インターネット技術特別調査委員会）が公開する、インターネットの技術仕様などを取りまとめた文書群。

[▶11] パケット　ネットワークで送受信されるデータのかたまり。TCP/IPネットワークで通信を行なう際、データはIP（Internet Protocol）によって複数のパケットに分割されて転送される。

※1　国際電信電話諮問委員会。世界規模で電気通信を標準化するための組織で、1993年にITU-T（国際電気通信連合電気通信標準化部門）に改組されました。

1980年代

1980年代になると、特に日本では通信に関する技術革新や法改正が企業ネットワークに影響を与えます。具体的には、高速デジタル専用線が登場して通信帯域、通信機能が向上するとともに、それまで電電公社※2が独占していた電気通信事業が民間に解放されました。それにより、これまで基本的に企業の中で閉じていたコンピュータとネットワークの利用が、様々な業界において企業間の利用に広がっていきました。その一例として、以下のような変化が起こりました。

- 航空会社が旅行代理店に座席予約端末を設置して航空チケットを販売
- メーカーと小売店の間で受発注をオンライン化することで、よりリアルタイムな受発注を実施

このように、コンピュータ、ネットワークの利用が企業内に閉じていると実現できなかった利用方法が、企業間で広がっていったのがこの年代です。

当時まだ各コンピュータメーカーが独自のプロトコルや文字コードを使用していたことによる仕様差を吸収するために、企業間のネットワーク接続を仲介するハブ機能に加えてプロトコル変換やデータフォーマット変換、コード変換など付加価値サービスを提供する中小企業VAN（バン）[▶12]という事業形態もできました。

その他、IT技術の発展により、以下のできごとが起こりました。

○ネットワーク

- TCP/IPのRFCの発行と実装
- DNS [▶13]に関するRFCの発行と実装、運用開始
- 太平洋を超えるIP通信の成功

○コンピュータ

- PC-DOSが搭載されたIBM Personal Computerの発売
- Macintoshの発売
- Microsoft Windowsの発売

○ソフトウェア

- UNIX系OSの発展
- Oracleなど特定分野を対象とするソフトウェアの発展

○システム開発手法

- コンピュータの制御プログラムと業務アプリケーションの開発主体の分離によるハードウェアとソフトウェアのライフサイクルの分離

これらにより、インターネットの利用の下地が整い、コンピュータの利用の一層の普及、コンピュータシステムの標準化、相互運用性や移植性の向上、システム開発の柔軟化が進みました。

※2　正式名称は日本電信電話公社。現在の日本電信電話株式会社（NTT）の前身。1952年に日本電信電話公社法に基づいて設立され、1985年に民営化し、日本電信電話株式会社が発足しました。

PCは企業でも利用されるようになり、これまで中央の汎用コンピュータで処理されていた業務が端末でも処理される分散処理へとアーキテクチャが変わり始めました。

○1980年代の企業ネットワークの要件と特徴（**図1-3**）

- 汎用コンピュータの利用の一層の普及
- PCの普及に伴い企業内の端末（ワークステーション[▶14]）でも処理を実施
- 汎用コンピュータと端末を接続するネットワークの高速化
- VANなどのネットワークサービスを介した企業間接続と業務の連携

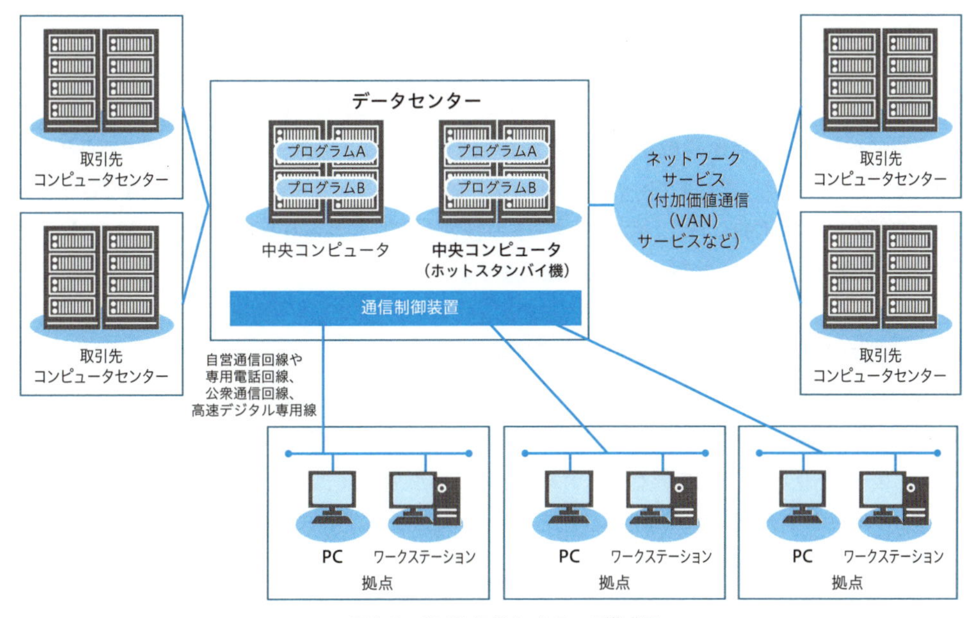

図1-3　1980年代ネットワーク構成図

1980年代のIT、企業ネットワークのできごと

年	できごと
1981年	TCP/IPのRFC発行（IPv4 RFC791、TCP RFC793）。PC-DOSが搭載されたIBM Personal Computer発売
1982年	SMTP [▶15] のRFC発行
1983年	DNSが開発され一連のRFC発行。TCP/IPが実装された4.2 BSD（Berkeley Software Distribution）リリース
1984年	電電公社が高速デジタル専用線のサービス開始。DNSのサーバーソフトウェアであるBIND（バインド）[▶16] 公開。Macintosh発売
1985年	公衆電気通信法の廃止、電気通信事業法の施行により電電公社が独占していた電気通信事業が民間に解放。comドメインが初登録。初のコンピュータウイルスの登場。Microsoft Windows発売
1986年	DECファイアウォールを開発
1987年	DDIセルラーアナログ自動車電話サービス開始
1988年	NTTによる太平洋を超えたIP通信の成功
1989年	日本でのDNSの運用の開始。CERN※3のティム・バーナーズ＝リーによりHTMLの概念が提案

※3　欧州原子核研究機構（Conseil Européen pour la Recherche Nucléaire）。

[▶12] VAN（バン）　付加価値通信網（Value Added Network）。通信サービスの一種で、データ通信だけではなく、データ形式の変換、プロトコル変換、EDIサービス、メッセージサービスなど様々なサービスを付加して提供された。

[▶13] DNS　Domain Name Systemの略語で、ドメイン名をIPアドレスに変換するためのプロトコル。

[▶14] ワークステーション　業務用の高性能なコンピュータ。オフィス内の業務処理を行なう端末。

[▶15] SMTP　電子メールの送信に使用されるプロトコル。

[▶16] BIND（バインド）　現在でも広く利用されているDNSサーバーのソフトウェア。正式名称はBerkeley Internet Name Domain。BIND9.18が最新バージョンとして利用されている。

1990年代

1990年代に入ると、Windows 95が発売され、PCの普及がさらに進みます。Windows 95ではTCP/IPを使った通信機能が搭載され、個人が利用する端末でインターネットへ接続することが容易になりました。これにより、それまでメインフレームなどの大型コンピュータや専用線で構築されていた企業ネットワークに、本格的にPC、インターネットの技術が取り入れられるようになり、企業ネットワークに関する技術革新が企業の外側から起こり始めます。

○1990年代の企業ネットワークの要件と特徴（**図1-4**）

- 業務端末を複数人で共用する形態から、個人ごとに割り当てる形態へ変化
- 業務ごとに端末を使い分けて利用する形態から、PCでクライアントソフトを使い分けるクライアント／サーバー[▶17]の方式で業務システムを利用する形態へ変化
- ファイル共有やメールなど汎用的なアプリケーションが業務に取り込まれる
- 個人ごとの端末で様々なアプリケーションを利用するにはネットワーク、中央コンピュータのキャパシティでは不足するため、本社や地域ごとの統括拠点にもサーバーを設置
- 拠点とコンピュータセンターをP2P（ピーツーピー）[▶18]で接続していたネットワーク構成から、分散配置したサーバーへアクセスするために、フレームリレー[▶19]やATM[▶20]、IP-VPN[▶21]をハブとするネットワーク構成へ変化
- 中央コンピュータはコンピュータのオープン化の進展によってメインフレームやオフィスコンピュータで構築されたモノリシックな（単一の）構成からダウンサイジングし、PCの技術を使った複数のPCサーバーで構築した分散アーキテクチャへ変化

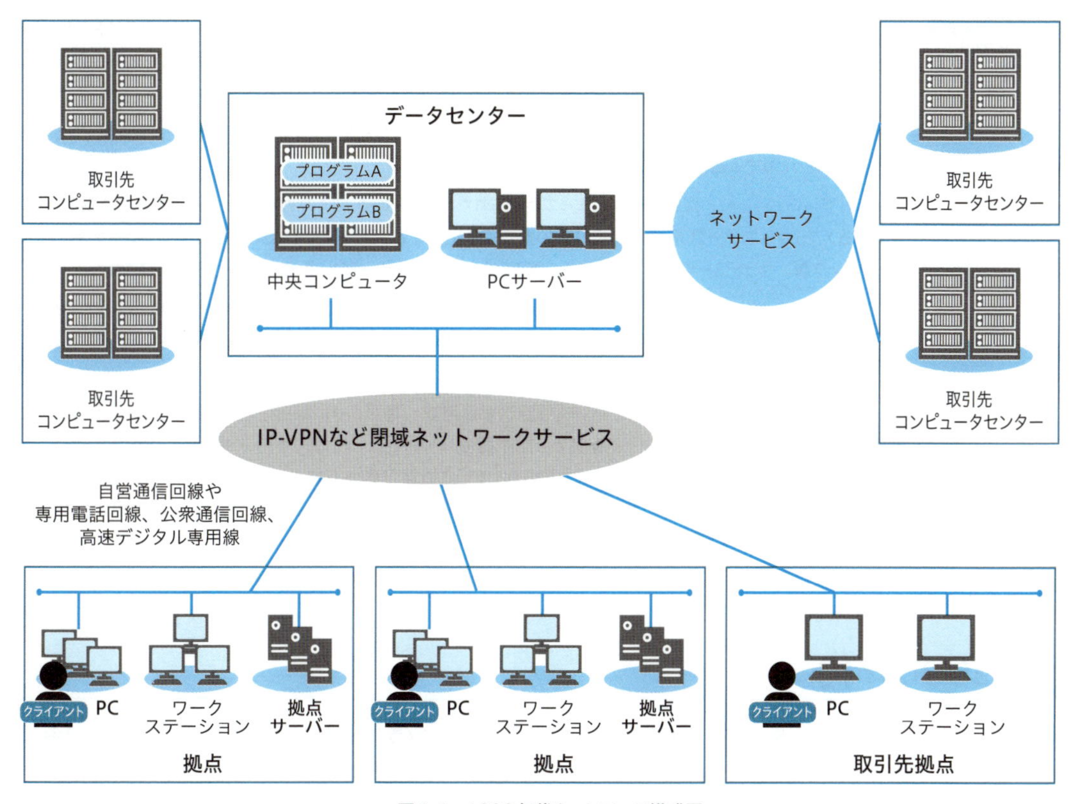

図1-4　1990年代ネットワーク構成図

1990年代のIT、企業ネットワークのできごと

年	できごと
1990年	The World 一般向けのISP [▶22] 事業開始。日本のDNS運用管理グループが発足
1991年	ティム・バーナーズ＝リーによってCERNに設置されたWebサイトがインターネットに公開。米国で商用ISPの相互接続点となるCIX（Commercial Internet eXchange）が発足。JPNIC※4の前身JNICが設立
1992年	文部省高エネルギー物理学研究所計算科学センター（KEK）に設置されたWebサイトが公開。AT&T Jens 日本初のISPサービス開始
1993年	NCSA※5により初のブラウザ（Webブラウザ）であるMosaicが公開
1994年	Yahoo! 設立。amazon.com創業
1995年	Windows 95 発売。cnn.com開始。AuctionWeb（eBayの前身）が設立。Java発表。IPv6仕様決定
1996年	Yahoo! Japan開始。HotMail サービス開始。ICQの最初のバージョンが公開
1997年	楽天市場サービス開始。Ultima Online※6発売
1998年	Google法人化
1999年	IDO cdmaOneサービス開始。NTT ドコモimodeサービス開始。Salesforce.com設立

※4　一般社団法人日本ネットワークインフォメーションセンター（Japan Network Information Center）。

※5　米国立スーパーコンピュータ応用研究所（National Center for Supercomputing Applications）。

※6　Electronic Arts Inc.（EA）から1997年に発売された多人数同時参加型オンラインロールプレイングゲーム（MMORPG）。オンラインで多人数が同時に参加するRPGがまだ一般的ではなかった頃に登場し、その後のオンラインRPGの発展に大きな影響を与えた。

[▶17] クライアント／サーバー　サービスを利用する（データを要求する）コンピュータ（＝クライアント）と、サービスやデータを提供するコンピュータ（＝サーバー）がネットワークで通信しながら動作するシステム方式。クライアント／サーバーシステム、クライアント／サーバーモデルとも言う。

[▶18] P2P（ピーツーピー）　Peer to Peer（ピアツーピア）の略語で、サーバーを介さずに端末（コンピュータ）どうしで直接データをやりとりする通信方式。

[▶19] フレームリレー　ITU-T勧告によって定められたパケット交換方式のWAN（広域通信網）通信プロトコルであるX.25からエラー訂正機能を取り除いたパケット通信方式。X.25はOSI参照モデル p.34 の物理層、データリンク層、ネットワーク層をカバーする。X.25をベースにスループットを改善するために開発された。

[▶20] ATM　Asynchronous Transfer Mode（非同期転送モード）というプロトコルの略語。データを53バイトの固定長のセルと呼ばれる単位に分割して送信する通信方式。当時としては、高速な通信回線を提供することを目的に開発された。

[▶21] IP-VPN　プロトコルにIPを用いる仮想的な専用線、専用ネットワーク。主に通信キャリアの提供する専用線とネットワークサービスを使って構築する閉域型のIP-VPNと、インターネットにIPsec/GREなどのトンネリングプロトコルを使って構築するインターネットVPNという2種類の実装方式がある。この[▶21]は、全社の通信キャリアのサービスを使ったIP-VPNを指す。トンネリングとは、異なるネットワーク間をつなぐ、専用の仮想的な通信経路（トンネル）を確立すること。

[▶22] ISP　インターネットサービスプロバイダーの略語で、インターネット接続サービスを提供する事業者。

 2000年代

それまでMbps級のスループットを持つ回線は、企業向けの専用線やISDN[▶23]だけで提供されていました。これが2000年代に入ると、ADSL[▶24]やPON（ポン）[▶25]を用いた光アクセス回線の普及により、ブロードバンドと呼ばれる高スループット回線が一般家庭にも普及します。これにより、ブロードバンド回線を低コストで接続することが可能になりました。スループット、安定性、コストが優れていたことから、これらの回線サービスは企業ネットワークにも取り入れられるようになりました。また、災害対策や電力の安定供給、セキュリティ設備に優れたデータセンターサービスが普及してきたのも、この年代です。

[▶23] ISDN　総合デジタル通信網（Integrated Services Digital Network）の略語。当時の有線式加入電話ではアクセス回線としてアナログ通信（メタル回線）を利用していたが、ISDNでは交換機、中継回線、アクセス回線すべてをデジタル化した通信方式（デジタル回線）を採用したことが特徴。ISDNは音声だけではなく、データ通信にも利用される。なお、日本ではNTT東日本、西日本が2024年1月から段階的にISDNを用いたサービスであるINSネットのデジタル通信モードを終了しようとしている。

[▶24] ADSL　非対称デジタル加入者線（Asymmetric Digital Subscriber Line）の略語。有線式加入電話のアクセス回線の、通常の電話が利用しない周波数帯を利用して高速なデータ通信を可能にするのが特徴。日本では、既設のアナログ回線（メタル回線）が利用でき、ISDN以上のスループット、月額定額料金でのサービス提供がされたため、急速に普及した。その後、光ファイバーでの通信（光アクセス回線）が普及するにつれて利用者が減少し、NTT東日本、西日本では2023年1月31日にフレッツ光提供エリアでのサービスが終了した。

[▶25] PON（ポン）　受動光ネットワーク（Passive Optical Network）の略語。1本の光ファイバーを複数の加入者で共用するために用いられる、光信号の多重化システム。

インターネット上でSalesforce.com、Dropbox、Evernoteなど企業活動に必要なアプリケーションがWebを介して提供され始めました。AWS（Amazon Web Services）がサービスを開始し、MicrosoftがAzureを発表したのもこの年代で、インターネットやWebを介して様々なサービスが提供されることをふまえて、Googleのエリック・シュミットは**クラウドコンピューティング**を提唱しました。

○2000年代の企業ネットワークの要件と特徴（**図1-5**）

- ブロードバンド回線を活かすためにネットワーク構成において、コンピュータセンターと各地域の大規模拠点を結ぶ**ハブ**ネットワークと、大規模拠点と拠点を結ぶ**ダイヤルアップ**／**低速回線**ネットワークの2階層に分けられていた企業ネットワークが、1階層のフラットなネットワークに置き換えられる
- ハブとなるネットワークサービスにおいて通信キャリアが提供する帯域保証のついたIP-VPN／広域イーサネット（PC等の機器を有線接続）と並列して、インターネット上でIPsec（アイピーセック）[▶26]などの暗号化技術を使ったトンネルを形成してインターネットVPNを構成することで、ネットワークを2面用意した高可用性構成をとる
- ブロードバンドサービスによってネットワーク帯域が向上したことにより、拠点に分散配置していたシステムを再びコンピュータセンターに集中配置し、管理性を向上させる
- それまでコンピュータセンターは自社の社屋に用意することが多かったが、災害対策や電力の安定供給、セキュリティ設備に優れたデータセンターサービスの普及により、データセンターを利用して災害対策、可用性の向上を実施
- インターネットで提供されるサービスの活用やインターネット上でシステムの公開を行なう際にセキュリティを確保するために、インターネットにアクセスできる回線はデータセンターに用意したゲートウェイ[▶27]に絞り込む（このような構成では、小規模拠点などのインターネットVPNに利用している回線はインターネットVPN用のIPsecなどのプロトコルのみで通信し、直接これらの拠点からインターネットへアクセスすることは設定で規制）

［▶26］IPsec（アイピーセック）　IPを使って送受信される通信を暗号化する技術。インターネットは誰でもアクセスできるネットワークであり、通信の中継は必ずしも安全な事業者のネットワークで行なわれると保証されていない。そのため、秘匿度の高い通信をする場合、利用者側で通信内容を暗号化することで安全性を確保する必要がある。IPsecを用いてインターネット上に構築した疑似的な私営通信網をインターネットVPNやIPsec-VPNと呼ぶ。

［▶27］ゲートウェイ　英語のGatewayは「入り口、玄関」という意味で、IT用語としてはプロトコルの異なるネットワーク間や管理者の異なるネットワーク間を中継する機能やネットワーク機器のこと。

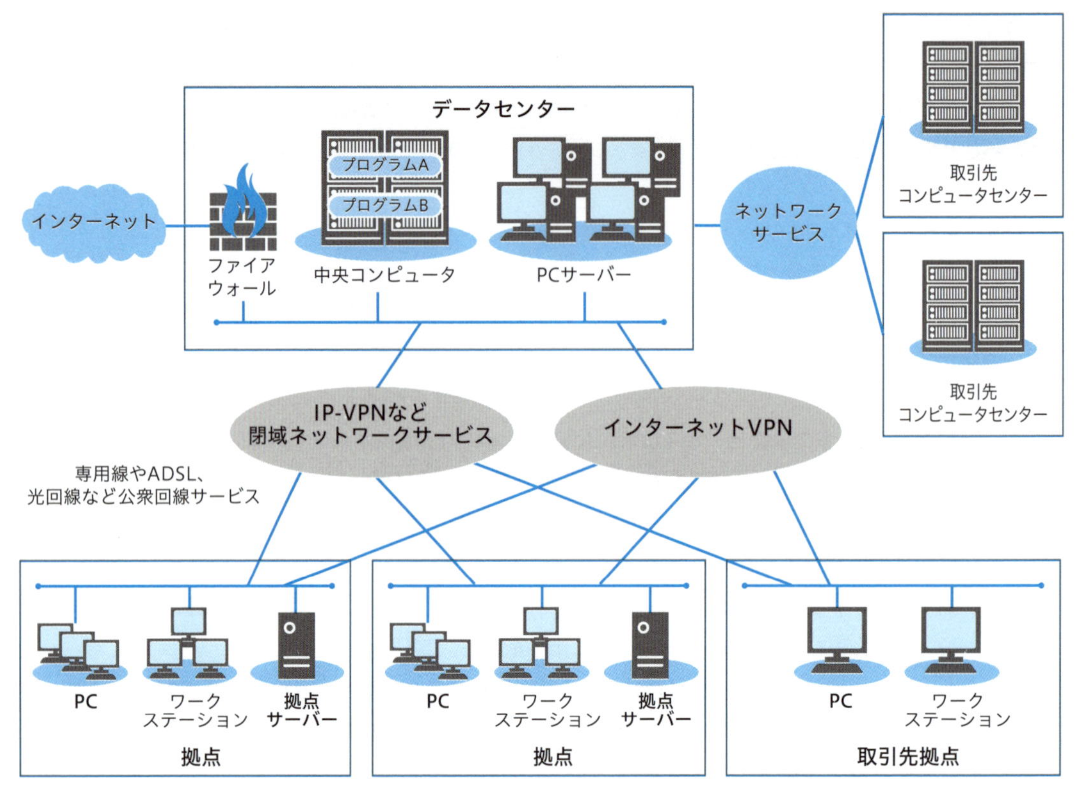

図1-5　2000年代ネットワーク構成図

2000年代のIT、企業ネットワークのできごと

年	できごと
2000年	Google日本語検索サービス開始
2003年	Skypeリリース。Apple iTunes Music Store開始
2004年	AWS SQSサービス開始
2005年	Google Maps開始
2006年	AWS S3/EC2サービス開始
2008年	DropBoxリリース。Evernoteリリース。Windows Azure発表

2000年代は、GoogleがGoogle Mapsをリリースしたことで、Webサービスに重要な変化をもたらします。Google Mapsで利用されたAjax[▶28]と呼ばれる手法に必要な技術要素は、Google Maps以前にすでに登場していましたが、Google Maps以前のWebサービスは「ユーザーが何らかのアクションを起こすごとにページの再読み込みを行ない、待機時間が発生する」という使い勝手の悪いものでした。待ち時間が必要ない、よりインタラクティブ性の高いサービスを作るためには、Adobe Flashなどソフトウェアベンダー固有の技術を利用する必要がありました。それに対してGoogle Mapsは、Internet ExplorerやFirefoxなどのブラウザやプラットフォームにかかわらず、共通で利用できるHTML、非同期通信の機能が組み込まれたJavaScript、XML、HTTPでフロントエンドにデータを返すWeb APIを組み合わせてインタラクティブなサービスが作れることを証明しました。

これにより、ブラウザを介したWebアプリケーションでも、PCにインストールするアプリケーションと同等の機能を実現できることがわかり、様々なWebサービスに取り入れられました。YouTubeやX（当時はTwitter）、Facebookが誕生したのも、この年代です。

［▶28］Ajax　Asynchronous JavaScript And XMLの略語。XMLHttpRequestによる非同期通信を利用して、Flashなど外部プラグインを利用することなく、またWebページを遷移することなく、ブラウザが表示する内容を動的に書き換える技術。これによりHTML、CSS、JavaScriptだけで優れたUIを備えるアプリケーションを構築できることが明らかになった。

2010年代

2010年代は、2008年に発売されたiPhone 3Gをきっかけにスマートフォンなどモバイルデバイスの普及が進んだ年代です。それまでもモバイルデバイスやモバイル回線は、企業ネットワークにおいて携帯情報端末BlackBerryを使ったWeb閲覧やメール送受信、iモード（i-mode）を活用した企業システムへのアクセス、PHS回線を使ったインターネットアクセスなどで利用されてはいたものの、回線スピードが遅く、通信料金も高かったことから、その主な利用用途は「電話での通話」でした。しかし2010年代は、スマートフォンによって端末、アプリケーションの使い勝手が向上しつつ、LTE（Long Term Evolution）によってモバイル回線が高スループット化して通信量あたりの通信料金が下がりました。そのため、モバイルデバイスを企業ネットワークに接続し、モバイルアプリケーションをビジネスに活用することが進みました。

企業で利用するアプリケーションにおいて、2000年代にサービスが開始された様々なクラウドサービスが本格的に活用され始めたのもこの年代です。特にSalesForce.comやOffice 365はユーザーごとに各サービスへアクセスするため、以前よりも非常に大きなインターネットへのスループットが必要になりました。

○2010年代の企業ネットワークの要件と特徴（**図1-6**）

- 企業の拠点に設置されたPCだけではなく、拠点外からモバイル端末でシステム利用が可能に
- 企業が自社で構築したシステム以外に、インターネットで提供されるクラウドサービスも利用
- データセンターに設置したインターネットゲートウェイだけではクラウドサービスへの通信帯域が不足するため、専用線／VPNのネットワークと拠点やモバイル端末のインターネット回線を活用
- 専用線／VPNのネットワークを使った通信とインターネット回線を使った通信を、効率的かつセキュアにコントロールするためにSDN［▶29］の技術を活用

［▶29］SDN　Software Defined Networkの略語。従来のネットワークではルーターやスイッチなどのネットワーク機器がそれぞれに設定を持ち、通信経路、フィルタリングの制御とデータの転送を機器ごとに行なっていた。それに対してSDNでは、制御とデータ転送を分離し、制御はコントローラーで一括管理することで多数のネットワーク機器を集中管理することを可能にする。これにより、専用線／VPNを使った通信とインターネットを使った通信の制御を、拠点に設置したネットワーク機器ごとに行なわずに、一括管理し管理コストを抑えることができる。

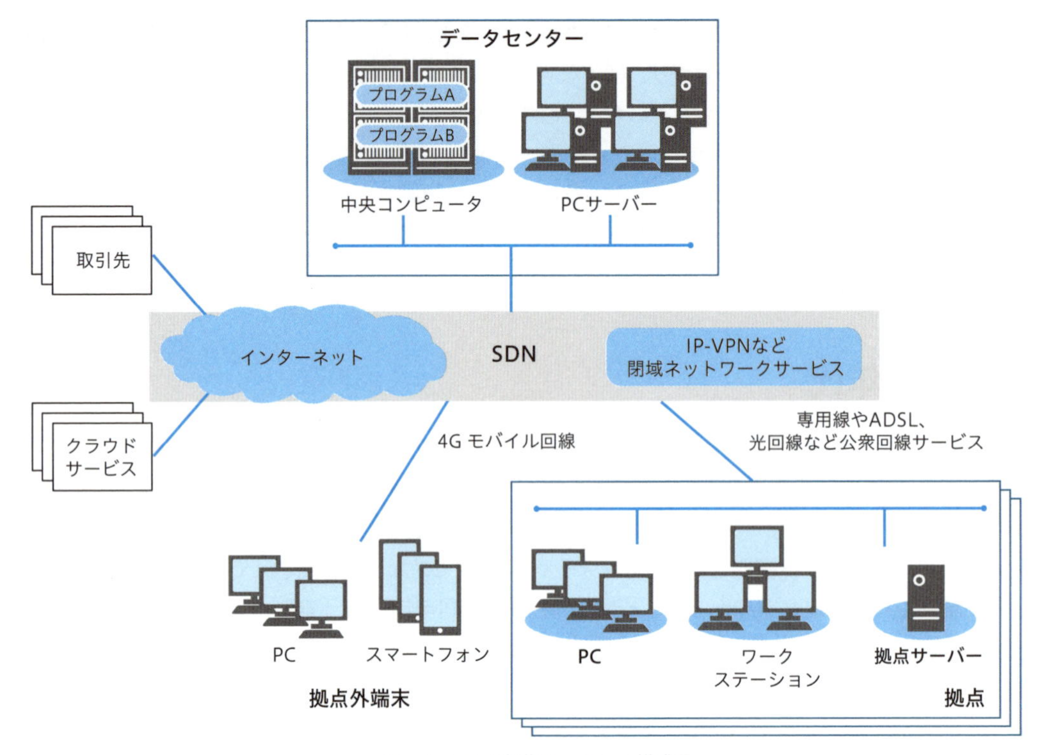

図1-6　2010年代ネットワーク構成図

2010年代のIT、企業ネットワークのできごと

年	できごと
2010年	Windows Azureサービス開始
2011年	au光 IPv6アドレス割り当てサービス開始。NTT東西IPv6 PPPoE接続サービス、IPoE接続サービス開始。LINEサービス開始。東北大震災
2012年	Oracle Cloud発表。SAP HANA Cloud Platform提供開始
2014年	W3C HTML5勧告公開。Windows AzureをMicrosoft Azureへ改称
2015年	日本でランサムウェアの被害急増
2017年	WannaCry流行。WordPressに対する攻撃多発。Apache Struts 2の脆弱性への攻撃多発
2018年	マイニングマルウェアなど仮想通貨関連のセキュリティ事件多発。Intel製CPUのSpectre/Meltdown脆弱性を利用したマルウェア発見

インターネット／Webサービスの世界では、MicrosoftやAWS、Googleなどが提供するパブリッククラウドと、Webアプリケーションを提供するスタートアップが相互に影響しながら発展していきました。これまで何らかのWebサービスを提供するには、コンピュータの設置場所、ハードウェアの調達から始まり、各サーバーの設定・運用、そして本業に関わるWebサービスの開発・運用と、様々な作業や資源が必要でした。このようにIT初期投資に関わるコストが非常に高く、参入障壁となっていましたが、パブリッククラウドが登場したことで、Webサービスの立ち上げ、規模の拡大に関するハードルが一気に下がりました。これにより、試行錯誤しながらサービスをスモールスタートし、当たれば急速に拡大することが可能になり、多くのスタートアップ企業が誕生しました。NetflixやAirbnbなどのスタート

アップ企業がサービスのインフラストラクチャ（以下、インフラ）としてパブリッククラウドを利用することでサービス規模を拡大するのと同時に、パブリッククラウドに必要な機能が追加されたり、パブリッククラウドベンダー自身が提供する別のサービスや自社システムをパブリッククラウド上に移行したりすることで信頼性や機能性を向上させる、というサイクルが生まれました。

1-2 クラウドコンピューティングの特性

パブリッククラウドがその信頼性、機能性を向上させたことで、従来自社でシステムを保有していた企業が求める水準にだんだんと追いついてきました。また、Webサービスやデジタルサービスを自社製品の主軸としていなかった企業において、競争を生き抜くためにWebやデジタルを中心に据えるように変革するDX（デジタルトランスフォーメーション）が求められるようになりました。このような環境の変化により、それまで企業が保有するデータセンターに格納された専用のハードウェアで開発・運用する**オンプレミス型のシステム**から、パブリッククラウドを活用して早く効率的に開発・運用する**クラウド型のシステムやサービス**への変革が企業に求められるようになりました。

ここでは、パブリッククラウドを活用できるネットワークの要件を洗い出すために、クラウドコンピューティングにはどのような特性があるのかを見ていきます。

NISTが定義するクラウドコンピューティング

「クラウドコンピューティング」という言葉は、2006年にGoogleのエリック・シュミットが提唱し、商業的なメッセージとしてスタートしました。この2006年はGoogle Mapsがサービスを開始した翌年でしたが、クラウドコンピューティングとは、「インターネットを介して提供されるWebサービスを指すのか、はたまたWebサービス以外も含むのか」「ネットワークを介してサービスが提供されるという観点では、コンピュータ黎明期に大型コンピュータを時間で区切って複数人で共有利用したのと何が違うのか」「以前に提唱されていたネットワークコンピューティングや既存のアプリケーションホスティングとは異なるのか」など、様々な議論が起こりました。

このクラウドコンピューティングの定義として現在広く認知されているのが、米国国立標準技術研究所（National Institute of Standards and Technology：NIST）によるものです。NISTの定義では、クラウドコンピューティングを3つの**サービスモデル**と4つの**実装モデル**に分類しています。

サービスモデル

まずは、NISTが定義する3つのサービスモデルを引用します。

サービスモデル

- **ソフトウェア・アズ・ア・サービス(サービスの形で提供されるソフトウェア)**
  SaaS(Software as a Service)
  利用者に提供される機能は、クラウドのインフラストラクチャ上で稼動しているプロバイダ由来のアプリケーションである。アプリケーションには、クライアントの様々な装置から、ウェブブラウザのようなシンクライアント型インターフェイス(例えばウェブメール)、またはプログラムインターフェイスのいずれかを通じてアクセスする。ユーザは基盤にあるインフラストラクチャを、ネットワークであれ、サーバーであれ、オペレーティングシステムであれ、ストレージであれ、各アプリケーション機能ですら、管理したりコントロールしたりすることはない。ただし、ユーザに固有のアプリケーションの構成の設定はその例外となろう。

- **プラットフォーム・アズ・ア・サービス(サービスの形で提供されるプラットフォーム)**
  PaaS(Platform as a Service)
  利用者に提供される機能は、クラウドのインフラストラクチャ上にユーザが開発した、または購入したアプリケーションを実装することであり、そのアプリケーションはプロバイダがサポートするプログラミング言語、ライブラリ、サービス、およびツールを用いて生み出されたものである。ユーザは基盤にあるインフラストラクチャを、ネットワークであれ、サーバーであれ、オペレーティングシステムであれ、ストレージであれ、管理したりコントロールしたりすることはない。一方ユーザは自分が実装したアプリケーションと、場合によってはそのアプリケーションをホストする環境の設定についてコントロール権を持つ。

- **インフラストラクチャ・アズ・ア・サービス(サービスの形で提供されるインフラストラクチャ)**
  IaaS(Infrastructure as a Service)
  利用者に提供される機能は、演算機能、ストレージ、ネットワークその他の基礎的コンピューティングリソースを配置することであり、そこで、ユーザはOSやアプリケーションを含む任意のソフトウェアを実装し走らせることができる。ユーザは基盤にあるインフラストラクチャを管理したりコントロールしたりすることはないが、OS、ストレージ、実装されたアプリケーションに対するコントロール権を持ち、場合によっては特定のネットワークコンポーネント機器(例えばホストファイアウォール)についての限定的なコントロール権を持つ。

出典 『NISTによるクラウドコンピューティングの定義　米国国立標準技術研究所による推奨』(IPA 独立行政法人 情報処理推進機構)
https://www.ipa.go.jp/files/000025366.pdf

コンピュータシステムを利用する目的は、**業務や何らかの目的に沿ったアプリケーションを使ってデータを保持、利用すること**です。仮想化[▶30]されたコンピュータを前提とすると、アプリケーションを稼働させ、データを保持するためにランタイム[▶31]とミドルウェア[▶32]を、ランタイムとミドルウェアを動作させるためにゲストOS[▶33]を、ゲストOSを動作させるためにハイパーバイザー[▶34]を、そして仮想化システムを動作させるためのホストOS [▶33] とハードウェア、設置場所を必要とします。

上記のクラウドコンピューティング（クラウド）のサービスモデルは、このようなアプリケーション、データを利用するために必要な一連のコンピュータシステムの**どこまでをクラウドベンダーが提供するかの範囲**で分類されています。

[▶30] 仮想化　ソフトウェア（プログラム）によって、シミュレーションによる（仮想的な）コンピュータ環境を構築すること。このコンピュータ環境を仮想マシン（Virtual Machine：VM）と呼ぶ。

[▶31] ランタイム　プログラムを実行するために必要なもの。

[▶32] ミドルウェア　OSと、その上で実行されるアプリケーションの中間に入るソフトウェアのこと。通常ミドルウェアでは、OSを拡張する機能やアプリケーションの汎用的な機能などが提供される。

[▶33] ゲストOS　仮想マシン上で動作している（仮想的な）OSのこと。これに対し、実際に仮想マシンを動作させている物理的なOSをホストOSと呼ぶ。

[▶34] ハイパーバイザー　1台の物理的なコンピュータ上で複数の仮想マシンを同時に動かすためのソフトウェア。ハイパーバイザーを介して稼働させたシステムは、それぞれ物理的にも独立しているかのように機能することができる。

上記の定義をオンプレミスのシステムと対比しながら言い換えると、以下のようになります（**図1-7**）。

- オンプレミスのシステムは、ハードウェアからアプリケーション、データまですべてをユーザーで管理する
- IaaS（イアース）は、ハードウェアから仮想化ハイパーバイザーまでをクラウドベンダーが管理・提供し、ゲストOSからアプリケーション、データまでをユーザーで管理する
- PaaS（パース）は、ハードウェアからランタイム、ミドルウェアまでをクラウドベンダーが管理・提供し、アプリケーション、データをユーザーで管理する
- SaaS（サーズ）は、ハードウェアからアプリケーションまでをクラウドベンダーが管理・提供し、データをユーザーで管理する

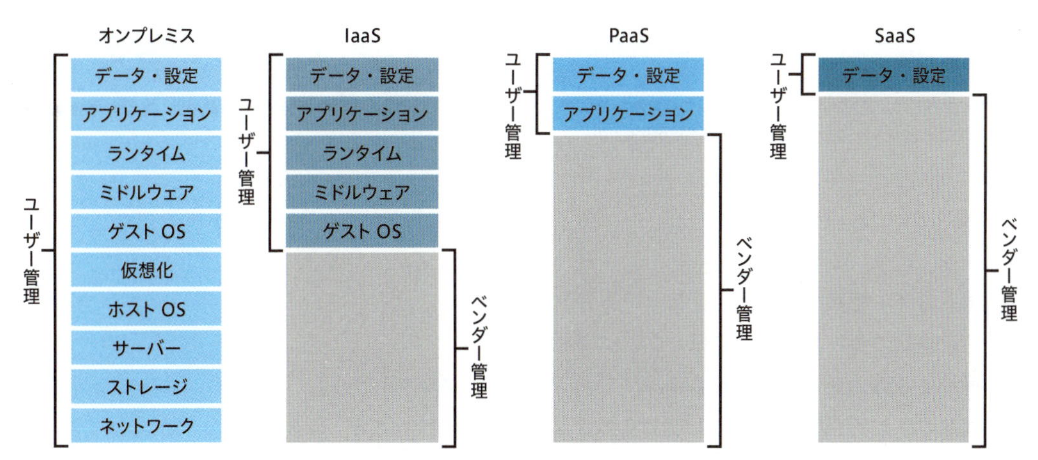

図1-7　パブリッククラウドのサービスモデルイメージ図

実装モデル

続いて、NISTが定義する4つの実装モデルを引用します。

実装モデル

- **プライベートクラウド（Private cloud）**

　クラウドのインフラストラクチャは、複数の利用者（例：事業組織）から成る単一の組織の専用使用のために提供される。その所有、管理、および運用は、その組織、第三者、もしくはそれらの組み合わせにより行われ、存在場所としてはその組織の施設内または外部となる。

- **コミュニティクラウド（Community cloud）**

　クラウドのインフラストラクチャは共通の関心事（例えば任務、セキュリティの必要、ポリシー、法令順守に関わる考慮事項）を持つ、複数の組織から成る特定の利用者の共同体の専用使用のために提供される。その所有、管理、および運用は、共同体内の1つまたは複数の組織、第三者、もしくはそれらの組み合わせにより行われ、存在場所としてはその組織の施設内または外部となる。

- **パブリッククラウド（Public cloud）**

　クラウドのインフラストラクチャは広く一般の自由な利用に向けて提供される。その所有、管理、および運用は、企業組織、学術機関、または政府機関、もしくはそれらの組み合わせにより行われ、存在場所としてはそのクラウドプロバイダの施設内となる。

- **ハイブリッドクラウド（Hybrid cloud）**

　クラウドのインフラストラクチャは二つ以上の異なるクラウドインフラストラクチャ（プライベート、コミュニティまたはパブリック）の組み合わせである。各クラウドは独立の存在であるが、標準化された、あるいは固有の技術で結合され、データとアプリケーションの移動可能性を実現している（例えばクラウド間のロードバランスのためのクラウドバースト）。

出典 『NISTによるクラウドコンピューティングの定義　米国国立標準技術研究所による推奨』（IPA 独立行政法人 情報処理推進機構）
https://www.ipa.go.jp/files/000025366.pdf

実装モデルは、利用者が、

- 単一の者・組織の場合は、プライベートクラウド
- 特定複数の者・組織の場合は、コミュニティクラウド
- 不特定多数の者・組織の場合は、パブリッククラウド（マルチテナント）
- 複数のクラウドサービスを使い分ける場合は、ハイブリッドクラウド

というように**利用者側の違い**で分類されています（**図1-8**）。不特定多数の者・組織が利用することを**マルチテナント**と呼ぶこともあります。また、**ハイブリッドクラウド**は、このNISTの定義以外にも文脈によってはオンプレミスとクラウドサービスを連携させる利用方法を指す場合もあるので、注意してください。

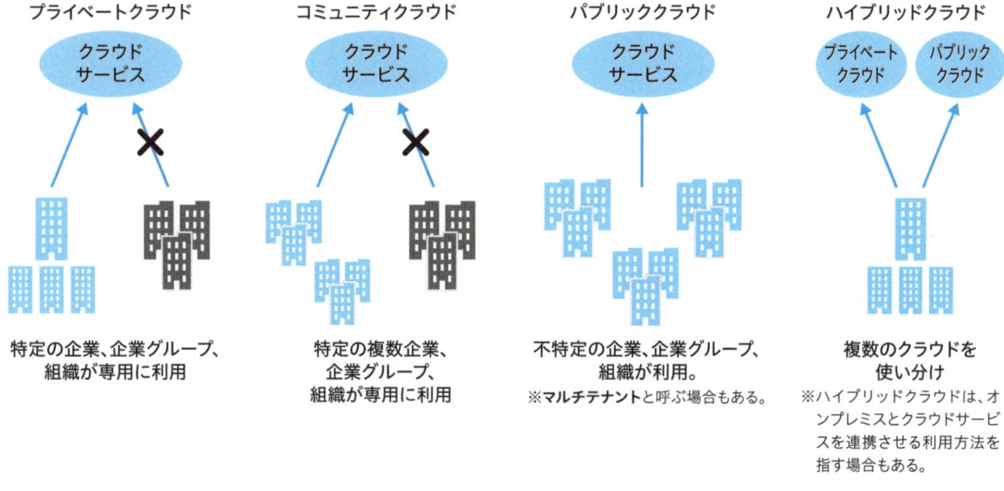

図1-8　パブリッククラウドの実装モデルイメージ図

以上の定義のうち、本書ではMicrosoft Azureのネットワークについて解説するため、サービスモデルについてはPaaSとIaaSを、実装モデルについてはパブリッククラウドと一部、オンプレミスとクラウドサービスを連携させるという意味でのハイブリッドクラウドを扱います。

基本的な特徴

NISTでは、クラウドコンピューティングの内在的な性質に基づいた特徴を、5つの**基本的な特徴**として定義しています。以下に引用します。

基本的な特徴

- **オンデマンド・セルフサービス（On-demand self-service）**

ユーザは、各サービスの提供者と直接やりとりすることなく、必要に応じ、自動的に、サーバーの稼働時間やネットワークストレージのようなコンピューティング能力を一方的に設定できる。

- **幅広いネットワークアクセス（Broad network access）**

コンピューティング能力は、ネットワークを通じて利用可能で、標準的な仕組みで接続可能であり、そのことにより、様々なシンおよびシッククライアントプラットフォーム（例えばモバイルフォン、タブレット、ラップトップコンピュータ、ワークステーション）からの利用を可能とする。

- **リソースの共用（Resource pooling）**

  サービスの提供者のコンピューティングリソースは集積され、複数のユーザにマルチテナントモデルを利用して提供される。様々な物理的・仮想的リソースは、ユーザの需要に応じてダイナミックに割り当てられたり再割り当てされたりする。物理的な所在場所に制約されないという考え方で、ユーザは一般的に、提供されるリソースの正確な所在地を知ったりコントロールしたりできないが、場合によってはより抽象的なレベル（例：国、州、データセンタ）で特定可能である。リソースの例としては、ストレージ、処理能力、メモリ、およびネットワーク帯域が挙げられる。

- **スピーディな拡張性（Rapid elasticity）**

  コンピューティング能力は、伸縮自在に、場合によっては自動で割当ておよび提供が可能で、需要に応じて即座にスケールアウト／スケールイン［▶35］できる。ユーザにとっては、多くの場合、割当てのために利用可能な能力は無尽蔵で、いつでもどんな量でも調達可能のように見える。

- **サービスが計測可能であること（Measured Service）**

  コンピューティング能力は、伸縮自在に、場合によっては自動で割当ておよび提供が可能で、需要に応じて即座にスケールアウト／スケールインできる。ユーザにとっては、多くの場合、割当てのために利用可能な能力は無尽蔵で、いつでもどんな量でも調達可能のように見える。

出典 『NISTによるクラウドコンピューティングの定義　米国国立標準技術研究所による推奨』（IPA 独立行政法人 情報処理推進機構）
https://www.ipa.go.jp/files/000025366.pdf

［▶35］スケールアウト／スケールイン　システムを構成する仮想マシン（サーバー）の台数を増減させること。スケールアウトは増やすこと、スケールインは減らすことを意味する。

クラウドの特徴を支えるクラウドのシステム的な特性

これらのクラウドの特徴は、パブリッククラウドにおいてはそのシステム的な特性により実現されています。パブリッククラウドの持つ特性として、まず挙げられるのは**規模の大きさ**でしょう。Azureでは、2024年6月時点で全世界に65以上のリージョン［▶36］、160以上のデータセンターを展開し、このインフラの上で膨大な数のサーバーが稼働しています。このインフラは、300万キロメートル以上の地球約56周分に相当する光ファイバーネットワークで接続されており、世界各国でISPと接続され、ExpressRoute（Azure専用線）の接続点を保有しています。この大きなコンピュータ資源とネットワークで、クラウドの特徴であるスピーディな拡張性のための無尽蔵に見える能力と幅広いネットワークアクセスを可能にしています（**図1-9**）。

図1-9　Azureリージョン展開状況

参考 Microsoftのグローバルネットワーク
https://learn.microsoft.com/ja-jp/azure/networking/microsoft-global-network

Keyword
［▶36］リージョン　Azureのデータセンターが配置されている地理的な領域。

Azureでは、このコンピュータとネットワークをコントロールするためのユーザーインターフェイスとしてAzure Resource ManagerというAPIを用意しています。ユーザーはこのAPIを通じてAzureの様々なサービスの利用を開始、変更、終了することが可能で、**オンデマンドセルフサービス**の特徴を実現しています。料金は基本的にリソースを利用している時間、利用している量に対して課金されます。この点でもオンデマンド性を実現していると言えるでしょう。

また、Azureでは、ユーザーが仮想マシン（VM）などシステムのメトリック（測定値）、稼働状況を監視するためにAzure Monitor、Log Analyticsというサービスを用意しています。このサービスを通じてサービスの計測性を提供するとともに、メトリックに基づいたリソースのスケールアウトを実現しています。

Microsoftは、このような大きなコンピュータ資源、ネットワークをコントロールするためのAPIと計測機能を付加して、世界中の様々なユーザーが利用できるサービスを提供しています。ユーザーごとに専用の物理的なリソースを確保するのではなく（一部例外あり※7）、利用するユーザーでリソースを共有する形態をとっています。

これまでのオンプレミスの企業システムとパブリッククラウドを対比して考えてみましょう。

※7　Azure Dedicated HostやAzure VMware Solutionは、例外的にユーザーごとに専用の物理ホストを提供します。

オンプレミスの企業システム

- ハードウェアベンダーやソフトウェアベンダーから購入したコンピュータ、ネットワーク機器、および通信キャリアからサービス提供を受けているネットワークサービスを占有しながら、保有するリソースの量を上限として、長期の計画に基づいてシステムを構築する
- 費用は、最初に購入したハードウェア、ソフトウェアなどの費用で固定される

パブリッククラウド

- パブリッククラウドベンダーの保有する無尽蔵とも思えるコンピュータ、ネットワークを、自社だけでなく、他のユーザーと共有しながら、必要なときに必要な分だけ利用する
- 費用は、利用量分だけ支払う

パブリッククラウドを活用するということは、オンデマンドなリソース調達と可観測性という特徴を活用して、このような**オンプレミスのシステムにはなかった拡張性、幅広いネットワークアクセスという特徴をいかに使いこなすか、リソースを他のユーザーと共有することのリスクをいかに低減させるか**がポイントになります。

パブリッククラウドの責任共有モデル

オンプレミスのシステムでは、データセンターやコンピュータ、ネットワークを基本的に自社で保有し、その環境上でシステムを稼働させていました。これに対しパブリッククラウドでは、パブリッククラウドベンダーがデータセンターやコンピュータ、ネットワークを保有し、ユーザーはクラウド上でシステムを稼働させます。

システム全体を見渡したときに、オンプレミスのシステムでは電力やWAN(ワン)[▶37]の回線、コロケーション[▶38]のスペースなど**物理的な境界**に責任分界点があったことに対して、パブリッククラウド上でシステムを稼働させる場合はハイパーバイザーとOSの間やミドルウェアとアプリケーションの間など**システム内部の論理的な境界**にパブリッククラウドベンダーとユーザーの責任分界点が存在します。この点はパブリッククラウドを利用するうえで重要なポイントです。Azureでは**責任共有モデル**として、オンプレミスのシステムと対比しながらパブリッククラウドのIaaS、PaaS、SaaSそれぞれのサービスモデルに基づいてレイヤーのどこに責任分界点が存在しているのかを定義しています（**図1-10**）。

[▶37] WAN(ワン)　Wide Area Network（広域通信網）の略語で、地理的に離れた拠点（LAN）同士を接続するネットワークのこと。従来はインターネット上に暗号化した経路を形成しインターネットVPN p.10 でWANを構築したり、通信キャリアの提供するIP-VPN p.10 サービスを利用したりしてWANを構築することが多かった。Azureでは、WANを構築するためにVirtual WAN p.127 を提供している。

[▶38] コロケーション　データセンター内に設けられた共有スペースに、サーバーなどのネットワーク機器を設置すること。

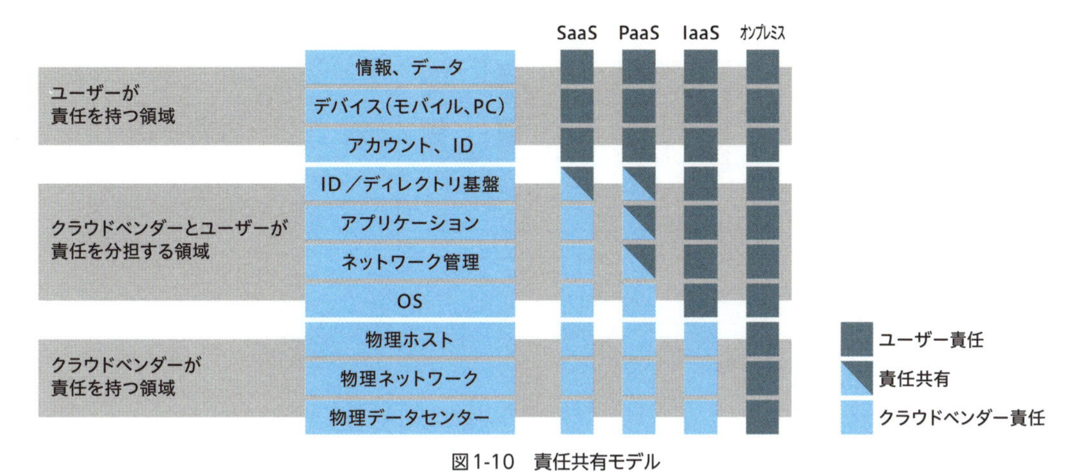

図1-10　責任共有モデル

出典 Shared Responsibility for Cloud Computing
https://azure.microsoft.com/mediahandler/files/resourcefiles/shared-responsibility-for-cloud-computing/Shared%20Responsibility%20for%20Cloud%20Computing-2019-10-25.pdf

以降では、責任共有モデルの観点から、Azureで中心となるIaaSとPaaSの特徴について説明します。

AzureのIaaS

NISTの実装モデルと同様にAzureでは、IaaSを次のように定義しています。

> クラウドコンピューティングサービスの一種で、必要なコンピューティング、ストレージ、ネットワークなどのリソースを、必要なときに必要な分だけ提供するサービス。

コンピューティングリソース上で稼働させるOS以上の構成については、Azureでサポートされる範囲でユーザーが自由に選択・実行させることが可能です。ネットワークはMicrosoftが管理する物理ネットワーク上で仮想化されユーザー（企業）ごとに隔離された**Azure Virtual Network**（**VNet**：仮想ネットワーク）というネットワーク空間を利用することができ、任意のプライベートIPを割り当てて展開することが可能です。

IaaSはOSを自由に選択でき、プライベートIPを割り当ててネットワークを構成できることから、一般的にオンプレミスのシステムを、OS以上の構成をほぼそのままパブリッククラウドに持っていく**リホスト**と呼ばれるクラウド移行戦略に適していると考えられます（クラウドの移行戦略については次項で説明します）。

既存のデータセンターとインターネットVPNやExpressRouteでVNetを接続し、データセンターのネットワークを拡張したような使い方をすることや（**図1-11**）、企業ネットワークのWANとVNetを接続し仮想的なデータセンターのような使い方をすることも可能です（**図1-12**）。

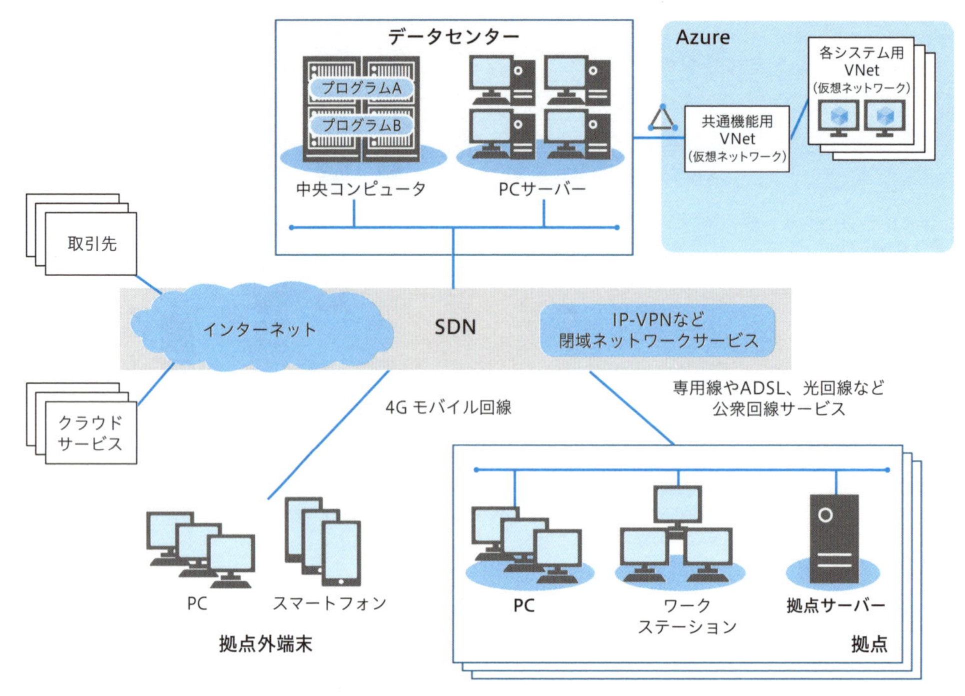

図1-11　データセンター拡張構成

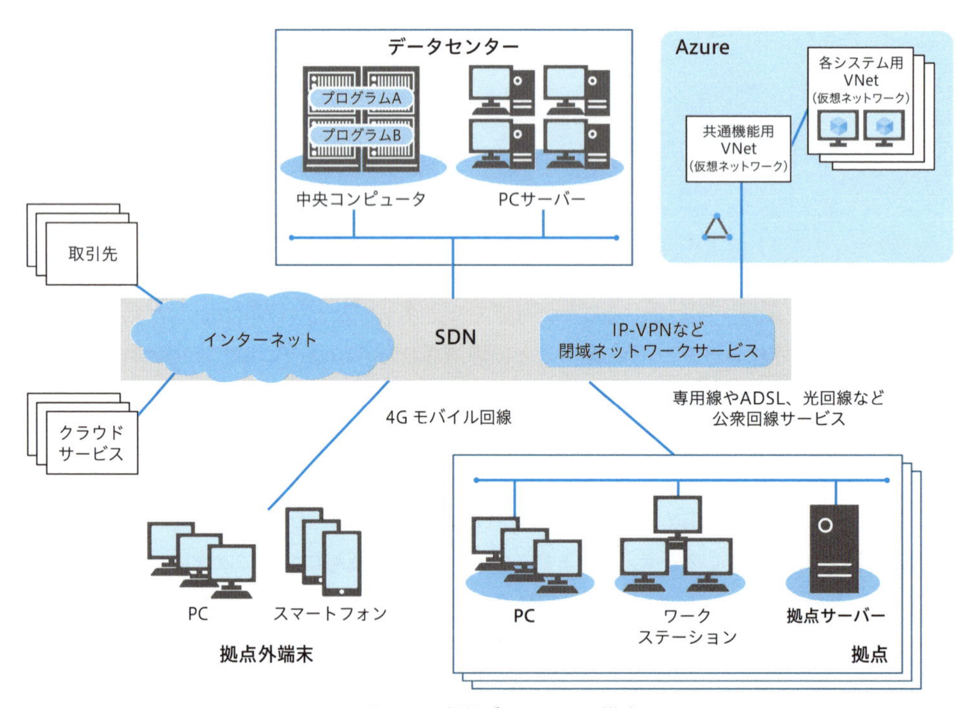

図1-12　仮想データセンター構成

出典 IaaSとは　サービスとしてのインフラストラクチャ
https://azure.microsoft.com/ja-jp/resources/cloud-computing-dictionary/what-is-iaas/#overview

Azure の PaaS

Azureでは、PaaSを次のように定義しています。

> PaaSにもインフラストラクチャ（サーバー、ストレージ、ネットワーク）が含まれますが、さらにミドルウェア、開発ツール、ビジネスインテリジェンス（BI）サービス、データベース管理サービスなども加わります。PaaSは、Webアプリケーションのライフサイクル全体（作成、テスト、デプロイ、管理、更新）に対応するように設計されています。

ハードウェアやネットワークなどのインフラ、OS、ミドルウェアなどはMicrosoftが監理を行ない、ユーザーはアプリケーションとデータの開発・監理に集中できるようにしたサービスと言えます。

IaaSでは、コンピューティングリソースについてはOS以上はユーザーに解放され自由に選択できましたが、PaaSではOSやミドルウェアまでMicrosoftが管理します。ミドルウェアまで規定されているため、データベースや機械学習、Webアプリケーションのホスティングなど IaaSと比べて用途が特化されています。ネットワークの観点では、一部Virtual Networkにデプロイすることが可能なサービスもありますが、基本的にはMicrosoftが管理するネットワーク内にリソースが存在し、ユーザーにはパブリックIPが割り当てられたパブリックエンドポイント[▶39]がインターフェイスとして割り当てられます。これまでのオンプレミスのシステムでは企業のプライベートIPで展開された閉じたネットワーク空間にシステムが存在し、必要に応じてパブリックIPを割り当ててインターネットに公開していたのに対して、PaaSは基本的にパブリックIPが割り当てられたサービスであることが大きな違いです（**図1-13**）。

[▶39] パブリックエンドポイント　インターネット上に公開されたAzureサービスの接続先。

PaaSには、

- クラウドならではの拡張性やオンデマンド性がIaaSより簡単に取り入れることが可能
- ミドルウェアまでパブリッククラウドベンダーが管理する

という特徴があります。そのため、IaaSがハードウェアなど物理的な資源の管理コストを削減できたことに加えて、PaaSではOSやミドルウェアの管理コストも削減することが可能です。クラウドの特性を全面的に取り入れたアプリケーションアーキテクチャはクラウドネイティブアーキテクチャと呼ばれますが、そのアーキテクチャはPaaSの様々な機能に支えられています。次節で改めて説明しますが、既存システムをこのようなクラウドネイティブアーキテクチャを取り入れた構成に移行する場合、大幅な変更・分解を行なうリアーキテクトや、コードの刷新を行なうリビルドというクラウド移行戦略をとります。

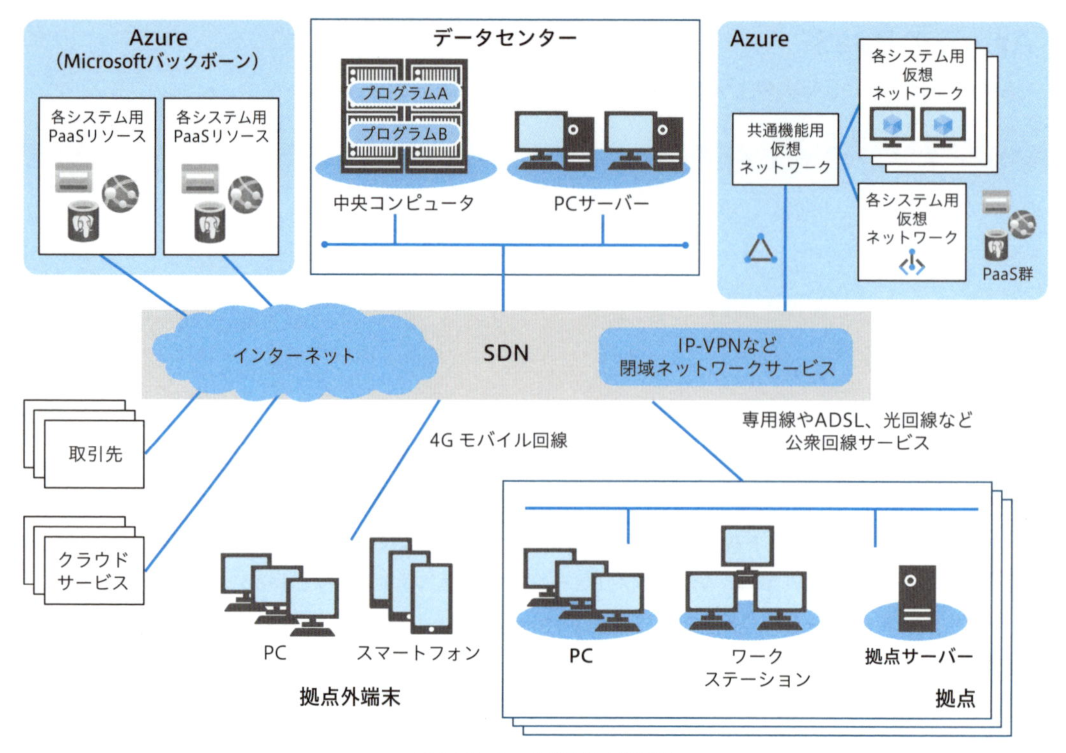

図1-13　PaaS組み込み構成例

出典 PaaSとは　サービスとしてのプラットフォーム
https://azure.microsoft.com/ja-jp/resources/cloud-computing-dictionary/what-is-paas/#overview

IaaSでは物理的な設備を、PaaSではそれに加えてOSやミドルウェアもパブリッククラウドベンダーが管理するということは、パブリッククラウドベンダー側の都合でメンテナンスが行なわれることもあるということです。何らかの緊急のメンテナンスや障害が発生したときにシステム全体、サービスに対する影響を抑えるための可用性、信頼性を確保しておくことが重要な点はオンプレミスのシステムもパブリッククラウドも同じですが、**確保の仕方においてパブリッククラウドの機能を活用できる**ことはネットワーク設計時に考慮するべきポイントです。

このようにパブリッククラウドでは、オンプレミスのシステムにはなかった**特徴や機能を活用する、リスクになりうる点を考慮する**ことをネットワークの要件に反映する必要があります。

クラウド活用に求められるネットワークの要件

これまでの企業システムの歴史を振り返ると、単一の業務、アプリケーションを提供するために1つの中央コンピュータを共有することから始まり、様々な業務、アプリケーションに対応しながらコストを最適化する過程でメインフレームがオープンシステムのサーバーへ形を変えながらその数が増えていく歴史だったと言えるでしょう。ユーザーが利用する端末についても、中央コンピュータのための入出力のためだけに用意されていた端末が特定の部署にだけ用意されていた状態から、様々なアプリケーションに対応するために個人のホビー用からスタートしたPCが取り入れられ、データの計算、記録も可能なコンピュータが1人1台利用するようになって数が増えていきました。

企業ネットワークはこれらの増殖するコンピュータどうしを相互に接続するために導入され、基本的には企業がこのネットワーク全体を管理する形態をとっていました。2000年代にはインターネットも活用されるようになりましたが、当時はあくまで外部の事業者が提供するサービスにアクセスするための経路であり、データセンターに企業ネットワークとインターネットの境界を設けてそこからアクセスする形態でした。

パブリッククラウドを活用するためには、企業ネットワークにどのような要件が求められるのでしょうか。この要件を考えるうえで、まずパブリッククラウドを活用するとはどういうことなのかを考えてみましょう。

クラウド移行戦略

多くの企業でパブリッククラウドを活用するにあたり、既存の企業システムをオンプレミスのシステムから移行するシナリオを検討するでしょう。既存システムをパブリッククラウドへ移行する動機としては、「インフラコストの削減」「ハードウェアやOS、ミドルウェアなどの運用コストの削減」「機能追加やアプリケーション開発のスピードアップ」「セキュリティの向上」「自社のオンプレミスでは実現できない高可用性の実現」など様々な課題の解決が挙げられます。このような課題解決のために既存システムをパブリッククラウド（IaaS/PaaS）へ移行する場合は、次の4つの戦略のいずれかがとられます。

- リホスト
- リファクター
- リアーキテクト
- リビルド

参考 製品の移行シナリオをレビューする
https://learn.microsoft.com/ja-jp/azure/cloud-adoption-framework/migrate/scenarios

その他にも、システムを廃止するリタイア、オンプレミスに残置するリテイン、オンプレミスと同じテクノロジーを利用できる環境に移行するリロケート、既存システムを廃止してSaaSに移行するリパーチェースなどの戦略もありますが、本書はIaaS/PaaSを提供するAzureのネットワークについて解説するため上記の4つを取り上げます。

リホスト（Rehost）

物理サーバーや仮想サーバーで動作するシステムを、IaaSの仮想サーバーサービスに移行する戦略です。クラウドリフト＆シフトと呼ばれることもあります。パブリッククラウドの動作要件を満たすために多少変更を加えることがありますが、サーバーは基本的にOS以上のレイヤー（階層）をそのままパブリッククラウドに移行させます（**図1-14**）。

アプリケーションのコードには手を入れずに素早くクラウドへ移行することを主眼とし、物理インフラに関するコスト削減を目的として採用されることが多い戦略です。

IaaSでは、一般的にユーザー（企業）ごとに隔離されたプライベートなネットワーク空間が提供され高可用性の機能やセキュリティの機能を利用することが可能です。リホストでも、ネットワークの観点からはこのような機能を利用するために構成を変更することがあります。

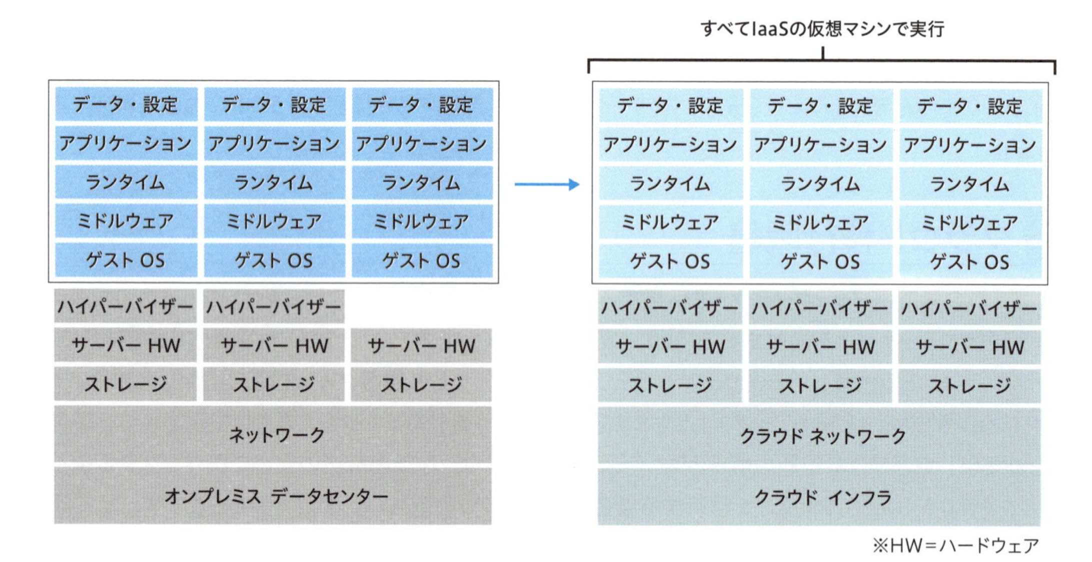

図1-14　リホスト

リファクター（Refactor）

システムの一部にPaaSを取り入れることで、運用コストに関する課題解決も視野に入れる戦略です。たとえば、システムのデータベースを物理サーバー、仮想サーバーで稼働させていたものからPaaS型のDBに入れ替えたり、アプリケーションの実行基盤を同様にサーバーからPaaSのアプリケーションサービスに入れ替えたりすることが行なわれます（**図1-15**）。

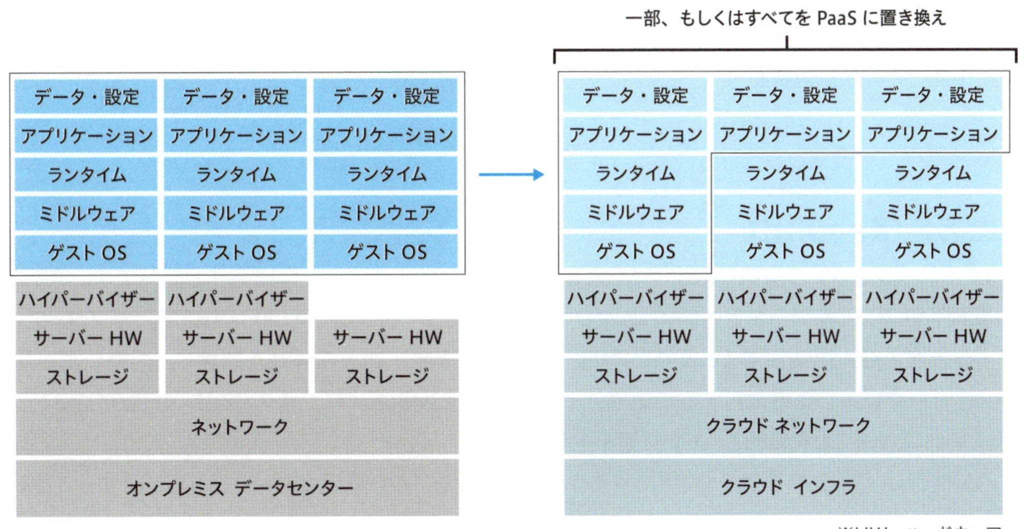

図1-15　リファクター

リアーキテクト（Rearchitect）

既存のアプリケーションに対して、よりビジネスに合わせたスケーラビリティ（拡張性）や迅速性を取り入れることを目的に最適化を行なうことを主眼とした戦略です。たとえば、機能が密結合になったモノリシックなアーキテクチャを機能ごとに分解し、マイクロサービスアーキテクチャに修正するということが行なわれます。マイクロサービスアーキテクチャは、パブリッククラウドの機能を活用するうえで重要なアーキテクチャです（**図1-16**）。

マイクロサービス間での独立性が高くなるように設計するため、各マイクロサービスで機能追加やコスト、運用の改善を行なうために他のマイクロサービスへの影響を抑えながらパブリッククラウドの新機能を取り込むことが可能になります。Azureでは、機械学習やデータ分析など様々なサービスがPaaSで提供されることから、リホストやリファクターに比べてさらにPaaSがシステムに利用されるようになります。

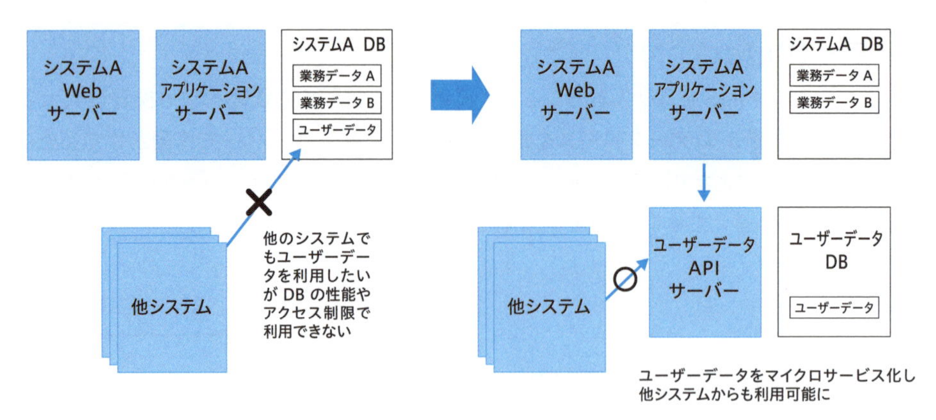

図1-16 リアーキテクト例 マイクロサービス化

リビルド (Rebuild)

パブリッククラウドの機能を活用することを前提にアプリケーションを再構築する戦略です。クラウドの機能を前提にしたアーキテクチャは、**クラウドネイティブアーキテクチャ**と呼ばれます。パブリッククラウドの機能を最大限活用することでアプリケーションの機能追加、拡張性を確保し、同時に高可用性やパフォーマンス、変更に対する俊敏性、セキュリティを実現し、ビジネスに対して貢献できるアプリケーションとすることを目的とします（**図1-17**）。

OSやミドルウェアの管理をパブリッククラウドに任せることで運用コスト削減を目的とすることが多く、実現のためにフルPaaSのアーキテクチャが採用されることも多い戦略です。

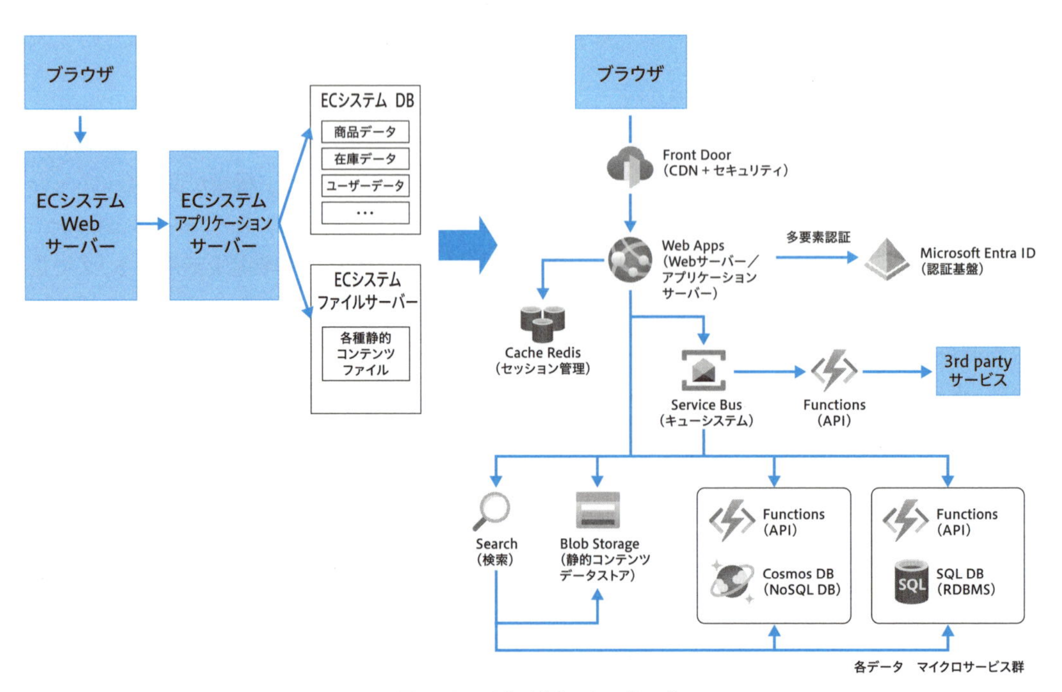

図1-17 リビルド例 サーバレス化

以上のように、リホスト、リファクター、リアーキテクト、リビルドの順でパブリッククラウドの機能を活用する程度が深まり、それに伴ってシステムがIaaS単独で構築していたものからPaaSを取り入れられる度合いが高まります（**図1-18**）。

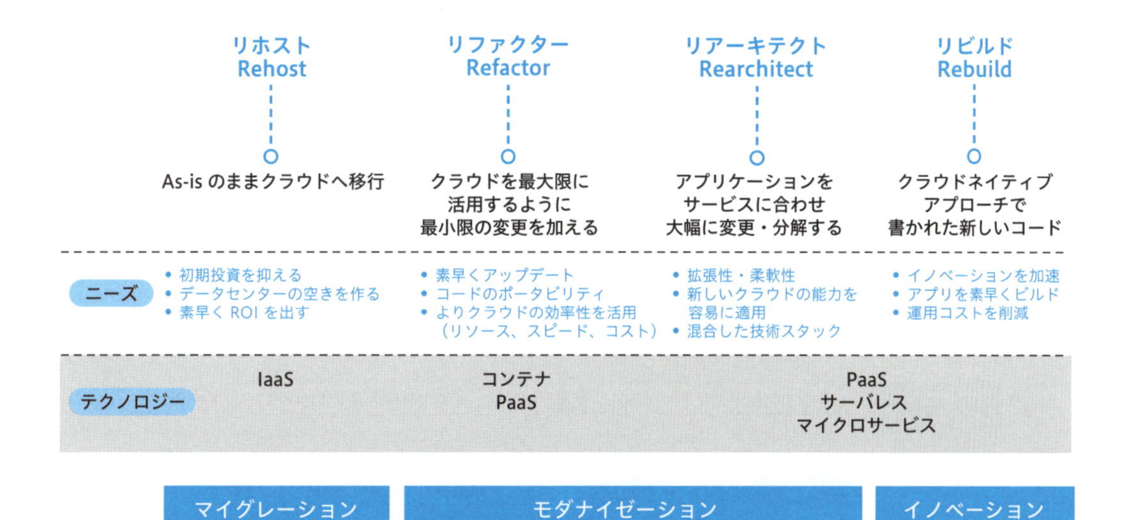

図1-18　クラウド移行戦略まとめ（クラウド移行戦略とモダナイゼーション戦略）

Azureでは、PaaSの多くはIaaSのようなユーザーごとに隔離されたネットワークではなくMicrosoftが管理するネットワークでサービスが提供され、インターネットからアクセス可能なパブリックエンドポイントを保持します。パブリッククラウドを活用するためには企業ネットワークには、このようなネットワークの特性が異なるサービスをサポートするアーキテクチャが求められます。特にPaaSのパブリックエンドポイントをそのまま活用する場合には、これまで企業ネットワークの外として境界を設けて隔離していたインターネットを企業ネットワークの中に取り込むように考え方を転換する必要があります。そのためには、ネットワーク的な境界だけではなく、IDによる境界を設ける多層防御の考え方や、すべてのネットワークをセキュリティ的な安全性が保証されないという前提に立って信頼チェーンに基づいた認証によって安全性を確保するゼロトラストネットワークの考え方を取り入れることが必要です。

Microsoftでは、Azureを企業システムで活用するうえでシステムの品質を保つためにAzure Well-Architected Framework（以下、WAF）という、システム設計の基本原則を定めています。WAFは、信頼性、セキュリティ、コスト最適化、オペレーショナルエクセレンス、パフォーマンス効率の5つの柱から構成されており、システム設計の参考となるポイントが記述されています。また、具体的な設計例については、WAFに基づいたAzureランディングゾーン（Azure Landing Zone：ALZ）というアーキテクチャを定義しています。

以降の章では、ネットワークの基本的な技術要素を解説したうえで、Azureのインフラ、Azureで用意しているネットワークサービスについて紹介します。その後にこれらのサービスを組み合わせて、Azureランディングゾーンを参考にしながら、どのようなネットワーク構成が有効かを説明していきます。

Column Microsoft自身のクラウド移行戦略

一般的なクラウド移行戦略として4つのR（Rehost/Refactor/Rearchitect/Rebuild）があることを紹介しましたが、Microsoft自身はどのようにクラウドへ移行したのでしょうか。

Microsoftは他社に先駆けて、2014年頃からオンプレミスにあった60,000台ものサーバーのクラウド移行に着手しました。Microsoftのクラウドへの移行は、最初は困難が伴いましたが、図Aに示すような意思決定ツリーの使用を開始してから、すべてがとてもスムーズに進むようになりました。

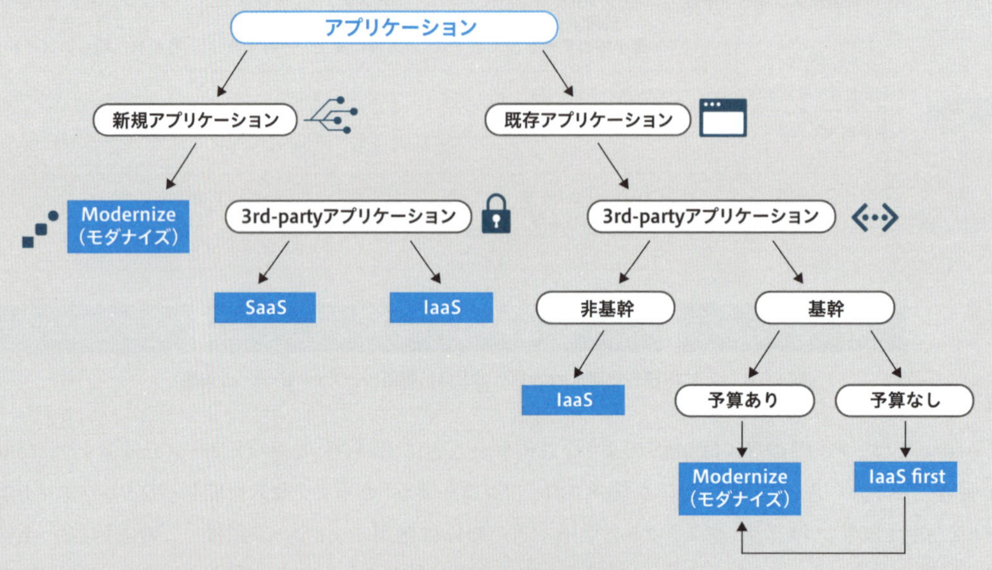

図A　クラウド移行の意思決定ツリー

出典 https://www.microsoft.com/insidetrack/blog/how-an-internal-cloud-migration-is-boosting-microsoft-azure/

クラウド移行は想定していたよりもはるかに複雑であることに気づき、Microsoft社内のクラウド移行チームは、このような意思決定ツリー作成しました。その結果、2021年時点でクラウド移行の96%を完了させ、6つのデータセンターを廃止させることを実現しています。中には数人しか利用していないサーバー等も含まれていたため、そういったアプリケーションは単純なIaaSへの移行だけでなく、アプリケーションそのものの廃止やSaaSへの移行を検討し、オンプレミスのサーバー数を大幅に減少させています。この経験はAzureの製品改善にも役立ち、ベストプラクティスとしてドキュメントを公開することで他企業のクラウド移行を支援しています。

IP ネットワークの基礎知識

Azureでシステムを構築し通信するには、IP（Internet Protocol）という通信プロトコルを利用します。本章では、IPv4の仕様やIPアドレスの役割など、IPネットワークの基礎知識について解説します。

本章では、Azureのネットワークについて説明する前に、その前提知識であるIPネットワークについて解説します。Azureのネットワークも、オンプレミス同様にTCP/IPをベースとしたプロトコル[▶1]で作られています。そのため、本章で扱う内容は、Azureのネットワークを理解するうえで最低限押さえておくべき基礎知識となります。

[▶1] プロトコル　PCやサーバーなどのコンピュータがお互いに通信を行なう際の手順やルールのこと。プロトコルは、人間に例えると言語のようなもので、相手と同じプロトコル（言語）を使わないと、お互いに通信（コミュニケーション）することができない。

2-1 OSI参照モデル

ネットワークを学ぶ際に必ず登場するOSI参照モデルは、Azureでも非常に重要な前提知識です。まずは、その定義を確認していきましょう。OSI参照モデルは、1984年にISO（国際標準化機構）が異なる機器どうしを接続する国際標準化プロトコル（OSIプロトコル）を策定するために作られたもので、コンピュータの通信機能を7階層の構造に分割し定義しています。7階層の機能と主なプロトコルは**表2-1**、各プロトコルの概要は**表2-2**の通りです。

1990年代からTCP/IPが急速に普及したため、OSIプロトコル自体は現在使われていません。また、OSI参照モデルはあくまでモデル（型・手本）であるため、実装仕様として機能することを意図していません。ただし、**OSI参照モデルをベースにすることで、Azureで利用されているネットワークプロトコルだけでなく、Azureのネットワークサービスを整理する際に非常に役立ちます。**たとえば、Azureにおける負荷分散ソリューションは複数用意されていますが、Azure Load Balancerは第4層のトランスポート層で動作し、Application Gatewayは第7層のアプリケーション層で動作する、というようにOSI参照モデルは、これからAzureネットワークを習熟するうえでも必須の知識となります。

表2-1　OSI参照モデル

層(Layer)	名称	主なプロトコル(概要は表2-2)	機能	ISO/IEC 2382:2015における定義	関連するハードウェア
第7層(L7)	アプリケーション層	HTTP、DNS、FTP、NTP、DHCP、SMTP、SNMP、BGP	アプリケーションプロセスがOSI環境にアクセスする手段を提供する	layer that provides means for the application processes to access the OSI environment Note 1 to entry: This layer provides means for the application processes to exchange data and it contains the application-oriented protocols by which these processes communicate.	–
第6層(L6)	プレゼンテーション層	SSL、TLS	データを表現するための共通の構文の選択、およびこの共通の構文との間でのアプリケーションデータの変換を提供する	layer that provides for the selection of a common syntax for representing data and for transformation of application data into and from this common syntax.	–
第5層(L5)	セッション層	NFS、SCP、SQL	協力するプレゼンテーションエンティティが対話を整理して同期し、データ交換を管理するために必要な手段を提供する	layer that provides the means necessary for cooperating presentation entities to organize and synchronize their dialog and to manage their data exchange.	–
第4層(L4)	トランスポート層	TCP、UDP	信頼性の高いエンドツーエンドのデータ転送サービスを提供する	layer that provides a reliable end-to-end data transfer service Note 1 to entry: Under specific conditions, the transport layer may improve the service provided by the network layer.	–
第3層(L3)	ネットワーク層	IP、IPsec、ICMP	エンティティが存在するオープンシステム間でネットワークを介してルーティングおよびスイッチングすることにより、トランスポート層のエンティティにデータブロックを転送する手段を提供する	layer that provides for the entities in the transport layer the means for transferring blocks of data, by routing and switching through the network between the open systems in which those entities reside Note 1 to entry: The network layer may use intermediate systems.	L3スイッチ、ルーター、ファイアウォール
第2層(L2)	データリンク層	ARP、PPP、L2TP	ネットワーク層エンティティ間（通常は隣接するノード）でデータを転送するサービスを提供する ※データリンク層は、物理層で発生する可能性のあるエラーを検出し、場合によっては訂正する	layer that provides services to transfer data between network layer entities, usually in adjacent nodes Note 1 to entry: The data link layer detects and possibly corrects errors that may occur in the physical layer.	L2スイッチ、ブリッジ
第1層(L1)	物理層	Bluetooth、Ethernet、WiFi	伝送媒体上でビットを転送するための物理的接続を確立、維持、および解放するための機械的、電気的、機能的、および手続き的な手段を提供する	layer that provides the mechanical, electrical, functional, and procedural means to establish, maintain and release physical connections for transfer of bits over a transmission medium.	ケーブル（光ファイバー、同軸ケーブル、ツイストペアケーブル）、ハブ、リピーター

出典 ISO/IEC 2382:2015(en), Information technology — Vocabulary
https://www.iso.org/standard/63598.html

表2-2　OSI参照モデルL1～L7の主なプロトコルの概要

Layer（層）：名称	プロトコル	概要
L7：アプリケーション層	HTTP（Hypertext Transfer Protocol）	Webページの転送に使用されるプロトコル
	FTP（File Transfer Protocol）	ファイルのアップロードやダウンロードに使用されるプロトコル
	SMTP（Simple Mail Transfer Protocol）	電子メールの送信に使用されるプロトコル
	DNS（Domain Name System）	ドメイン名（例example.com）をIPアドレス（例192.168.0.1）に変換するためのプロトコル
	SNMP（Simple Network Management Protocol）	ネットワークデバイス（接続する機器）の管理と監視に使用されるプロトコル
	NTP（Network Time Protocol）	ネットワーク上のデバイス間で時刻を同期するためのプロトコル
	BGP（Border Gateway Protocol）	ダイナミックルーティングプロトコル p.52 の1つで、異なるネットワーク（AS：自律システム）間のルーティング情報を交換するためのプロトコル
	DHCP（Dynamic Host Configuration Protocol）	ネットワークデバイス（クライアント）が自動的にIPアドレスとその他のネットワーク構成情報を取得するためのプロトコル
L6：プレゼンテーション層	TLS（Transport Layer Security） SSL（Secure Sockets Layer）	インターネット上でデータを安全に送受信するための暗号化プロトコル。※TLSはSSLの後継プロトコル
L5：セッション層	NFS（Network File System）	ネットワークを介してファイルアクセスを可能にするプロトコル
	SQL（Structured Query Language）	データベース管理システムでのデータ操作用プロトコル
	SCP（Secure Copy Protocol）	ネットワーク上でファイルを安全に転送するためのプロトコル
L4：トランスポート層	TCP（Transmission Control Protocol）	信頼性の高い、接続指向のデータ転送を提供するプロトコル
	UDP（User Datagram Protocol）	低遅延、接続なしのデータ転送を提供するプロトコル
L3：ネットワーク層	IP（Internet Protocol）	インターネット上でデータパケットの送受信とルーティングを管理する基本的なプロトコル
	ICMP（Internet Control Message Protocol）	ネットワークの疎通確認や診断に使用される補助的なプロトコル
	IPsec（Internet Protocol Security）	IP通信を暗号化し、認証することで、セキュリティを強化する一連のプロトコル
L2：データリンク層	PPP（Point-to-Point Protocol）	二点間接続でデータリンク層の通信を行なうためのプロトコル
	ARP（Address Resolution Protocol）	IPアドレスをMACアドレスに変換するためのプロトコル
	L2TP（Layer 2 Tunneling Protocol）	IP（インターネットプロトコル）ネットワーク上でVPN（仮想プライベートネットワーク）接続を確立するためのプロトコル
L1：物理層	Bluetooth	短距離の無線通信技術
	Ethernet	イーサネット。主にLAN（ラン）（ローカルエリアネットワーク）で使用される有線通信技術
	WiFi（Wireless Fidelity）	無線LAN技術の1つで、主に家庭や公共の場でインターネット接続を提供

2-2 ネットワークプロトコル

OSI参照モデルの第3層および第4層にあるTCP/IPを代表とする、ネットワークプロトコル（プロトコル）は、特定のネットワーク上でネットワークデバイスが通信する方法を指定する一連の条件と規則であり、人間の日常会話に置き換えると言語に相当するものです。これにより、通信チャネル（通信経路）を確立して維持するための一般的なフレームワーク（仕組み）と、エラーまたは障害が発生した場合の処理方法が指定されます。サーバーのみならず、ノートPC、タブレット、スマートフォン、デスクトップ、IoTデバイスなどその他のネットワーク対応デバイスなど、様々なネットワーク対応デバイス間の通信は、プロトコルの使用によって可能になります。

プロトコルは、組織のネットワークアーキテクチャの設計に不可欠な構成要素です。使用可能なプロトコルは多数あります。各プロトコルには、その用途と実装を制御する様々なプロパティがあります。数あるプロトコルの中でもTCP/IPは、ネットワーク対応デバイスをIPベースネットワーク経由で相互接続する方法をサポートおよび定義する、複数の通信プロトコルの集合体です。TCP/IPは、インターネットを可能にするだけでなく、イントラネットやエクストラネットなどのプライベートネットワークとパブリックネットワークも実現します。

TCP/IPにより、エンドツーエンド[▶2]の通信プロセスを定義することによって、ネットワーク対応デバイス間でデータを共有する方法が定義されます。具体的には、TCP/IPではパケットと呼ばれる、送信したいデータに対して通信に必要となる情報（ヘッダ）を付与した単位で、送信先の指定、通信経路、パケットの分割方法などが決まります。これにより、ネットワーク全体で最も効率的なルート（パケットの経路）を特定できます。

[▶2] エンドツーエンド　End to End（端から端まで）を略してE2E（イーツーイー）とも呼び、通信の際にデータをリクエストする側（クライアント）とデータを提供する側（サーバー）の二者、あるいは二者間の経路を意味する。エンドツーエンド通信については第3章で解説。

TCP/IPの特徴として「オープンである」ということが挙げられます。TCP/IPはIETF（Internet Engineering Task Force）によって管理されますが、すべてのオペレーティングシステム、ネットワーク、ハードウェアで使用できます（図2-1）。

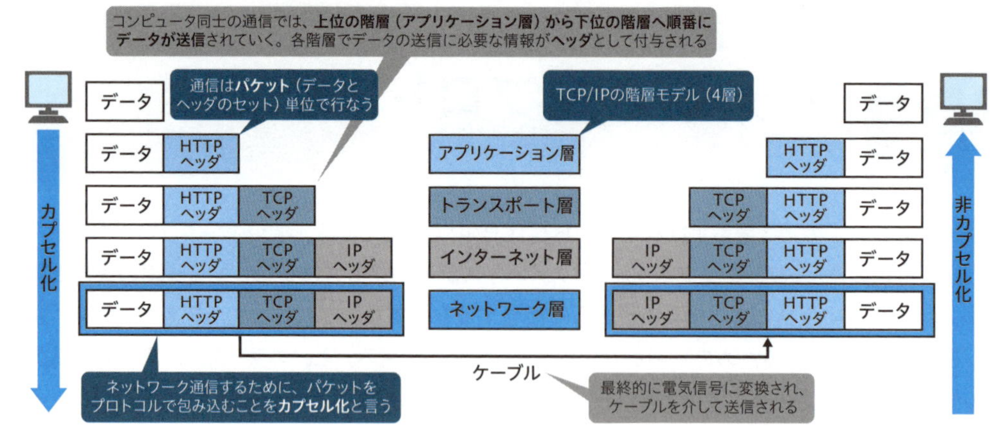

図2-1　TCP/IPの役割

TCP/IPモデル（TCP/IPの階層モデル）はOSI参照モデルとは異なり、4つの層で構成されています（表2-3）。

表2-3　TCP/IPモデル

層（Layer）	名称	代表的なプロトコル	機能
第4層	アプリケーション層	Telnet、FTP、SMTP、DNS、SNMP、SSH	使用される通信プロトコルを決定する役割がある
第3層	トランスポート層	TCP、UDP	使用されるアプリケーションプロトコルに適したポートを使用して、アプリケーションデータが管理可能な順序付けされたチャンク（断片的なデータのかたまり）に分割される
第2層	インターネット層	IPsec、IPv4、IPv6、ICMP、IP	データパケットをその宛先に確実に到達させる
第1層	ネットワーク層	Ethernet、PPP、ATM、ARP、DSL、ISDN	ネットワーク経由でデータを送信する方法を定義する役割がある

OSI参照モデルとTCP/IPモデルの関係は、表2-4の通りです。

表2-4　OSI参照モデルとTCP/IPモデルの関係

OSI参照モデル	TCP/IPモデル
アプリケーション層（L7）	アプリケーション層（L4）
プレゼンテーション層（L6）	
セッション層（L5）	
トランスポート層（L4）	トランスポート層（L3）
ネットワーク層（L3）	インターネット層（L2）
データリンク層（L2）	ネットワーク層（L1）
物理層（L1）	

TCP/IPが実現すること

ネットワーク層プロトコル（OSI参照モデルの第3層）のIPは、バケツリレーで運ばれる水のように、ルーターを経由しながら遠く離れたホスト間でデータのやりとりを行なうことを実現します。しかし、単なるホスト間のデータのやりとりだけでは、私たちがふだん目にするアプリケーションを作ることはできません。実用レベルのアプリケーションを実現するには、様々な補助機能が必要です。もしアプリケーションが非常に重要なデータを取り扱っていたなら、通信中にパケット（データ）が消えるなどあってはいけません。そこで、パケットの欠損を検出して、何らかの形で再送する仕組みが必要になります。この仕組みを実現するのが、トランスポート層プロトコル（OSI参照モデルの第4層）であるTCPです。

2-3 ネットワークアドレス

ネットワークアドレスは、ネットワーク対応デバイスを識別する一意（固有）の識別子です。

ネットワーク対応デバイスには、複数の種類のアドレスが含まれる場合があります。一般的にネットワークアドレスは、ハードウェアレベルでネットワークインターフェイス[▶3]を識別するMAC（マック）アドレス[▶4]と、ソフトウェアレベルでネットワークインターフェイスを識別するIPアドレス[▶5]の2種類があります。

[▶3] ネットワークインターフェイス　ネットワークインターフェイスカード（NIC（ニック））とも呼ばれ、コンピュータやルーターがインターネットなどの外部と通信を行なう際の「接点」となるもの（例イーサネットポート、WiFiアダプター、仮想ネットワークアダプター）。

[▶4] MAC（マック）アドレス　コンピュータやルーターなどのネットワークインターフェイスカード（NIC）に固有に割り当てられた番号（例`51:2A:4E:82:C9:BC`）。MACはMedia Access Control（メディアアクセス制御）の略語で、主にLANなどで使われる通信プロトコル。

[▶5] IPアドレス　IP（Internet Protocol）プロトコルで通信相手を識別するための番号（例`192.168.0.1`）。相手を特定するための、ネットワーク上の住所のようなもの。

自分のMACアドレスとIPアドレスを調べるには、Windowsの場合はコマンドプロンプトを起動し、`ipconfig /all`と入力することで、図2-2のように確認することができます。

```
Wireless LAN adapter Wi-Fi:

   接続固有の DNS サフィックス . . . . .:
   説明. . . . . . . . . . . . . . . . .: Intel(R) Wi-Fi 6 AX201 160MHz
   物理アドレス. . . . . . . . . . . . .: 70-D8-23-■■-■■-■■
   DHCP 有効 . . . . . . . . . . . . . .: はい
   自動構成有効. . . . . . . . . . . . .: はい
   リンクローカル IPv6 アドレス. . . . .: fe80::5506:d00a:149f:cc14%15(優先)
   IPv4 アドレス . . . . . . . . . . . .: 192.168.128.94(優先)
   サブネット マスク . . . . . . . . . .: 255.255.255.0
   リース取得. . . . . . . . . . . . . .: 2024年1月5日 10:03:45
   リースの有効期限. . . . . . . . . . .: 2024年1月6日 10:03:45
   デフォルト ゲートウェイ . . . . . . .: 192.168.128.1
   DHCP サーバー . . . . . . . . . . . .: 192.168.128.1
   DHCPv6 IAID . . . . . . . . . . . . .:
   DHCPv6 クライアント DUID. . . . . . .:
   DNS サーバー. . . . . . . . . . . . .:
   NetBIOS over TCP/IP . . . . . . . . .:
```

MACアドレス
IPv4アドレス

図2-2　MACアドレスとIPアドレス

現在、ネットワーク内で動作するIPのバージョンは、IPv4とIPv6の2つがあります。それぞれの特徴を見ていきましょう。

IPv4

IPv4（インターネットプロトコルバージョン4）は1983年にリリースされたプロトコルですが、現在使用されているすべてのパケット交換方式ネットワークの標準となっています。そのため、IPv4は単にIPと呼ばれることがあります。

IPv4では、32ビットのアドレス空間が使用されます。これにより、4,294,967,296（43億）個の一意の論理IPアドレスを発行できます（言い換えると43億という上限があります）。これらの使用可能な多くのIPアドレスは、プライベートネットワーク、ローカルホスト、インターネットリレー、ドキュメント、サブネットなど、特定の目的のために予約されています。

構造

IPv4アドレスの構造は、0から255の範囲の4つの10進数となっており、それぞれドットで区切られています。IPアドレスには、ネットワークとホストという2つの部分があります。例として、IPアドレス`192.168.0.1`を使用してみましょう（**図2-3**）。

IPアドレスのネットワーク部分は、10進数の最初のセットです。この例では、`192.168.0`です。この数字はネットワーク内で固有のものであり、これでネットワークのクラス[▶6]が指定されます。使用可能なネットワークのクラスはいくつかあります※1。

IPアドレスのホスト部分は、10進数の次（2つ目）のセットです。この例では、1です。この数字はデバイスを表わし、アドレスの競合を避けるために、ネットワーク内で一意である必要があります。ネットワークのセグメント[▶7]上の各デバイスは、一意のアドレスを持つ必要があります。

[▶6] クラス　IPアドレスを大規模、中規模、小規模のネットワークに分類するための考え方。

[▶7] セグメント　ネットワークを何らかの基準で分割したもの。

実際にコンピュータなどのデバイスがこの10進数を理解するには、2進数に変換する必要があります。IPv4アドレスで使われる10進数と2進数の関係を理解しておきましょう。

※1　クラスの種類については、「クラス」p.43で後述します。

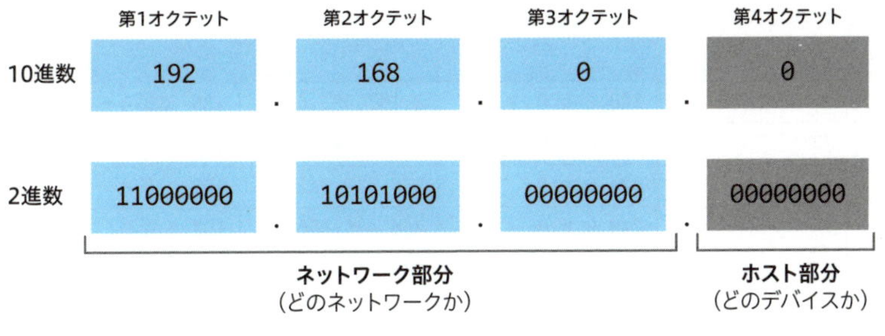

図2-3　IPv4（IPアドレス）の構造

サブネット

サブネットは、IPネットワークを論理的に分割したネットワーク（細分化したもの）のことです。サブネットにより、1つのネットワーク内に複数のサブネットワークが存在できるため、同一ネットワーク内におけるデバイス間通信を制御することが可能になります（**図2-4**）。

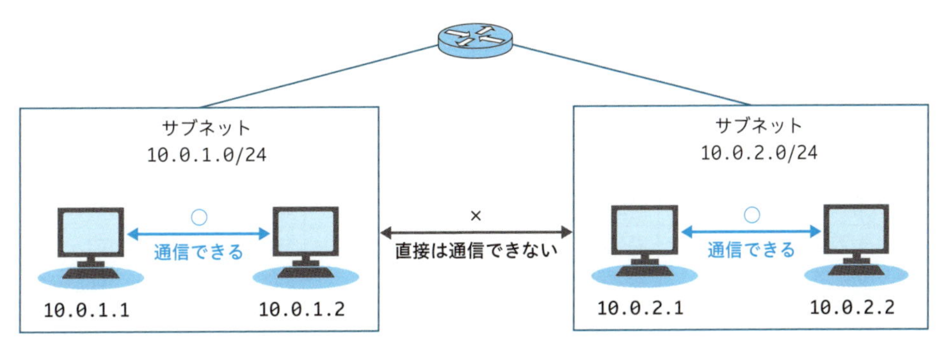

図2-4　サブネット

IPv4ネットワークでは、同一サブネット内であれば特に問題がなく通信が可能であり、別のネットワーク／サブネット間の場合にはその間にルーターとルーティングの設定が必要となります。IPv4ネットワークで、データのパケットが正しいネットワークと適切なネットワークデバイスにルーティングされるようにするには、IPアドレスと**サブネットマスク**[▶8]を正しく指定する必要があります。

[▶8] サブネットマスク　IPアドレスを分割して、どこがネットワーク部分で、どこがホスト部分かを識別するために使う仕組み（例 255.255.255.0）。

サブネットは通常、**CIDR表記**（サイダー）[▶9]という表記方法で表現されます。CIDR表記では、IPアドレスの最後に「/」を追加してから、サブネットマスクのビット数（**プレフィックス長**）を加えます（**表2-5**）。たとえば、198.51.100.0/24は、サブネットマスク255.255.255.0を使用する場合と同じで、198.168.0.0から198.168.0.255のアドレス範囲が提供されます。なお、IPv4におけるCIDR表記のサブネットマスクは、**プレフィックス**[▶10]とも呼ばれます。

表2-5　CIDRとサブネットマスク（IPアドレスが192.168.0.0の場合）

CIDR	プレフィックス長	サブネットマスク	IPアドレス数	アドレス範囲
192.168.0.0/1	/1	128.0.0.0	2,147,483,648	128.0.0.0～255.255.255.255
192.168.0.0/2	/2	192.0.0.0	1,073,741,824	192.0.0.0～255.255.255.255
192.168.0.0/3	/3	224.0.0.0	536,870,912	192.0.0.0～223.255.255.255
192.168.0.0/4	/4	240.0.0.0	268,435,456	192.0.0.0～207.255.255.255
192.168.0.0/5	/5	248.0.0.0	134,217,728	192.0.0.0～199.255.255.255
192.168.0.0/6	/6	252.0.0.0	67,108,864	192.0.0.0～195.255.255.255
192.168.0.0/7	/7	254.0.0.0	33,554,432	192.0.0.0～193.255.255.255
192.168.0.0/8	/8	255.0.0.0	16,777,216	192.0.0.0～192.255.255.255
192.168.0.0/9	/9	255.128.0.0	8,388,608	192.128.0.0～192.255.255.255
192.168.0.0/10	/10	255.192.0.0	4,194,304	192.128.0.0～192.191.255.255
192.168.0.0/11	/11	255.224.0.0	2,097,152	192.160.0.0～192.191.255.255
192.168.0.0/12	/12	255.240.0.0	1,048,576	192.160.0.0～192.175.255.255
192.168.0.0/13	/13	255.248.0.0	524,288	192.168.0.0～192.175.255.255
192.168.0.0/14	/14	255.252.0.0	262,144	192.168.0.0～192.171.255.255
192.168.0.0/15	/15	255.254.0.0	131,072	192.168.0.0～192.169.255.255
192.168.0.0/16	/16	255.255.0.0	65,536	192.168.0.0～192.168.255.255
192.168.0.0/17	/17	255.255.128.0	32,768	192.168.0.0～192.168.127.255
192.168.0.0/18	/18	255.255.192.0	16,384	192.168.0.0～192.168.63.255
192.168.0.0/19	/19	255.255.224.0	8,192	192.168.0.0～192.168.31.255
192.168.0.0/20	/20	255.255.240.0	4,096	192.168.0.0～192.168.15.255
192.168.0.0/21	/21	255.255.248.0	2,048	192.168.0.0～192.168.7.255
192.168.0.0/22	/22	255.255.252.0	1,024	192.168.0.0～192.168.3.255
192.168.0.0/23	/23	255.255.254.0	512	192.168.0.0～192.168.1.255
192.168.0.0/24	/24	255.255.255.0	256	192.168.0.0～192.168.0.255
192.168.0.0/25	/25	255.255.255.128	128	192.168.0.0～192.168.0.127
192.168.0.0/26	/26	255.255.255.192	64	192.168.0.0～192.168.0.63
192.168.0.0/27	/27	255.255.255.224	32	192.168.0.0～192.168.0.31
192.168.0.0/28	/28	255.255.255.240	16	192.168.0.0～192.168.0.15
192.168.0.0/29	/29	255.255.255.248	8	192.168.0.0～192.168.0.7
192.168.0.0/30	/30	255.255.255.252	4	192.168.0.0～192.168.0.3
192.168.0.0/31	/31	255.255.255.254	2	－
192.168.0.0/32	/32	255.255.255.255	1	－

※プライベートIPアドレス [▶11] の場合、クラスCとして利用可能なアドレス範囲は192.168.0.0/16～192.168.0.0/32となります。

[▶9] CIDR（サイダー）表記　CIDR（Classless Inter-Domain Routing：クラスレスドメイン間ルーティング）と呼ばれる、クラスを使わずにIPアドレスの割り当てを行なう仕組みを使って、IPアドレスの範囲を表記する方法。

[▶10] プレフィックス　IPアドレスの中で、どこがネットワーク部分かを表わす（例/32）。

[▶11] プライベートIPアドレス　ローカルネットワーク内（企業や組織など）で使用されるIPアドレスで、インターネット上の通信には使えないIPアドレス。対になるのがパブリックIPアドレスで、インターネットに接続するために使用される。

クラス

IPv4のアドレス空間は、A ～ Eに分類される5つのクラスおよびIPアドレスの範囲に分割されます。

表2-6　IPv4アドレスのクラス

クラス	開始アドレス	終了アドレス	ネットワークの数	ネットワークごとのIPアドレス	使用可能なIPアドレスの数	サブネットマスク	備考
A	0.0.0.0	127.255.255.255	128	16,777,216	2,147,483,648	255.0.0.0	アドレス範囲のIPアドレスは予約されており、使用できない
B	128.0.0.0	191.255.255.255	16,384	65,536	1,073,741,824	255.255.0.0	アドレス範囲のIPアドレスは予約されており、使用できない
C	192.0.0.0	223.255.255.255	2,097,152	256	536,870,912	255.255.255.0	アドレス範囲のIPアドレスは予約されており、使用できない
D	224.0.0.0	239.255.255.255	－	－	268,435,456	－	マルチキャストトラフィック[▶12] 専用に予約済み
E	240.0.0.0	255.255.255.255	－	－	268,435,456	－	インターネットなどの公衆ネットワークでは使用できない

[▶12] マルチキャストトラフィック　1つの送信元から複数の宛先へ同じデータを送信する通信形態。リアルタイムの映像配信やPCへのOSイメージ配信などで利用される。

サブネットにより、クラスA、B、Cのネットワークをさらに複数の論理ネットワークに分割して利用することができます。サブネットがない場合、クラスA、B、Cの各ネットワークでは1つのネットワークに制限されます。

たとえば、192.168.0.0で始まるIPアドレス範囲があり、255.255.255.128のサブネットがあるとします（**図2-5**）。その場合、サブネットマスクの255.255.255.128は2進数に変換すると11111111.11111111.11111111.11110000となり、2進数が1となっている範囲がネットワーク部分となって、逆に1となっている範囲がホスト部分となります。255.255.255.128のサブネットマスクにより、192.168.0.0から192.168.0.127のIPアドレス範囲が使用可能となります。サブネットがない場合、192.168.0.0はクラスCに分類されるため、192.168.0.0から192.168.0.255がIPアドレス範囲となりますが、規模や用途に応じてサブネットによりさらに分割して利用することができます。

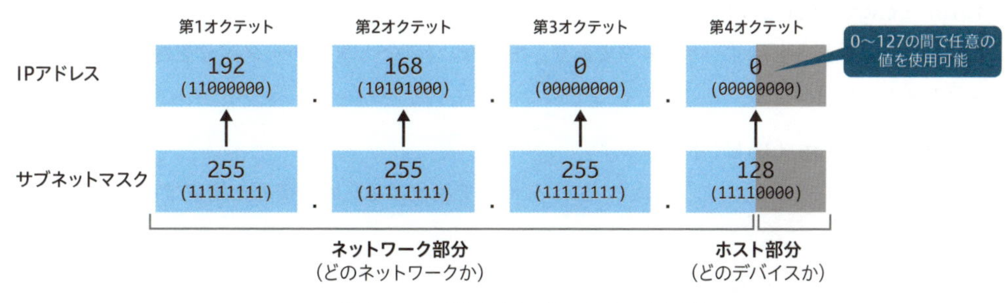

図2-5　IPアドレスとサブネットマスクの関係

パケットフォーマット

送信したいデータにIPアドレスなどの情報を付与することで、相手と通信できます。付与する方法についてもRFCでルールが定められています。

図2-1 p.38 で示したように、OSI参照モデルにもとづき、データは上位層から下位層へ流れていき、トランスポート層では**TCPヘッダ**、ネットワーク層では**IPヘッダ**が付与されます。このヘッダとデータがセットになった通信単位を**パケット**と呼びます。

ここではIPv4のヘッダフォーマットおよび各項目を説明します（**図2-6**）※2。IPヘッダは20バイトのサイズですが、オプションが追加された場合は最大で60バイトのサイズとなります※3。

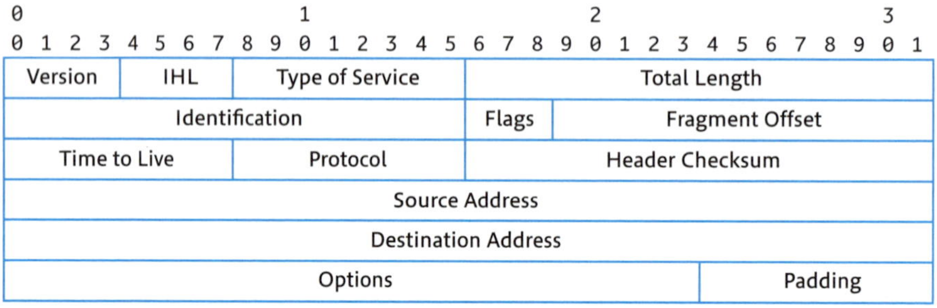

```
0                   1                   2                   3
0 1 2 3 4 5 6 7 8 9 0 1 2 3 4 5 6 7 8 9 0 1 2 3 4 5 6 7 8 9 0 1
```

<table>
<tr><td>Version</td><td>IHL</td><td>Type of Service</td><td colspan="3">Total Length</td></tr>
<tr><td colspan="3">Identification</td><td>Flags</td><td colspan="2">Fragment Offset</td></tr>
<tr><td colspan="2">Time to Live</td><td>Protocol</td><td colspan="3">Header Checksum</td></tr>
<tr><td colspan="6">Source Address</td></tr>
<tr><td colspan="6">Destination Address</td></tr>
<tr><td colspan="5">Options</td><td>Padding</td></tr>
</table>

図2-6　IPv4ヘッダフォーマット

出典 RFC 791 "Internet Protocol"　https://www.rfc-editor.org/rfc/rfc791.html

- **Version（4ビット）**

  インターネットプロトコル（IP）のバージョンを示します。IPv4の場合は4。

- **IHL（Internet Header Length：4ビット）**

  IPヘッダの長さを表わしたもので、データの先頭を指しています。ヘッダの最小値は5であることに注意してください。

- **Type of Service（8ビット）**

  パケットのタイプを区別し、ネットワークの品質を向上させる役割を果たします。このパラメータは、特定のネットワークを介してパケットを送信する際に、QoS（Quality of Service）で使用される優先制御、帯域制御、輻輳制御などの情報を表現します。

- **Total Length（16ビット）**

  パケット全体の長さを示すパラメータであり、IPパケットのヘッダとデータ部分を合わせた総バイト数を示します。

- **Identification（16ビット）**

  パケットの**フラグメント化** [▶13] において各フラグメントを識別するための情報を提供するパラメータです。

※2　TCPヘッダに関しては第3章で解説します。

※3　RFC 791 "Internet Protocol"　https://www.rfc-editor.org/rfc/rfc791.html

［▶13］フラグメント化　フラグメントは「断片」を意味し、パケットがネットワーク上で転送される際、一部のネットワークデバイスはパケットのサイズに制限があるため、大きなIPパケットを複数の小さなパケットに分割（フラグメント化）することがある。

- **Flags**（3ビット）

  様々な制御フラグ。

- **Fragment Offset**（13ビット）

  フラグメント化されたパケットの位置を示します。

- **Time to Live**（8ビット）

  パケットがインターネットシステムにとどまることができる最大時間（TTL：Time to Live）を示します。このパラメータにゼロの値が含まれている場合、パケットを破棄する必要があります。時間は秒単位で測定されますが、パケットを処理するすべてのモジュールは、パケットを1秒未満で処理する場合でもTTLを少なくとも1減らす必要があるため、TTLは時間の上限としてのみ考えなければなりません。TTLはパケットが存在する可能性がある時間であり、その目的は配信不能なパケットを破棄し、パケットの最大有効期間を制限することです。

- **Protocol**（8ビット）

  パケットが通信において上位層のプロトコルを指定するもので、たとえばTCPの場合、このパラメータには6が設定されます。

- **Header Checksum**（16ビット）

  パケットのヘッダ部分の整合性を確認するもので、ヘッダが通信途中で破損していないかを確認するために利用されます。

- **Source Address**（32ビット）

  送信元アドレス。

- **Destination Address**（32ビット）

  送信先アドレス。

- **Options**（可変）

  省略可能なパラメータで、特定の情報を提供したり、パケットの処理を制御するために使用されます。たとえば、タイムスタンプオプションやセキュリティオプションなどがあります。

- **Padding**（可変）

  ヘッダ長を調整するため使用されます。ヘッダ長は20バイトの固定長であるため、20バイト未満の場合、20バイトに合わせるために使用されます。

特別用途のアドレス

各クラスでは、使用できるIPアドレスの範囲に制限があります。**表2-7**は、その一般的なものを示しています。

表2-7　特別用途のアドレス

アドレス範囲	スコープ（適用範囲）	説明
10.0.0.0 – 10.255.255.255	プライベートネットワーク	プライベートネットワーク内の通信に使用
127.0.0.0 – 127.255.255.255	ホスト	ループバックアドレスに使用
172.16.0.0 – 172.31.255.255	プライベートネットワーク	プライベートネットワーク内のローカル通信に使用
192.88.99.0 – 192.88.99.255	インターネット	予約済み
192.168.0.0 – 192.168.255.255	プライベートネットワーク	プライベートネットワーク内のローカル通信に使用
255.255.255.255	サブネット	制限付きブロードキャスト [▶14] の宛先アドレス用に予約

[▶14] 制限付きブロードキャスト　特定の相手ではなく、同一ネットワーク内のすべてのホストに送信することをブロードキャストと呼ぶ。ブロードキャストに利用されるアドレスはRFC 919により定義されており、各サブネットのホスト部のビットをすべて1にしたものが、ブロードキャストアドレスとなる（例192.168.1.0/24の場合、192.168.1.255がブロードキャストアドレス）。制限付きブロードキャストは、特定の条件で使用されるブロードキャストであり、所属するネットワークのIPアドレスが不明な場合などで使用される。なお、ブロードキャストアドレスに届いた通信はルーターによって転送されない。

プライベートIPとグローバルIP

クラスA、B、Cには、プライベートネットワーク用に確保されたIPアドレスの範囲があります。これらのIP範囲には、インターネット経由ではアクセスできません。このようなアドレスが含まれるパケットが送信されると、すべてのパブリックネットワーク上のルーターで無視されます。

表2-8　プライベートIPアドレスの種類

名前	CIDRブロック	アドレス範囲	アドレスの数
クラスA	10.0.0.0/8	10.0.0.0 - 10.255.255.255	16,777,216
クラスB	172.16.0.0/12	172.16.0.0 - 172.31.255.255	1,048,576
クラスC	192.168.0.0/16	192.168.0.0 - 192.168.255.255	65,536

プライベートネットワーク上のネットワークデバイスは、パブリックネットワーク上のデバイスと通信できません。通信は、NAT（ナット）（ネットワークアドレス変換）[▶15] という機能を用いてネットワークアドレス変換することで可能となります。

[▶15] NAT（ナット）　Network Address Translation（ネットワークアドレス変換）の略語。ネットワーク通信の経路の途中にあるネットワークデバイスで、パケットのIPアドレスを別のアドレスに書き換えることでネットワークを制御する技術。第3章3.2節で後述。

地理的地域が異なる2つのプライベートネットワークを接続する方法は、VPN（仮想プライベートネットワーク）を使用することです。VPNは、各プライベートネットワークにおけるパケットをカプセル化します。VPNでは、パケットをさらに暗号化してから、それをパブリックネットワーク経由で、あるプライベートネットワークから別のプライベートネットワークに送信できます（これを**トンネリング**と呼びます）。

MTU、IPフラグメンテーション

MTU（Maximum Transmission Unit：**最大転送単位**）とは、ネットワークインターフェイスを介して1回に送信できる最大のフレーム（パケット）サイズのことで、サイズの単位はバイトです。MTUはネットワークインターフェイス側で設定することができます。後述するAzure（Azure Virtual Machines）上で使用されるデフォルト設定と、ほとんどのネットワークデバイス上のグローバルなデフォルト設定は1,500バイトです。

IPフラグメンテーション（パケットの断片化）は、ネットワークインターフェイスのMTUを超えるパケットが送信されるときに発生します。TCP/IPで通信が行なわれる際、パケットはネットワークインターフェイスのMTUに準拠したサイズに分割（フラグメント化＝断片化）されます（**図2-7**）。IPフラグメンテーションはIPレイヤー（OSI参照モデルの第3層であるネットワーク層）で行なわれ、上位のプロトコル（TCPなどの第4層であるトランスポート層以上）には依存しません。

図2-7では、MTUが1,500のネットワークインターフェイスを介して2,000バイトのパケットが送信されたため、1,500バイトのパケットと500バイトのパケットの2つに分割されています。

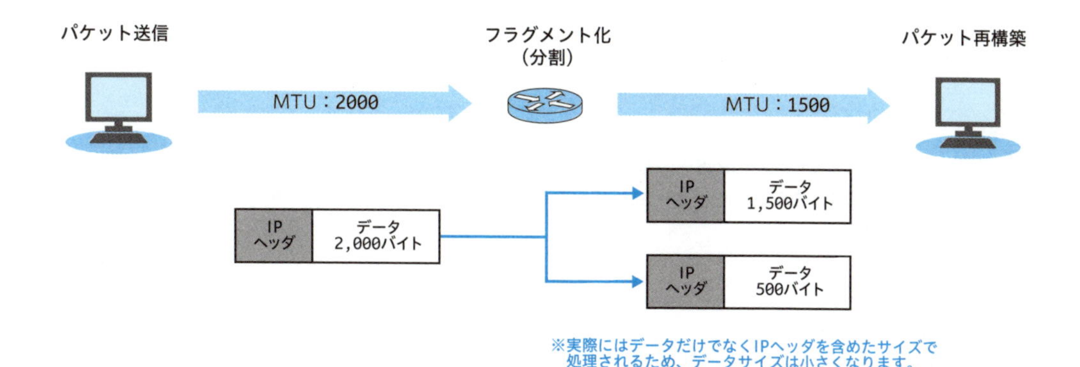

図2-7　IPフラグメンテーションの仕組み

送信元と宛先の間のパス上にあるネットワークデバイスには、MTUを超えるパケットを削除するか、パケットをより小さい部分に断片化します。

IPv6

IPv6（インターネットプロトコルバージョン6）は、実用されているIPの最新バージョンです。IPv6は、インターネット標準のIPをIPv4アドレス枯渇の問題に対処したものに置き換えるため、IETF（インターネット技術標準化委員会）によって設計および策定されました※4。そして、2017年7月に公認のインターネット標準として採用されています。

IPv6では、128ビットのアドレス空間を使用することで、IPv4の1,028倍のIPアドレスが利用可能になっています。また、IPv6には次のような利点があります。

- **クライアントのIPアドレスの自動構成が容易**
  IPv6では、アドレスの自動構成がプロトコルに組み込まれています。たとえば、ルーターによってプレフィックスがブロードキャストされると、ネットワークデバイスでは、そのMACアドレスを追加して一意のIPv6アドレスを自動的に割り当てることができます。
- **新しいサービスのサポート**
  IPv6では、IPv4に比べてアドレス空間が大変大きく、アドレスの節約のためのNATが不要になり、P2P（ピアツーピア）ネットワークを簡単に作成できるようになりました。
- **マルチキャストおよびエニーキャスト機能**
  マルチキャストを使用すると、メッセージを1対多の方法でブロードキャストできます（**図2-8**）。また、エニーキャストを使用すると、1つの宛先で、2つ以上のエンドポイント宛先への複数のルート指定パスを割り当てることができます※5。

AzureのIPv6対応状況

Azureでは各サービスでIPv6への対応を着々と進めており、主なネットワークサービスにおけるIPv6対応状況は以下の通りです。ただし、アップデートがあるため、Microsoftのドキュメントなどで常に最新の情報を確認するようにしてください。

IPv6対応

・ExpressRoute
・Virtual Network（VNet：仮想ネットワーク）
・Load Balancer

IPv6非対応

・Virtual WAN
・Azure Firewall

※4　IPアドレスの枯渇問題については第3章で解説します。
※5　IPv4でもマルチキャスト、エニーキャストは扱えますが、特にエニーキャストについてはIPv6のほうがより仕様が明確になっています。

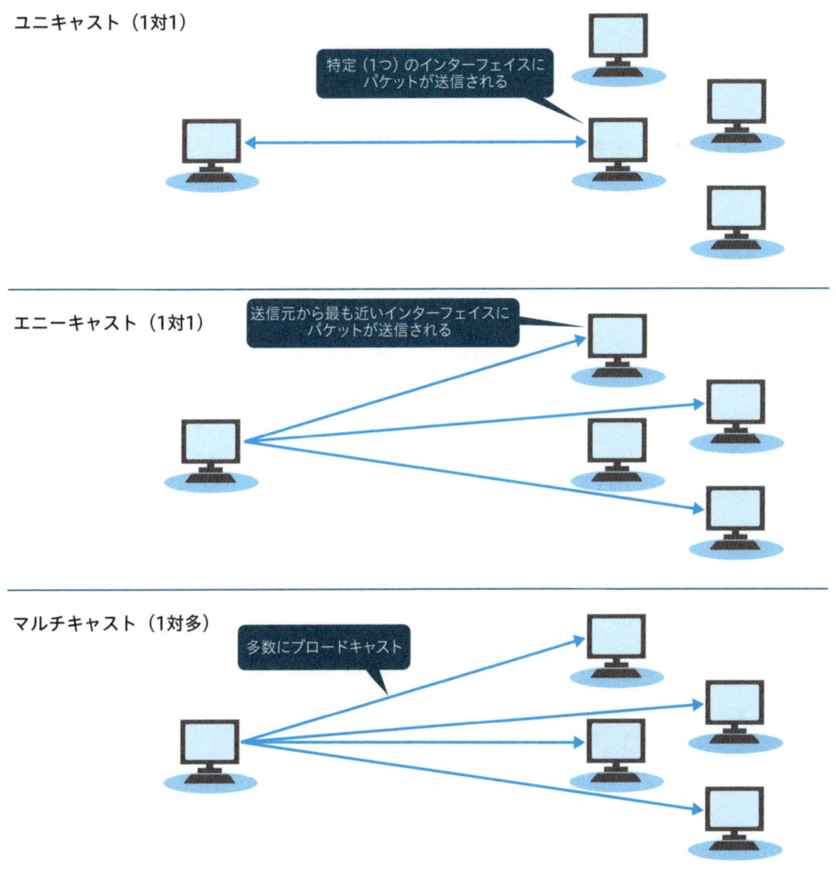

図2-8　ユニキャスト、エニーキャスト、マルチキャスト

IPv6の構造

IPv6の構造は、IPv4とは異なります（**図2-9**）。3桁の10進数の代わりに、ヘクステットと呼ばれる4桁の16進数のグループが8つ使用されます。各ヘクステットは、コロン（:）で区切られます。

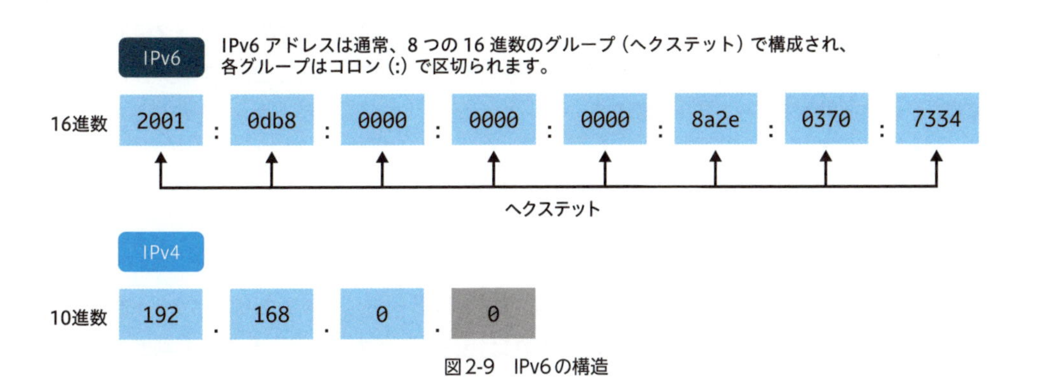

図2-9　IPv6の構造

また、IPv6アドレスはIPv4より長くなるため、次のルールを使用することでアドレスの表記を簡略化できます。

■ ルール1　0（ゼロ）の省略

各ヘクステット内の先頭のゼロは省略可能です。たとえば、0370は370と表記できます（**図2-10**）。

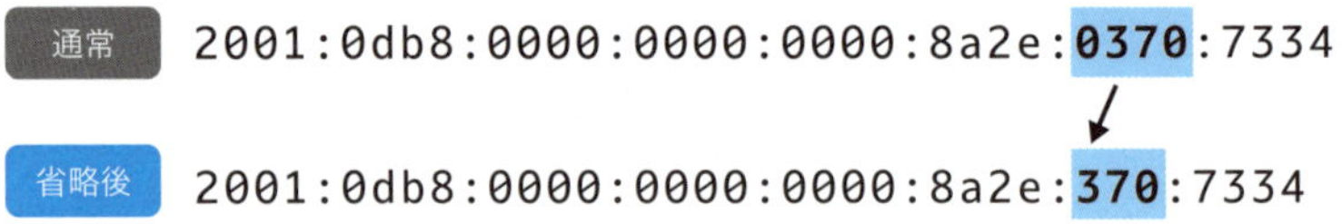

```
通常    2001:0db8:0000:0000:0000:8a2e:0370:7334
省略後  2001:0db8:0000:0000:0000:8a2e:370:7334
```

図2-10　0（ゼロ）の省略

■ ルール2　連続するゼロの省略

連続するゼロのヘクステットは、ダブルコロン（::）を使用して省略できます（**図2-11**）。ただし、このルールは1つのアドレス内で一度だけ使用可能です。

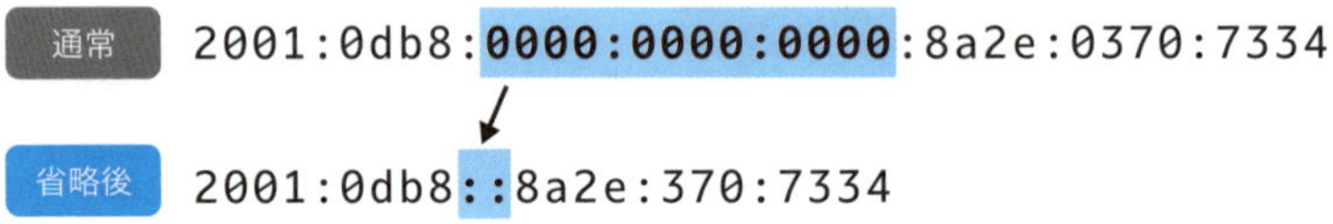

```
通常    2001:0db8:0000:0000:0000:8a2e:0370:7334
省略後  2001:0db8::8a2e:370:7334
```

図2-11　連続するゼロの省略

2-4 ルーティング

ルーティングは、異なるネットワークから送られてきたパケットを適切なネットワークに届ける仕組みです。ルーティングによって送信先までの経路を制御することができます。主にルーターがこの仕組みを実装しており、異なるネットワーク間をルーターでつなぎ、ルーターがパケットを転送します。日本語では**経路制御**とも呼ばれます。

ルーティングテーブル

ルーティングテーブルは、送信先までの経路を制御するデータベースであり、パケットを中継する際に、どのネットワークに向けてパケットを送出すれば宛先アドレスへ届けられるかを判断するために使われる情報です。日本語では**経路情報**とも呼ばれます。

オンプレミスでは主にルーターやファイアウォール、L3スイッチなどのネットワーク機器にルーティングテーブルを設定しますが、クラウドにもルーティングテーブル（ルートテーブル）は存在します。たとえばAzureの場合、各サブネットに仮想的なルーターがあり、そこにルーティングテーブルが書けるようになっています。

また、自分のPC内にもルーティングテーブルはあります。たとえば、コマンドプロンプトを起動し、route printと入力すると、それを確認することができます（図2-12）。

宛先IPアドレス　サブネットマスク　ゲートウェイ（ネクストホップ）　デフォルトルート

```
IPv4 Route Table
===========================================================================
Active Routes:
Network Destination        Netmask          Gateway       Interface  Metric
          0.0.0.0          0.0.0.0    192.168.128.1   192.168.128.94     45
        127.0.0.0        255.0.0.0         On-link         127.0.0.1    331
        127.0.0.1  255.255.255.255         On-link         127.0.0.1    331
  127.255.255.255  255.255.255.255         On-link         127.0.0.1    331
    192.168.128.0    255.255.255.0         On-link    192.168.128.94    301
   192.168.128.94  255.255.255.255         On-link    192.168.128.94    301
  192.168.128.255  255.255.255.255         On-link    192.168.128.94    301
        224.0.0.0        240.0.0.0         On-link         127.0.0.1    331
        224.0.0.0        240.0.0.0         On-link    192.168.128.94    301
  255.255.255.255  255.255.255.255         On-link         127.0.0.1    331
  255.255.255.255  255.255.255.255         On-link    192.168.128.94    301
===========================================================================
```

図2-12　ルーティングテーブルの例（Windows）

図2-12の各項目は以下のような意味を表わしています。

- **Network Destination（宛先IPアドレス）、Netmask（サブネットマスク）**
  送り先のIPアドレス範囲を、IPアドレスとサブネットマスクの組み合わせで表現しています。一番上の「宛先IPアドレス0.0.0.0サブネットマスク0.0.0.0」（通常0.0.0.0/0と表記されます）はデフォルトルートと呼ばれ、該当するルーティングテーブルが存在しない場合、「192.168.128.1」に送信することを示しています。

- **Gateway（ゲートウェイ）**
  ネクストホップとも呼ばれ、パケットの中継を依頼するIPアドレスを示しており、該当するパケットはここに記載されたアドレスを経由して送信されます。「On-link（リンク上）」は、通信先が同一ネットワークであるため、ゲートウェイを中継せずに直接アクセスする、という意味を表わしています。

- **Interface（インターフェイス）**
  パケットを送信する出口を示しており、「192.168.128.94」はこのPCのWiFiアダプターのインターフェイスです。

- **Metric（メトリック）**
  同じルートが複数存在する場合に、どのルートを優先させるかを決めるために使われるパラメータです。数値が小さいほうが距離が短いと判断され優先されます。

ルーティングの種類

ネットワークに接続するすべてのルーターが個々にルーティングテーブルを持ち、そのテーブルに従って最終的な目的地までパケットを転送していきます。個々のルーターにルーティングテーブルを作成する方法は、以下の2種類があります（**図2-13**）。

- スタティックルーティング
- ダイナミックルーティング

スタティックルーティング

管理者が**手作業**で
ルーティングテーブルを設定

ダイナミックルーティング

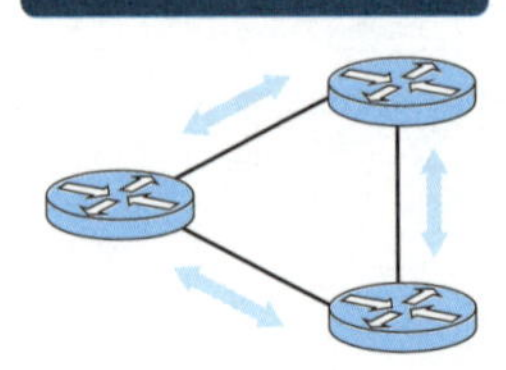

ルーター間でルーティング情報を交換することにより、
各ルーターが**自動的**にルーティングテーブルを作成

図2-13　スタティックルーティングとダイナミックルーティング

それぞれ長所と短所がありますが、いずれもAzureで利用されている方法なので、押さえておくべきポイントを見ていきましょう。

スタティックルーティング

管理者が手作業でルーティングテーブルを設定するのが、**スタティックルーティング**です。

スタティックルーティングでは、個々のルーターが持つルーティング情報を交換せずにルーティングテーブルが勝手に書き換えられることがないので、ネットワークの設計ポリシーを確実に反映させることができます。

ただし、スタティックルーティングは、ネットワークの追加など構成変更のたびに、手作業でルーティングテーブルを更新する必要があります。そのため、ネットワークの規模が大きくなると管理者の負担が増えたり、設定ミスが発生しやすくなるという欠点があります。

ダイナミックルーティング

ルーター間でルーティング情報を交換することにより、各ルーターが自動的にルーティングテーブルを作成するのが、**ダイナミックルーティング**です。

ダイナミックルーティングでは、RIP、OSPF、BGPなどのルーティングプロトコルが使われます。設定するネットワークが追加された場合でも、管理者はその接点に位置するルーターの設定を変更するだけで済むので、管理の手間は少なくなります。また、ネットワークが冗長構成になっていれば、障害時に迂回経路を自動的に見つけることも可能となります。

一方で、ルーティングテーブル更新時にルーターのCPU／メモリを消費することや、経路情報を交換するため常にネットワークにはある程度の負荷がかかることになります。

最近では、企業がパブリッククラウドと専用線（AzureではExpressRoute）で接続する際、プロトコルとしてBGPを利用する場合があるため、ここで少しBGPについて触れておきましょう[※6]。BGPは、AS（自律システム）[▶16]と呼ばれるネットワーク間（2つ以上の異なるAS間）で、ルーティングと到達可能性の情報を交換するためにインターネット上で広く使用されている標準のルーティングプロトコルです（**図2-14**）。たとえば、Azure VPNゲートウェイとオンプレミスのVPNデバイスがBGPを使用してルートを交換します（BGPピア[▶17]）。これによって、BGPピアとなったゲートウェイとVPNデバイス相互の可用性と、BGPのプレフィックスが到達できる可能性に関する情報が相互に伝達されます。また、BGPでは、BGPゲートウェイが特定のBGPピアから学習したルートを他のすべてのBGPピアに伝達することで、複数のネットワークでトランジットルーティング[▶18]を行なうこともできます。

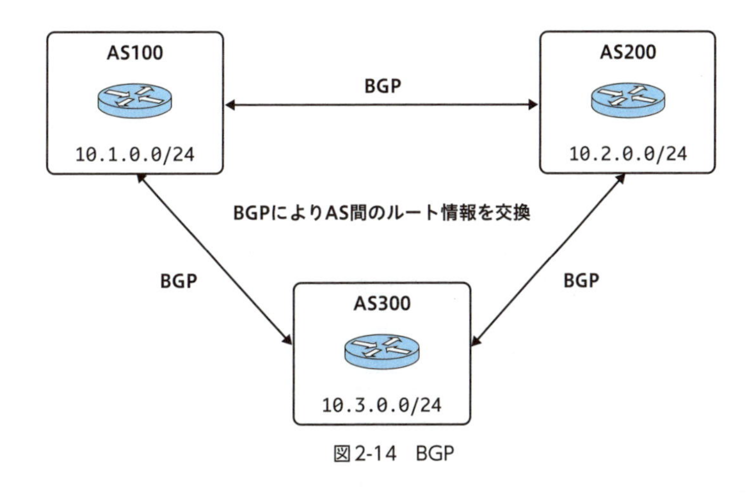

図2-14　BGP

Keyword

[▶16] AS　Autonomous System（自律システム）の略語で、ISPや企業など統一された規則のもとに管理・運用されるネットワークのこと。

[▶17] BGPピア　2つのAS（自律システム）がBGPで情報交換を行なっている状態を指す。BGP近隣ノードとも呼ばれる。

[▶18] トランジットルーティング　接続したAS（自律システム）同士の通信を可能とすること。単にトランジットとも呼ばれる。

ロンゲストマッチの法則

ルーティングで合致したルールが複数ある場合には、より合致度の高いルールが利用されます。これをロンゲストマッチ（longest prefix match）の法則と呼びます。Azureでもこの法則に基づいており、送信トラフィックがサブネットから送信されると、ロンゲストマッチの法則を使用して、宛先IPアドレスに基づいてルートを選択します。

※6　ExpressRoute利用時のBGPの設定方法については、第6章で説明します。

たとえば、ルートテーブルに2つのルートがあるとします。一方のルートでは10.0.0.0/24を指定し、もう一方のルートでは10.0.0.0/16を指定しています。

10.0.0.5宛てのトラフィックは、10.0.0.0/24のルートで指定されたネクストホップの種類にルーティングされます（**図2-15**）。10.0.0.5はどちらのルートにも含まれますが、10.0.0.0/24は10.0.0.0/16よりも長くプレフィックスが合致しているためです。

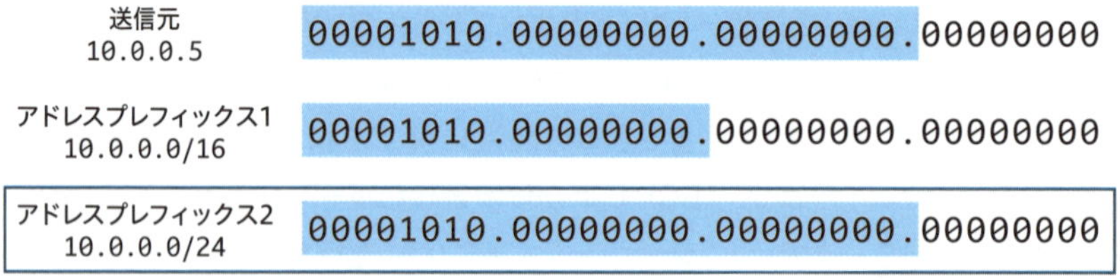

送信元 10.0.0.5　00001010.00000000.00000000.00000000

アドレスプレフィックス1 10.0.0.0/16　00001010.00000000.00000000.00000000

アドレスプレフィックス2 10.0.0.0/24　00001010.00000000.00000000.00000000

図2-15　ロンゲストマッチの法則①　送信元が10.0.0.5の場合

10.0.1.5宛てのトラフィックは、アドレスプレフィックスが10.0.0.0/16のルートで指定されたネクストホップの種類にルーティングされます（**図2-16**）。10.0.1.5はアドレスプレフィックス10.0.0.0/24に含まれていないので、アドレスプレフィックスが10.0.0.0/16のルートが、一致する最長プレフィックスであるためです。

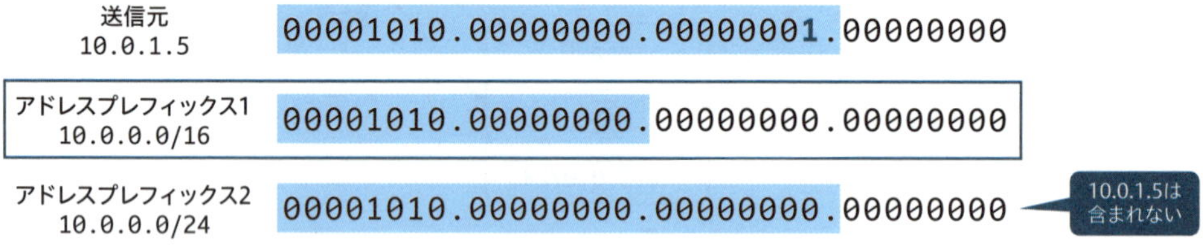

送信元 10.0.1.5　00001010.00000000.00000001.00000000

アドレスプレフィックス1 10.0.0.0/16　00001010.00000000.00000000.00000000

アドレスプレフィックス2 10.0.0.0/24　00001010.00000000.00000000.00000000　10.0.1.5は含まれない

図2-16　ロンゲストマッチの法則②　送信元が10.0.1.5の場合

デフォルトルート（0.0.0.0/0）

ルーティングテーブルに合致しないパケットの転送先は、デフォルトルート（0.0.0.0/0）で指定されたところになります。

図2-12 p.51 の場合、一番上の行がデフォルトルートを示しています。このケースだとネクストホップが192.168.128.1と指定されており、このネットワークにおけるルーターのIPアドレスを指しています（このルーターをデフォルトゲートウェイと呼ぶことがあります）。

この特殊なアドレスは、IPv4では0.0.0.0/0、IPv6では::/0と表わされますが、機器によってはdefaultと表現することもあります。

ネットワークの通信制御

本章では、ネットワーク通信を支える基礎技術を扱います。TCPやUDP、HTTPなど実用的なWebアプリケーションを実現するうえで不可欠なプロトコルのほか、NAT（ネットワークアドレス変換）やDNSなど通信に関連する技術について解説します。

第２章では、TCP/IPの基礎技術である**IP**（Internet Protocol：インターネットプロトコル）を概観しました。IPは、バケツリレーで運ばれる水のように、ルーターを**ホップ**[▶1]しながら遠く離れたホスト間でデータ（パケット、データグラム）をやりとりすることを実現します。しかし、単なるホスト間のデータのやりとりだけでは、私たちがふだん目にするアプリケーションを作ることはできません。

たとえば、ネットワークの経路にインターネットのような**ベストエフォート回線**[▶2]が含まれる場合、回線が混雑するにつれ、ルーターがパケットを処理しきれず、パケットがドロップ（破棄）される可能性が高まります。もしアプリケーションが非常に重要なデータを取り扱っていたとすると、通信中にパケットが消えるなどデータの損失は許されません。そこで、パケットの欠損を検出して、何らかの形で再送する仕組みが必要になります（**図3-1**）。まさに、このような仕組みを実現するのが、トランスポート層プロトコル（OSI参照モデルの第４層）であるTCPです。

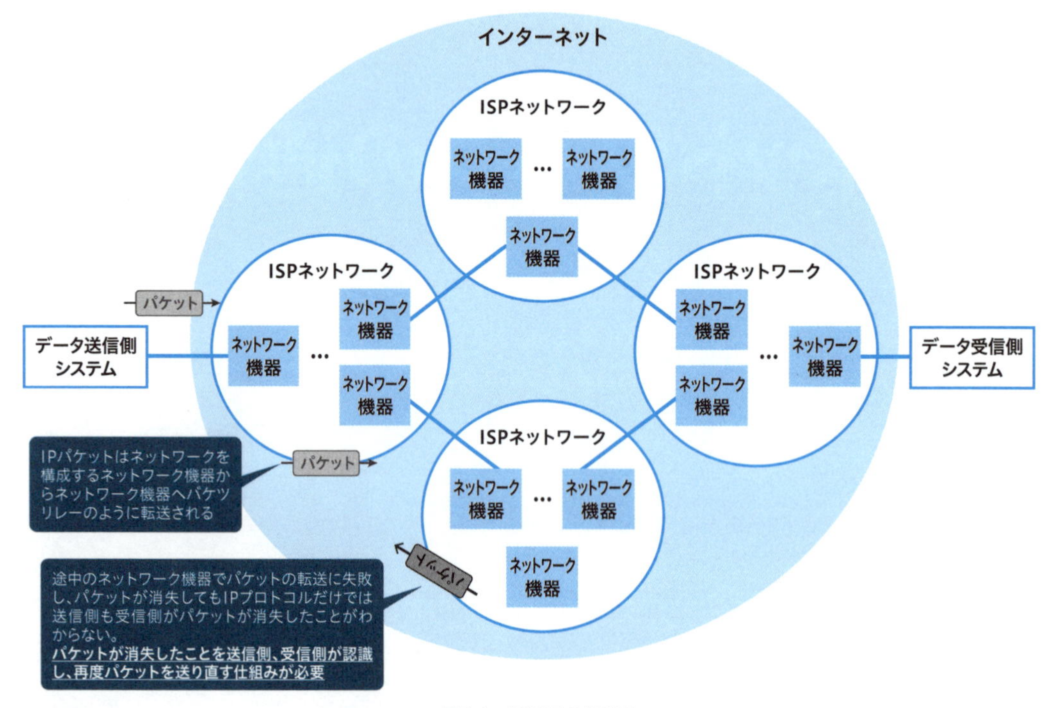

図3-1　IP通信の仕組み

[▶1] ホップ　ルーターによってパケットが転送されること。「1ホップ」のように数値表記した場合、パケットが通過するルーターの数（ホップ数）を表わす。

[▶2] ベストエフォート回線　ベストエフォート（best effort）は日本語では「最大限の努力」という意味で、ISP（回線業者）が最大通信速度は公表するものの、実際の通信速度は保証されない（最大限に努力した速度の通信を提供する）ネットワーク回線のこと。

本章では、トランスポート層プロトコルに加えて、実用的なアプリケーションの実現に不可欠なネットワーク技術を取り上げます。

まず、トランスポート層プロトコルとして最も有名な「TCP」と「UDP」について説明します。これらのプロトコルは、物理的なネットワーク経路の品質を調整する役割を担っています。次に、Webアプリケーションで用いられるアプリケーション層プロトコルである「HTTP」と、その周辺技術を紹介します。続いて、プライベートネットワークからパブリックネットワークに向けて通信するために不可欠な「NAT（ネットワークアドレス変換）」、そして最後にホスト名とIPアドレスを変換するための仕組みである「DNS」について説明します。

3-1 トランスポート層プロトコル

トランスポート層プロトコルの最も重要な役割は、実際の回線の品質にかかわらず、信頼性のある仮想的な回線を提供することです。これには、下位層に位置するインターネット層プロトコル（IP）が、信頼性の担保を目的として設計されていないことが関係しています。

補足しておくと、IPでも、回線の信頼性に関するトラブルをまったく想定していないわけではありません。パケットを転送できない異常が発生したときは、異常を知らせるメッセージを折り返す取り決めがあります。この取り決めを規定するプロトコルが、**ICMP**（Internet Control Message Protocol：**インターネット制御メッセージプロトコル**）です。ICMPを使えば、ネットワークで発生した異常を通知・検知したり、さらには能動的に回線の状況を診断できる場合があります。

たとえば、ネットワーク経路を調査するツールとして有名な`traceroute`コマンド（Windowsの場合は`tracert`コマンド）は、ICMPを使ったソフトウェアの代表例です（**図3-2**）。

Azureでは Pingが使えない？

Azureを長く利用しているとご存じかもしれませんが、経路上にAzure Load Balancerがあると、Load BalancerはTCP/UDPの通信しか中継できないため、AzureでPingが利用できないケースがありました。しかし、2023年にアップデートがありAzure Load BalancerがICMPをサポートするようになり、Azureでもpingやtracerouteが使えるようになりました。ただし、対応しているのはパブリックLoad Balancerのみで、内部Load Balancerでは利用できないため、引き続きPsPingなどのTCPベースのPingツールを使用してください。

参考 pingとtracerouteを使ってAzureパブリックLoad Balancerフロントエンドの到達可能性をテストする
https://learn.microsoft.com/ja-jp/azure/load-balancer/load-balancer-test-frontend-reachability

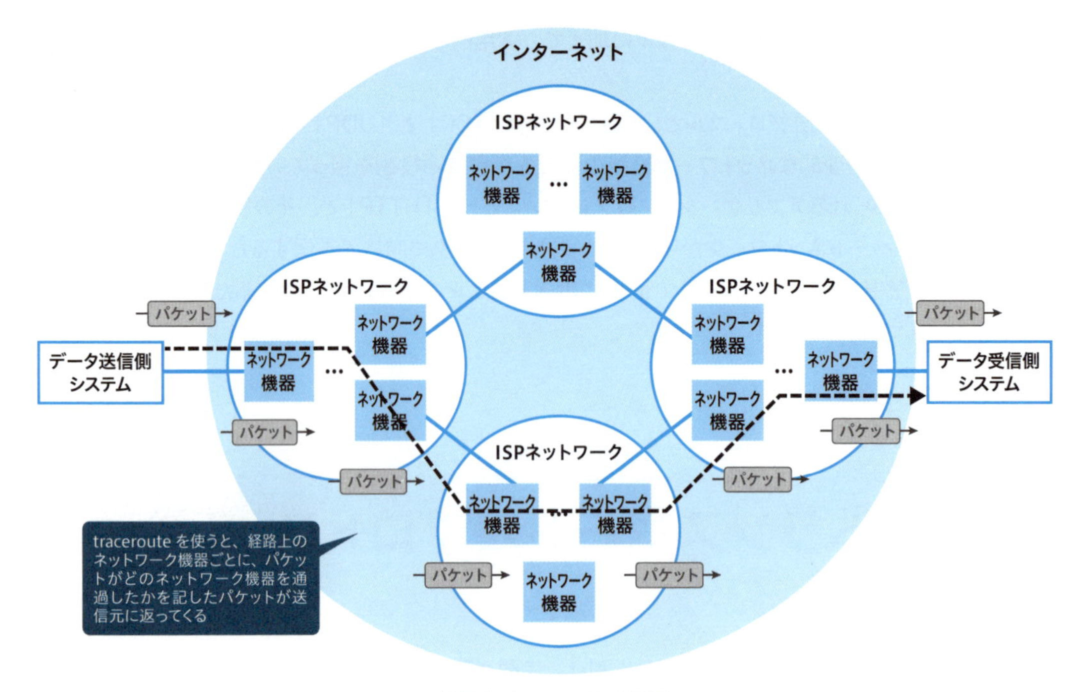

図3-2　tracerouteの概要

tracerouteは、TTL[▶3]が自然数Nに設定されたパケットを、特定の宛先に向かって送信します。TTLは、ルーターをホップするたびに1つずつ減算されるため、経路上のN番目のルーターでTTLがちょうど0になり、パケットは破棄されます。ここで、そのルーターがICMPで異常を通知する機能を有していれば、ルーターからICMPメッセージ（Time Exceeded：有効期間超過）が返却されます。このようにして、N番目のルーターのアドレスや、ICMPメッセージのレスポンスタイムなどの統計データを取得します。そして、Nを1つずつ増やしながらこれを繰り返せば、宛先の間にあるルーターの情報が手に入るという仕組みです。

Keyword

[▶3] TTL　Time To Live（生存期間）の略語で、ルーターでデータが破棄されるまで、ネットワーク内でパケットのデータが生存する期間のこと。第2章 p.45 も参照。

しかし、すべてのホストやルーターがTime Exceededメッセージの返却を実装しているとは限りません。PingスイープやPing（ICMP）フラッドなどの攻撃に備えた防御策として、意図的に無効化されている場合もあります。実際、インターネットを通るネットワーク経路をtracerouteで調査すると、多くのルーターからICMPメッセージが返ってこない（アスタリスク*が表示される）結果となるでしょう。このような実装の足並みが揃わない状況では、統一的な仕組みとしてICMPを利用することは不可能です。

それもそのはずで、ICMPは局所的なトラブルの解消に使われるものであり、通信の信頼性を確保する機能はそもそもICMPに求められていません。冒頭の通り、信頼性の確保はトランスポート層プロトコル（特にTCPと呼ばれるプロトコル）に一任されています。

以降では、代表的なトランスポート層プロトコルであるTCPとUDPについて詳しく見ていきます。TCPは信頼できる仮想回線を作るために必要なプロトコル、UDPは最低限の機能だけを備えたシンプルなプロトコルです。

TCP

TCP（Transmission Control Protocol：伝送制御プロトコル）※1は、RFC 793で規定されるコネクション指向型のトランスポート層プロトコルです。コネクション指向型のプロトコルとは、データをやりとりする前にデータ通信用のセッションを確立し、データの到着順序を保証するプロトコルのことです。

セッションとコネクション

セッションとはアプリケーションで処理を行なう際に発生する一連の通信のまとまりを指し、コネクションとはクライアント／サーバー間で行なわれるTCP通信の始まりから終わりまでのまとまりを指します。

トランスポート層におけるTCP通信の文脈では、セッションとコネクションはいずれもTCP通信の始まりから終わりを指すため同じ意味です。一方でアプリケーション層における文脈では、たとえばセッションはブラウザで1つのページを表示するまでの通信全体のこと、コネクションはその通信全体に含まれる複数のTCP通信それぞれのことというように、意味する範囲が異なります。

コネクションは明確にTCP/IP通信の用語である一方、セッションはそれを使う人や文脈によって意味する範囲が異なるため注意が必要です。

コネクション指向型のプロトコルが必ずしも信頼性を保証するわけではありませんが、TCPは高い信頼性の確保も提供します（**図3-3**）。具体的には、次の3つの機能により、信頼できないネットワーク上でも信頼できる双方向データチャネル［▶4］（バイトストリーム［▶5］）を構築します。

- 確認応答（Acknowledgement：ACK（アック））
- 再送（Retransmission）
- チェックサム計算

※1　TCPの起源は古く、1969年にARPA（米国防総省の国防高等研究計画局：現在のDARPA）が導入した、パケット通信が採用された初のネットワークARPANETのTCP/IP（Transmission Control **Program**）までさかのぼります。ただし、現在のTCP（Transmission Control **Protocol**）は、1981年に発行されたRFC 793に様々な変更を加えたプロトコルのことを指します。RFC 793から様々な改定を繰り返し、仕様が複数のRFCに分散されてきたTCPに対して、改めて統一的な規定を与える動向があります。これからTCPの仕様を調べる場合は**RFC 9293**を確認するとよいでしょう。

参考　RFC 9293 "Transmission Control Protocol (TCP)"
https://www.rfc-editor.org/rfc/rfc9293.html

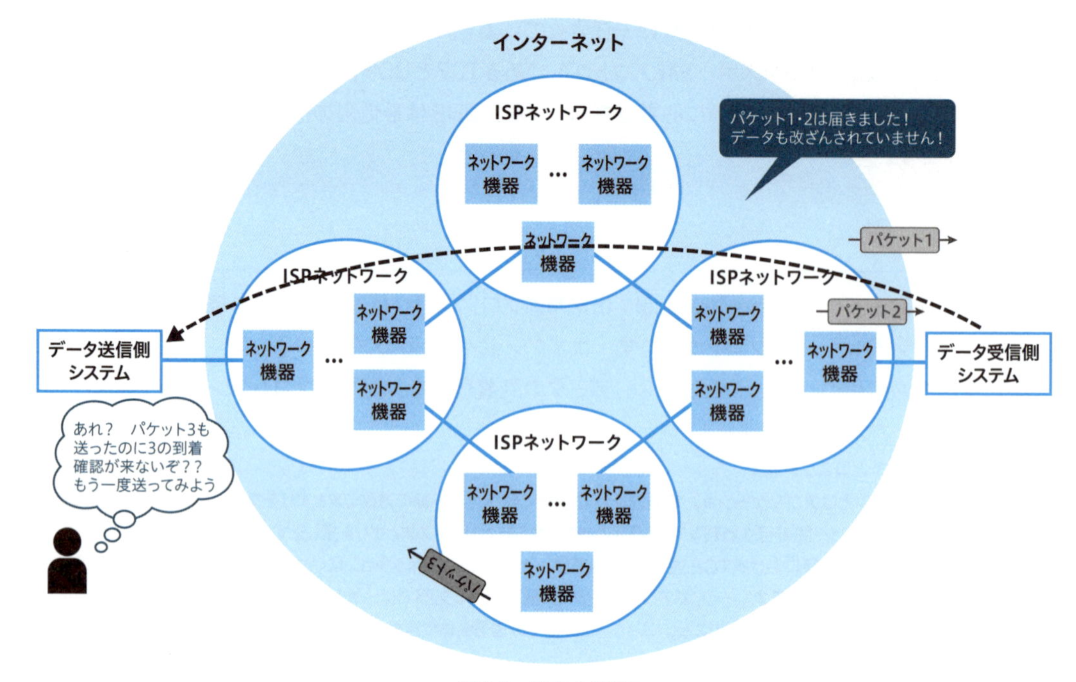

図3-3　TCPの仕組み

［▶4］データチャネル　ピア（ネットワークに接続している端末）間で文字列やバイナリを送受信するための仮想経路。

［▶5］バイトストリーム　ITにおいて、連続的に行なわれる通信をストリーム、そのようなデータの流れや通信方式をデータストリームと呼び、TCPなどデータストリームをバイト区切り（8ビットごと）で扱う場合は特にバイトストリームと呼ぶ。

データストリームとデータグラム

TCPでは、通信の始まりから終わりまで、各パケットにフラグを付加し、互いに関連付けられた連続的なパケット群によって通信を行なうことから、この通信方式をデータストリームと呼び、特にバイト区切りであることに着目する場合はバイトストリームと呼びます。対して、同じトランスポート層のUDPでは、互いに独立したパケットで通信が形成されており、この通信方式をデータグラムと呼びます。パケットが互いに関連付けられ連続的であるデータストリームまたはバイトストリーム、互いに独立して非連続的であるデータグラムというように、対の用語となっています。

 TCPセグメント

TCPの処理を担当するソフトウェアやネットワーク装置は、セグメント（segment）と呼ばれるフォーマットのデータ構造を読み書きします（図3-4）。TCPセグメントは、20～60バイトのTCPヘッダと、0バイト以上のデータから構成されます。TCP/IPでは、IPパケットのデータ部（ペイロード［▶6］）がTCPセグメントに相当します。

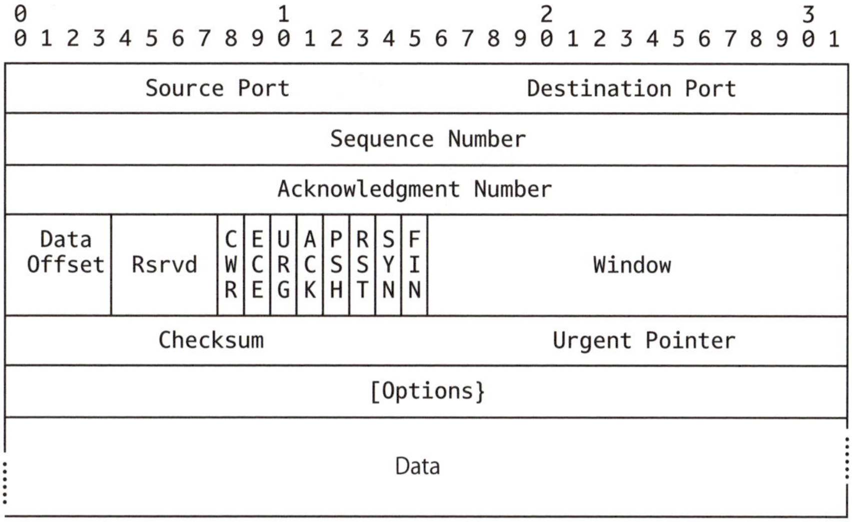

```
0                   1                   2                   3
0 1 2 3 4 5 6 7 8 9 0 1 2 3 4 5 6 7 8 9 0 1 2 3 4 5 6 7 8 9 0 1
+---------------------------------------------------------------+
|          Source Port          |       Destination Port        |
+---------------------------------------------------------------+
|                        Sequence Number                        |
+---------------------------------------------------------------+
|                    Acknowledgment Number                      |
+---------------------------------------------------------------+
|  Data |       |C|E|U|A|P|R|S|F|                               |
| Offset| Rsrvd |W|C|R|C|S|S|Y|I|            Window             |
|       |       |R|E|G|K|H|T|N|N|                               |
+---------------------------------------------------------------+
|           Checksum            |         Urgent Pointer        |
+---------------------------------------------------------------+
|                           [Options}                           |
+---------------------------------------------------------------+
|                                                               :
:                             Data                              :
:                                                               |
+---------------------------------------------------------------+
```

図3-4　TCPセグメントのデータ構造（TCPヘッダフォーマット）

出典 RFC 791 "Internet Protocol"　https://www.rfc-editor.org/rfc/rfc791.html

［▶6］ペイロード　パケット通信において制御情報（ビット／フラグなど）を除くデータ本体。TCP/IP通信では、パケットのうち、アプリケーション層のデータを指す。

TCPセグメントのうち、特に理解しておくべき項目について解説します。

ポート番号（Source Port、Destination Port）

送信元ポート（Source Port）、宛先ポート（Destination Port）は、それぞれ送信元ホスト、宛先ホストの内部でコネクションを識別するために使われる、16ビットの符号なし整数です。それぞれ、送信元ポート番号、宛先ポート番号と呼ばれることもあります。

ポート番号の必要性を説明するため、あるエンドノード間で複数のコネクションを確立するシナリオを考えてみましょう。プロセスの並列実行が当たり前の現代では、ホストで複数のプロセスが同時に通信するシナリオは極めて一般的なことです。さて、片方のエンドノード（送信元ホスト／クライアント）から発生したパケットが、もう一方のエンドノード（宛先ホスト／サーバー）に到着しました。このとき、受信したパケットがどのプロセス（コネクション）に対応する通信なのか、受信側のホストはどのように判定すればよいのでしょうか。

その解決策がポート番号です。TCP/IPにおいて、ホストレベルの識別に使われるのが**IPアドレス**であるのに対し、ホスト内部のプロセスあるいはコネクションレベルの識別に使われるのがポート番号です（**図3-5**）。TCPのポート番号の情報があることによって、どのプロセスに対して送られたパケットなのかを識別することができます。

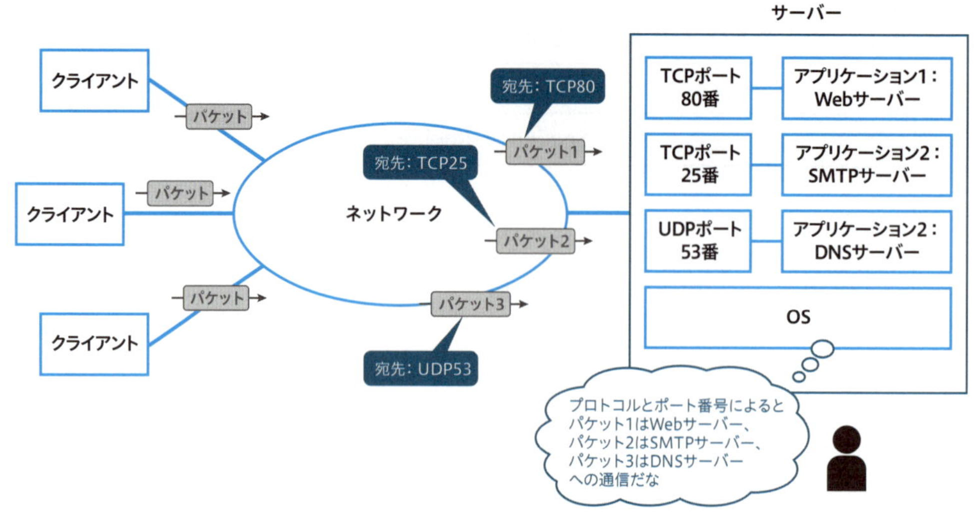

図3-5　ポート番号の役割

また、この事実は、TCPがIPプロトコルと連携して、多重化（multiplexing）および逆多重化（reverse multiplexing）を実現していることを表わしています。**多重化**とは、複数のデータストリームを束ねて1つのデータストリームのように見せる処理を意味し、**逆多重化**とは、束ねられたデータストリームを解きほぐして複数のデータストリームに戻す処理を意味します（**図3-6**）。IPネットワークの世界から見ると1つのデータストリームのようにしか見えないパケットのやりとりも、TCPの仕組みを使うことにより、ホスト内部では複数のデータストリームに変換されます。効率的な多重化により、プロトコル実装者の負担も軽減することができます。

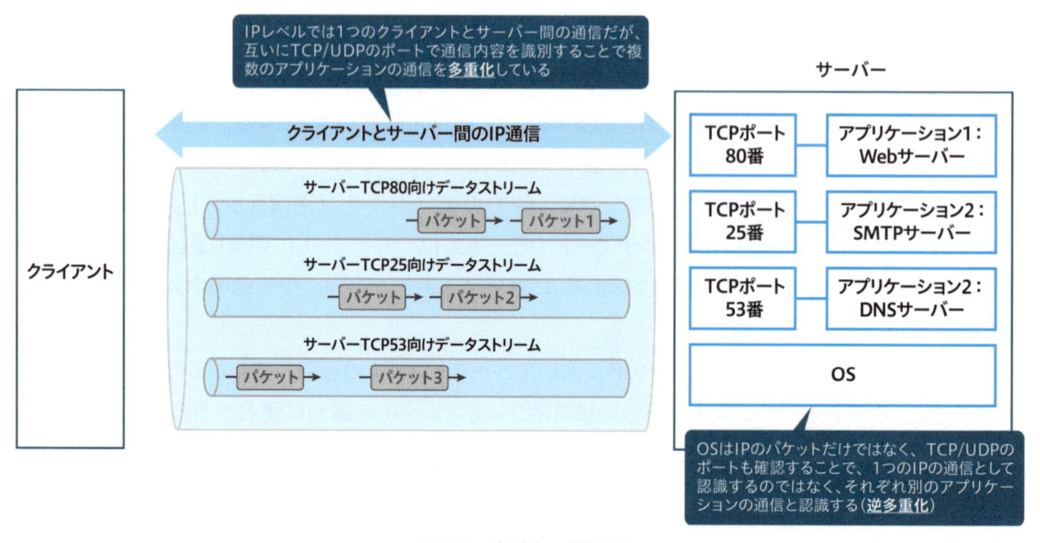

図3-6　多重化・逆多重化

ポート（ウェルノウンポート）

ポート番号（ポート）は、1つのIPアドレス（すなわち1つのコンピュータ）上でのパケットの送信元や宛先を識別するためのもので、コンピュータ上で動作するアプリケーションの識別に利用されます。特にパケットを待ち受ける場合には、ウェルノウンポート（well-knownポート）と呼ばれる、各サービスに特有の番号が使われることが多いです。IANA（Internet Assigned Numbers Authority：インターネット番号割当機関）によって管理される代表的なTCP・UDPポートは、表3-Aと表3-Bの通りです。

表3-A　TCPで使われる代表的なポート番号

ポート番号	プロトコル名（略称）	プロトコル名（正式名称）	説明
20 21	FTP	File Transfer Protocol	クライアントとサーバー間のファイル送受信に利用する
22	SSH	The Secure Shell (SSH) Protocol	クライアントからサーバーのシェルに暗号化された通信でアクセスする
23	Telnet	Telnet	クライアントからサーバーのシェルに平文の通信でアクセスする
25	SMTP	Simple Mail Transfer	メール送信に利用する
53	DNS	Domain Name Server	FQDN（完全修飾ドメイン名：p.94）から、通信先はどのIPアドレスなのか検索することなどに利用する
80	HTTP	World Wide Web HTTP	HTMLの送受信に利用する。最近は他の用途にも利用される
110	POP3	Post Office Protocol - Version 3	メールを受信することに利用する
123	NTP	Network Time Protocol	時刻同期に利用する
143	IMAP	Internet Message Access Protocol	メールを受信することに利用する
179	BGP	Border Gateway Protocol	ネットワーク機器間でそれぞれが保持する通信経路情報をやりとりすることに利用する
443	HTTPS	http protocol over TLS/SSL	HTTPの通信を暗号化した通信
990	FTPS	ftp protocol, control, over TLS/SSL	FTPの通信を暗号化した通信
993	IMAPS	IMAP over TLS protocol	IMAPの通信を暗号化した通信
995	POP3S	POP3 over TLS protocol	POP3の通信を暗号化した通信

出典　IANA：Service Name and Transport Protocol Port Number Registry
https://www.iana.org/assignments/service-names-port-numbers/service-names-port-numbers.xhtml

表3-B　UDPで使われる代表的なポート番号

ポート番号	プロトコル名（略称）	プロトコル名（正式名称）	説明
53	domain	Domain Name Server	FQDN p.94 から、通信先はどのIPアドレスなのか検索することなどに利用する
80	http	World Wide Web HTTP	HTMLの送受信に利用する。最近は他の用途にも利用される
123	ntp	Network Time Protocol	時刻同期に利用する
161	snmp	SNMP	ネットワーク機器やサーバーのCPUやメモリの使用率、各種リソースのデータの送受信に利用する
162	snmptrap	SNMP TRAP	ネットワーク機器やサーバーで発生した故障などのイベント情報の送受信に利用する
443	https	http protocol over TLS/SSL	HTTPの通信を暗号化した通信

出典　IANA：Service Name and Transport Protocol Port Number Registry
https://www.iana.org/assignments/service-names-port-numbers/service-names-port-numbers.xhtml

シーケンス番号（Sequence Number）、確認応答番号（Acknowledgement Number）

データ到着順序の保証とパケットロス時の再送を可能にするセグメントが、シーケンス番号（Sequence Number）、確認応答番号（Acknowledgement Number）です。

シーケンス番号（Sequence Number）は、32ビットの符号なし整数であり、自分が送信したいデータのうち、何バイトが無事に通信相手に送信できたかを宣言するものです。シーケンス番号は順序番号とも呼ばれます。コネクションの確立時、すなわちSYNフラグ p.65 が制御ビット p.65 にセットされているときは、シーケンス番号の開始位置（Initial Sequence Number：ISN）を表わします。それ以降、シーケンス番号はISNからの相対位置を表わします。ただし、3ウェイハンドシェイク p.68 と呼ばれるコネクションの手続きを終えるタイミングでシーケンス番号が自動的に1加算される仕様になっているため、たとえば、ISNが1000のコネクション上ですでに100バイトのデータを送信している場合、次のパケットのシーケンス番号には1000+1+100=1101がセットされます。

無事に送信できたバイト数の確認には、確認応答番号（Acknowledgement Number）が使われます。確認応答番号はACK（アック）番号とも呼ばれます。確認応答番号は32ビットの符号なし整数で、通信相手が次に送るべきパケットのシーケンス番号を表わします。パケットの欠損がなければ、受信できた総バイト数と同じです。たとえば、データが100バイト、シーケンス番号が1101のパケットを送ったとき、確認応答番号が1201の応答パケットが相手から返却されれば、問題なくデータが届いたことを意味します（図3-7）。

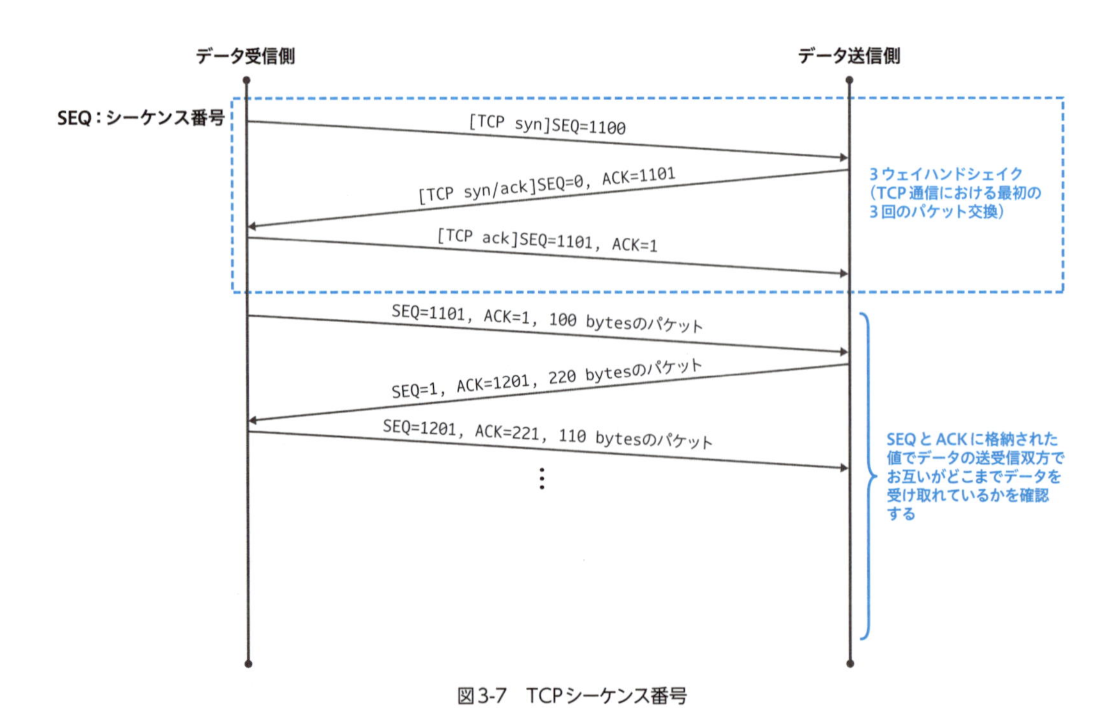

図3-7　TCPシーケンス番号

制御ビット（control bit）

制御ビット（control bit）あるいは制御フラグ（control flags）は、TCPコネクションの状態遷移のために使われるビット（あるいはフラグ）を格納する領域です。

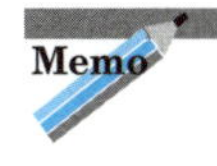

制御ビットと制御フラグ

制御ビットと制御フラグは基本的には同じものですが、文脈によっては制御ビットは各フラグが示すデータ位置を、制御フラグはそのビットが表わす内容を意味する場合があります。

ビットの内容はIANA※2によって管理されています。各ビットごとにON（1）もしくはOFF（0）をセットしますが、ビットごとに意味する内容が異なります。以下でTCPの通信において基本となるビットを解説します（**図3-8**）。

- **SYN**（シン）（Synchronize sequence numbers）
  コネクションを開始することを意味し、さらにシーケンス番号の開始位置を伝達する制御ビット。
- **ACK**（アック）（Acknowledgment field is significant）
  確認通知番号が有効なものであることを宣言する制御ビット。
- **FIN**（フィン）（No more data from sender）
  これ以上データを相手に送るつもりがないことを宣言する制御ビット。

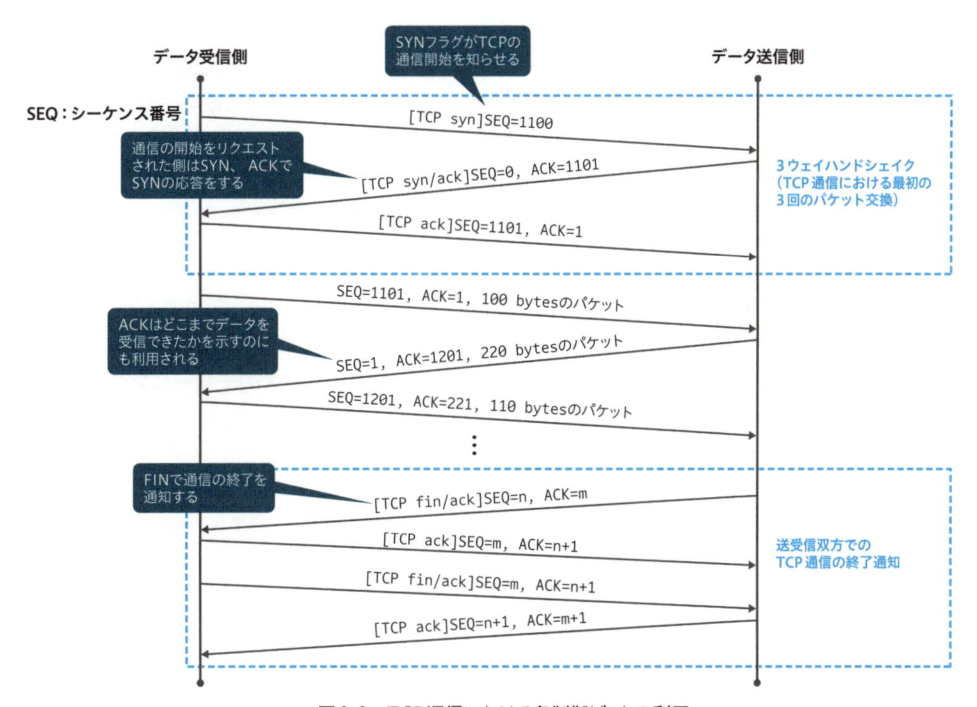

図3-8　TCP通信における各制御ビットの利用

※2　https://www.iana.org/assignments/tcp-parameters/tcp-parameters.xhtml

その他のビットは以下の通りです。

- **CWR**（Congestion Windows Reduced）
  帯域を縮小したことを通知する制御ビット。ECN（輻輳（ふくそう））※3で使用される。
- **ECE**（ECN-Echo）
  帯域を抑えるよう要請する制御ビット。ECN（輻輳）で使用される。
- **URG**（Urgent Pointer field is significant）
  緊急ポインタフィールド［▶7］に指定したデータが重要であり、他の作業よりも優先して対応するよう要請する制御ビット。
- **PSH**（Push Function）
  受信者側のTCPスタック［▶8］に対し、受信データをバッファ（一時保存）せず、アプリケーションに渡すよう促す制御ビット。スモールパケット（ペイロードの小さなパケット）を回避するNagleアルゴリズム※4を有効化している場合、このビットは無視される。
- **RST**（Reset the connection）
  コネクションを破棄すべき状態にあることを通知する制御ビット。コネクションの状態によっては、RSTを受け取ってもコネクションを破棄しないこともある（RSTを受け取ったからといって、RSTを返却することはない）。

［▶7］フィールド　TCP、UDPにおいてフィールドとは、ヘッダの特定の部分（領域）を意味する。緊急ポインタフィールド p.67 に記述されたデータは、TCPの通信のうち、どのシーケンス番号の何byte目が重要なデータかを示す。

［▶8］スタック　スタックとはプロトコルやソフトウェアなどの組み合わせのことで、TCP/IPスタックは通信においてネットワーク層にIP、トランスポート層にTCPを用いる組み合わせを意味する。

ウィンドウサイズ（window）

ウィンドウサイズ（window）は輻輳（ふくそう）制御アルゴリズム※5のための16ビットの整数値で、受信側が受信可能なデータ量を相手に通知する目的で使用されます。ウィンドウサイズのチューニングはネットワークのパフォーマンスに影響します。詳細は第7章で解説します。

※3　ECNはExplicit Congestion Notification（輻輳（ふくそう）通知）の略語で、後述するウィンドウサイズの調整に用いられる。輻輳（ネットワークが混雑している、もしくは不安定な）状態であることを検知すると、パケットが届かなかった場合の手戻りを抑えるために、ウィンドウサイズを縮小し細かくデータの送信と受信確認を行なうようにする。ECN（輻輳通知）は、CWRビットがそのウィンドウサイズの縮小を行なうようにデータ受信側に依頼することを示す。

※4　IPv4とTCPの組み合わせの場合、IPヘッダが20bytes、TCPヘッダが20bytesのため、ペイロードが1bytesと非常に小さい場合、パケットのうち97.5%のデータがヘッダで占められ非常に非効率です。**Nagleアルゴリズム**は、そのような非効率なパケット送信を回避するために、TCPの、そのネットワークで利用可能な最大セグメントサイズ以下の複数のデータを1つにまとめ、通信効率を高める仕組みです。

※5　**輻輳制御アルゴリズム**は、コンピュータ間の通信効率を高めながら、複数のコンピュータが共有するネットワークの帯域を食いつぶすことを回避するための仕組みです。通信を行なうコンピュータがそれぞれ通信相手が受信しきれるかわからない大量のデータを一気に送ってしまうと、相手が受信しきれず再度送信する必要が出たり、通過するネットワークの帯域を食いつぶしてしまい、他のコンピュータが通信できなくなってしまいます。輻輳制御アルゴリズムは、再送信の必要を極力抑えながら、相手が受信しきれるデータ量で、かつネットワークの帯域を食いつぶさないような通信を実現します。

TCPセグメントのうち、特に理解しておくべき項目は以上です。

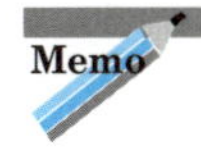

TCPのその他のフィールド

TCPのその他のフィールドについても解説しておきます。

- データオフセット（Data Offset）

TCPヘッダにはオプションを付与することができるため、ヘッダ長は一定ではありません（最小20バイト、最大60バイト）。データオフセット（Data Offset）フィールドは、そのパケットのTCPヘッダのサイズを表わす4ビットの整数値です。

データオフセットの単位は4バイトです。たとえば、オプションなしのTCPヘッダの場合、ヘッダ長は20バイトです。したがって、データオフセットには5が指定されます。

なお、TCPヘッダ長は必ず4バイトの倍数になるよう調整されます。たとえば、2バイトで表わされるMSSオプション※6を1つだけ追加する場合は、24バイトにアラインメント（調節）されるよう、意味のないパディングオプション（NOP）※7が挿入されます。その結果、データオフセットは6が指定されます。

- 予約領域（Rsrvd）

将来の拡張に備えて、4ビット分の予約領域（Rsrvd）が存在します。本来は6ビット確保されていた領域ですが、ECN（輻輳通知）アルゴリズム※8に使われる2つの制御ビット、2ビットを利用したため、現在では6－2＝4ビット分が残されています。

- チェックサム（Checksum）

データの整合性（integrity）を確認するために用いられる16ビットのフィールドです。そもそもチェックサムとは、計算コストが小さいながらもデータ改ざんや誤りを高い確率で検出できる、誤り検出符号の一種です。パケット送信者は、IPヘッダの一部とTCPヘッダを入力としてチェックサムを計算し、値をチェックサムフィールドに記録します。そしてパケット受信者も、同様の手順でチェックサムを計算し、値が一致するか検証します。もしネットワーク経路上に存在する雑音や人為的な攻撃によってパケットが改ざんされていた場合、値の不一致により改ざんを検出できます。

昨今のネットワークインターフェイスカード（NIC）の中には、チェックサム計算をOSのネットワークスタック※9で処理するのではなく、NICにオフロード※10できるものがあります。

- 緊急ポインタ（Urgent Pointer）

制御ビットでURGが1に設定されている場合に、緊急に対応が必要なデータの場所（ISNからの相対位置）を示すために使われる16ビットのフィールドです。

- オプション（Options）

TCPの機能を拡張するための可変長フィールドです。オプションの指定は必須ではなく、省略可能です。最大では40バイト分までオプションを指定できます。オプションフィールドのサイズ（バイト数）は4の倍数になる必要があり、必要に応じて意味を持たないパディングオプション（NOP）でバイト数が調整されます。

最も頻繁に利用されるオプションの1つにMSS（Maximum Segment Size）があります。MSSは、受け取れ

※6　MSS（Maximum Segment Size）は、TCPを使うパケットのペイロードの最大サイズのこと。TCPヘッダのオプションフィールドのMSSを示す領域（MSSオプション）には、そのパケットを送信したコンピュータがそのパケットを送信したネットワークで利用できるMSSが記述されます。

※7　パケットを4バイトの倍数に調整するためだけに挿入されるオプションフィールドのこと。ここに書かれているデータは特に意味はありません。NOPはno operation（何もしない）を意味します。

※8　RFC 3168 "The Addition of Explicit Congestion Notification (ECN) to IP"
https://www.rfc-editor.org/rfc/rfc3168.html

※9　OSのネットワークスタックとは、OSに組み込まれている通信を処理、管理するためのソフトウェア群のこと。OSでTCP/IPのプロトコル処理を行なうため、アプリケーションでTCPの処理方法やIPの処理方法を改めて開発する必要がありません。

※10　通信の処理をCPUで行なうのではなく、NICにオフロードする（代替させる）ことにより、CPUの負荷が下がります。

るデータサイズの最大値（バイト数）を相手に通知するために利用します。文字通り解釈すると、TCPセグメントのヘッダ部とデータ部を合算したサイズを示すように見えますが、実際にはセグメントのデータ部のみのサイズであることに注意してください。たとえば、最大のフレームサイズが1518バイトであるイーサネット上に、特にオプションを使わないTCP/IPを実装すると、MSSは1460となります。

1518 − 18（Ethernetヘッダサイズ ＋ FCS）− IPヘッダサイズ（20）− TCPヘッダサイズ（20）= 1460
※FCS（Frame Check Sequence）はEthernetフレームのヘッダ部とデータ部に誤りがないかどうかを検出するための値。

 3ウェイハンドシェイク

TCPは、3ウェイハンドシェイク（3-way handshaking）と呼ばれる手続きでコネクションを確立します（図3-9）。その名の通り、3方向でセグメント（パケット）を交換することが名前の由来になっています。

① まず、送信者はSYNをONにセットしたパケット（SYNパケット）を送信します。SYNパケットのシーケンス番号には、送信者がランダムに生成した値X_aが設定されています。
② 次に、受信者はSYNとACKがONにセットされたパケット（SYN＋ACKパケット）を送信します。SYN＋ACKパケットのシーケンス番号には、受信者がランダムに生成した値X_bを、応答確認番号にはX_a + 1を設定します。
③ 最後に、送信者はACKがONセットされたパケット（ACKパケット）を送信します。ACKパケットのシーケンス番号には、X_a + 1、応答確認番号にはX_b + 1を設定します。

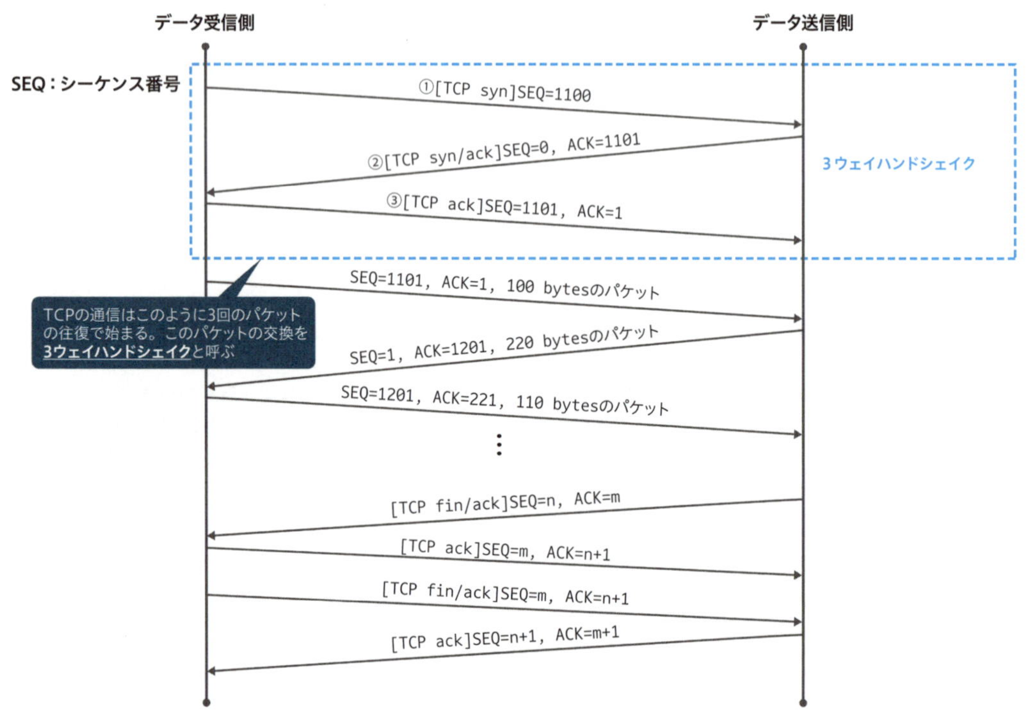

図3-9 TCP 3ウェイハンドシェイク

重要な点は、制御フラグがSYN→SYN＋ACK→ACKと推移することです。ファイアウォールを始めとして、TCPのパケットを処理できるネットワーク処理装置は、基本的にこの状態遷移をトラッキングする機能を備えています。状態（過去の通信内容）に応じて処理内容を**変える**ことから、そのようなネットワーク処理装置は**ステートフル**（stateful）であると呼ばれます。

また、SYNパケットを送信する側と受け取る側で、3ウェイハンドシェイクによるコネクションの確立処理に異なる名前が付いています。SYNパケットを送信する側では**アクティブオープン**と呼び、SYNパケットを受け取る側では**パッシブオープン**と呼びます。

クローズ

それでは、確立されたコネクションはどのように終了されるのでしょうか。TCPのコネクションを終了する処理、言い換えるとコネクションの状態（ステータス）をCLOSEにするための処理のことを**クローズ**(close)と呼びます。TCPはネットワーク経路の異常も考慮されて設計されているので、クローズも通常時と異常時で動作が異なります。以後、それぞれの場合のクローズについて説明していきます。

通常時のクローズ

まず、通常時のクローズ、つまり、クライアントとサーバーの両サイドが正常で、かつ間のネットワーク経路も正常である状況でのクローズです。これを**グレースフルクローズ**（graceful close）と呼びます。TCPのプロトコル規定上、どちらのサイドからもクローズを開始できることになっていますが、仮にクライアントから開始したと仮定します（**図3-10**）。

① クライアントがFINパケットを送信します。クライアント側のコネクションの状態はFIN-WAIT-1に移行します。
② サーバーがFINパケットを受信すると、ACKパケットを送信します。サーバー側のコネクションの状態はCLOSE-WAITに移行します。
③ クライアントがACKパケットを受信します。クライアント側のコネクションの状態はFIN-WAIT-2に移行します。
④ コネクションが切断できる状態になると、サーバーがFINパケットを送信します。サーバー側のコネクションの状態はLAST-ACKに移行します。
⑤ クライアントがFINパケットを受信し、ACKパケットを送信します。クライアント側のコネクションの状態はTIME-WAITに移行します。
⑥ サーバーがACKパケットを受信し、サーバー側のコネクションの状態はCLOSEに移行します。

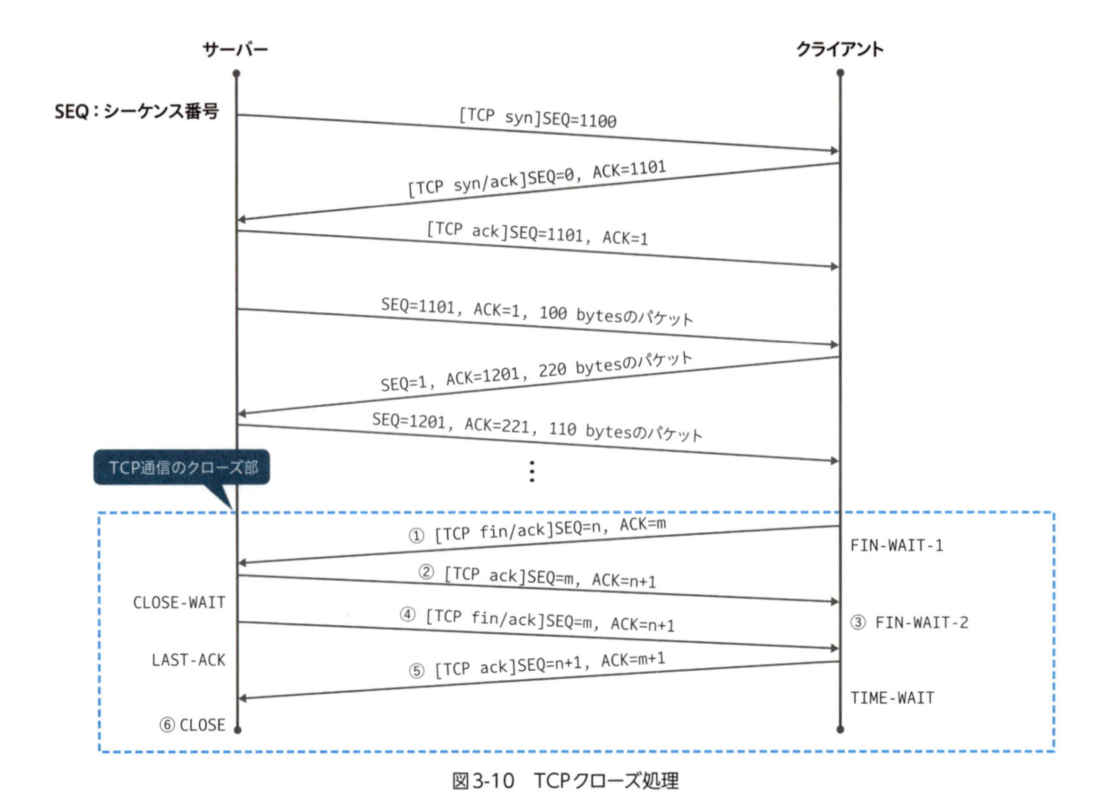

図3-10　TCPクローズ処理

FIN→ACKのペアが2セット分やりとりされることから、コネクション確立時の呼び名に対応させて4ウェイハンドシェイク（4-way handshaking）と呼ぶこともあります。

異常時のクローズ

次に、異常時のクローズ、つまり、どちらか片方のホストの視点に立ったとき、通信相手から応答が返ってこない状況でのクローズです。片方のホストだけが生きている状態であることから、ハーフクローズ（half close）と呼びます。ハーフクローズの場合、異常の検知がクローズのきっかけになります。大まかに言えば、次のような処理が実施されます（**図3-11**）。

①送信したパケットに対するACKパケットが相手から返答されていないことに気づく。
②再送メカニズムにより、数回にわたってパケットを再送する。
③いずれの再送でもACKパケットが返答されないことを確認し、RSTパケットを相手に送信する。

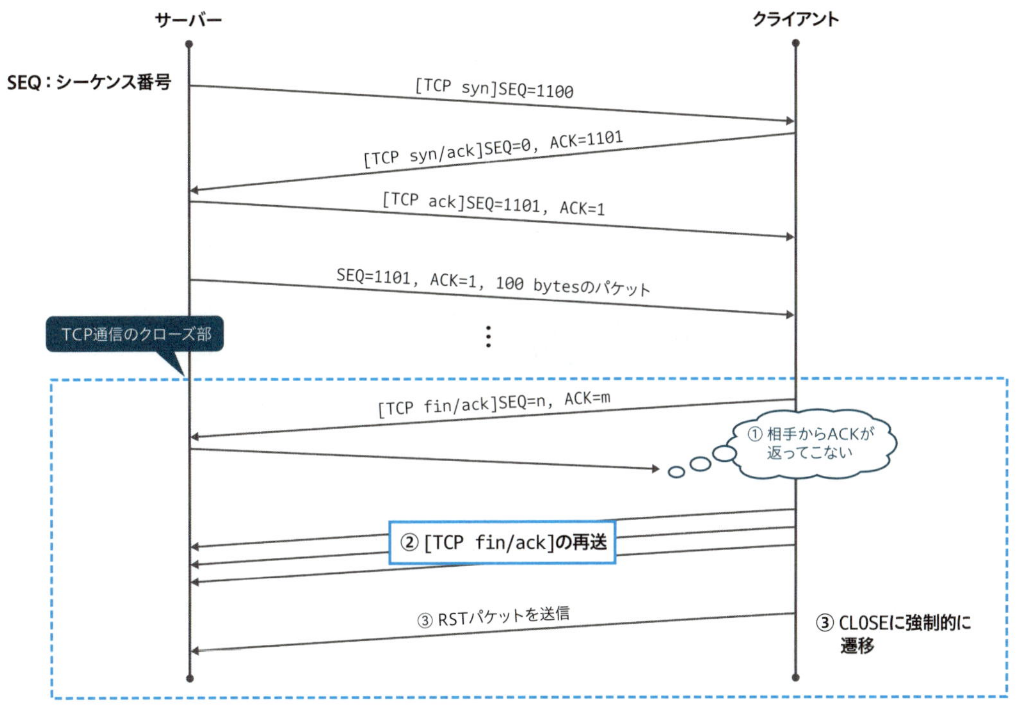

図3-11　TCPハーフクローズ

TCPにおいてRSTは非常に強力なフラグです。いかなるコネクションの状態でも、RSTがセットされたパケットを受信したり送信すると、状態がCLOSEに遷移します。RSTは**何らかの異常や障害が発生したことを伝達するニュアンスが非常に強いフラグ**です。たとえば、パケットトレースログ [▶9] にRSTパケットが含まれている場合、その当時、何らかの異変が起きていたことを疑うべきでしょう。

[▶9] パケットトレースログ　**コンピュータで取得できるパケットの詳細を記録したログ。通信の異常が検知されると、トラブルシューティングにおいてサーバーやネットワーク機器で取得される。**

UDP

ユーザーデータグラムプロトコル（User Datagram Protocol：UDP）は、RFC 768によって規定されている、コネクションレス型のトランスポート層プロトコルです。

コネクションレス型のプロトコルは、コネクション指向型のプロトコルとは反対に、コネクションを確立しないプロトコルです。つまり、データのやりとりを行なう前にセッションや専用のデータストリームを確立することなく、いきなりデータの送受信を開始します（**図3-12**）。

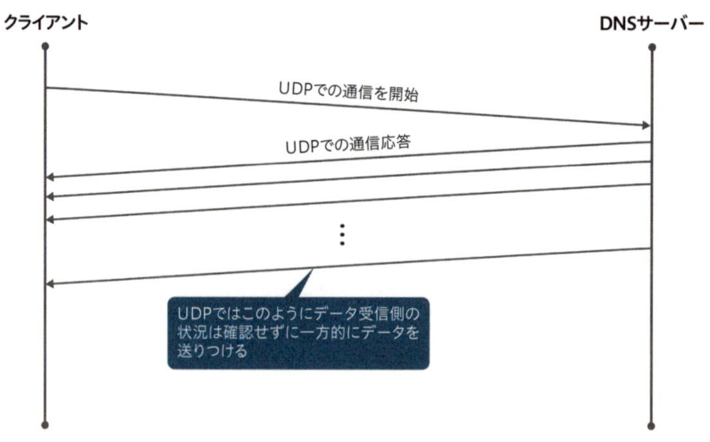

図3-12　UDPの仕組み

また、コネクションレス型のプロトコルは、データの到着順序を保証しません。ネットワークの特性によっては、送信した順番の通りパケットが受信されるとは限りません。コネクション型のプロトコル（たとえばTCP）はこの点を考慮しており、送信した順番の通り、パケットを再び順序付ける機能を持っています。ただ、順序付けを実現するには、追加のメタデータをパケットに付与したり並び替えの計算処理が必要です。UDPは順序を保証しない代わりに、こうしたコストを削減しているのです。

表現を少し変えると、トランスポート層に最低限必要な機能（ポート番号による同一ホスト内のアプリケーション識別、チェックサム）だけを確保して、それ以外の無駄を極限にまでそぎ落としたトランスポート層プロトコルがUDPです。もちろんTCPのように色々な面倒を見てくれるトランスポート層プロトコルも間違いなく便利である一方、すべてのアプリケーションがTCPの提供する機能を必要とするとは限りません。時にはTCPが**やりすぎている**こともあるのです。しばしば、これは**TCPはプロトコルのオーバーヘッド（負荷）が大きい**などと表現されます。プロトコルのオーバーヘッドが無視できない場合、トランスポート層にはいったんUDPを採用しておいて、主にユーザーアプリケーション側でプロトコルの動作をコントロールする戦略をとることになります。

たとえば、通信経路の信頼性よりも迅速なレスポンスが重要なDNS[※11]は、既定のトランスポート層プロトコルにUDPを採用しています。再送のメカニズムはUDPにないため、名前解決要求を送ったDNSサーバーから何も応答がない場合、優先度の低い他のDNSサーバーに名前解決要求を送信し直すというアプリケーションの仕組みでカバーします。また、TCPは大きいペイロードを送信する際、データを細切れにした小さいパケットを複数作成し、受信時にペイロードを再構築する機能を備えています。しかしUDPにはそのような機能がないため、DNSの名前解決要求やその応答のペイロードが大きい場合、IPフラグメントを発生させる可能性があります。そこで、DNSではIPフラグメントが発生しそうな状況を検知すると、UDPからTCPにプロトコルを切り替える（フォールバックする）動作を採用しています（**図3-13**）。

※11　ドメイン名（例 `example.com`）をIPアドレス（例 `192.168.0.1`）に変換するためのプロトコル。3-4節で詳しく解説します。

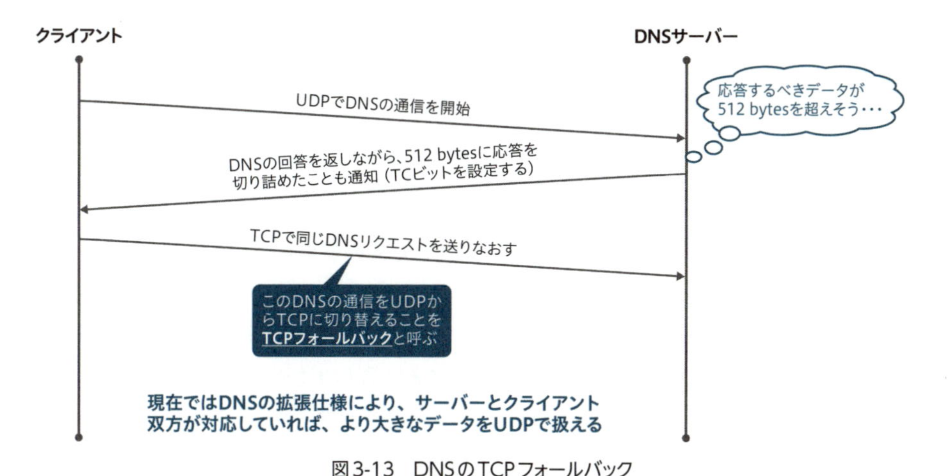

図3-13　DNSのTCPフォールバック

UDPセグメント

UDPは32ビット（8バイト）のヘッダと、それに続くペイロードから構成されます。TCPのときと同じように、UDPヘッダとペイロードをあわせてセグメントと呼びます。

ポート番号

UDPにもTCPと同じくポート番号の概念が存在します。送信元ポート番号と宛先ポート番号は16ビットの符号なし整数です。UDPを使うアプリケーションが同じホストの中で複数起動している場合に、それらを識別する目的で使われます。

UDP長

UDP長フィールドは16ビットの符号なし整数で、UDPヘッダとペイロード全体の長さを示します。UDP長フィールドが最小値を取るのは、ペイロードが存在しないときで、UDPヘッダの最小である8バイトがUDP長フィールドに記されます。また、最大値はIPパケットの上限に引っ張られる形で65,515バイトとなります。

チェックサム

他のチェックサム計算と同様に、UDPヘッダならびにペイロードの完全性を担保するための16ビットのフィールドです。チェックサムは、UDPヘッダ、ペイロード、ならびにIP疑似ヘッダと呼ばれる擬似的なIPヘッダから計算されます。

3-2 NAT（ネットワークアドレス変換）

IPプロトコルは、エンドツーエンド通信[▶10]を実現するためのプロトコルであり、任意の経路を選択してもよい、あるいは任意のルーターを経由してもよいという性質を備えています。そのため、経路中に、TCPの通信がどこまで送信側、受信側で処理されているのかを管理・監視する装置があることは本来想定されておらず、ましてやIPアドレスを書き換えることは言わずもがなです。

しかしながら、こうした設計思想とは裏腹に、経路の途中にあるネットワーク装置でパケットのIPアドレスを別のアドレスに書き換えることでネットワークを制御する技術が存在します。これがNAT（ナット）(Network Address Translate：ネットワークアドレス変換)です。実は非常に身近な存在であるNATは、LANからインターネットにアクセスする際にも広く使われています。まずは、NATの普及と密接に関係している、インターネットの発展とIPアドレスの枯渇問題について説明します。

[▶10] エンドツーエンド通信　データをリクエストする側（クライアント）とデータを提供する側（サーバー）の間で発生する通信のことをエンドツーエンド通信と表現することがある。アプリケーションから見て、途中の経路を暗号化するIPsecなどの通信は、あくまで途中の経路の通信のため、エンドツーエンド通信ではない。

IPアドレスの枯渇問題

インターネットの発展という意味では、1990年代は非常に重要な時代です。TCP/IP、DNS、電子メールといった要素技術はこれより前にすでに誕生していましたが、難しい専門知識を必要としたうえに、インターネットに接続できていたのは一部の技術者や研究者だけでした。しかし、1989年に米国で初めての商用ISP(インターネットサービスプロバイダー)が誕生し、一般ユーザーでも容易にインターネットにアクセスできる環境が整い始めます。同年には、CERN（欧州原子核研究機構）の技術者だったティム・バーナーズ・リーがWorld Wide Webの基盤となる概念を発表し、のちにブラウザのプロトタイプを公開します。1994年に公開された「Netscape Navigator」や、1995年リリースのWindows 95にバンドルされていた「Internet Explorer」など、様々なブラウザの登場によってインターネットの利用がさらに加速します。

ところが、インターネットの活用が急速に進んだことの裏返しとして、いくつかの問題が指摘され始めます（RFC 4632）。その問題とは次の3つです。

- 中規模組織に適したアドレスクラス（クラスB）だけの集中的な利用
- ルーティングテーブルの肥大化によるルーティング能力不足
- グローバルIPv4アドレス全体の枯渇

当時、IPアドレスは特定のアドレスクラスに所属するものと定められており、ネットワークを設計する際はクラスA、B、Cのいずれかのアドレスクラスを採用する必要がありました。しかし、各クラスのネットワークが収容できるホスト数にはバラつきがあります。具体的には、クラスAは約1,600万台、クラスBは約7万台、クラスCは約250台を収容できます。そのため、世の中のほとんどの組織は中程度の収容能力を持つクラスBを選択し、クラスBのグローバルIPアドレスだけが急速に利用されてしまいます。

また、ルーティングのスケーリングも課題となりました。当時のルーティングプロトコルは、広告※12された経路情報を集約するメカニズムを持っておらず、広告された経路数に比例する形でルーティングテーブルが肥大化していました。ルーターの処理性能には限りがあるため、急激にホストやネットワーク数が増えるインターネットの処理が難しくなっていきます。

これらの解決策として発案されたのがCIDRです。CIDRはアドレスクラスの概念を撤廃し、任意のプレフィックス長を持ったサブネットの定義を可能にします。そのおかげで、各組織の大きさに合わせたサブネットを設計し、効率的にグローバルIPアドレスが割り当てられるようになりました。さらに、CIDRにはルーティングの集約機能もあります。広告された経路を適切に集約して管理することで、肥大化したルーティングテーブルを大幅にサイズダウンすることに成功しました。

しかしながら、グローバルIPv4アドレス全体の枯渇問題に関しては未解決のままでした。CIDRによって効率的なアドレス割り当てが可能になったものの、インターネット利用者の増加の勢いが上回っていたためです。当時の技術者により、十数年と経たないうちにグローバルIPアドレスが枯渇すると予想されました。実際に2010年代に入って様々な地域でアドレスの枯渇が発生し始め、この予想は現実のものとなっています。

そこで、グローバルIPv4アドレスの枯渇問題に対して、CIDRと別のアプローチで解決が図られます。

まず長期的な対応として、インターネットに適した新たなプロトコルの開発が進められました。1994年、次世代のプロトコルを考案するためのコミュニティであるIP Next Generation Working GroupがIETF（Internet Engineering Task Force）で設立され、翌1995年にIPv6の基本的な概念を取りまとめたRFC 1883が発行されました。しかし、そこから何度も仕様の修正と追加を繰り返し、最終的にインターネット標準としてRFC化された2017年（RFC 8200）まで、IPv6の標準化作業は長引きます。また、IPv4との互換性がないため、IPv6に移行するにはIPv6に対応するネットワーク機器を再購入したり、IPv6の仕様がわかるネットワークエンジニアを採用・育成する必要がありました。こうした背景から、IPv6への移行に非常に多くの時間を費やす結果となり、2024年時点でも多くのユーザーがIPv4アドレスを利用し続けています。

では、IPアドレスが枯渇した状況でも、グローバルなIPv4アドレスを使って世界中の人々がインターネットにアクセスできるのはなぜなのか。この答えがNATです。

※12　ネットワークにおいて経路情報を伝えることを「広告（広報）する（propagate）」と言います。

NATによるインターネットアクセス

NAT（Network Address Translate：ネットワークアドレス変換）は、グローバルIPアドレスの枯渇問題への短期的な解決策として急速に普及したネットワーク技術です。名前からもイメージできる通り、経路の途中にあるネットワーク装置（例ルーター、ファイアウォール、負荷分散装置）で、パケットのIPアドレスを別のアドレスに変換する機能を指します（図3-14）。NATを実施するネットワーク装置は、NAT装置やNAT箱と呼ばれることがあります。

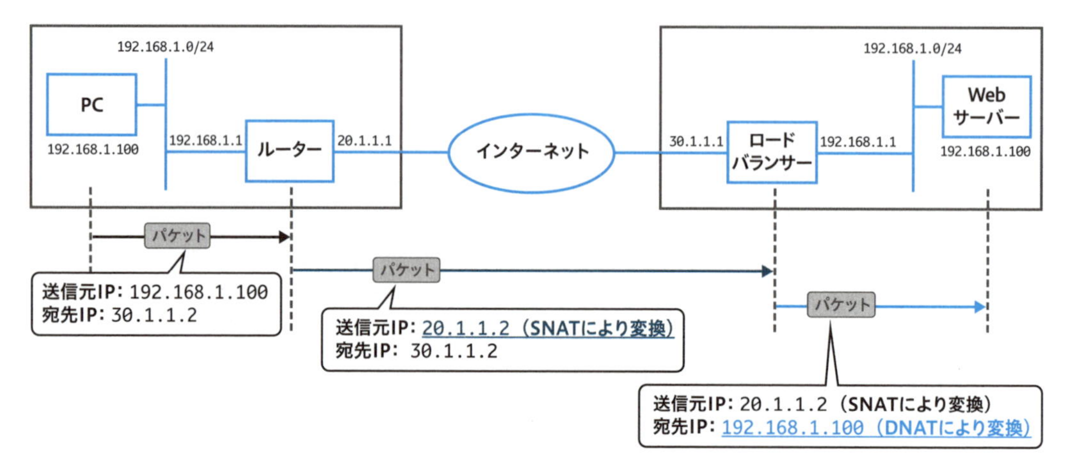

図3-14　NATの仕組み

アドレスの変換方法に応じて、様々なNATの派生名があります。たとえば、送信元IPアドレスを書き換えるNATはSNAT（Source NAT）、宛先IPアドレスを書き換えるNATはDNAT（Destination NAT）と呼ばれます。また、SNATとDNATを同時に実施する場合は、双方向NATです。

インターネットへの接続で活躍するのはSNATです。具体的には、内部ネットワーク（LANなどのプライベートネットワーク）と外部ネットワーク（インターネット）の境界に位置するルーターでSNATを実施します。このルーターは「インターネットの出入り口」のように振る舞うことから、インターネットゲートウェイ（Internet Gateway：IGW）と呼ばれることもあります。インターネットゲートウェイは、内部ネットワーク側と外部ネットワーク側の2つのインターフェイスを保持しています。

内部ネットワークのクライアントがインターネットにパケットを送信すると、インターネットゲートウェイの内部インターフェイスにパケットが到着します。パケットの送信元はクライアントのプライベートIPアドレスになっているため、このままでは外部ネットワークに転送することはできません。そこで、ゲートウェイは、送信元アドレスをあらかじめ設定しておいたグローバルIPアドレスに置換（SNAT）して、外部インターフェイスから送信します。最終的に、パケットはインターネットを経由して、目的のサーバーまで送り届けられます。

サーバーからの戻りパケットも同じような流れで処理されます。まず、パケットはインターネットを経由し、ゲートウェイの外部インターフェイスに届けられます。ゲートウェイは、パケットの5タプル[▶11]を確認し、このパケットが過去に自身がNATした通信の戻りだと認識します。そこで、今度は宛先アドレスをNATする前のプライベートIPアドレスに書き換えて、内部インターフェイスからパケットを送り出します。以降、同じフロー上のパケットは、ゲートウェイ上で同じようにNATされ続けます（**図3-15**）。

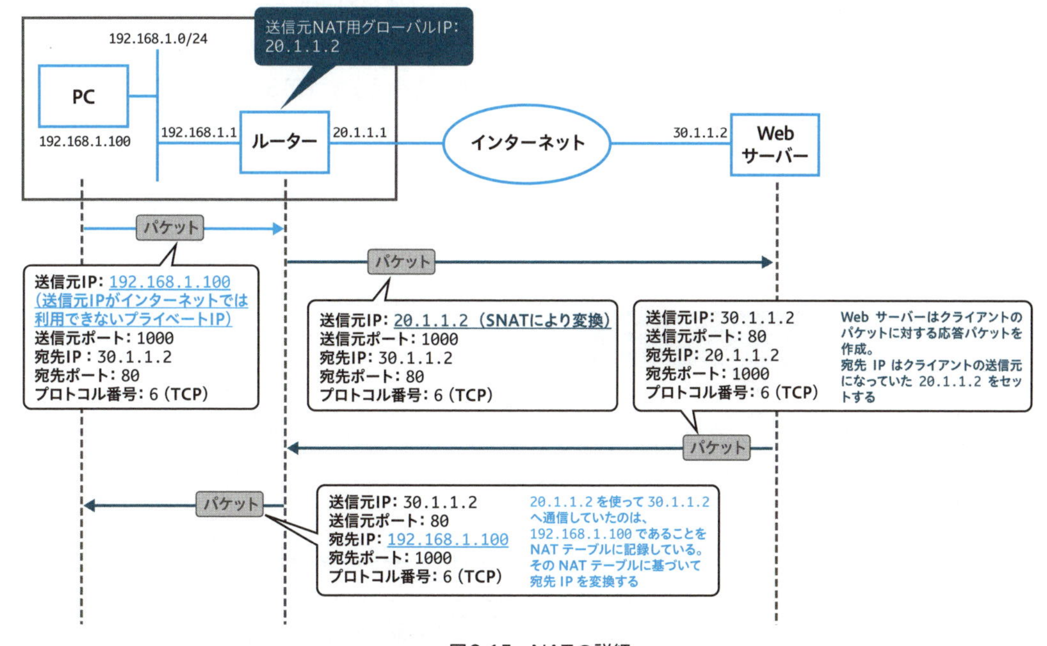

図3-15　NATの詳細

以上の動作からわかる通り、NATを正常に処理するには、過去にどのようなNATを実行したか管理する必要があります。この記録表を**NATテーブル**と呼び、通常フロー（コネクション）ごとにエントリー※13を記録します。エントリーが追加されるタイミングはファーストパケット（TCP SYN）※14を観測したときで、エントリーが削除されるタイミングはTCPのフラグを見てコネクションの切断・終了を検知したときか、フロー上で長時間パケットが観測されずタイムアウトとなったときです。ただし、エントリーの管理について統一的な方法があるわけではなく、基本的にはNAT装置の実装に大きく依存します。

[▶11] 5タプル（5-tuple）　①パケットのIPおよびTCP/UDPのヘッダの送信元IP、②送信元ポート番号、③宛先IP、④宛先ポート番号、⑤プロトコル番号の総称。

※13　NATを行なうネットワーク機器では5タプルに基づいて、どのIPをどのIPに変換したかを記録するNATテーブルを保持していますが、このNATテーブルの行のことを**エントリー**と言います。

※14　TCP/UDPの通信を開始する最初のパケットを**ファーストパケット**と言います。

NAPT

NATの登場によって、グローバルIPアドレスを直接付与していない端末からインターネット接続できるようになりました。インターネットゲートウェイ上でグローバルIPアドレスを集中管理し、必要なときにだけクライアント端末にグローバルIPアドレスを**貸し出す**ような運用が可能になったのです。

しかしながら、**NATだけでは多重化に対応できない**という弱点があります。仮に、2台のクライアントが同じサーバーに接続し、同じアドレスでSNATされた状況を考えます（**図3-16**）。すると、戻りパケットをSNAT装置が受け取ったときに、どちらのクライアント端末に宛てたものか判別ができないケースが発生することがわかるでしょう。

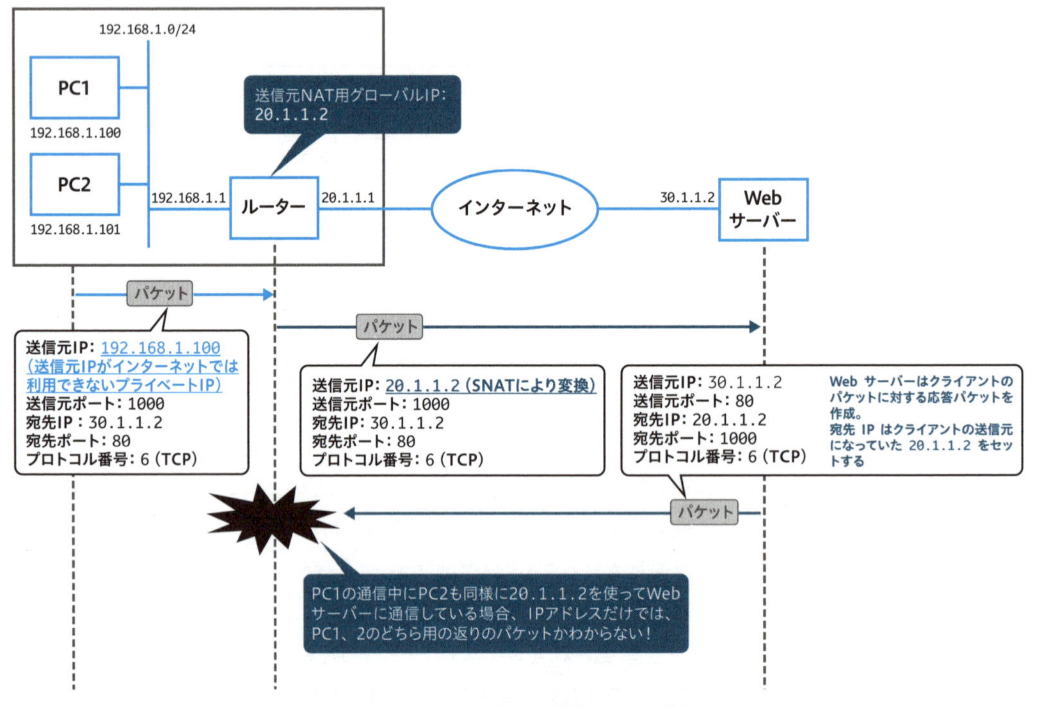

図3-16　NATだけでは解決できない状況

そのため、実際には多重化に対応した<ruby>NAPT<rt>ナプト</rt></ruby>（Network Address Port Translation：IPマスカレード）によって、プライベートIPアドレスをグローバルIPアドレスに変換するのが一般的です。NAPTは、ネットワークアドレスだけでなく、トランスポート識別子（TCP・UDPのポート番号、ICMPクエリ識別子）も変換対象とするNATの派生技術です（**図3-17**）。

NAPTを使えば、1つのグローバルIPアドレスだけで複数端末がインターネットに接続できます。複数の端末が同時にあるサーバーに接続しても、SNAT後のパケットがどの端末から送信されたのか判断できるためです。プロトコル、宛先アドレス、宛先ポート番号、SNAT後の送信元アドレスについてはセッション間で共通する可能性はあるものの、SNAT後の送信元ポート番号を調整すればセッションを判別できます。SNAT後の送信元ポート番号は**SNATポート**と呼ばれ、SNATポートの使い方はSNATアルゴリズムによって定められます。ポート番号は2^{16}≒65535通り存在するので、同じアドレスとポート番号に宛てられたセッションに関しては、理論上は1つのSNATアドレスで多重化できるセッションの最大数も65535です。

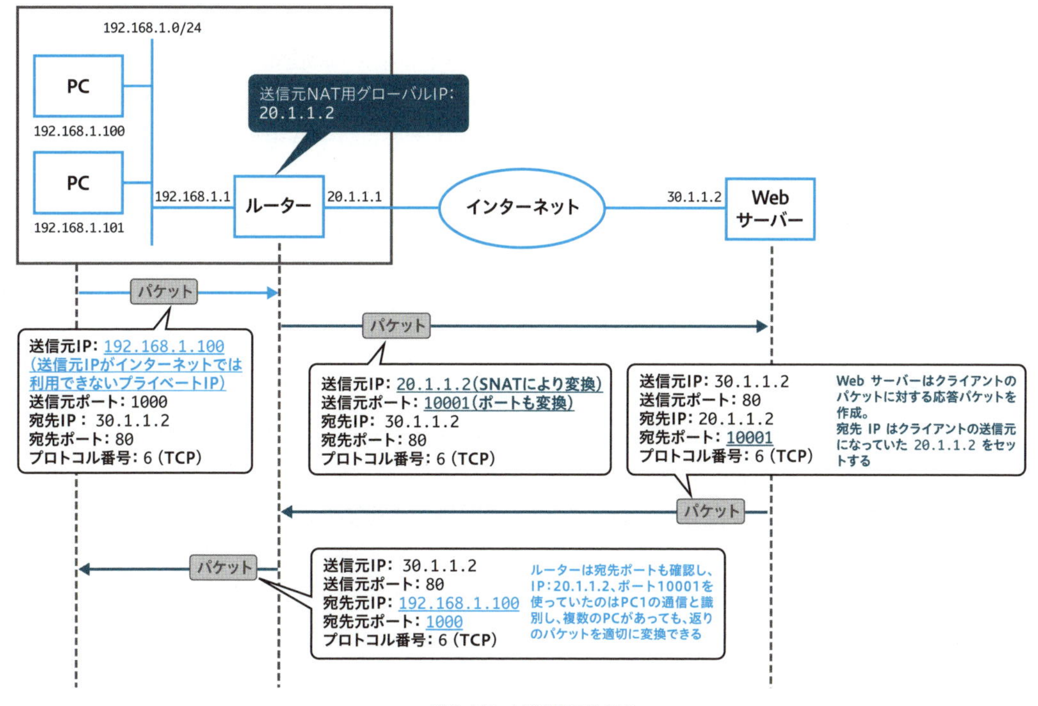

図3-17　NAPTの仕組み

なお、厳密に言えばNAPTとNATは別物ですが、「NAT」と書かれていても実際にはNAPTを指しているケースが多くあるという点に注意してください。以降、本書でも特に断りがない限りはNATをNAPTとして取り扱います（SNATは送信元アドレスとポートを変換するNAPTを指します）。

 SNATポート枯渇

NAT・NAPTに関連するトピックとして、**SNATポート枯渇**と呼ばれる現象を理解しておくと便利な場合があります。

SNATポート枯渇とは、SNATに使えるソースポート（TCP/UDPヘッダの送信元ポート）の不足が原因で、SNAT環境下にあるクライアント端末がインターネットに接続できなくなる現象を指します。

SNATによってインターネットに接続する新たなセッションを確立する際、SNATを実施するゲートウェイは、既存セッションと重複しないようにSNATポートを適切に選択します。しかしながら、ポート番号は有限であるため、究極までセッション数が増えると重複が避けられない状態に陥ります。これがまさに

SNATポートを使い切った（枯渇）状態です。また、SNATアルゴリズム次第では、あらかじめ端末ごとに利用可能なSNATポートを静的に割り当てる実装もあります。その場合、SNATポート全体としてはまだ余裕があるのにもかかわらず、特定の端末だけがSNATポートを使い切ってしまう状況になることもあります。

具体的な症状として、突然ブラウザで新規ページを開けなくなくなったり、DNSサーバーが名前解決できなくなる状況であれば、SNATポートの枯渇が疑われます。いずれの場合も、インターネットへのアクセス増加が枯渇発生の引き金となります。SNATポートの枯渇は周期的なイベントであることも多く、決まったタイミングで症状が顕在化することが多いのも特徴の1つです。たとえば、平日の始業後1時間後に決まって発生したり、夜間のバッチ処理を開始してから数十分程度でいつも発生するといった具合です。

もちろん、枯渇の発生メカニズムはSNATアルゴリズムに依存するため一概には言えませんが、一般的に枯渇が発生しやすいのは次のような環境です。

- 少ないSNATアドレスを多くの端末で共有している
- SNATポートを端末ごとに静的に割り当てしている
- 新規セッション数が短時間で増減するようなワークロードを運用している（例DNSサーバー）

SNATポート枯渇が発生したときは、以下のような対応を取る必要があります。

- より多くのセッションのNATに対応するSNATアルゴリズムを採用する
- 接続プールやキャッシュ機構の導入により、不要な新規セッションの作成を削減する

3-3 Webアプリケーションを支える技術

World Wide Webの誕生

インターネットを横断して通信するアプリケーションやサービスは、World Wide Web（WWWまたはWeb）と呼ばれる情報システムの上に成り立っています（図3-18）。ブラウザでWebサイトを閲覧したり、スマートフォンで動画配信サイトを見ることができるのも、Webのおかげです。Webはインターネットを意識して設計されたものですが、現在では、インターネットを使わない環境でもWebの技術をベースに多くのアプリケーションが構築されるようになりました。

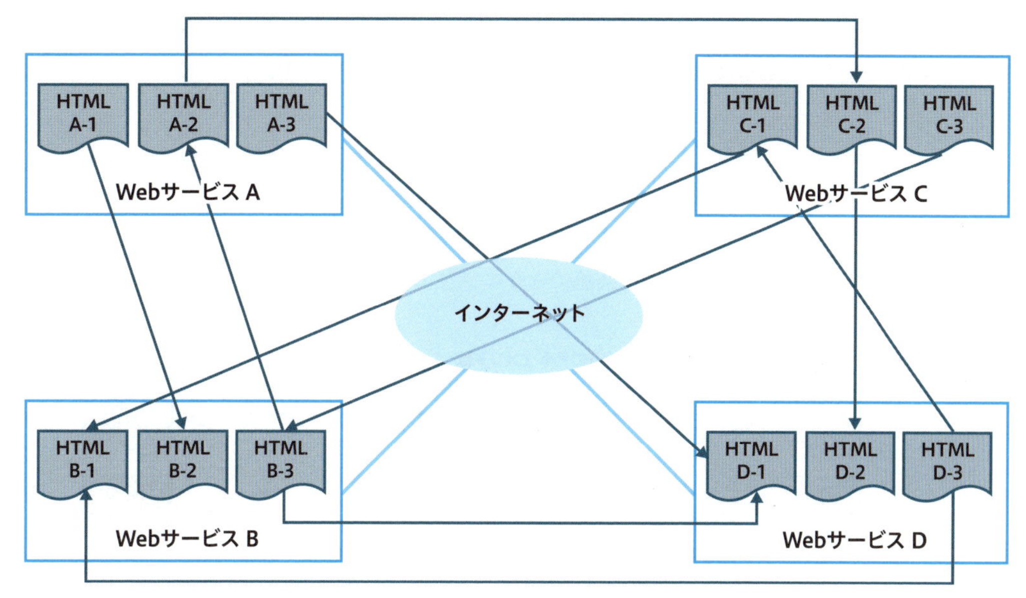

図3-18　Web（World Wide Web）の仕組み

Webの誕生は1990年以前にさかのぼります。インターネットの黎明期だった当時、アプリケーションをネットワーク経由で利用するためのプロトコルやデータ構造に統一された方法はなく、非常に不便でした。そのような状況を打破すべく、CERN（欧州原子核研究機構）の技術者として勤務していたティム・バーナーズ=リーが1989年にWebの初機構想を発表します。

Webの目的は、世界中の人々が情報を共有し、簡単に知識を交換できるインターネットを作ることです。そこで、インターネット上に存在する任意のドキュメントやメディアファイルを**リソース**（resource）という名前のオブジェクトに抽象化して、リソースに対する操作方法の統一を目指しました。

リソースの中でも、当時のインターネットでは特にテキストデータ（ドキュメント）が主なコンテンツでした。大量にドキュメント間の関係を表現するため、Webは**ハイパーテキスト**（hypertext）の考え方を採用します。具体的に言えば、**ハイパーリンク**（hyperlink）と呼ばれる、他のドキュメントを参照するリンク機能を取り入れたことがこれに相当します。

Web流のハイパーテキストを記述する言語として**HTML**（HyperText Markup Language）が開発されました。ハイパーリンクの機能を備えていることはもちろん、タグで容易に文書を構造化できることがHTMLの特徴です。HTMLで記述されたリソースを**HTMLドキュメント**と呼びます。HTMLドキュメントをWebの仕組みで閲覧する場合は、**Webページ**（Web page）と表現することもあります。

HTMLドキュメントなど、Web上のリソースを操作するためのプロトコルを**HTTP**（HyperText Transfer Protocol）と呼びます。HTTPは、URIで指定されるリソースに対し、取得・変更・削除といった汎用的な操作を実施する枠組みを提供します。また、HTTPによる操作を容易にするため、**ブラウザ**（**Webブラウザ**）が誕生しました。ブラウザは、グラフィカルユーザーインターフェイス（GUI）を持ち、Webページの表示やナビゲーションに必要な機能をユーザーに提供します。

以上の用語を使うと、Webの世界観を次のように整理できます（**図3-19**）。

- インターネット上に散らばるリソースは、ハイパーテキストによって相互接続される。リソース（ドキュメント）はHTMLで記述する
- リソースに対する閲覧・編集といった操作はHTTPプロトコルで実行する。ブラウザを使えば、HTTPによるリソース操作が視覚的に実施できる

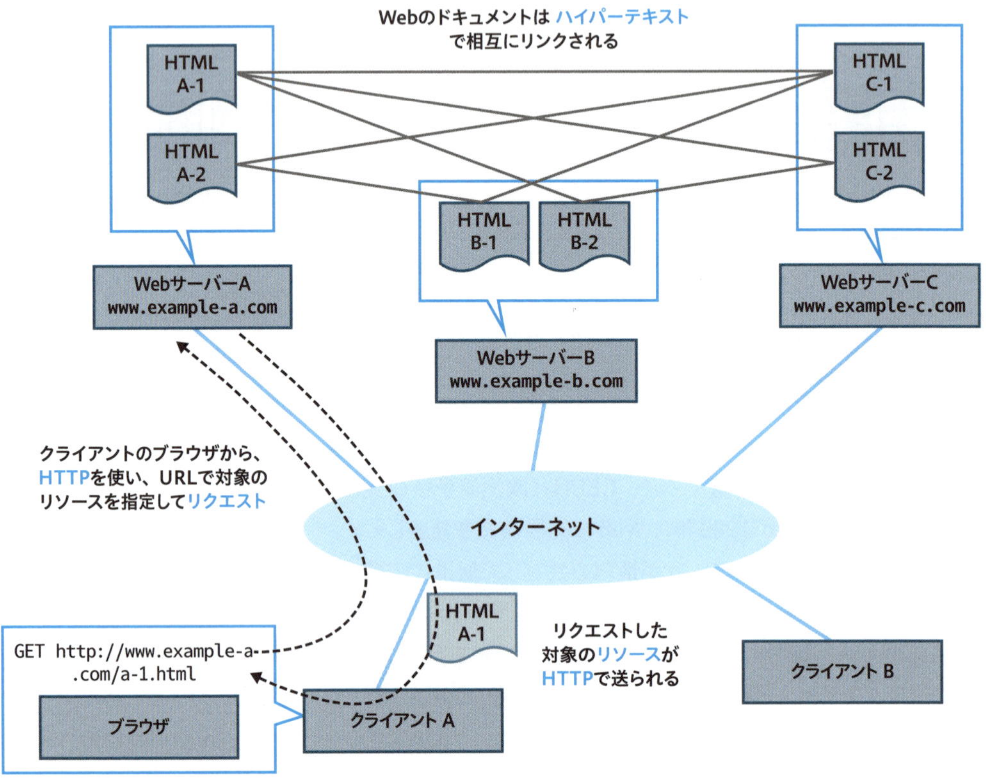

図3-19　Web、HTTP、ブラウザの関係

リソース識別子

Web上のリソースは、URI（Unified Resource Identifier）と呼ばれる文字列で一意に識別されます。しかし、リソースを実際に活用するためには、対象を識別できるだけではなくアクセス方法まで知っておく必要があります。そもそも、リソースはインターネットのありとあらゆるサーバーに分散されているためです。そこで、アクセス方法まで指定できる特別なURIをURL（Uniform Resource Locator）と呼び、通常はURLを使ってリソースを識別・操作します（**図3-20**）※15。

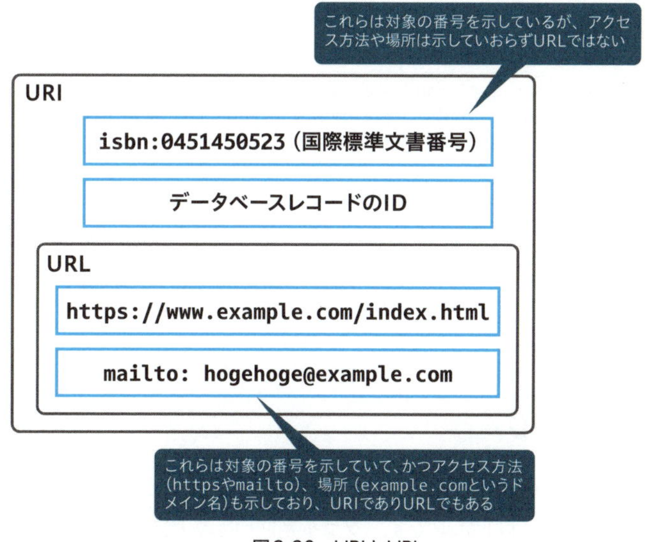

図3-20　URIとURL

URLは、次のフォーマットで表現される文字列です（**表3-1**）。

```
スキーム://[ユーザー情報@]ホスト名[:ポート番号]/パス[?クエリ][#フラグメント識別子]
```

※[]で囲まれた文字列は省略可能なことを表わす。

※15　このURLとURIの説明は、RFC 1738やRFC 3986といった、Web黎明期に策定された定義に基づいたものです。しかし、URLをURIのサブセットとする見方はしばしば古典的と評され、徐々に合意が取れなくなりつつあります。Web技術の標準を策定するコミュニティであるWHATWG（Web Hypertext Application Technology Working Group）は、URLとURIを区別することのメリットはもはやないとして、URLに用語を統一することを推進しています。

参考 URL Standard：https://url.spec.whatwg.org/#goals

表3-1　URLを構成する文字列

文字列	説明
スキーム（scheme）	プロトコルなどのアクセス方法を指定する。基本的にWebの世界で使われるスキームはhttpかhttpsだが、電子メールを処理するためのスキーム（mailto）もある。mailtoのURLをクリックするとメーラーが起動するように、ブラウザはスキームに応じて外部アプリケーションに処理を委任することがある
ユーザー情報（userinfo）	省略可能な文字列で、ユーザーに関する情報を指定する。ユーザー名だけを指定したり、同時にパスワードを指定することも可能
ホスト名（host）	リソースが存在しているドメイン名を指定する。IPアドレスを指定することも可能。スキームによっては、デフォルトのホストが決まっていて省略できることがある（例 fileスキームのhostは必ずローカルホスト）
ポート番号（port）	トランスポート層プロトコルのポート番号を指定する。スキームごとにデフォルトのポート番号が決まっていて、省略できる。ユーザー情報、ホスト名、ポート番号をあわせてオーソリティ（authority）と呼ぶ
パス（path）	リソースへのパスを指定する。概念的にはWebサーバー上のファイルへのパスを表現するための文字列だが、実際にファイルが存在するかどうかは関係ない。単に、あるオーソリティ上に存在し得る複数のリソースを区別するための文字列。スラッシュ記号/で区切ることにより、階層構造を表現できる
クエリ（query）	省略可能な文字列で、Webサーバー側の処理に対する入力として使用する。処理の方法はWebサーバーによって異なる。クエリ文字列は、アンパサンド記号&で区切られたキーバリュー型（識別用の一意のキーと値の組）で構成され、各キーバリューは「キー＝値」の形式となる
フラグメント識別子（fragment）	省略可能な文字列で、リソース内の一部箇所や別リソースを指定する。一般的には、Webページの目次機能に利用される。#記号を含めてアンカー（anchor）とも呼ばれる

HTTPプロトコル

HTTP（HyperText Transfer Protocol）は、Web上のリソースを操作するためのクライアント／サーバー型のアプリケーション層プロトコルです。クライアント側のアプリケーションはユーザーエージェント（user agent）、サーバー側のアプリケーションはWebサーバー（web server）と呼ばれます。ブラウザは、最も代表的なユーザーエージェントです。

ユーザーエージェントとWebサーバーは、HTTPメッセージ（HTTP message）を互いにやりとりします（図3-21）。ユーザーエージェントがリソースを操作するためにWebサーバーに送信するメッセージはリクエスト（要求：request）と呼ばれます。対して、リクエストの結果を通知するためにWebサーバーが送信するメッセージはレスポンス（応答：response）と呼ばれます。同じコンテキスト[▶12]を共有するリクエストとレスポンスは、1つのストリーム（stream）と呼ばれる仮想的な双方向伝送路を通ります。

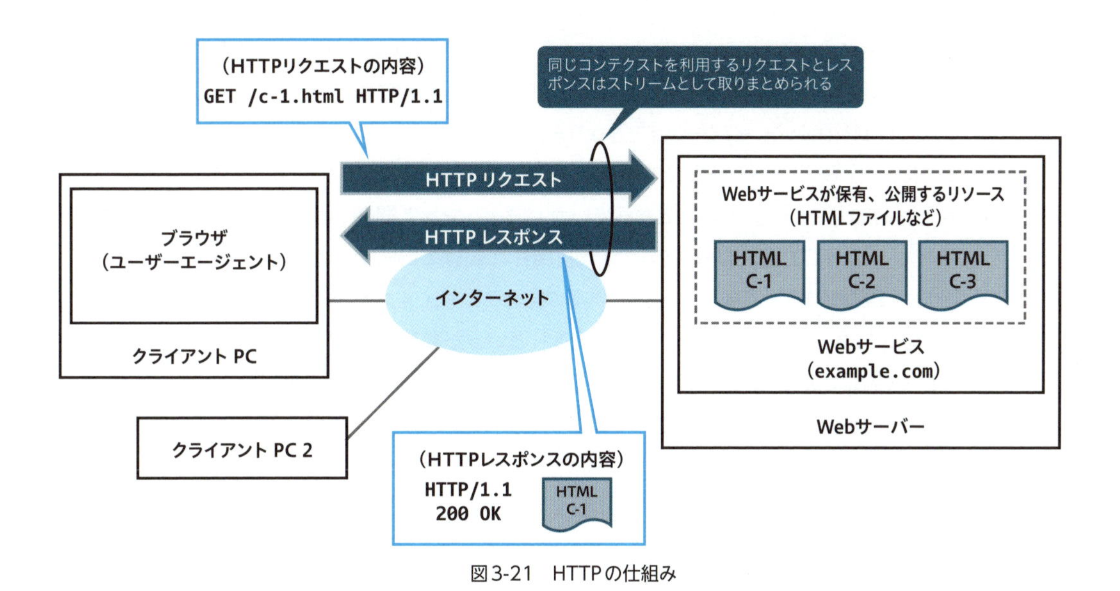

図3-21　HTTPの仕組み

［▶12］コンテキスト　Webサーバーまたはクライアントアプリケーションがリクエストを処理する際に利用する一連の情報や設定のこと。認証情報やアプリケーション固有の設定、クライアントのブラウザやIPなど様々なデータが含まれる。

HTTPメソッド

HTTPリクエスト内には、クライアントからサーバーへの指示を行なうHTTPメソッド（図3-21のGET）が含まれています。Web開発で主に使われるHTTPメソッドは以下の4つです。

- **GET**：指定したリソースを送信（取得）することを指示する。たとえばブラウザであるURLを入力するとそのURLが示すリソースに対するGETメソッドが発行され、Webサーバーはそのリソースを示すHTMLファイルやデータをクライアントに送信する。
- **POST**：指定したリソースに対してデータを送信する。たとえば問い合わせフォームにおいて名前やメールアドレス、問い合わせ内容を記述し送信すると、POSTメソッドと入力値がWebサーバーに送信される。
- **PUT**：指定したリソースのデータの置き換えを指示する。Webアプリケーションで保持するデータの上書きの指示に、このメソッドが利用される。
- **DELETE**：指定したリソースのデータの削除を指示する。Webアプリケーションで保持するデータの削除の指示に、このメソッドが利用される。

メッセージをデータとしてどう表現するか（フォーマット）、そしてどのように解釈するか（セマンティクス）は、HTTPのバージョンによって異なります。ここで、HTTPの変遷の歴史を簡単に振り返ってみましょう。

1989年にティム・バーナーズ=リーが提案した最初のHTTPは、HTTP/0.9として知られています。HTTP/0.9はGETメソッドのみが使用でき、ヘッダフィールド※16の概念もありませんでした。これが

※16　IPやTCPが通信の情報を記述するヘッダフィールドを持つように、HTTPもヘッダフィールドを持ちます。HTTPのヘッダフィールドではHTTPを通じてやりとりされるデータの種別を示す、Content-Typeや認証情報が記述されたAuthorization、サーバーとクライアント間でアプリケーションの状態を共有するCookieなどが記述されます。

1991年にリリースされたHTTP/1.0で改善され、その後、1999年にリリースされたHTTP/1.1ではさらにパフォーマンス面でも改善されたことにより、HTTP/1.1は十数年という長い期間にわたって安定的に利用されるHTTPのメジャーバージョンとなりました。

2023年までに、HTTP/2とHTTP/3という新たな2つのWeb標準がリリースされています。どちらのバージョンも、以前のバージョンで課題となっていたパフォーマンス問題の解消が主な変更点です。しかしながら、今でもなおHTTP/1.1は多くの環境で利用され続けています。この理由として、「HTTP/2やHTTP/3への移行が技術的に難しい」「開発者向けのドキュメントがアップデートされていない」「HTTP/1.1を前提にネットワークが構築されている」といった要因が挙げられます。

ネットワークの観点での重要なポイントは、現在もHTTP/1.1、HTTP/2、HTTP/3のトラフィック[▶13]が混在していて、それぞれ異なる特性があることです。具体的には、次のような点に注目する必要があります。

- **トランスポート層プロトコル**
  HTTP/2まではTCPを採用していたが、HTTP/3からはQUICと呼ばれるUDPベースの新しいトランスポート層プロトコルが採用された。TCPとUDP（あるいはQUIC）は、異なる性質を持つプロトコルなので、それぞれに適したネットワークの制御が必要。

- **ストリームの多重化**
  HTTP/1.1は、ストリームごとにTCPコネクションを必要とするため、コネクションを多く消費する。この点を改善するため、HTTP/2では1つのコネクションに複数のストリームを収容する動作がサポートされた（**図3-22**）。これをストリームの多重化と呼ぶ。HTTP/3では、パケットの再送時に多重化の効率が悪化する問題に対処するため、QUICコネクション上でストリームを多重化するように変更された。これらは、HTTPの世界でストリーム数が同じ場合でも、利用するHTTPのバージョンによって消費されるトランスポート層のコネクション数が変わることを意味している。

- **暗号化**
  HTTP/1.1では、ストリームの暗号化はオプション機能として用意されていたが、HTTP/2からはSSL/TLS[▶14]の有効化が必須となった。TLSで保護されたストリーム上のメッセージは秘匿化されるため、メッセージをエンドノード[▶15]以外のネットワーク装置（たとえばファイアウォール）で閲覧できなくなる。

[▶13] トラフィック　ネットワークを通じてデータが移動する量や流れのこと。トラフィックは一般的に、データの量、送信されるデータパケットの数、または特定の時間内にネットワークを通過するビット数（ビットレート）で測定される。

[▶14] SSL/TLS　インターネット上でデータを暗号化して送受信するためのセキュリティプロトコル。単にTLSとも呼ばれる。

[▶15] エンドノード　ノードとは、ネットワークにおいて通信を開始する機器、中継する機器、受信する機器、つまりデータの転送に関わる機器を指す。エンドノードとは、特に通信の末端となる送信する機器と受信する機器のことで、エンドポイントとも言う。

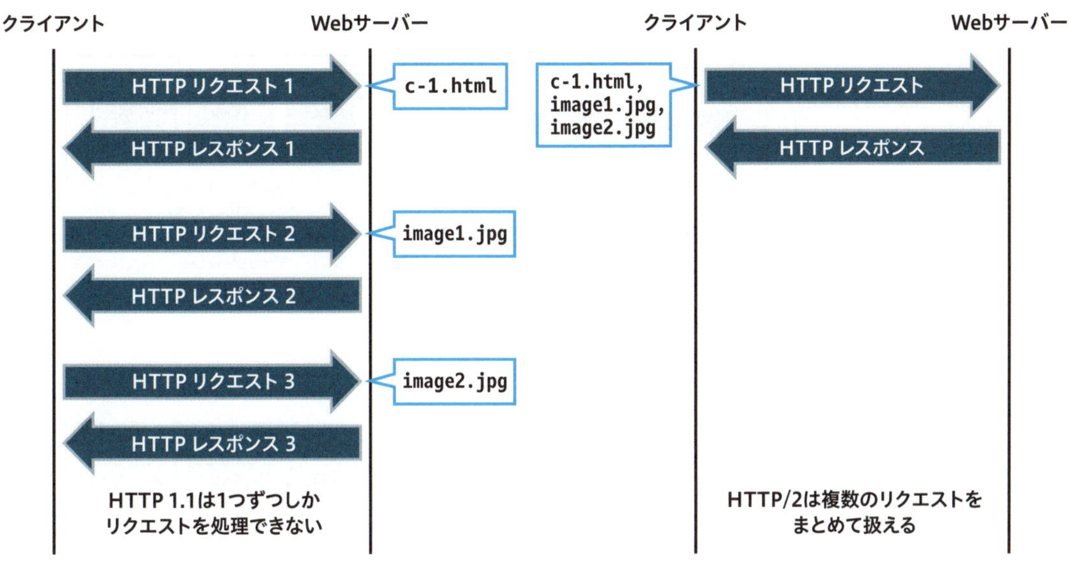

図3-22　HTTP/2ストリーム多重化

以上のように、HTTP/1.1、HTTP/2、HTTP/3にはそれぞれ異なる特性があることをふまえ、ネットワークの制御に注意する必要があります。また、HTTPを扱うネットワークアプライアンス［▶16］やロードバランサー［▶17］を使用する際は、それらがどのバージョンのHTTPに対応しているか確認することも重要です。

［▶16］ネットワークアプライアンス　通信の規制を行なうファイアウォールなど通信の特定の処理を行なう機器のこと。

［▶17］ロードバランサー　通信を複数のノードに分散させる処理（負荷分散）を行なう機器のこと。1つのWebサーバーでサービスを提供している場合、リクエストが、そのサーバーで処理可能な量を超えてしまうとサービスが停止してしまう。対策として処理能力を増強するためにWebサーバーの台数を増やすことが考えられる。このように複数台のサーバーで処理を行なう場合、クライアントから送信される通信を、それぞれのサーバーに分散させる必要がある。ロードバランサーはこのような通信の分散を行なうために設置される。

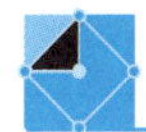

認証と暗号化

インターネットのような第三者による盗聴のリスクがあるネットワークでは、パケットの中身を保護するためのセキュリティ対策をとる必要があります。また、近年では、たとえプライベートネットワーク内の通信であっても、メッセージの認証や暗号化が必要というセキュリティの考え方であるゼロトラストセキュリティネットワークが浸透しつつあります。HTTPは、TLS（Transport Layer Security）と呼ばれるセキュリティプロトコルと併用することで、これらの課題を解決します（**図3-23**）。TLSを利用するHTTPは、HTTPS（Hypertext Transfer Protocol Secure）やHTTP over TLSなどと呼ばれます。

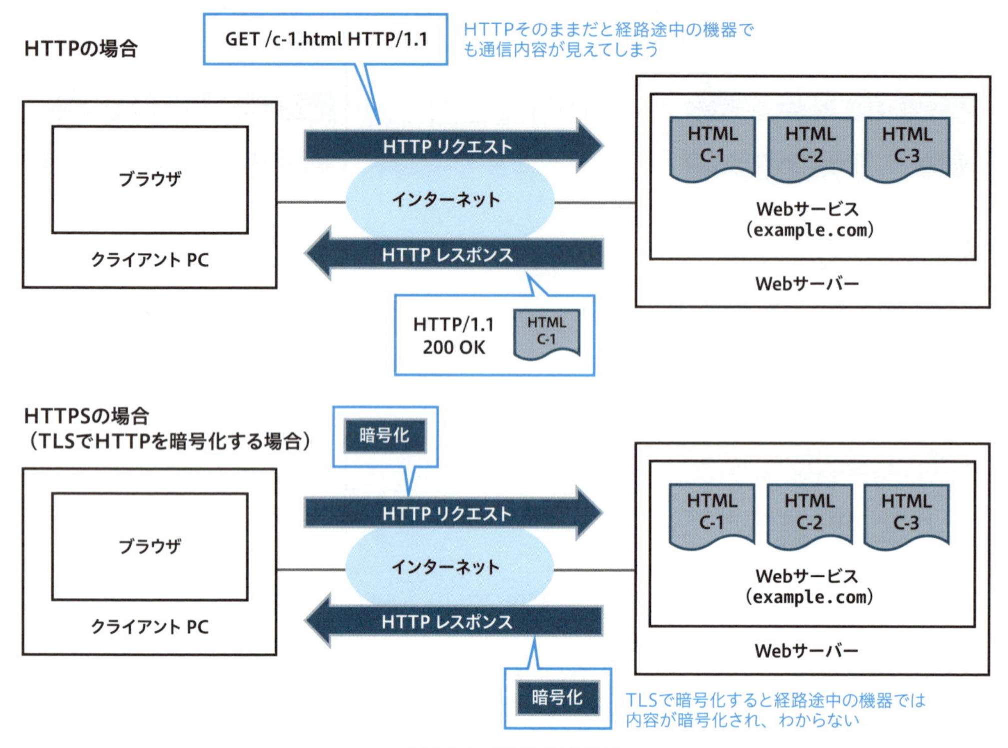

図3-23　HTTPとHTTPS

TLSは、SSL（Secure Sockets Layer）と呼ばれるセキュリティプロトコルから派生して標準化された経緯があり、その名残りとしてSSL/TLSと表記されることもあります。TLSの最新バージョンは2018年にリリースされたTLS1.3で、今までに**表3-2**のバージョンがリリースされています。

表3-2　TLSのバージョン履歴

バージョン	リリース年	RFC	コメント
TLS 1.0	1999	RFC 2246	安全ではないという理由から2021年に非推奨化
TLS 1.1	2006	RFC 4346	安全ではないという理由から2021年に非推奨化
TLS 1.2	2008	RFC 5246	
TLS 1.3	2018	RFC 8446	

セキュリティといっても様々な観点がありますが、とりわけTLSでは、次の性質を備えた仮想通信路をアプリケーションに提供することを目的としています。

- **認証（authentication）**
  通信先が想定される相手であることを証明できる。サーバー側は常に認証され、クライアント側は必要に応じて認証される。クライアントとサーバーの両者を認証する場合、相互TLS（mutual TLS：mTLS）と呼ぶ。

- **機密性（confidentiality）**
  メッセージが外部の第三者から盗聴されないことを保証できる。安全な仮想通信路がクライアントとサーバーの間で直接確立され、その中を通るデータはすべて暗号化される。
- **完全性（integrity）**
  メッセージが外部の第三者から改ざんされないことを保証できる。

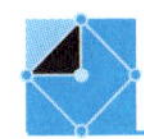

プロキシサーバー

プロキシサーバー（proxy server）は、クライアントとサーバーの間に位置し、クライアントから受け取ったリクエストを代理でサーバーに送信したり、サーバーから受け取ったレスポンスを代理でクライアントに送信したりするサーバーです※17。プロキシサーバーの仕組み自体は、任意のクライアント／サーバーモデルのプロトコルに適用できる一般的なものです。ここでは、最も一般的な構成であるHTTPプロトコルを仲介するプロキシサーバー（HTTPプロキシサーバー）に焦点をあてて説明します。

プロキシサーバーの構成には、大別して以下の2つがあります。

- **フォワードプロキシ**
  クライアント側の観点で、パフォーマンスやセキュリティを高めることを目的としたプロキシ構成。
- **リバースプロキシ**
  サーバー側の観点で、パフォーマンスやセキュリティを高めることを目的としたプロキシ構成。

フォワードプロキシ

フォワードプロキシ（forward proxy）は、クライアント観点のパフォーマンスやセキュリティを向上することを目的としたプロキシサーバーです（**図3-24**）。単に**プロキシ**と呼ばれることも多く、一般的に「プロキシ」として知られるのもこのタイプのプロキシサーバーです。

この構成の目的は、組織内の複数のクライアントから送信されたリクエストが、特定のサーバーを通るようにすることです。なぜなら、次のようなメリットを享受できるためです。

- **送信元の隠蔽**
  実際にサーバーにリクエストを送信するのはフォワードプロキシであるため、サーバーはクライアントの真のIPアドレスを知ることができない。これにより、クライアントのプライバシーが保護される。
- **アクセス制御とログ収集**
  プロキシサーバーは、クライアントやサーバーのHTTPメッセージ（URLやリクエスト）を把握できる。そのため、望ましくないサイトへのアクセスをブロックしたり、許可したサイトのみにアクセスできる環境を構築できる。また、監視のためのアクセスログを取得することも可能。

※17 **プロキシ**（proxy）は日本語では「代理」という意味で、インターネットに直接接続できないコンピュータの代わりにアクセスするサーバーのことを指します。

- **ネットワーク管理の容易性**

  フォワードプロキシを使用している場合、ネットワーク管理者はプロキシサーバーを通じてネットワークトラフィックを監視し、制御することができる。これにより、ネットワークのセキュリティとパフォーマンスを向上させることができる。

- **キャッシュ**

  プロキシサーバーは、必要に応じてWebページや静的コンテンツをキャッシュ（一時的に保存）する。そのため、複数のクライアントが同じURLにアクセスする場合、2台目以降のクライアントはキャッシュを利用できることがある。その場合、レスポンスのレイテンシが大きく削減され、ネットワーク帯域の消費も軽減することができる。

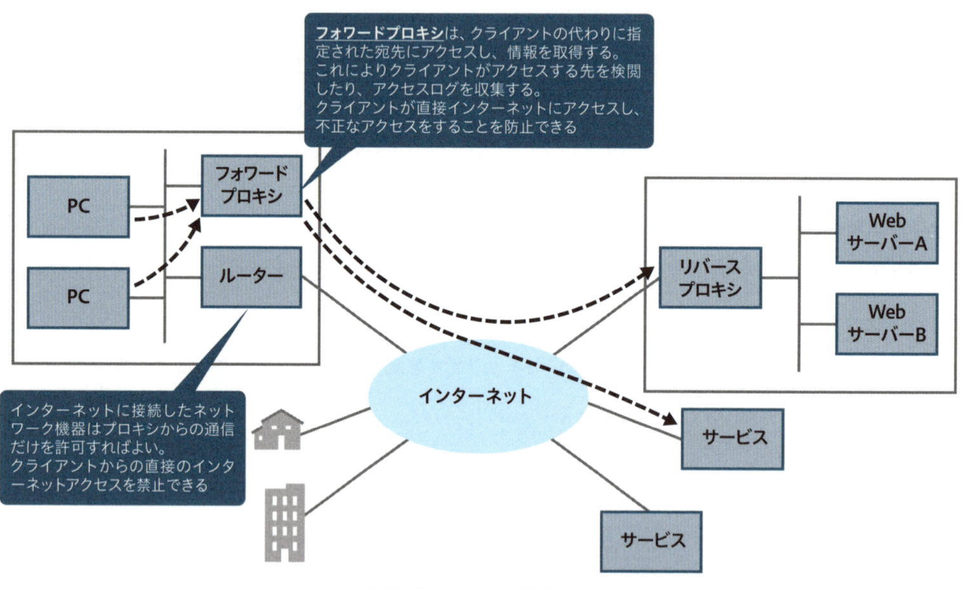

図3-24　フォワードプロキシ

フォワードプロキシの実現方法には、明示型と透過型があります。

- **明示型プロキシ**

  クライアントはプロキシサーバーが存在することを認識していて、TCPレベルでは、すべてのHTTPのリクエストがプロキシに送信される。OSやブラウザの設定でプロキシの場所（IPアドレスとポート番号）を指定する必要がある。自動化のため、PAC（Proxy Client Autoconfig）と呼ばれる設定ファイルをDHCP [▶18] で配布して適用することも可能。

- **透過型プロキシ**

  プロキシサーバーの存在はクライアントから隠蔽されており、ネットワークのルーティングで対象のパケットをプロキシサーバーに転送する。クライアントのセットアップが不要である一方、中間者攻撃と同等の状況となるため、TLSで保護されたHTTPS通信を扱う場合は特別な対応が必要となる。

実際の利用例としても、セキュリティを高めるため、LANからのインターネットアクセスが必ずプロキシサーバーを通るように構成する企業がほとんどです。しかしながら、様々なサービスがクラウド化され、インターネットトラフィックが増加する傾向にある現代では、プロキシサーバーの圧迫や性能低下が発生しやすい状況となっています。すべての通信をプロキシサーバーに転送するのではなく、特定の通信を対象外とする対策（ブレークアウト）も視野に入れる必要があるでしょう。

[▶18] DHCP　Dynamic Host Configuration Protocolの略語で、IPネットワークに新たに追加されたサーバーやクライアントに対して、IPアドレスなど通信に必要な設定情報を自動的に割り当てるためのプロトコル。利用するべきDNSサーバーのIPアドレスも指定できる。

リバースプロキシ

リバースプロキシ（reverse proxy）は、サーバー側の利便性を高めることを目的としたプロキシサーバーです（**図3-25**）。リバースプロキシが負荷分散やアクセス制御の機能を持つ場合、負荷分散装置やファイアウォールとして認識されることもあります。

この構成では、次のような機能のいずれかまたは複数をリバースプロキシ上に実装することで、多くのメリットを享受することができます。

- **負荷分散**
  リバースプロキシが受け取ったリクエストは、その都度、異なるサーバーに問い合わせることができる。リクエストの負荷分散によって、システム全体の利用率やスループットの向上が期待できる。
- **コンテンツフィルタリング**
  Webサイトへのサイバー攻撃や不審なアクセス（たとえばSQLインジェクション）を検知、防止する機能を持つリバースプロキシもある。このようなWebに特化した防御機能、あるいはこの機能を備えたネットワーク装置のことをWAF（ワフ）（Web Application Firewall）と呼ぶ。
- **キャッシュ**
  Webページや静的ファイルのリバースプロキシ上で保有すると、リクエストをサーバー側に問い合わせる必要がなくなる。キャッシュによって、リクエストの応答速度を短縮できる。
- **TLSオフロード**
  リバースプロキシ上でSSL/TLSの暗号化を終端し、リバースプロキシとWebサーバーの間では処理の軽いHTTPを利用する構成を取ることができる。これにより、Webサーバーの負荷を軽減し、Webサイトのパフォーマンスを向上させることができる。
- **認証**
  認証機能をリバースプロキシで実装しておけば、サーバーアプリケーションごとに認証の仕組みを実装する必要もなくなる。これにより、認証の仕組みを統一することができ、管理が容易になる。

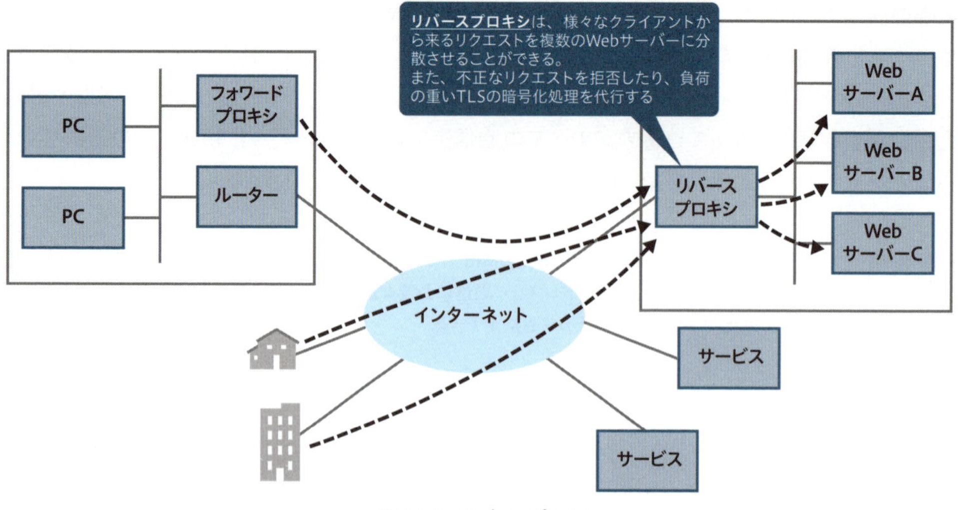

図3-25　リバースプロキシ

3-4 DNS（ドメインネームシステム）

名前解決

DNS（Domain Name System：ドメインネームシステム）は、ドメイン名をIPアドレスに変換するためのアプリケーション層プロトコルです。その主な目的は、ホストを識別する名前とIPアドレスの対応付けをできるようにすることです（図3-26）。

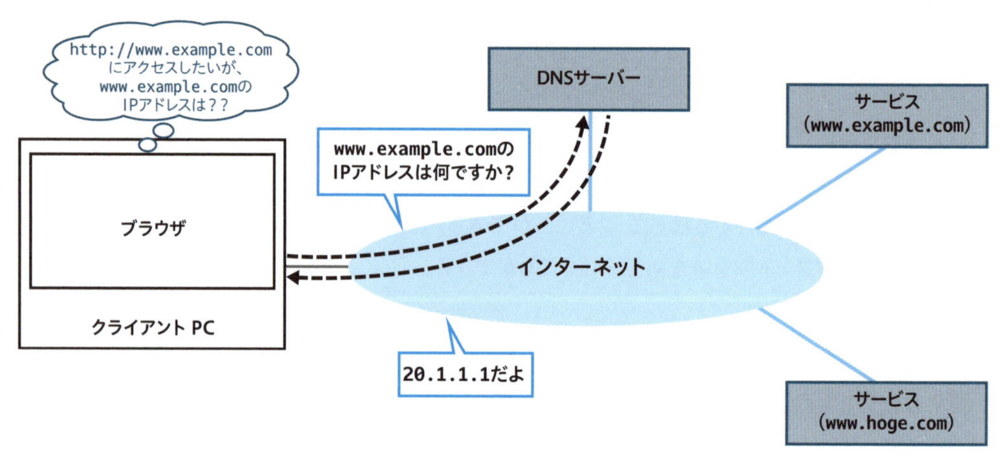

図3-26　DNSの仕組み

そもそも、通信先ホストを名前で識別するという概念が登場したのは、インターネットの誕生よりも前です。アメリカの軍事施設や大学・研究機関向けのコンピュータネットワークだったARPANETで、1970年代ごろからホスト名（host name）でホストを識別するようになりました。ホスト名は、アルファベットと数字（と一部の記号）で構成された文字列です。

識別子という観点だと、TCP/IPのネットワークにはホストを一意に識別するIPアドレスがすでに存在しているため、新たにホスト名を付与する必要性はないようにも思えます。しかし、IPアドレスという味気ない数字列よりも、意味付けが容易な名前のほうがユーザーである私たち人間にとっては何かと便利です。そこで、アプリケーション層ではホスト名を利用して、ネットワーク層（パケットを取り扱う場面）でIPアドレスを必要とするときに、ホスト名をIPアドレスに変換する仕組みを導入しました。この変換作業を名前解決（name resolution）と呼びます。

黎明期の名前解決

それでは、どのように名前解決を実現すればよいのでしょうか。最も単純な実装として、次のようなものが考えられます。

①まず、ネットワーク内のすべてのホストに関する「ホスト名とIPアドレスの対応付け」を記録する台帳（対応表）を用意し、それを誰でも閲覧できる共有サーバーに配置する
②各ホストの管理者は、自分が管理するホストの「ホスト名とIPアドレスの対応付け」を共有サーバーの管理者に送信し、対応表の更新を依頼する
③更新が完了次第、対応表を参照することで名前解決が可能となる

実際、ARPANETの時代ではこのような仕組みを採用していました。その当時、Stanford Research InstituteのNetwork Information Center（SRI-NIC）と呼ばれる組織が一元的に名前解決を管理しており、HOSTS.TXTというファイル名の対応表がSRI-NICの公開サーバー上で提供されていました。各ホストは、対応表をFTPでダウンロードすることで名前を解決していました※18。

しかしながら、SRI-NICの仕組みは、現在のインターネットのような巨大なネットワークには適していません。まず、全ホストの情報を単一のファイルで管理していたため、ホスト数の増加に比例してファイルサイズが肥大化します。対応表の更新頻度も高くなる一方で、最新の対応表を取得し続けることも困難になりました。また、管理面でも、SRC-NICが集中管理していたこと、更新をほぼ手作業で行なっていたことなどが原因で、更新のリードタイムが長いという問題を抱えていました。要するに、スケーラブルな仕組みではなかったのです。

そこで登場したのがDNSです。DNSは階層構造を持った分散型データベースであり、これを利用するとスケーラブルな「インターネットでの名前解決」が可能となります※19。以降では、DNSによる名前

※18　ちなみに、現在でもローカルに閉じた名前解決がHOSTSファイル（Linuxの場合は/etc/hosts、Windowsの場合はC:¥Windows¥System32¥drivers¥etc¥hosts）で制御できるのは、このような歴史的背景が関係しています。
※19　DNSは汎用的に設計されているため、その利用は名前解決に限定されないものの、現在の主な利用方法は「インターネットでの名前解決」となっています。

解決の仕組みについて解説していきます。

ドメイン名空間

DNSの大きな特徴は、ドメイン名空間（domain name space）と呼ばれる階層的な名前空間の中で情報を管理することです。

名前空間は、オブジェクトやエンティティ※20に対する名前付けに一定のルールが存在する世界です。名前空間の中では、名前でオブジェクトを一意に識別できます。たとえば、ファイルシステムは名前空間の典型例です。ファイル名だけでは名前の重複が発生する可能性が高いため、ディレクトリという階層構造を用いてファイルの識別子（パス）を提供しています。

そして、ドメイン名空間は、階層的であるという点でファイルシステムに似た名前空間です。具体的に、ドメイン名空間は、次のようなルールを持つ木構造（tree structure）になっています（**図3-27**）。

- 各ノードは、ラベル（label）と呼ばれる文字列を持つ。同じ親を持つノード（兄弟ノード）間では、ラベルは重複できない。また、ルートノードのラベルは長さ0の空文字である
- あるノードのドメイン名（domain name）は、そのノードからルートノードまでの経路上にあるラベルの列。なお、どのノードをルートノードと見なすかは、文脈に依存する。ドメイン名空間全体のルートノードまでの経路を考える場合、そのドメイン名をFQDN［▶19］と呼ぶ
- ドメイン名を文字列で表現するときは、ラベルをドット記号（.）で連結する。この際、ルートノードのラベルが最も右になるように並べられる。ルートドメインのラベルは空文字なので、FQDNの文字列表現は必ずドットで終了するが、しばしば末尾のドットは省略される
- あるノードのドメイン（domain）は、そのノードとすべての子孫ノードを含む領域。たとえば、ルートノードのドメイン（ルートドメイン）は、ドメイン名空間全体。また、ドメインAが別のドメインBに包含されるとき、AはBのサブドメイン（subdomain）であると言う
- ノード、ドメイン名、ドメインは、それぞれ交換可能な用語として扱われることがある。そのため、ノード間の関係は、しばしばドメイン間の関係を表現するためにも利用される。代表的なものは、親子関係。あるノードから見て、親ノードを頂点とするドメインを親ドメイン、子ノードを頂点とする（サブ）ドメインを子ドメインと呼ぶ
- ルートドメインの子ドメインをTLD（Top-Level Domain：トップレベルドメイン）と呼び、TLDの子ドメインをSLD（Second-Level Domain：セカンドレベルドメイン）と呼ぶ

［▶19］FQDN　**Fully Qualified Domain Name（完全修飾ドメイン名）の略称で、ドメイン名とホスト名をつなげた文字列を指す。たとえば、`www.microsoft.com`はMicrosoftのウェブサイトのFQDN。wwwはホスト名であり、`microsoft.com`はドメイン名。**

※20　オブジェクトやエンティティは文脈によって意味するものが異なりますが、ここでは**クライアントがアクセスするサービスやホスト**と考えるとわかりやすいでしょう。アクセス先となるサービスやホストを識別するためにドメイン名空間が用いられ、URLやFQDNでそれらサービスやホストが表現されます。

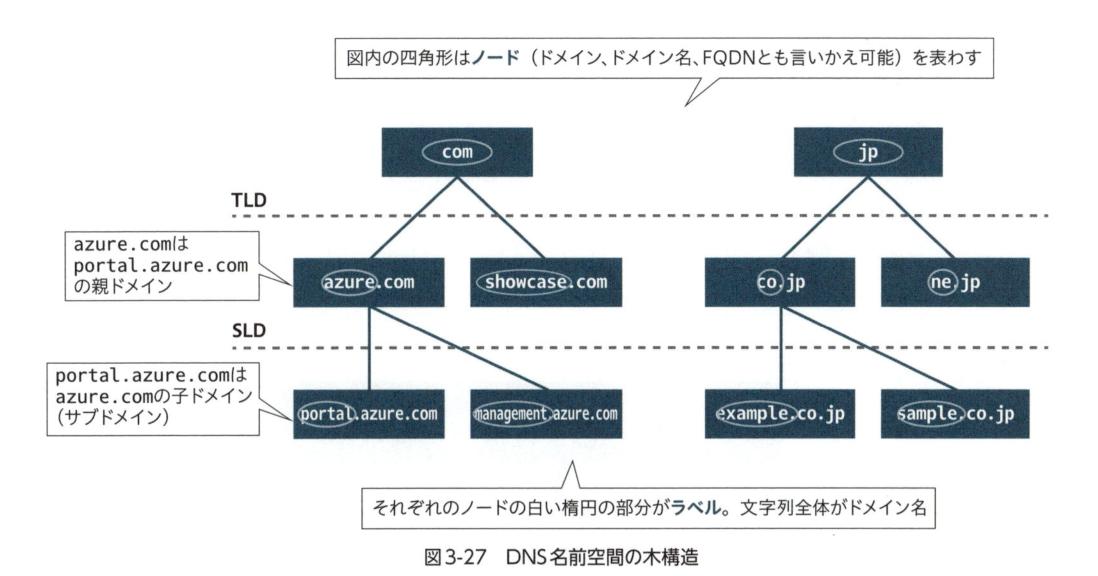

図3-27　DNS名前空間の木構造

たとえば、Azure Portalのドメイン名は`portal.azure.com`です。これに対し、各種の用語を当てはめると次のようになります。

- ドメイン名　`portal.azure.com`
- FQDN　`portal.azure.com`
- TLD　`com`
- SLD　`azure.com`
- 親ドメイン　`azure.com`

DNSは、このようにして定義されるドメイン名（ドメイン名空間におけるノード）ごとに、データをひも付けて保存する仕組みを提供します。

リゾルバーとネームサーバー

DNSに関与するソフトウェアは、クライアント側とサーバー側に大別できます。サーバーから情報を引き出すクライアントソフトウェアを**リゾルバー**（resolver）と呼び、問い合わせを待機して応答を返すサーバーソフトウェアを**DNSサーバー**あるいは**ネームサーバー**（name server）と呼びます。

ネームサーバーの役割は、大きく次の2種類があります（**図3-28**）。

- **権威サーバー（authoritative name server）**
  特定のドメインに対するデータを保持するネームサーバーを、そのドメインに対する**権威サーバー**と呼び、権威を持つドメインを**ゾーン**（zone）と呼ぶ。一般的に、権威サーバーが保有するデータは、**マスターファイル**あるいは**ゾーンファイル**と呼ばれるテキスト形式のファイルにまとめられる。権威サーバーには、任意のインターネット上のリゾルバーからアクセスできることが要求される。

- **キャッシュサーバー（caching name server）**
  他のネームサーバーから得た結果をキャッシュしておき、ローカルキャッシュから応答を返すネームサーバーを**キャッシュサーバー**と呼び、このような動作を**再帰モード**（recursive mode）と呼ぶ。キャッシュDNSサーバーが面白いのは、**ネームサーバーでもあり、リゾルバーでもある**という点。どちらの観点で見るかに応じて、「再帰サーバー」や「再帰リゾルバー」と呼び分けることができる。再帰リゾルバーは、一般的に**フルサービスリゾルバー**（full-service resolver）としても知られている。なお、OSのDNSサーバー設定は、キャッシュサーバーの指定に相当する。

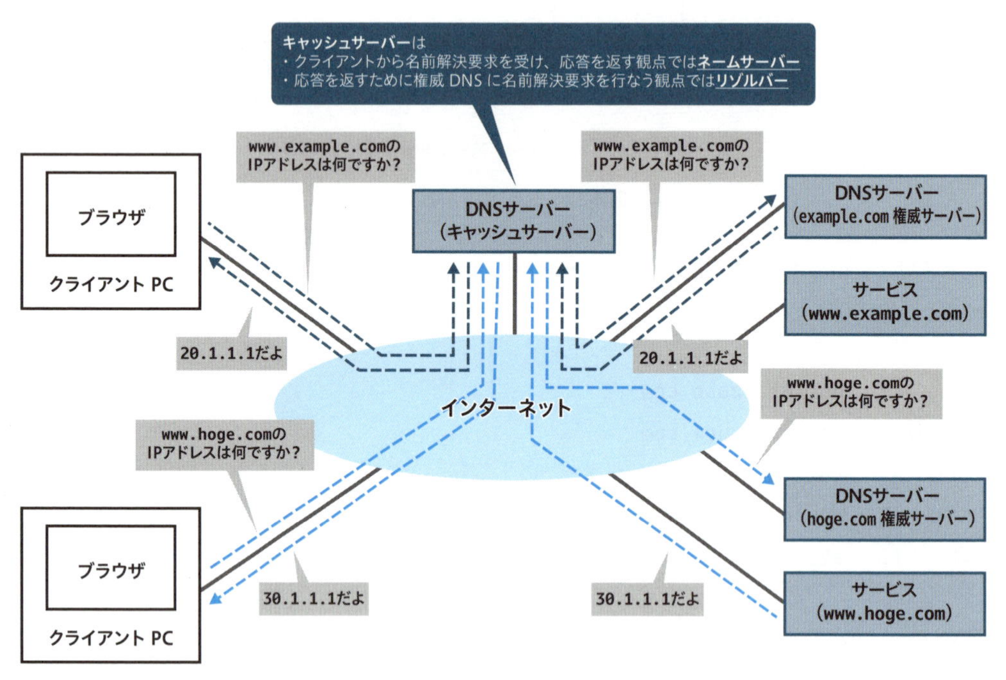

図3-28　権威サーバーとキャッシュサーバー

理論上、権威サーバーだけでDNSは成立するものの、現実的にはキャッシュサーバーがパフォーマンスの面で大きなメリットをもたらします。たとえば、「クライアントから近い場所でレスポンスを返すことによるレイテンシ削減」「ネットワーク全体のDNSトラフィックの節約」「特定のユーザー間でのみ共有されることによる信頼性向上」などがメリットとして挙げられます。私たちの家庭のネットワーク環境では、ISPのネットワーク上でキャッシュサーバーが提供されていて、DHCPなどによって知らずのうちにISPのキャッシュサーバーを利用する設定になっていることが多いです。

また、リゾルバーの種類としては、先ほど登場した再帰リゾルバーのほかに**スタブリゾルバー**（stub resolver）があります。スタブリゾルバーは、再帰リゾルバー（キャッシュサーバー）に対して問い合わせを実行する役割を担います。通常、スタブリゾルバーはOSやブラウザの中に組み込まれており、名前解決が必要なタイミングで使用されています。

DNSの関連用語について

DNSの関連用語は、誤った認識で広まったものや、そもそもDNSが公開された当初から定義の解釈が変化しているものもあります。用語については、RFC 8499 "DNS Terminology"にまとまっているため、もし理解があやふやな部分があれば確認してみましょう。

・RFC 8499 "DNS Terminology"
https://www.rfc-editor.org/rfc/rfc8499.html

リソースレコード（RR）

DNSは、リソースレコード（Resource Record：RR）と呼ばれる形式でデータを表現します。具体的に、RRは表3-3のような属性を持つデータです。

表3-3　リソースレコード（RR）の属性

属性	説明
オーナー（OWNER）	RRが保存されているドメイン名。ドメイン名を相対的に指定する場合は、ラベルを記載する
TTL	RRの生存期間。TTLはTime To Liveの略で、キャッシュ制御に使用される
クラス（CLASS）	そのレコードがどの種類のネットワークに適用されるかを示す。基本的にはインターネットを示すINを使う。IN以外のものも存在するが、古いネットワークアーキテクチャで現在ではほとんど使われていなかったり、特定の機関での利用に限定されていたりする
タイプ（TYPE）	RRの種類
リソースデータ（RDATA）	データの内容。クラスとタイプによってデータの意味は変化する

タイプの名前に応じてRRの名前を呼び分けるのが一般的です。たとえば、タイプ「A」のRRはAレコード、タイプ「MX」のRRはMXレコードと呼びます。タイプごとのRRの主な役割は、表3-4のようにまとめることができます。

表3-4　リソースレコード（RR）の役割

RRの役割	説明
Aレコード	ドメイン名に対応するIPv4アドレスを指定するレコード
AAAAレコード	ドメイン名に対応するIPv6アドレスを指定するレコード
CNAMEレコード	ドメイン名に対応する別名を定義するレコード
SOAレコード	ゾーンファイルの先頭にあり、ドメインの権威サーバーに関する情報を記載するレコード。タイプ名「SOA」は、Start of Authority（権限の開始）に由来している
NSレコード	ゾーン内で権威を持つネームサーバーを指定するレコード。タイプ名「NS」は、Name Serverに由来している
MXレコード	ドメイン名にひも付くメールサーバーを指定するレコード。タイプ名「MX」は、Mail Exchangeに由来している。
TXTレコード	ドメイン名を任意のテキスト文字列にマップするためのレコード
SRVレコード	様々なサービスサーバーの場所やプロトコルを指定するためのレコード。たとえば、ディレクトリ管理用サーバーをSRVレコードに登録することで、クライアント端末から発見できるように構成したりする。タイプ名「SRV」は、Serviceに由来している

テキストデータとしてRRを表現する場合、**リスト3-1**のように属性を空白やタブ記号で区切って並べる方法が一般的です。

リスト3-1　OWNER TTL CLASS TYPE RDATA

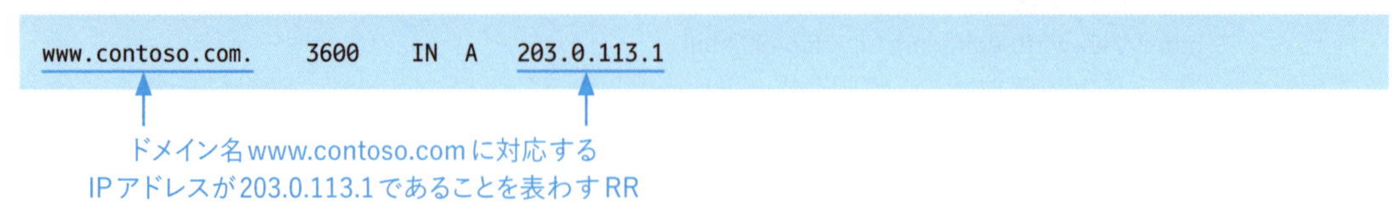

同じオーナー、クラス、タイプを持つRRの集合は、RRset（リソースレコードセット）と呼びます。たとえば、www.contoso.comというWebサイトが、2つの異なるIPアドレスでホストされている状況を考えると、権威DNSサーバーでは、次のような2つのRRが必要になり、これらのRRは同じRRsetに含まれます。なお、www.contoso.comに対して名前解決を要求すれば、203.0.113.1および203.0.113.2の両方が返却されます。

```
www.contoso.com.    3600    IN  A   203.0.113.1
www.contoso.com.    3600    IN  A   203.0.113.2
```

RRsetは基本的に複数のRRから構成できますが、例外的にSOAとCNAMEのタイプについては単一のRRでのみ構成されます。つまり、これらのタイプに関しては、同じオーナー、クラスを持つRRはただ1つである必要があります。

Azure ネットワークを支える技術

この章では、Azureのネットワークを構成している技術について見ていきます。Azureのネットワークの基盤となっているインフラストラクチャや仮想ネットワーク（Virtual Network：VNet）について解説したあと、VNet内の通信制御の基本となるネットワークセキュリティグループ、複数のVNetを相互接続するピアリング、名前解決に利用するAzure DNSについても解説します。

これまでの章では、Azureでも利用されている、ネットワークの基礎技術であるTCP/IPについて解説しました。この第4章以降では、Azureネットワークの特徴やサービスの内容、ベストプラクティスについて見ていきます。まず本章では、Azureネットワークを構成する物理的なインフラストラクチャおよびAzureネットワークの中心機能である仮想ネットワーク（Virtual Network：VNet）について解説します。

4-1 Azureのインフラストラクチャ

グローバルネットワーク

Microsoftは世界中に張り巡らされた世界最大規模のグローバルネットワークを所有しています。Microsoftのグローバルネットワークは、世界中の地域に展開しているAzureリージョンにある、Microsoftのデータセンターを300万キロメートルの光ファイバーで接続しています。**図4-1**では、青い点がAzureのリージョンを示しており、それらをつなぐ線がグローバルネットワークを示しています。大陸内だけでなく、大陸間のネットワークも含まれており、大西洋と太平洋をつなぐ海底ケーブルも保有しています。

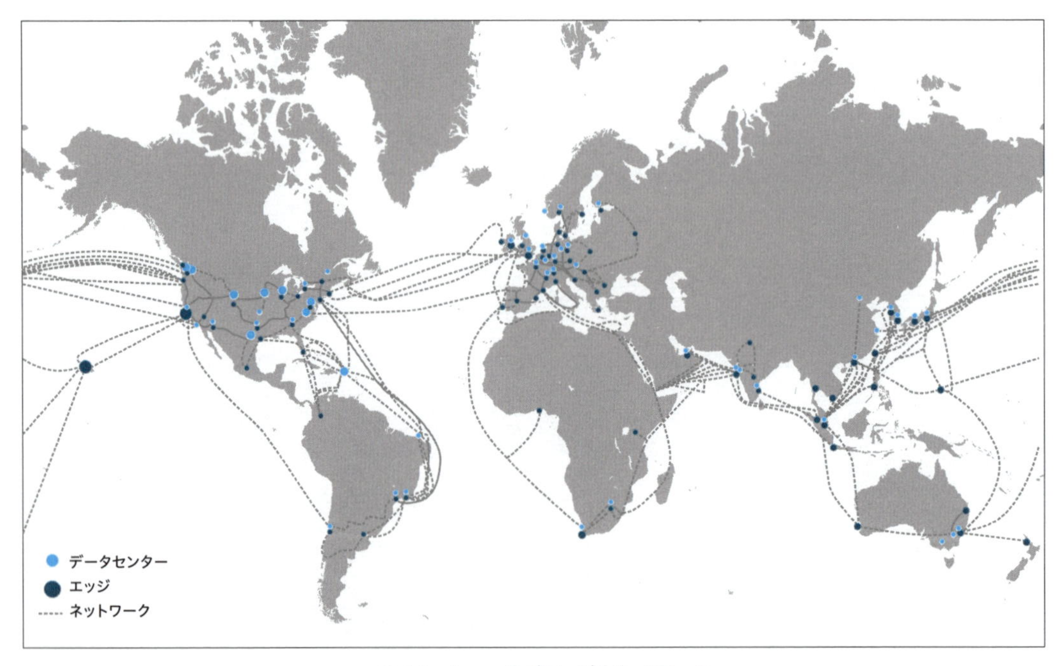

図4-1　Azureのグローバルネットワーク

出典 https://learn.microsoft.com/ja-jp/azure/networking/media/microsoft-global-network/microsoft-global-wan.png

Microsoftのグローバルネットワークは、IaaS/PaaSをユーザーに提供しているAzureだけでなく、Microsoft Teamsを始めとするMicrosoftが提供する各種SaaSでも利用され、毎日世界中の何百万人もの人々がこのグローバルネットワークを経由してクラウドサービスにアクセスしています。これは、グローバルネットワーク上で毎秒テラバイトのデータが転送されることを意味しており、Microsoftはこのグローバルネットワークの信頼性とパフォーマンスの両方を改善するために常に取り組んでいます。

近年、クラウド移行を検討する企業が増加傾向にあります。企業がパブリッククラウドを選定する際に、グローバル対応（提供しているリージョンの数）やプライベート接続などが重要な要件として挙がりますが、Azureではそれらの要件を満たすためにネットワークに対する様々なオプションを用意しています。現在では140か国に渡る65以上のリージョンでAzureはサービスを提供しており、それらは200を超えるデータセンターで構成されています※1。データセンター間を接続するネットワークは、すべてMicrosoftが所有※2しています。そのため、データセンター間のみならずMicrosoft 365などのMicrosoftが提供しているサービス間のあらゆるトラフィックは、パブリックインターネットを経由することなく、Microsoftのグローバルネットワーク※3を利用してプライベートな通信を行なうことが可能です。リージョン内の仮想ネットワーク対仮想ネットワークのトラフィックも、異なるリージョン間の仮想ネットワーク対仮想ネットワークトラフィックも、Microsoftのネットワーク内のみを移動します。通信が大陸間を超える場合は、海底ケーブルを通ることもあります。また、これらの通信は、複数経路で多重化されており、ある1経路で異常が出たとしても、自動的に他の経路を迂回するように構成されています。

企業が保有するネットワークやインターネットとMicrosoftのグローバルネットワークに接続するには、Microsoftのエッジノード[▶1]を経由する必要があります。エッジノードは「最適な待機時間を実現する」という方針に基づき、可能な限りユーザーの近くに配置されています。現在では190を超えるエッジノードが全世界に展開されており、ソフトウェアで最適化されたルーティングと組み合わせて低遅延になるように設計されています。

［▶1］エッジノード　ユーザー保有のネットワークとMicrosoftのグローバルネットワークとの接続点であり、PoP（ポイントオブプレゼンス）とも呼ばれる。

ネットワークの信頼性

ネットワークの信頼性向上に向けた取り組みの1つとして、Azureで利用されている大規模ネットワークに特化したSONiC※4というオペレーティングシステムがあります。Microsoftのグローバルネットワークでは、多くのベンダーが提供するスイッチなどのネットワーク機器が利用されていますが、一方で

※1　現時点では年間50から100のデータセンターを構築しており、今後も増強される予定です。

※2　自社構築しているネットワークと一部ネットワーク事業者から借用しているものも含まれます。

※3　グローバルネットワークを利用した通信はバックボーン通信とも呼ばれます。Microsoftのサービス間の通信はパブリックIPアドレスを用いてもバックボーン通信（グローバルネットワークで完結する）となり、パブリックなインターネットを経由しません。

※4　MicrosoftとOpen Compute Projectが共同開発した、Linuxベースのネットワークオペレーティングシステムで、GitHub上（https://github.com/sonic-net/SONiC）で完全にオープンソース化されており、研究者やネットワーク技術者をはじめ、誰でも利用することが可能となっています。
https://learn.microsoft.com/ja-jp/shows/azure/sonic-networking-switch-software-that-powers-microsoft-global-cloud

サービスを強化するためにリスクを抑えながら必要なネットワーク機能を迅速に追加できることが重要となります。SONiCを使用すると、異なるハードウェアでも同じソフトウェアを利用可能となり、機能の追加やソフトウェアのバグのデバッグや修正、テストを高速に行なうことができます※5。

ネットワークキャパシティの増強

Azureは、Microsoft Teamsを含む、Microsoftのすべてのクラウドサービスを支えるクラウドプラットフォームです。内部的にはTraffic ManagerとAzure Front Doorを活用して、トラフィックを必要な場所にルーティングしています。しかし、COVID-19によりクラウドサービスの需要が急速に高まり、使用量が1か月で3倍になり、Azureのコンピューティングリソースだけでなくネットワークキャパシティを拡張する必要がありました。このような予期せぬトラフィックの急増に対処するため、Microsoftのグローバルネットワークに、わずか2か月で110Tbpsのキャパシティ（容量）を増設し、並行して世界の様々な地域での需要のピークを回避し、需要の高いリージョンからトラフィックを迂回させるために、内部的にトラフィックを分散させ、ルーティングの最適化も実施しています。Microsoftはこのような短期的な重要の急増に迅速に対応できる仕組みと実績を持っています。また、長期的な観点では過去のデータや周期的なパターンに基づく予測モデルを構築しキャパシティプランニングに取り組み、Azureに対する強い需要を満たすために容量を増やし続けています。

ネットワークアーキテクチャ（リージョン／可用性ゾーン）

Azureのネットワークアーキテクチャを**図4-2**に示します。

Azureを利用する場合、CDN（Content Delivery Network）[▶2]などのグローバルサービス（非リージョンサービス[▶3]）を除きほとんどのサービスでリージョンを選択することになり、日本においてはAzureが日本でサービス開始した2014年2月から東日本および西日本の2つのリージョンでサービスを提供しています。各リージョンは、Microsoftのグローバルネットワーク（WAN：Wide Area Network）に接続されており、リージョン間の通信はこのWANを経由して行なわれます。また、パブリックインターネットや企業などの外部のネットワークとMicrosoftのネットワークとの接続はエッジノード（PoP）を利用します。

※5　SONiCを使用することで、ソフトウェア障害を減らすことができた（SONiCが搭載されていた約4分の3のスイッチでは、3か月間の生存率は1%向上し、故障率はほぼ半減した）という調査結果があります。
https://www.datacenterdynamics.com/en/news/sonic-os-makes-data-center-switches-more-reliable-microsoft-study-finds/

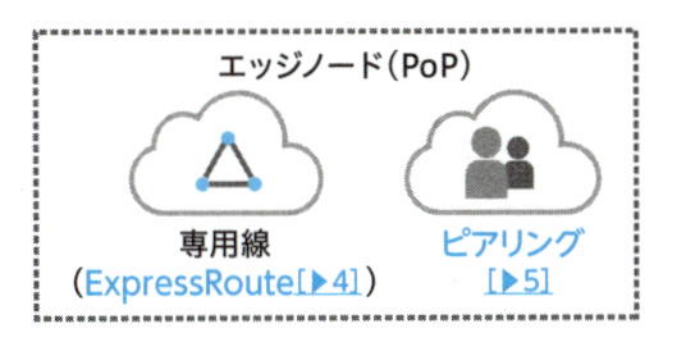

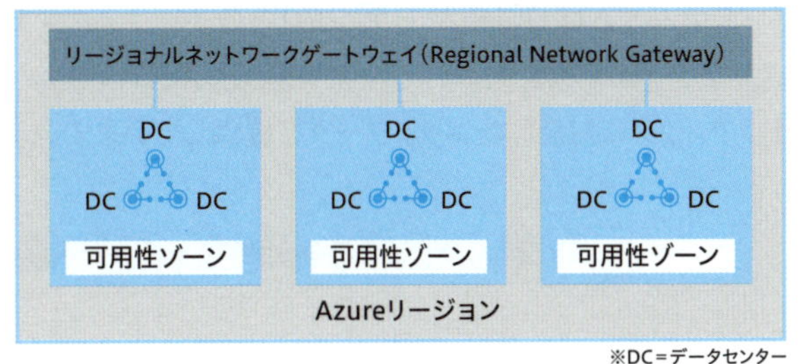

図4-2　Azureのネットワークアーキテクチャ

出典 https://learn.microsoft.com/ja-jp/azure/security/fundamentals/infrastructure-network

[▶2] CDN （Content Delivery Network）　Webサーバーの負荷を軽減し、コンテンツを安定的に配信するためのコンテンツ配信ネットワーク。Azureでは、Azure Content Delivery Networkというサービス名で提供。

[▶3] 非リージョンサービス　特定のAzureリージョンに依存しないサービス。これにより、ゾーン全体の障害やリージョン全体の障害に対する回復性が確保される。

・非リージョンサービス（常時利用可能なサービス）
https://learn.microsoft.com/ja-jp/azure/reliability/availability-zones-service-support#an-icon-that-signifies-this-service-is-non-regional-non-regional-services-always-available-services

[▶4] ExpressRoute　オンプレミスのデータセンターやサーバーと、Azure（データセンター）間をプライベート接続する専用回線サービス。第5章 p.123 で詳しく解説。

[▶5] ピアリング　Microsoftのグローバルネットワークと通信事業者やISPのネットワークとの間の相互接続のこと。Azureのピアリングについては「ピアリング」p.114 で解説。

各リージョンには、独立した電源、冷却手段、ネットワークインフラストラクチャを備えた1つまたは複数のデータセンターで構成された**可用性ゾーン**（Availability Zone）※6が存在し、ハードウェア障害や局地的な災害（地震／水害／火災など）に起因するデータセンター障害からユーザーのアプリケーションやデータを保護することが可能となります。つまり、可用性ゾーンを組み合わせてAzureを使うことで、より可用性を向上できます。

東日本リージョンを含むすべての可用性ゾーン対応リージョンには少なくとも3つの可用性ゾーンが存在し、1つの可用性ゾーンが影響を受けた場合に残りの2つの可用性ゾーンによってサポートされるように設計されています※7。

オンプレミスにおけるネットワーク管理者は、異なるデータセンターを利用する場合、**レイテンシ**[▶6]を考慮する必要がありますが、Azureの可用性ゾーン間はラウンドトリップ待ち時間が2ミリ秒未満の

※6　現時点では未提供のリージョンもありますが、今後すべてのリージョンに拡張予定です。
※7　可用性ゾーン対応サービスを利用した場合です。可用性ゾーンに対応しているAzureサービスは第5章を参照してください。

高パフォーマンスネットワークによって接続されています。**図4-2**の通り、リージョン内には複数のデータセンターがあり、それらは**リージョナルネットワークゲートウェイ（RNG）**[▶7]で束ねられています。これにより、データセンターあたり数百テラビットとなるデータセンター間の大規模な接続を提供しています。

データセンター内のネットワークでは、多数のネットワークベンダーのデバイスを使用し構築されています。すべてのネットワークデバイスはOSI参照モデルのL3のルーティングモードとして動作し、異なる階層間のすべてのパスがアクティブとなり、**等コストマルチパス（ECMP）ルーティング**[▶8]を使用して高い冗長性と急増するトラフィックに対応したネットワークを提供しています（**図4-3**）。

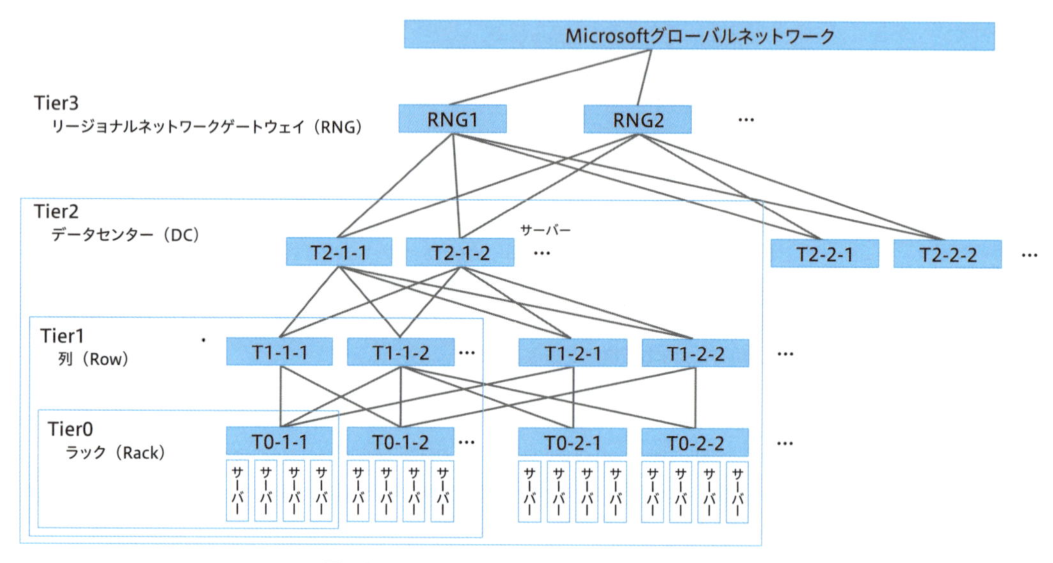

図4-3　Azureのネットワークアーキテクチャ階層構造

[▶6] レイテンシ　ネットワークにおける通信の遅延時間を表わす指標の1つ。一般的に、通信の要求を出してから実際にデータが送られてくるまでに生じる時間のことを指す。レイテンシは、ネットワークの種類や構成によって異なり、一般的にはミリ秒単位で表わされる。レイテンシが小さいほど、性能は高く通信の状態が良好であると評価される。レイテンシとネットワークのパフォーマンスの関係は第7章p.204を参照。

[▶7] リージョナルネットワークゲートウェイ（RNG）　Azureにおけるリージョン内のデータセンターを集約するゲートウェイ。これにより各データセンターはMicrosoftグローバルネットワークに接続される。

[▶8] 等コストマルチパス（ECMP）ルーティング　特定の宛先に対して複数の経路がある場合に、等コスト（メトリック）な複数の経路を利用し、トラフィックを負荷分散する手法。BGPやRIPなどのプロトコルで利用可能で、BGPの場合はWeight、Local Preferrence、AS PATH長などの属性が同じ経路を等コストと判断する。ECMPはEqual Cost Multi Pathの略。

可用性

Azureには、可用性ゾーン以外にも、可用性セット、ペアリージョンなどの冗長性を提供する機能があります（図4-4・表4-1）。

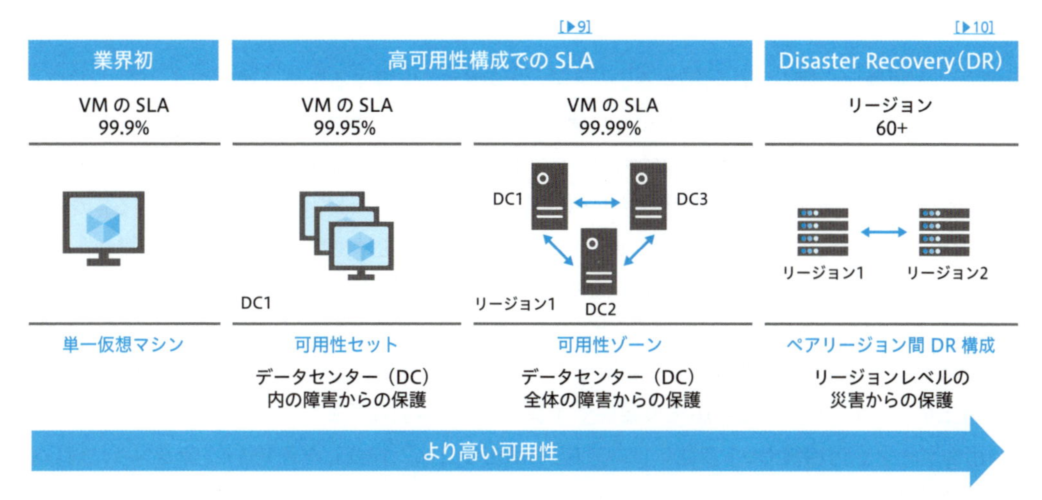

図4-4　可用性のオプション

表4-1　可用性のオプションの比較

	可用性セット	可用性ゾーン	ペアリージョン
障害の範囲	ラック	データセンター	リージョン
ルーティング	Load Balancer	Load Balancer（クロスゾーン）	Traffic Manager
レイテンシ	非常に低い	低（～2.0ms）	中～高（～10ms）
仮想ネットワーク	VNet [※]	VNet [※]	リージョン間VNetピアリング
VMのSLA	99.95%	99.99%	-

[※] Azureの仮想ネットワーク（Azure Virtual Network：VNet）。4-2節で解説。

[▶9] SLA　SLA（Service Level Agreement）とは、サービスを提供する事業者が契約者に対し、どの程度のサービス品質を保証するかを提示したもの。Azureにおいても、各サービスに対してSLAが設定されており、それぞれのサービスによって異なる。

[▶10] Disaster Recovery（DR）　日本語ではディザスタリカバリ（災害復旧）と訳され、津波や地震等の災害が発生した際の復旧や修復、あるいはそのためのシステムを指す。

可用性セットは、ラック障害から保護するため、同一ゾーン内の仮想マシン（VM）[▶11]を障害ドメインおよび更新ドメインと呼ばれる論理グループに分けてデプロイ[▶12]されます。可用性セットのVMは異なる電源とネットワークで構成される異なる障害ドメインに分散されるため、ある障害ドメインがハードウェア障害の影響を受けた場合は、ネットワークトラフィックを他の障害ドメインのVMにルーティングできます。

[▶11] 仮想マシン（VM）　物理的なハードウェア上で、必要となるCPUやメモリなどのリソースを指定し、仮想的にWindows Serverなどのオペレーティングシステムを実行する技術を指す。Azureで最も利用されるサービスの1つであり、単にVM（Virtual Machineの略）と呼ぶことも多い。

[▶12] デプロイ　仮想マシンや仮想ネットワーク（VNet）などAzureの各種リソースをユーザーの環境（サブスクリプション）上に展開して利用できる状態にする作業を指す。また、デプロイした仮想マシン上に、ユーザーのアプリケーションを稼働させる際にもデプロイという表現を使うこともある。

また、大規模な災害などに起因するリージョンの障害から保護するため、複数のリージョンにアプリケーションをデプロイしTraffic managerを使用してトラフィックを異なるリージョンにルーティングすることができます。各Azureリージョンは別のリージョンとペアになっており（ペアリージョン）、東日本リージョンのペアリージョンは、西日本リージョンです※8。可用性ゾーンは物理的に独立しているものの、比較的近接する地域に配置されていますが、ペアリージョンは通常は少なくとも300マイル離れた場所に配置されており、ペアリージョンが同時に大規模な災害を受けないように設計されています。

表4-1の可用性のオプションは2つ以上のインスタンス[▶13]を構築することを前提としていますが、VMでは単一インスタンス構成でも、利用するディスクの種類※9によってVMのSLAが提供されます。Azure上のシステムにおける可用性の要件や予算に応じて適切な冗長性オプションを検討してください（可用性ゾーンや可用性セット自体にはコストはかかりません。作成した各VMインスタンスに対してのみ発生します）。

- Premium SSDまたはUltraディスク：99.9%
- Standard SSD：99.5%
- Standard HDD：95%

これらの内容をSLAとして数値化することで、Azureを利用するユーザーは可用性の要件が満たせるかどうか検討することができます。

[▶13] インスタンス　Azure上で実行される仮想マシン（VM）のこと。

※8　すべてのペアリージョンについては、以下を参照してください。
・Azureのリージョン間レプリケーション
https://learn.microsoft.com/ja-jp/azure/reliability/cross-region-replication-azure#azure-cross-region-replication-pairings-for-all-geographies

※9　Azureにおけるディスクの種類に関しては以下を参照してください。
・Azureマネージドディスクの種類
https://learn.microsoft.com/ja-jp/azure/virtual-machines/disks-types

4-2 仮想ネットワークの基礎

ここまでAzureにおけるネットワークインフラストラクチャについて説明してきましたが、次にAzureにおけるネットワークサービスで最も重要な仮想ネットワークについてご説明します。

仮想ネットワーク（VNet）

仮想ネットワーク（Azure Virtual Network）、通称VNetにより、Azure上にユーザー専用のプライベートネットワークを構築できるようになります（**図4-5**）。Azureのようなパブリッククラウドは不特定多数の多くのユーザーに利用されることを前提として作られていますが、VNetはユーザーに対して完全に分離されたユーザー独自のネットワークとなります。逆に言うと、異なるVNetにおいては重複した同一のプライベートIPアドレスを設定することも可能です。また、同一のVNet内は既定で通信可能であり、異なるVNet間は既定で通信はできない仕組みとなっています。

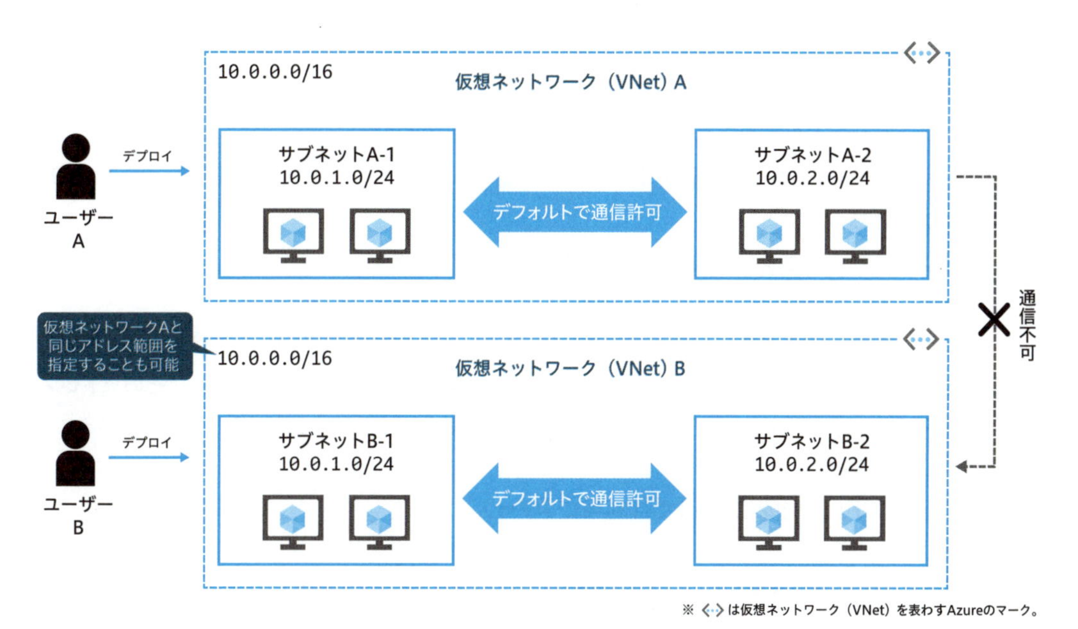

図4-5　仮想ネットワーク（VNet）とは

このVNetの機能を理解するうえで、Azureホスト側の**アンダーレイネットワーク**と、ゲスト側の**オーバーレイネットワーク**を意識する必要があります[※10]。**図4-6**の構成でAzureのVNetがどのような働きをす

※10　オーバーレイネットワークとは物理的なネットワークの上に構築されたVNetを指し、下位層にあるネットワークをアンダーレイネットワークと呼びます。

るか見てみましょう。

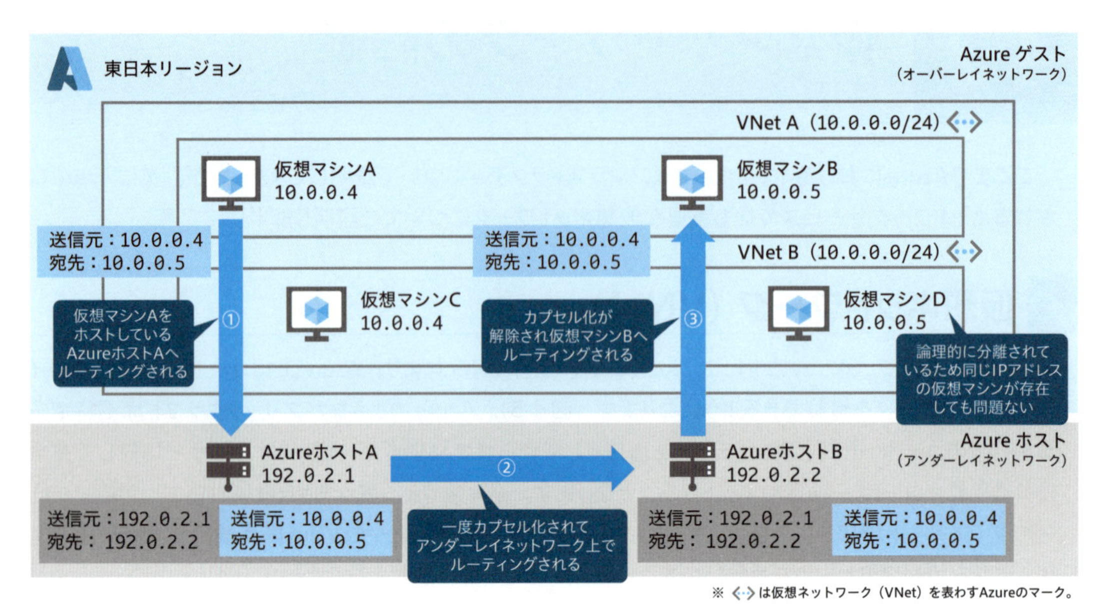

図4-6　VNet（仮想ネットワーク）の仕組み

①仮想マシンA（10.0.0.4）が仮想マシンB（10.0.0.5）宛てに通信する場合、仮想マシンAが稼働しているAzureホストAへ送信される※11。

②仮想マシンBが稼働しているAzureホストBへ通信するため、一度カプセル化しAzureホストBへルーティングされる。

③AzureホストBでカプセル化が解除され、仮想マシンBへ到達する。

なお、VNetで定義するアドレス範囲は、パブリックとプライベート（RFC 1918に準拠）のどちらでも利用可能です。パブリックとプライベートのどちらのアドレス範囲を定義する場合でも、そのアドレス範囲に到達できるのは、「VNet内から」「ピアリングされたVNetから」「VNetに接続したオンプレミスネットワークから」のみとなります。

ただし、次のアドレス範囲はVNetでは利用できません。

- 224.0.0.0/4（マルチキャスト）
- 255.255.255.255/32（ブロードキャスト）
- 127.0.0.0/8（ループバック[▶14]）
- 169.254.0.0/16（リンクローカル[▶15]）
- 168.63.129.16/32（内部DNS、DHCP、およびAzure Load Balancerの正常性プローブ）

※11　VNetはお互いに独立しているため、別のVNetで同じプライベートIPアドレスが使われていても問題ありません。

実際のAzure上でVNetを作成する際は、少なくとも1つのアドレス範囲を指定する必要があります。

[▶14] ループバック　RFCで定義されている127.0.0.0/8のアドレス範囲。Windows ServerなどのOSでデフォルトで設定されている。このアドレス範囲は自分自身を表わすものであり、基本的にルーティング設定はできず、自分宛てにしか通信できない。

[▶15] リンクローカル　RFCで定義されている169.254.0.0/16のアドレス範囲。自身が所属するネットワーク（ローカルネットワーク）内でしか使えず、通常ルーターはリンクローカルアドレスを使用したパケットをルーティングしないため、異なるネットワークセグメントに通信できない。

サブネット

VNet内には複数のサブネットを作成できます（図4-7）。Azureにおけるサブネットには、「サブネットはゾーンに限定されず、異なるゾーンをまたいでデプロイすることが可能」という特徴があります。そのため、可用性ゾーンを設定する場合、仮想マシンは同一サブネットの異なるゾーンで展開できます（リージョンをまたいでの構成は不可）。

1つのアドレス空間、1つのサブネット（既定）

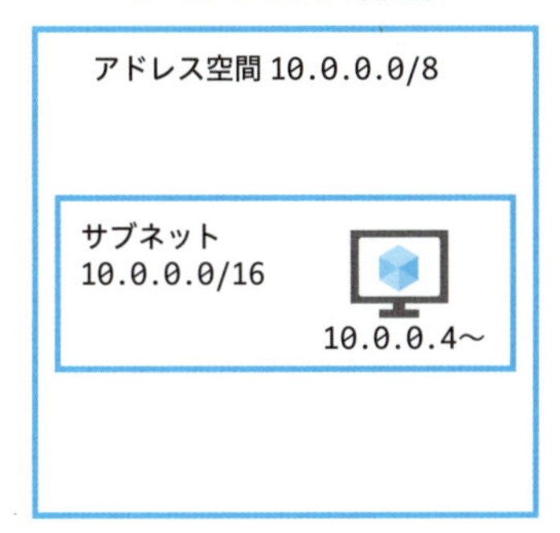

1つのアドレス空間、複数のサブネット

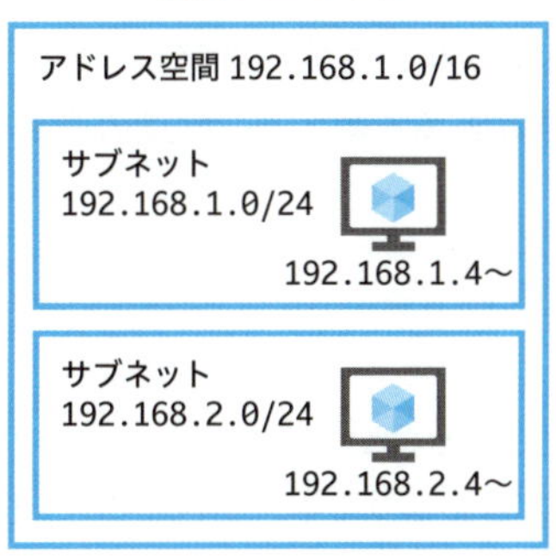

複数のアドレス空間、複数のサブネット

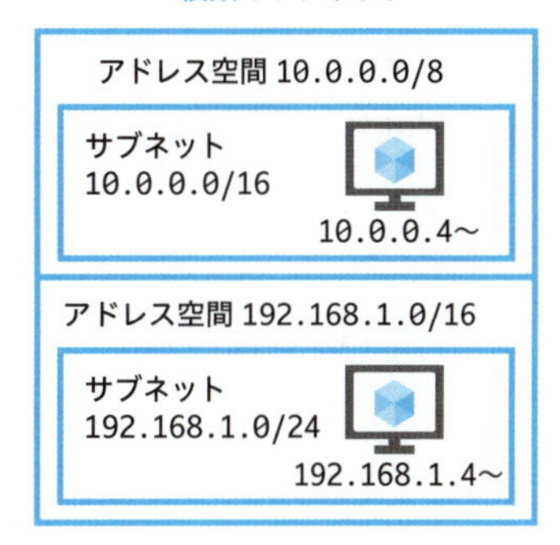

図4-7　サブネット

IPアドレス範囲

サブネットのアドレス範囲はVNet内で一意である必要があり、他のサブネットのアドレス範囲と重複することはできません。利用可能なアドレス範囲としては、下記アドレス範囲※12を利用することが推奨されています。

- 10.0.0.0 ～ 10.255.255.255（10/8プレフィックス）
- 172.16.0.0 ～ 172.31.255.255（172.16/12プレフィックス）
- 192.168.0.0 ～ 192.168.255.255（192.168/16プレフィックス）

※12　RFC1918（https://tools.ietf.org/html/rfc1918）で定義されています。

ただし、各サブネット内で最初の4つのIPアドレスと最後のIPアドレスの合計5つのIPアドレスはAzure側で予約済みであるため、/30以下のサブネットを作成することはできません。つまり、指定できる最小範囲は/29となります。

IPアドレスの範囲が192.168.1.0/24の場合は、

- 192.168.1.0：ネットワークアドレス
- 192.168.1.1：既定のゲートウェイ用にAzureによって予約される
- 192.168.1.2、192.168.1.3：Azure DNS IPをVNet空間にマッピングするためにAzureによって予約される
- 192.168.1.255：ネットワークブロードキャストアドレス

また、プライベートIPアドレス空間として扱われる下記アドレス空間※13を利用することも可能です。

- 100.64.0.0～100.127.255.255（100.64/10プレフィックス）

サブネットは、VNetのアドレス範囲に空きがあればあとから追加することができ、サブネット内にVMなどのリソースがデプロイされていない場合はサブネットのサイズを変更することもできます。通常、VNetは拡張性を持たせる必要があるため、ある程度の大きなCIDRで設定することが推奨されています。

特殊なサブネット

オンプレミスとの接続などで利用されることの多いVNet Gateway※14は、「GatewaySubnet」という名前のサブネットにデプロイする必要があります。これにより、GatewaySubnetはVNet Gatewayが存在する場所となり、Azureの基盤側で認識できるようになります。アドレス範囲も条件があり、/27より広い範囲で確保することが必要となります（VNet GatewayをVPNとExpressRouteで共存させる構成の場合）。Azure Firewall※15も同様に、「AzureFirewallSubnet」という名前の専用サブネットを/26より広い範囲で確保する必要があります。

その他にも、PaaSをVNetと統合する際などに、サブネットにデプロイできるのがサービス固有のリソースのみの場合や、推奨アドレス範囲を案内しているサービスもあるため、利用する際にはサブネットの要件がないかを確認してください。

※13　RFC6598（https://datatracker.ietf.org/doc/html/rfc6598）で予約されています。
※14　Azureが提供する仮想ネットワーク（VNet）のゲートウェイ。概要・機能は第5章で解説します。
※15　Azureが提供するファイアウォール。概要・機能は第5章で解説します。

NIC（ネットワークインターフェイス）

Azureにおける NICは仮想マシンやIPアドレスとは分離された、独立したリソースとして存在します（**図4-8**）。仮想マシンは、複数の仮想ネットワークインターフェイスカード（NIC）を持つことも可能ですが、基本的には1つの仮想マシンには1つのNICを推奨しています。

複数のNICを持たせる一般的なシナリオは、フロントエンド（業務系）とバックエンド（運用管理系）の接続に異なるサブネットを使用する場合ですが、Azureの仮想マシンではバックエンドの管理系通信をAzure Monitorエージェントなどで実現することができるため、不必要にNICを増やす運用は望ましくありません。どうしても複数のIPアドレスが必要である場合、1つのNICで複数のIPアドレス（静的または動的パブリックおよびプライベート）を割り当てることが可能なので、この方法を検討してください[※16]。

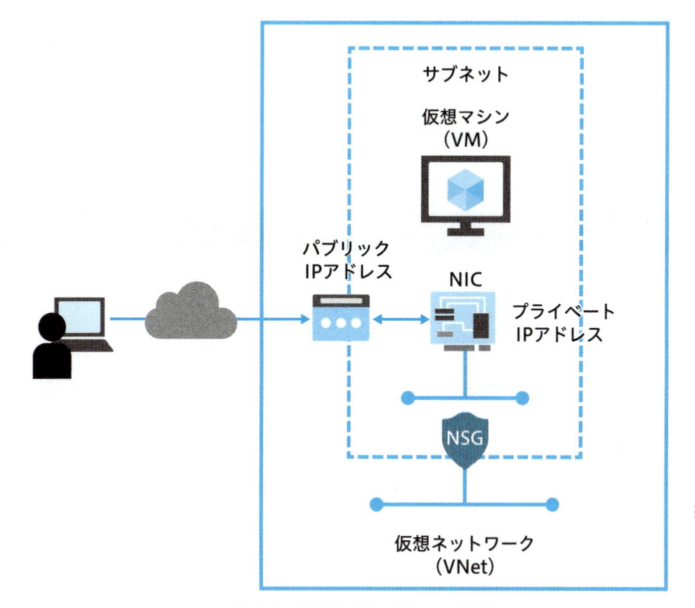

※NSG（ネットワークセキュリティグループ）：L4で動作するファイアウォール（次項で解説）。

図4-8　NICとIPアドレスの関係

Azure Portal上でIPアドレスを指定することが可能であり、仮想マシンのゲストOS側では基本的にDHCPにしてください[※17]。割り当てを静的にすることで、常に指定されたIPアドレスがDHCPで取得可能となります。

※16　不用意にNICを増やさないほうがよい理由として、オンプレミスで得られたような、「物理的に通信経路を分離する」「NICごとにトラフィック量の上限が決まる」といった効果が**Azureでは得られない**ことも挙げられます。また、Azureで複数NICの構成をする場合、2枚目以降のNICついては、ユーザー側でゲストOSへルーティングを追加する必要があります。詳細は以下を参照してください。
・Azure Linux仮想マシンで複数のネットワークインターフェイスを構成する
https://learn.microsoft.com/ja-jp/troubleshoot/azure/virtual-machines/linux/linux-vm-multiple-virtual-network-interfaces-configuration

※17　Azureでは、Azure Portalで設定されたIPアドレスがAzure DHCPサーバーにより、仮想マシンのNICに対してのIPアドレスを割り当てるため、仮想マシンのOS内でIPアドレスの設定をせずにDHCPにすることを推奨しています。

ネットワークセキュリティグループ

ネットワークセキュリティグループ（NSG）は、L4で動作するファイアウォールです（**図4-9**）。ネットワークインターフェイスまたはサブネットに対して割り当てることができますが、管理の機能を提供するサービスが煩雑になるため、どちらか一方に対して割り当て、両方に割り当てる運用は避けることを推奨しています。通常はサブネットに対して割り当てるほうが管理上の負担を軽減できます（サブネットに適用した場合、サブネット内の通信に対してもNSGが適用されるため注意してください）。

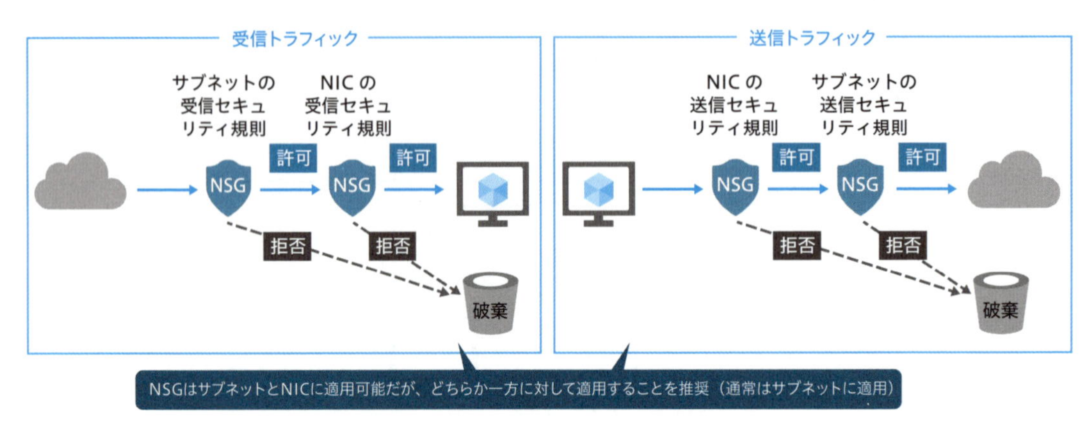

図4-9　ネットワークセキュリティグループ（NSG）

既定では**図4-10**のルールがセットされています。NSGは優先度の順にルールが適用されますが、既定ルールは削除できないため、既定ルールを無効化したい場合はより優先順位の高いルールを追加して上書きする必要があります。追加のルールには100～4096の範囲で優先順位を設定可能です（優先度の数値が小さいほうが優先度が高くなります）。

受信ポートの規則　送信ポートの規則　アプリケーションのセキュリティ グループ　負荷分散

ネットワーク セキュリティ グループ (サブネットに接続:)
影響 1 サブネット、1 ネットワーク インターフェイス

受信ポートの規則を追加する

優先度	名前	ポート	プロトコル	ソース	宛先	アクション	
65000	AllowVnetInBound	任意	任意	VirtualNetwork	VirtualNetwork	許可	···
65001	AllowAzureLoadBalancerInBound	任意	任意	AzureLoadBalancer	任意	許可	···
65500	DenyAllInBound	任意	任意	任意	任意	拒否	···

ネットワーク セキュリティ グループ (ネットワーク インターフェイスに接続:)
影響 0 サブネット、1 ネットワーク インターフェイス

受信ポートの規則を追加する

優先度	名前	ポート	プロトコル	ソース	宛先	アクション	
65000	AllowVnetInBound	任意	任意	VirtualNetwork	VirtualNetwork	許可	···
65001	AllowAzureLoadBalancerInBound	任意	任意	AzureLoadBalancer	任意	許可	···
65500	DenyAllInBound	任意	任意	任意	任意	拒否	···

標準で設定されている既定のルール　　サービスタグの一種

図4-10　既定のルール

送信元／宛先IPには「Virtual Network」や「Internet」等の**サービスタグ**（Service Tag）が利用できます（**図4-11**）。PaaS系のAzureサービスやMicrosoft 365関連のサービスへの通信を許可したい場合、オンプレミスの考えでは通常宛先にはIPアドレスを設定しますが、サービスのIPアドレスが変更になった場合、設定した宛先IPアドレスも変更する必要があるため、運用が大変になります。サービスタグを利用するとIPアドレスが可変で膨大なIP範囲のタグとして指定できるため、設定が楽になるだけでなく、運用業務も軽減することができます。なお、サービスタグはNSG以外にもAzure Firewallやユーザー定義ルートで利用可能です。

以下はサービスタグの例です※18。

- **VirtualNetwork**
  VNetおよびVNetと接続されたネットワーク全般を指すタグ。ExpressRouteやVPNで接続されたオンプレミスのネットワークや端末も対象。

- **AzureLoadBalancer**
  Azure Load Balancerを指すタグ。Azure Load Balancerを利用してVMの負荷分散を行なう際、Load Balancerからの死活監視の通信を受け取るため、標準の受信ルールに組み込まれている。

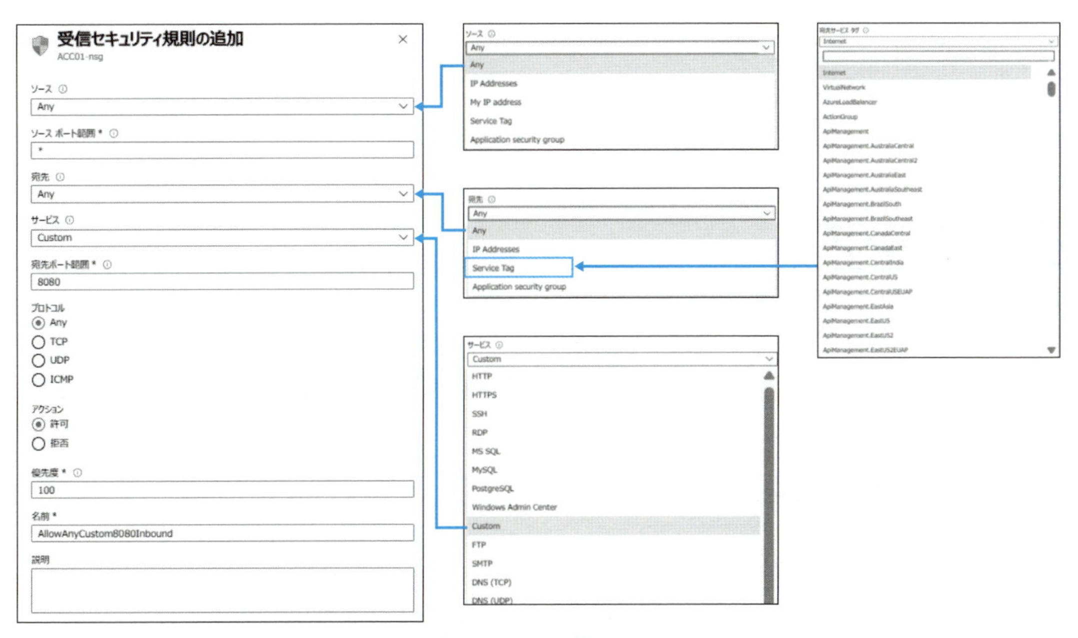

図4-11　NSGの設定イメージ

※18　利用可能なサービスタグは以下を参照してください。
・利用可能なサービスタグ
https://learn.microsoft.com/ja-jp/azure/virtual-network/service-tags-overview#available-service-tags

サービスタグの拡張機能として、ASG（Application Security Group）が利用可能です。ASGはネットワークインターフェイスをグルーピングしたものであり、NSGルールの中で送信元／宛先IPとして指定できます。データベースやWeb、アプリケーションなどサーバーの役割ごとにASGを作成することで、複雑なNSGの割り当てを単純化することが可能です。

ベストプラクティス

NSGを利用するうえでのベストプラクティスをまとめておきます（**表4-2**）。

表4-2　NSGのベストプラクティス

ベストプラクティス	理由	備考
ゲートウェイサブネットにはNSGは適用しない	GatewaySubnetへのNSGは非推奨であり、デプロイ時にエラーとなる	https://learn.microsoft.com/ja-jp/azure/expressroute/expressroute-about-virtual-network-gateways#gwsub
既定のルールを変更するには上書きを行なう	既定のルールは削除できないが、優先度の高いルールで上書きできる	https://learn.microsoft.com/ja-jp/azure/virtual-network/network-security-groups-overview#default-security-rules
機能が識別しやすい名前を用意する	何のためのルールなのかをわかりやすくするため	
プロトコルAnyはICMPを含む	AnyはTCP、UDP、ICMPを含む	https://learn.microsoft.com/ja-jp/azure/virtual-network/network-security-groups-overview#security-rules
タグやASGを利用して、必要な規則の数を減らす	NSGの更新を最小限に抑えるのに役立つ	https://learn.microsoft.com/ja-jp/azure/virtual-network/network-security-groups-overview#service-tags
優先度は間隔を空けて設定する	将来的に規則を追加したい場合に役立つ	

ピアリング

既定では、異なるVNet間では通信できませんが、VNetピアリング（VNet Peering）という機能を用いることで、異なるVNet間を接続することが可能となります（**図4-12**）。Azureのバックボーンネットワークを利用するため、異なるリージョンのVNet間であっても非常に広帯域で低レイテンシの通信を実現できます。

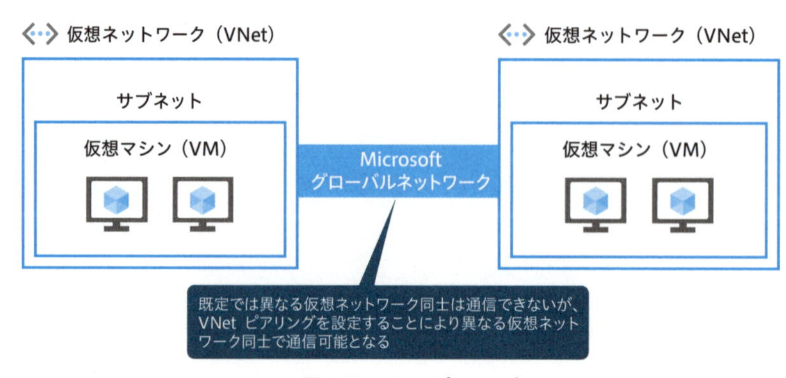

図4-12　VNetピアリング

VNetピアリングを利用する際は以下の点に注意してください（**図4-13**）。

- 重複したIPアドレス空間を利用している場合、ピアリング不可
- VNetピアリングは非推移的な接続[※19]であるため、複数をまたぐことはできない
- VNetピアリングを通る通信は、送信／受信ともに課金対象となる

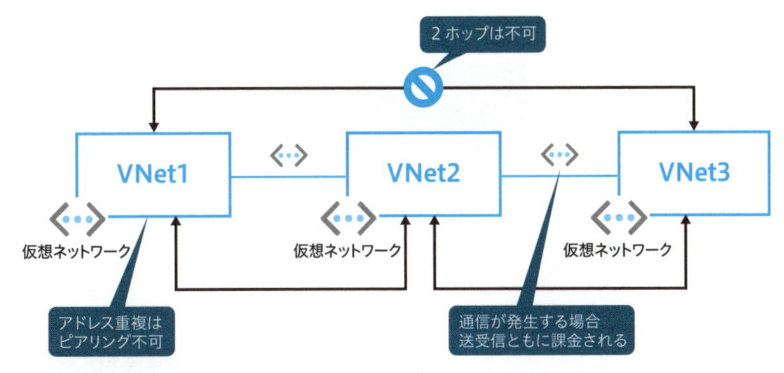

図4-13　VNetピアリングの特徴

DNS

VNet内にデプロイされたリソースが名前解決する必要がある場合、以下の選択肢があります。

①Azureプライベート DNS
②Azureプラットフォームで提供されるAzure DNS
③独自のDNS
④Azure DNS Private Resolver

利用シナリオによって、どの名前解決方法を選択すべきか検討する必要がありますが、基本的に**AzureプライベートDNS（マネージドなDNSサーバー）の利用を推奨**しています。また、オンプレミスからのAzureの名前解決や異なるVNetからの名前解決が必要な場合は、Azure DNS Private Resolver（後述）と組み合わせることで、③の選択肢のようにAzure上にフォワードとして機能するDNSサーバーを構築する必要がなくなります。

それぞれの名前解決方法における特徴と考慮事項は以下の通りです。

①AzureプライベートDNS

マネージドなDNSサーバーであり、仮想ネットワーク（VNet）における名前解決が行なわれます（**図4-14**）。AzureプライベートDNSを使用すると、デプロイ中にAzureから提供される名前ではなく、独

※19　非推移的とは、2ホップすることができず、VNetピアリングで接続したVNetのさらに先にあるVNetと通信することができないことを指します。

自のカスタムドメイン名を使用できます。プライベートDNSゾーンに含まれるレコードは、パブリックDNSゾーンとは異なりインターネットから解決できません。プライベートDNSゾーンに対するDNS解決は、それにリンクされているVNetからのみ機能します。リンクされたVNetは、プライベートDNSゾーンに公開されているすべてのDNSレコードを解決できます。さらに、VNetリンク上で自動登録を有効にすることもできます。

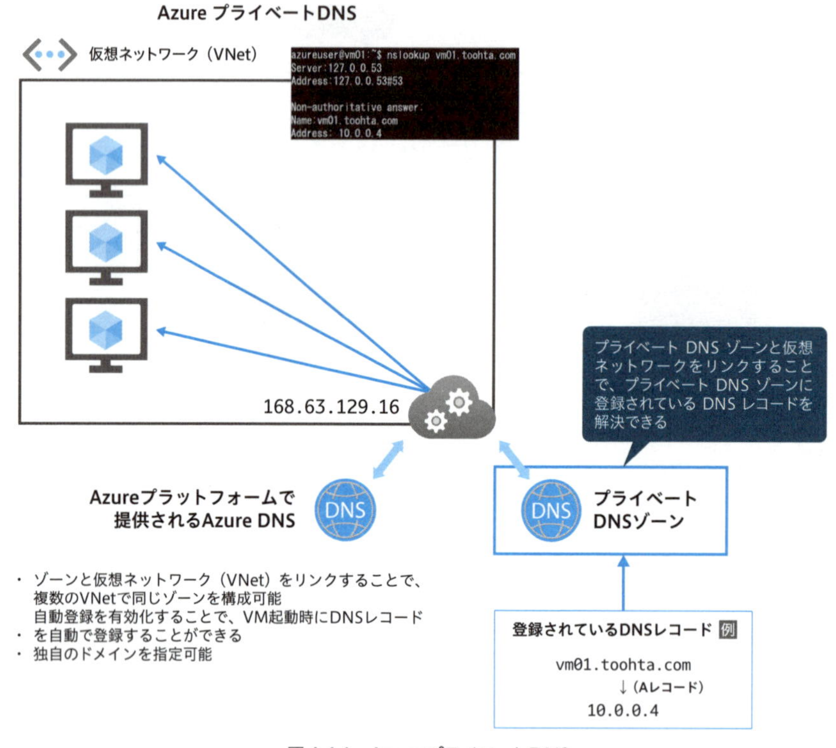

図4-14　AzureプライベートDNS

ただし、AzureプライベートDNSではDNSサーバーとしてVNetにデフォルトでリンクされている「168.63.129.16」※20を利用するため、Azure内でしかこのIPアドレスを利用することができず、オンプレミスから参照することができません。

②Azureプラットフォームで提供されるAzure DNS

基本的なDNS機能のみが提供され、利用する場合は特に構成する必要はなく、DHCPで自動的に「168.63.129.16」が設定されます（**図4-15**）。ただし、DNSのゾーン名やDNSレコードのライフサイクルを制御することはできず、名前解決のスコープも仮想ネットワーク内となり、他の仮想ネットワーク

※20　168.63.129.16は特別なアドレスで、一見するとパブリックIPアドレスのようですが、実際にはAzureプラットフォームの仮想化ホストの仮想アドレスです。DNSの名前解決やVMとAzureプラットフォーム間の通信などに利用されており、どのリージョンのVMでも共通でこのIPアドレスが利用されます。

から参照することはできません。

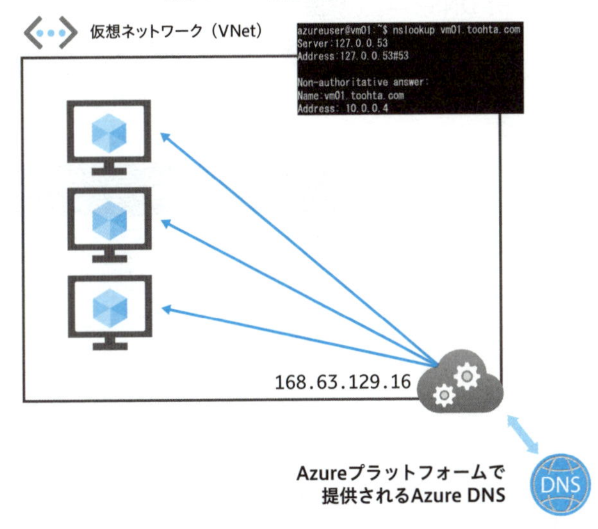

図4-15　Azureプラットフォームで提供されるAzure DNS

③独自のDNS

IaaS環境のActive Directory（AD）兼DNSサーバーが構築されている環境などでよく利用され、VNetの設定でDNSサーバーアドレスを個別に設定することにより構成できます（**図4-16**）。ただし、仮想マシンをDNSサーバーとしてデプロイする必要があり、仮想マシン自体の管理をする必要があります。

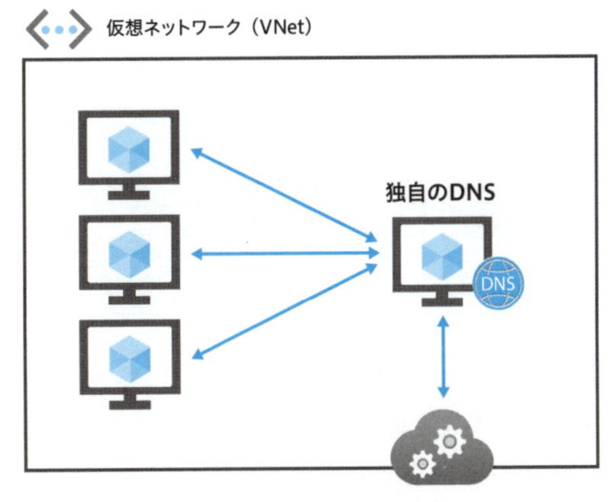

図4-16　独自のDNS

④Azure DNS Private Resolver

これまで必要だったAzure上にフォワーダーとして機能するDNSサーバーを構成する必要がなく、オンプレミスからAzureプライベートDNSへ名前解決要求を転送できる機能です（図4-17）。また、マネージドなDNSフォワーダーであり、ゾーン冗長で高可用性を実現しつつ、仮想マシンの運用コストを抑えることができます。

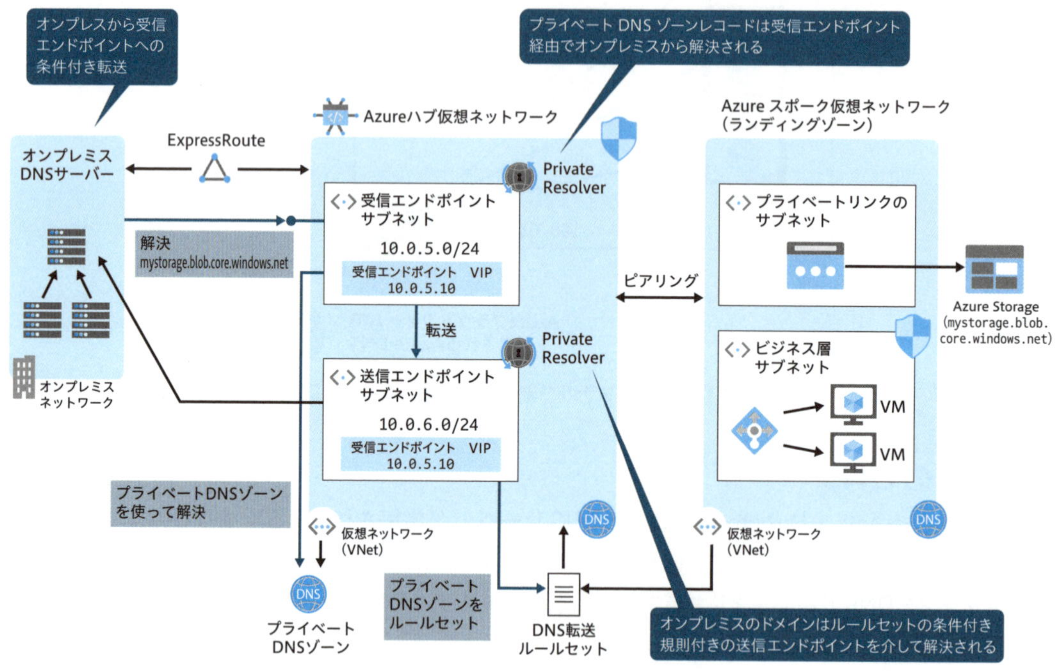

図4-17　Azure DNS Private Resolver

出典 https://learn.microsoft.com/ja-jp/azure/dns/media/dns-resolver-overview/resolver-architecture.png

4-3 さらに進化するネットワークインフラ

現在、Azure上では多数のミッションクリティカルなアプリケーション※21が稼働していますが、これらのアプリケーションのパフォーマンスは企業における従業員の満足度を向上させ最終的にビジネスの成長に寄与できるかどうかに直接影響を及ぼす場合があります。

※21　ミッションクリティカルなアプリケーションとは、停止すると企業や組織における業務の遂行や一般社会に対して重大な影響が出るような重要なアプリケーションを指します。たとえば、医療系アプリケーションや銀行における勘定系アプリケーション、電子商取引といった通信障害や誤作動によって多大な社会的影響が及ぶアプリケーションが該当します。

アプリケーションのパフォーマンスに影響を及ぼす要因は数多くありますが、その1つがネットワークのパフォーマンスです。Azureでは近年ネットワークパフォーマンスを大幅に向上させるため、さらなる機能改善が行なわれていますが、その中でも重要な高速ネットワークと近接通信配置グループについて紹介します。この2つの機能はいずれも無償で利用可能で、Azureユーザーが享受できるMicrosoftのネットワーク投資の対価と言えます。

高速ネットワーク

高速ネットワークは、仮想マシンをホストしているAzureホスト基盤の仮想スイッチをバイパスし、送受信パケットが仮想マシンの仮想NICとホストの物理NICの間で直接通信を行なう機能です（**図4-18**）。仮想スイッチはバイパスされますが、仮想スイッチで担っていた機能（NSGやアクセス制御リストなど）はホストによって適用されるため、すべてのネットワークポリシーは保持されます。これによりネットワークレイテンシを最小限に抑えることを実現し、さらに仮想スイッチにおけるネットワークトラフィックを処理するためのCPU使用率を削減することもできます。高速ネットワークは多くの仮想マシンのインスタンスサイズやオペレーティングシステムでサポートされており、現在は既定で有効になっていますが、もし有効になっていない場合は仮想マシンを再デプロイすることで高速ネットワークを有効にできます。

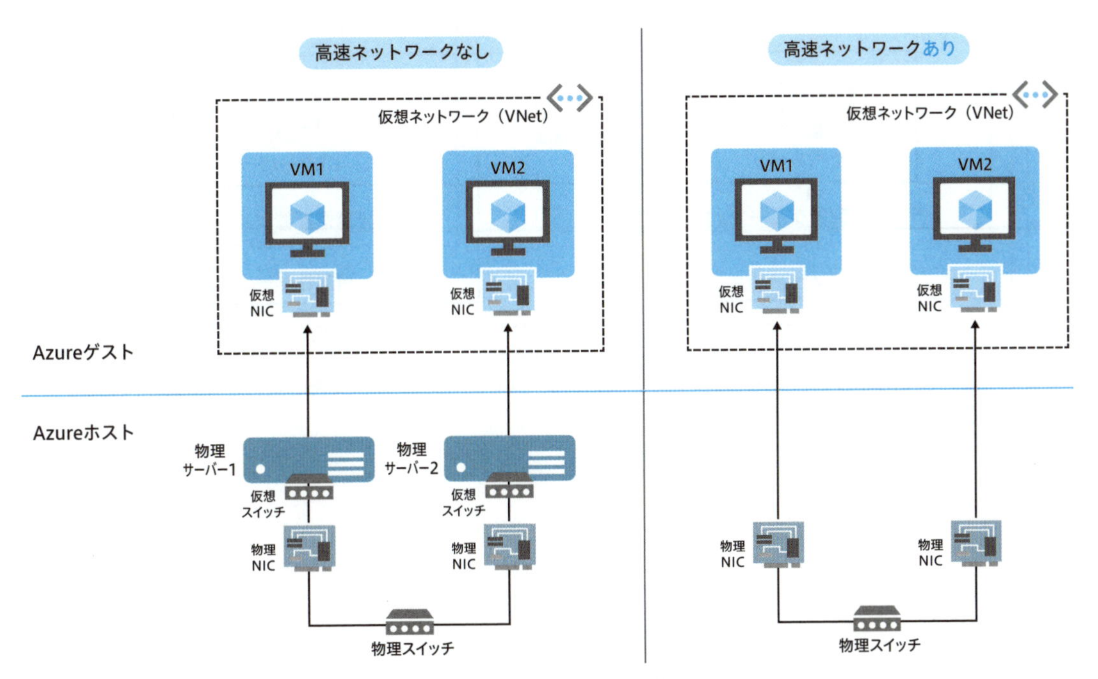

図4-18　高速ネットワークの仕組み

出典 https://learn.microsoft.com/en-us/azure/virtual-network/accelerated-networking-overview

近接通信配置グループ（PPG）

ネットワークレイテンシは仮想マシン間の物理的な距離によって影響を受けます。近接通信配置グループ（Proximity Placement Groups：PPG）は、仮想マシン間の物理的な距離を最小限にするため同一の場所に配置し、互いのネットワークレイテンシを短縮することを目的に提供されている機能です（図4-19）。複数の仮想マシンを1つの近接通信配置グループに割り当てると、それらはデプロイ時の制約として動作し、結果として図4-19のように同一のデータセンターに配置されます。Azure上でミッションクリティカルなアプリケーションを提供しているユーザー企業による評価では、実際にネットワークレイテンシを0.3秒未満に抑えることができたという報告がありました。また、この近接通信配置グループと高速ネットワークを併用することにより、仮想マシンのネットワークパフォーマンスを最適化することができます。

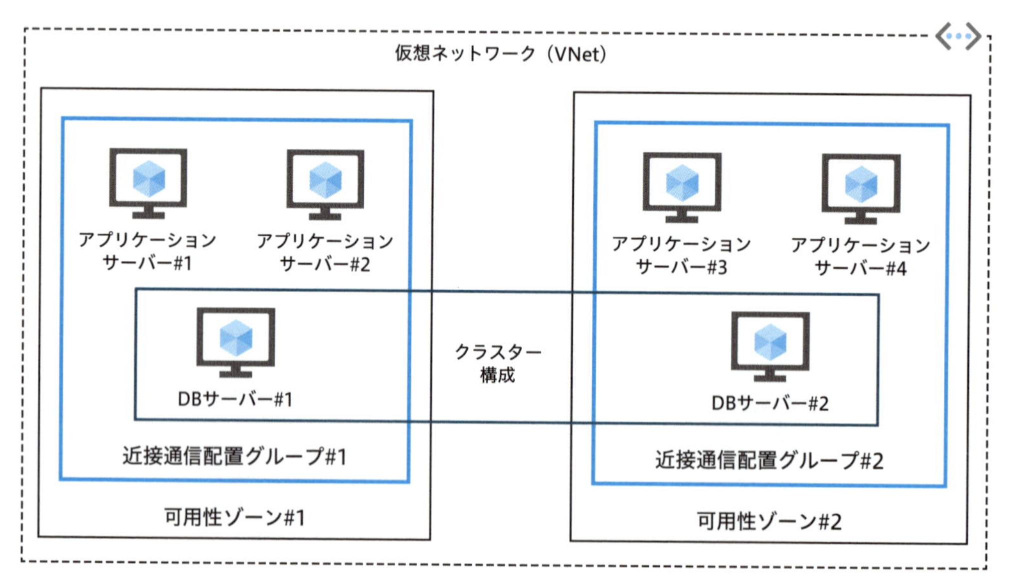

図4-19　近接通信配置グループ（PPG）

出典 https://www.cl.cam.ac.uk/teaching/0910/R02/papers/Cloud-Scale-Acceleration-Architecture.pdf

Azure ネットワークサービス

この章では、仮想ネットワーク以外のAzureのネットワーク系サービスについて概観します。オンプレミスと接続するためのExpressRouteや踏み台サーバーのBastionのほか、DDoS ProtectionやAzure Firewallなどのセキュリティサービス、Azure Front DoorやAzure Application Gatewayなどの負荷分散サービス、Azure Monitorなどの監視サービスといったネットワークに関するサービスを網羅的に紹介します。

本章では、Azureネットワークサービスについて、各サービスの説明だけでなく、各サービスにおけるSKU[▶1]の選択基準、可用性ゾーン対応可否、SLAをわかりやすく整理し、さらに課金の考え方についてもまとめています。本章を通じてサービスの知識だけでなく、Azureのネットワークを設計するうえで可用性やパフォーマンス、コストなどを検討する際にも利用できる知識を身につけてください。

[▶1] SKU　Stock Keeping Unitの略語で、サービスの管理単位（各種サービスのメニュー名）のこと。

可用性ゾーン対応、SLA、課金などの最新情報

本章で説明する可用性ゾーン対応、SLA、課金の考え方などは変更される可能性があります。最新の情報は以下のサイトで確認するようにしてください。

- 可用性ゾーン対応
  https://learn.microsoft.com/ja-jp/azure/reliability/availability-zones-service-support
- SLA
  https://azure.microsoft.com/ja-jp/support/legal/sla/
- 課金の考え方
  https://azure.microsoft.com/ja-jp/pricing/

5-1 接続サービス

Azureリソースとオンプレミスリソースを接続するには、Azureの次のネットワークサービスを単独で、または組み合わせて使用します。

- Azure ExpressRoute
- Virtual Network Gateway（仮想ネットワークゲートウェイ：VNet Gateway）
- Azure Virtual WAN
- Azure DNS
- Azure Bastion
- Azure NAT Gateway
- Azure Peering Service
- Route Table（ルートテーブル）
- Azure Route Server（ARS）

Azure ExpressRoute

ExpressRoute（ER）は、オンプレミス環境や自社のデータセンターを、AzureやMicrosoft 365などと閉域網（専用線）で直接接続するためのサービスです（**図5-1・表5-1**）。ExpressRouteを利用すると、**接続プロバイダー**[▶2]が提供するプライベート接続を介して、オンプレミスのネットワークをMicrosoftクラウドに拡張できます。ExpressRouteの接続はパブリックなインターネットを経由しないため、インターネット経由の一般的な接続に比べて、安全性と信頼性が高く、待機時間も一定しており高速です。

[▶2]接続プロバイダー　企業向けのネットワークを提供する企業のことを指し、ネットワークプロバイダー（ISP）や通信事業者とも呼ばれる。ExpressRouteに対応している接続プロバイダーは、以下のURLに記載されている。

・ExpressRoute接続パートナーとピアリングの場所
https://learn.microsoft.com/ja-jp/azure/expressroute/expressroute-locations

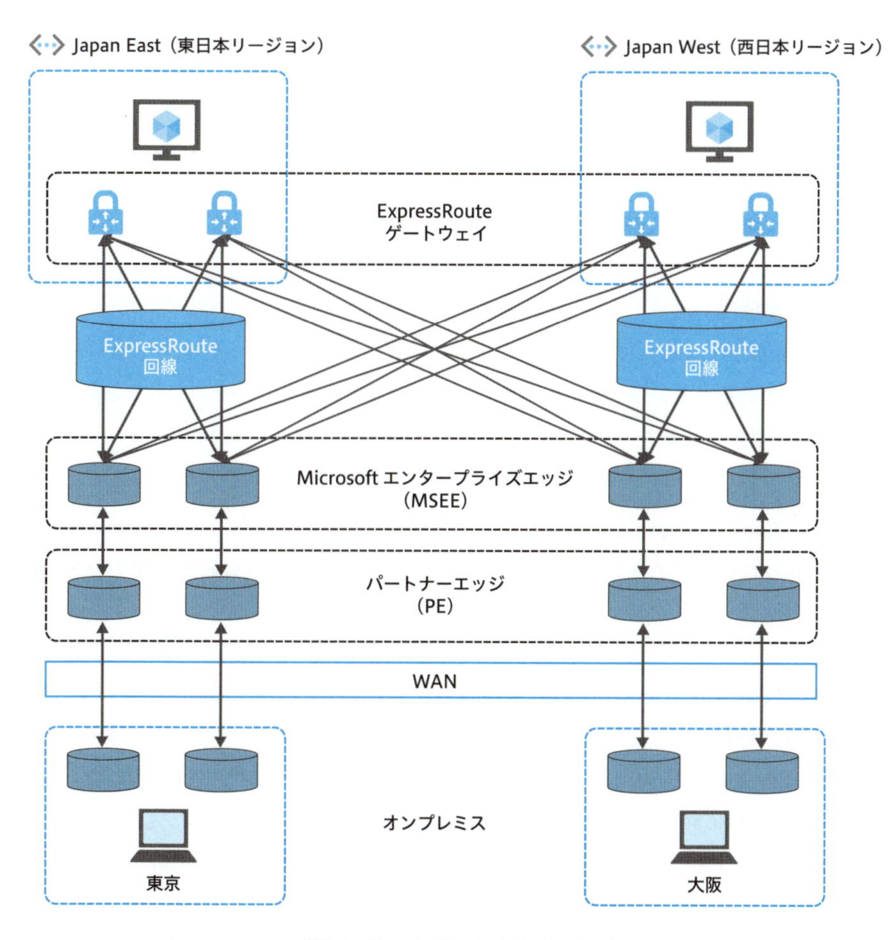

図5-1　ExpressRoute Private Peering

表5-1　ExpressRouteのサービス概要

SKU	可用性ゾーン対応	SLA	従量課金制データプラン	無制限データプラン	備考
Local	あり	99.95%	−	1Gbps ～10Gbps	同一リージョン内（東日本の場合、東京1と東京2間）へ接続可能
Standard	あり	99.95%	50Mbps ～10Gbps	50Mbps ～10Gbps	同一Geo[※]（日本の場合、東日本と西日本リージョン間）へ接続可能
Premium	あり	99.95%	50Mbps ～10Gbps	50Mbps ～10Gbps	グローバルのリージョンへ接続可能

[※] Geo（ジオ）は地理を意味するGeographyの略語であり、ほとんどの場合が国の名前を指します。日本、中国、イギリスなどがGeoにあたります。

各ExpressRoute回線は、接続プロバイダーのエッジルーターから、ExpressRouteの場所にある2つのMicrosoftエンタープライズエッジルーター（MSEE）への2つの接続で構成され、既定で冗長性があります。ExpressRouteにはL2で接続するExpressRoute Directと、L3で接続するExpressRouteがあり、日本の東日本／西日本リージョンではどちらもサポートしています。ExpressRoute Directでは、物理的に分離されたポート占有をサポートするデュアル100Gbpsまたは10Gbps接続が提供されます。

詳細な導入の流れやピアリング（Peering）の種類などについては第6章で解説します。

課金の考え方

ExpressRouteの課金には、大きく2つの要素があります。

- **ExpressRoute回線**
  受信データのみ無料となる「従量制課金データプラン」と送受信データ転送が無料となる「無制限データプラン」がある。まずはデータ転送量に応じてプランを検討し、そのうえで必要な帯域幅[▶3]をふまえてSKUを選択するとよい。従量制課金データプランの場合、Azureのデータセンターからの送信データ転送に対して課金が発生し、単価はゾーンにより異なる（日本の場合はゾーン2となる）。
- **ER Gateway（ExpressRoute Gateway）**
  仮想ネットワークに接続するためにExpressRoute向けのVNet Gatewayが必要となる（詳細は次項で解説）。

これらに加え、接続プロバイダーとの契約が発生するため、ExpressRouteを検討する際は課金だけでなく納期の観点でも可能な限り早い段階で接続プロバイダーに相談する必要があります。

また、オプションとしてExpressRoute Global Reachというアドオン（拡張機能）があります。ExpressRoute Global Reachを使用すると、ExpressRoute回線を相互にリンクして、オンプレミスネットワーク間にプライベートネットワークを構築することができます。詳細は第6章で解説します。

[▶3]帯域幅　ネットワークにおける帯域幅は、通信速度の上限を意味する。具体的には、特定の時間内にネットワーク接続を介して送信できるデータの最大容量を指す。帯域幅は、単位時間あたりに送信できるデータの最大容量を示し、この値は通常ビット/秒（bps）で表わされ、高い値ほど回線速度も速くなる。

Virtual Network Gateway (VNet Gateway)

Virtual Network Gateway（仮想ネットワークゲートウェイ）、通称VNet Gatewayは、VNet（仮想ネットワーク）をVPNやExpressRouteに接続するためのゲートウェイです（**図5-2・表5-2**）。便宜上、VPNに接続するVNet GatewayをVPN Gateway、ExpressRouteに接続するVNet GatewayをER Gateway（あるいはExpressRoute Gateway）と呼びます。

各仮想ネットワーク（VNet）には、VPN GatewayとER Gatewayをそれぞれを1つだけ作成できます。ただし、同一のVPN Gatewayに対して複数の接続を作成することができます。同一のVNet Gatewayへの複数の接続を作成する場合、利用できるゲートウェイ帯域幅は、すべてのVPNセッションによって共有されます。VNet Gatewayの作成時にVPN GatewayかER Gatewayのいずれかを選択します。VPN Gatewayはポリシーベース（静的）かルートベース（動的）を選択することが可能ですが、現状ではルートベースが推奨されています[※1]。

詳細な導入の流れなどについては第6章で解説します。

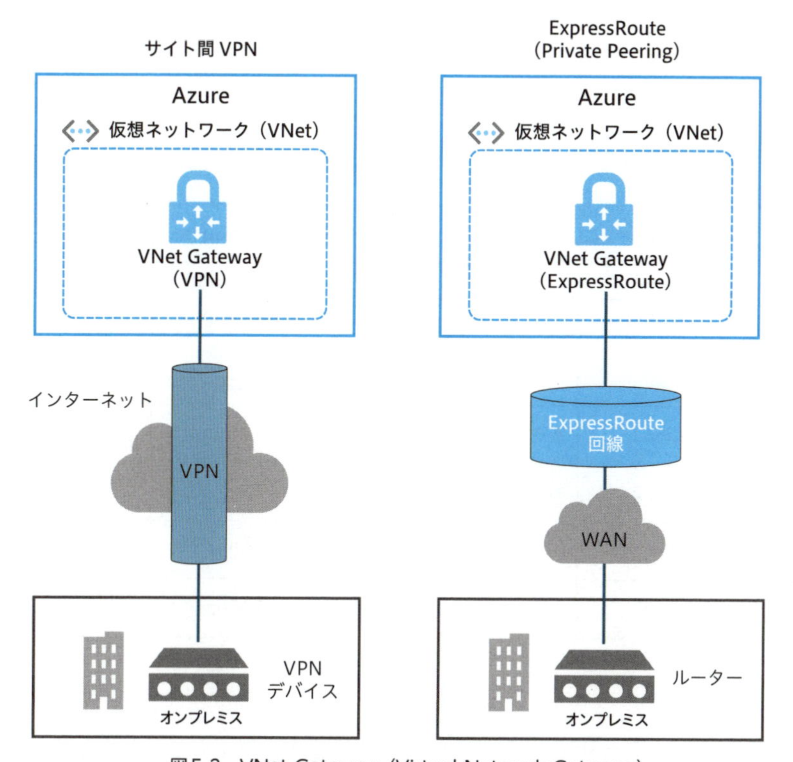

図5-2 VNet Gateway（Virtual Network Gateway）

※1 設定およびSKUの選択基準に関しては、以下のドキュメントを参考にした検討を推奨しています。
・Azure VPN Gatewayとは
https://learn.microsoft.com/ja-jp/azure/vpn-gateway/vpn-gateway-about-vpngateways

表5-2　VNet Gateway（Virtual Network Gateway）のサービス概要

ExpressRoute 向け				
SKU	可用性ゾーン対応	SLA	帯域幅	備考
Standard		99.95%	1Gbps	
High Performance		99.95%	2Gbps	
Ultra Performance		99.95%	10Gbps	
ErGw1AZ	あり	99.95%	1Gbps	Standardの可用性ゾーンに対応したSKU
ErGw2AZ	あり	99.95%	2Gbps	High Performanceの可用性ゾーンに対応したSKU
ErGw3AZ	あり	99.95%	10Gbps	Ultra Performanceの可用性ゾーンに対応したSKU

VPN 向け					
SKU	世代	可用性ゾーン対応	SLA	帯域幅	備考
Basic	Generation1		99.90%	100Mbps	レガシ（古い）SKUであり本番環境では非推奨
VpnGw1	Generation1		99.95%	650Mbps	
VpnGw2	Generation1		99.95%	1Gbps	
VpnGw3	Generation1		99.95%	1.25Gbps	
VpnGw1AZ	Generation1	あり	99.95%	650Mbps	VpnGw1の可用性ゾーンに対応したSKU
VpnGw2AZ	Generation1	あり	99.95%	1Gbps	VpnGw2の可用性ゾーンに対応したSKU
VpnGw3AZ	Generation1	あり	99.95%	1.25Gbps	VpnGw3の可用性ゾーンに対応したSKU
VpnGw2	Generation2		99.95%	1.25Gbps	
VpnGw3	Generation2		99.95%	2.5Gbps	
VpnGw4	Generation2		99.95%	5Gbps	
VpnGw5	Generation2		99.95%	10Gbps	
VpnGw2AZ	Generation2	あり	99.95%	1.25Gbps	VpnGw2の可用性ゾーンに対応したSKU
VpnGw3AZ	Generation2	あり	99.95%	2.5Gbps	VpnGw3の可用性ゾーンに対応したSKU
VpnGw4AZ	Generation2	あり	99.95%	5Gbps	VpnGw4の可用性ゾーンに対応したSKU
VpnGw5AZ	Generation2	あり	99.95%	10Gbps	VpnGw5の可用性ゾーンに対応したSKU

課金の考え方

VNet Gatewayが稼働した時間に対して課金が発生します。以下の2つの要件をふまえてSKUを選択してください。

- 可用性ゾーン対応が必要かどうか（必要なら名称に「AZ」が付いているSKUを選択）
- 必要な帯域幅

Azure Virtual WAN (VWAN)

Virtual WAN（VWAN）は、VNet、ExpressRoute、VPNを組み合わせて統合的なWANサービスを提供する、Microsoftの大規模拠点間接続サービスです（**図5-3・表5-3**）。Azureを介して拠点間接続を行なうことができ、推奨されるパートナーが提供するデバイスを使用すれば、構成を自動化することができます。リージョン間の接続も可能であり、グローバル展開をしている企業ではグローバルWANの一部として利用されています。

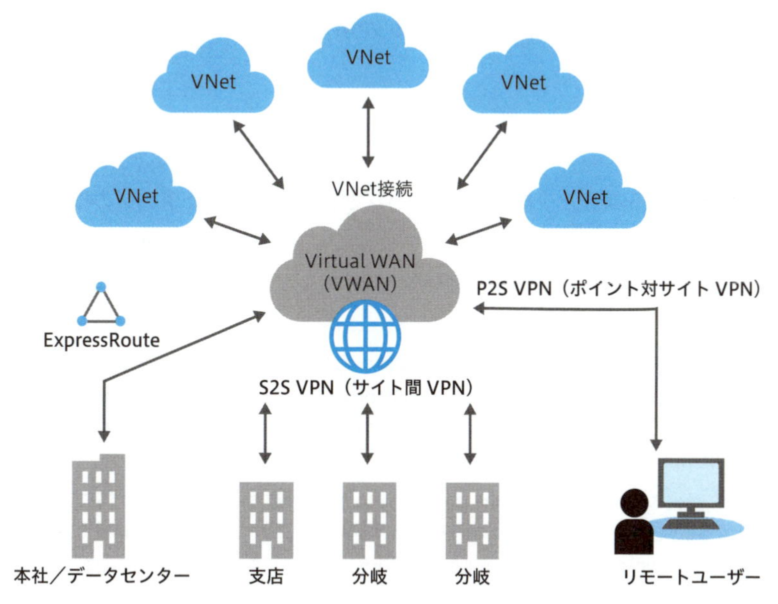

図5-3　Virtual WAN（VWAN）

出典 https://learn.microsoft.com/ja-jp/azure/virtual-wan/media/virtual-wan-about/virtual-wan-diagram.png

表5-3　Virtual WAN（VWAN）のサービス概要

SKU	可用性ゾーン対応	SLA	備考
Basic	あり	99.95%	S2S VPNのみ対応
Standard	あり	99.95%	ExpressRouteおよびS2 VPN/P2S VPNに対応

S2S VPNとP2S VPN

S2S VPN（サイト間VPN）とP2S VPN（ポイント対サイトVPN）は、Azureとオンプレミスを接続するための方法です。S2S（Site-to-Site）は主にオンプレミスデータセンターとAzure仮想ネットワークを接続する方式で、オンプレミス側にはVPNデバイスを用意し、IPsec/IKE VPNトンネルを介して接続します。P2S（Point-to-Site）は個々のデバイス（PCなど）とAzureをVPNで接続する方式で、デバイスに証明書をインストールし、SSTPまたはIKEv2プロトコルを使用して接続します。

仮想ハブ[▶4]には同一リージョン内の仮想ネットワークと、最大1,000拠点までの拠点ネットワークをS2S VPN接続できます。P2S VPN接続は仮想ハブあたり最大100,000ユーザーまで可能であり、リモートユーザーのVPN接続性も提供しています。

また、セキュリティ保護付き仮想ハブという機能があり、Azure Firewall p.140 やサードパーティのサービスと仮想ハブを組み合わせることで、仮想ネットワーク間のルーティングやインターネットへのトラフィックのフィルター処理ができます。

[▶4] 仮想ハブ (Virtual Hub)　Azure上でホストされるVirtual WANの中心部分のこと。複数の拠点（S2S VPNまたはExpressRoute)、デバイス（P2S VPN)、仮想ネットワークなどが仮想ハブに接続されることで、お互いに通信が可能となる。

課金の考え方

Virtual WANを利用する場合、少なくとも仮想ハブが必要となり、仮想ハブの稼働時間およびデータ処理量により課金が発生します。また、仮想ハブに対してVPNまたはExpressRouteを接続する場合、接続数に応じてスケールユニット[▶5]および接続ユニット[▶6]が必要となります※2。

[▶5] スケールユニット (Scale Unit)　仮想ハブにおけるゲートウェイの総スループットを選択するために定義された単位。VPNの1スケールユニットは500Mbps、ExpressRouteの1スケールユニットは2Gbpsとなっており、たとえば、VPN接続において5Gbpsのスループットが必要な場合、VPNのスケールユニットが10（=500Mbps × 10）必要となる。

[▶6] 接続ユニット (Connection Unit)　Virtual WANにおいて仮想ハブとオンプレミスと接続する場合に必要となる単位。VPN S2S接続ユニットは接続する拠点数ごとに、VPN P2S接続ユニットは接続する端末数ごとに、ExpressRoute接続ユニットは接続するER回線ごとに必要となる。たとえば、2つのExpressRouteが仮想ハブへ接続する場合、ExpressRouteの接続ユニットが2つ必要となる。

 Azure DNS

Azure DNSは、DNSゾーンをホスト（外部リソースにDNSを提供）したり、AzureでドメインのDNSレコードを管理したりできるサービスです（図5-4・表5-4）※3。パブリックゾーン向けとプライベートゾーン向けの2種類の機能を提供します。

※2　Virtual WANの価格の考え方の詳細については以下のドキュメントを参照してください。
- Virtual WANの価格について
  https://learn.microsoft.com/ja-jp/azure/virtual-wan/pricing-concepts

※3　DNSの詳しい説明は第3章 p.92 、第4章 p.115 を参照してください。

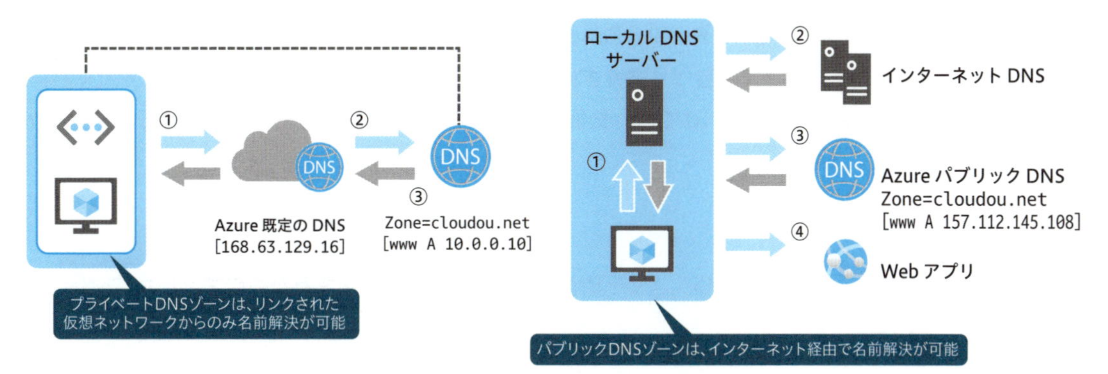

図5-4　Azure DNS

表5-4　Azure DNSのサービス概要

SKU	可用性ゾーン対応	SLA [※]	備考
Azure DNS	なし（非リージョンサービス）	100%	パブリックゾーン向け
Azure DNS Private Zones	あり	100%	プライベートゾーン向け
Azure DNS Private Resolver	あり	100%	マネージドなDNSフォワーダー

[※] Azure DNSにおけるSLAは、有効なDNS要求が100%の時間において、少なくとも1つのAzure DNSネームサーバーから応答を受信することを保証します。

非リージョンサービス

特定のリージョンで動作するサービスではないため、ゾーン障害だけでなくリージョン全体の障害が発生してもサービスを継続できます。

パブリックゾーン向けは、一般的に有効な権威サーバーとして使用できます。ただし、Azure DNSでは、現在ドメイン名を購入することができないため、DNSクエリ（名前解決）をAzure DNSで応答させるには、ドメインを親ドメインからAzure DNSに委任する必要があります。

一方、プライベートゾーン向けでは、関連付けたVNetにおいて名前解決が可能な内部向けのゾーンを登録できます[※4]。

Azure DNS Private Resolverは、Azure上にフォワーダーとして機能するDNSサーバーを構成することなく、オンプレミスからAzure DNSプライベートゾーンへ名前解決要求を転送できる機能です。また、フルマネージドなDNSフォワーダーであり、可用性ゾーンに対応しているため、高可用性を実現しつつ、仮想マシンの運用コストを抑えることができます。

なお、Azureにおける名前解決の方法はいくつか選択肢があり、第4章 p.115 で説明していますので、そちらも参照してください。

※4　Azure DNSではドメイン自体を購入することはできませんが、App Service（Azure上でWebアプリケーションをホストするPaaSの1つ）というサービスを利用する際に必要となるドメインを、Azure Portalより購入することはできます。

・App Serviceドメインを購入し、それを使用してアプリを構成する
https://learn.microsoft.com/ja-jp/azure/app-service/manage-custom-dns-buy-domain

課金の考え方

Azure DNS SKUとAzure DNS Private Zones SKUでは、AzureでホストされているDNSゾーンの数と、受信したDNSクエリの数に基づき課金されます。

Azure DNS Private Resolver SKUでは、受信エンドポイント、送信エンドポイント、DNSルールセットの数により課金されます。

- **受信エンドポイント**
  オンプレミスから発信されたDNSクエリをPrivate DNS Zoneで解決するためのエンドポイント。
- **送信エンドポイント**
  VNetから発信されたDNSクエリをオンプレミスに転送するためのエンドポイント。
- **DNSルールセット**
  条件付きフォワーダーのルールをまとめたグループ。送信エンドポイントと関連付けて利用する。

Azure Bastion

Bastionは、マネージドな踏み台サーバーです（**図5-5・表5-5**）。パブリックIPアドレスを仮想マシンに付与することなく、仮想マシンに対してRDP（Remote Desktop Protocol）およびSSH（Secure Shell Protocol）による接続を提供します。

Standard SKUでは、接続元の端末におけるSSHクライアントやリモートデスクトップなどのネイティブクライアントを用いて直接接続することが可能です。また、クライアントからのファイル転送もサポートしています。

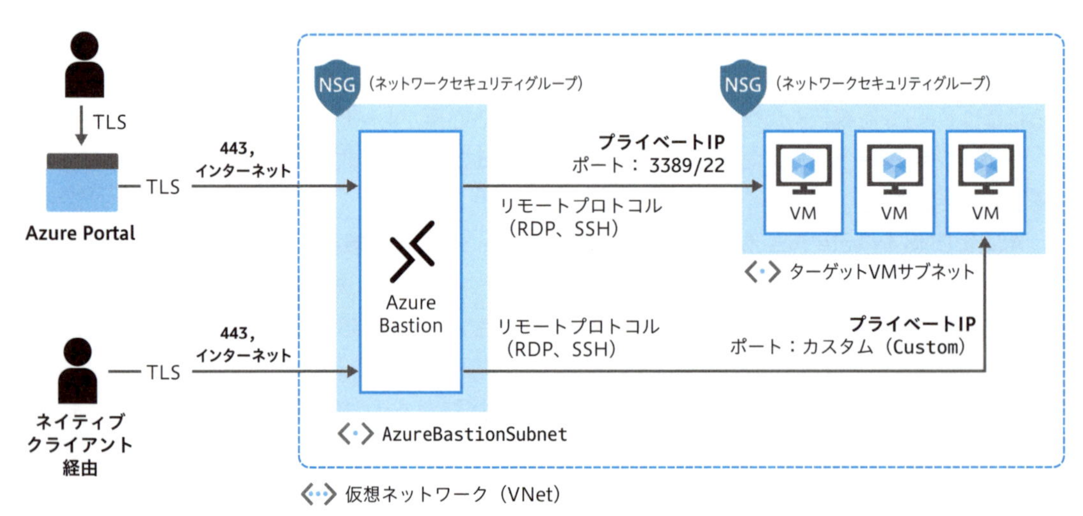

図5-5　Bastion

出典 https://learn.microsoft.com/ja-jp/azure/bastion/media/bastion-overview/architecture.png

表5-5　Bastionのサービス概要

SKU	可用性ゾーン対応	SLA	備考
Basic	あり	99.95%	
Standard	あり	99.95%	ネイティブクライアント[※]経由の接続

[※] ネイティブクライアントとは、ブラウザ経由ではなく接続元のクライアントソフトウェア経由でAzure VMへ接続することを指します。たとえば、WinodwsだとRDPクライアント（mstsc.exe）、Linuxの場合SSHクライアント（TeraTermやPutty）などが該当します。

課金の考え方

Bastionの稼働時間により課金されます。また、送信データ転送にも課金されますが、最初の5GB/月までは無料となります。Standard SKUの場合、2つのスケールユニットが含まれていますが、追加のインスタンスが必要な場合、インスタンス数に応じて課金されます。

Azure NAT Gateway

NAT Gatewayは、Azureで提供されているNAT（ネットワークアドレス変換）ゲートウェイです（図5-6・表5-6）。

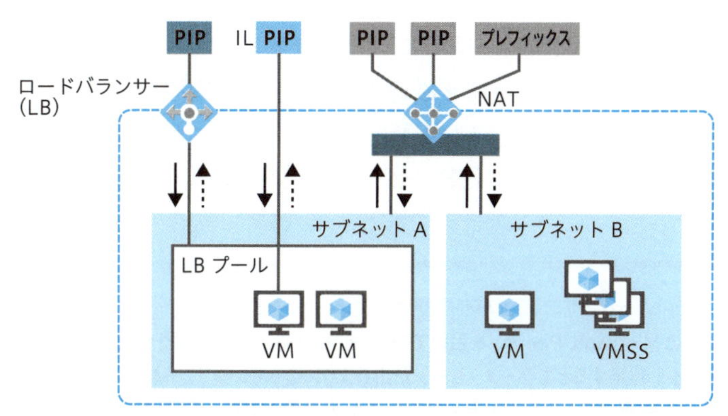

- **PIP**：パブリックIPアドレスの略
- **IL PIP**：インスタンスレベルのパブリックIPアドレスの略。PIPを仮想マシン（VM）に付与して利用することを指す
- **VMSS**：Virtual Machine Scale Setsの略。VMSSを使用することで、複数の仮想マシン（VM）のセットを自動的に増減させることができ、アプリケーションの需要に応じてスケーリングを行なうことが可能となる

図5-6　NAT Gateway

表5-6　NAT Gatewayのサービス概要

SKU	可用性ゾーン対応	SLA	備考
NAT Gateway	あり	99.99%	

パブリックIPアドレスが設定されていない仮想マシン（VM）からインターネット向けの通信における、SNAT時のパブリックIPアドレスを関連付けることができます。仮想ネットワーク内の複数のサブネットに関連付けることが可能であり、最大16個のパブリックIPアドレスを割り当てることができます。ただし、NAT Gatewayが設定されたサブネット内の仮想マシン（VM）やロードバランサー[▶7]に付与するパブリックIPアドレスはすべてStandard SKUである必要があります[※5]。

[▶7] ロードバランサー　負荷軽減や可用性向上を目的として、サーバーにかかる負荷を平等に振り分ける装置。Azureにおける負荷分散サービスとしてはAzure Load BalancerやApplication Gatewayなどがある。

課金の考え方

NAT Gatewayの稼働時間およびデータ処理量によって課金されます。

Azure Peering Service

Peering Serviceは、Microsoftが提供するクラウドサービスに対して、特定のISP(Peering Serviceパートナー[※6]) 経由で接続するためのサービスです（図5-7・表5-7）。Peering Serviceを利用することで、ユーザーの拠点からMicrosoft 365やAzure上の各種サービスに対してのルーティングが最適化され、信頼性が高まりレイテンシを最小限に抑えることができます。

主に拠点からのMicrosoft 365への接続を最適化するために利用されますが、ExpressRouteのMicrosoft Peering[※7]とは異なり承認手続きが不要で、業種・用途にかかわらずすべてのユーザーが利用可能なサービスです。詳細なサービス仕様やオプションなどについては、各Peering Serviceパートナーに確認してください。

ExpressRoute for Microsoft 365は事前承認が必要

ExpressRouteのMicrosoft Peeringを用いてMicrosoft 365を利用する場合、Microsoft による承認が必要となり、未承認のまま利用するとエラーメッセージが出るようになっています。Microsoft 365は基本的にインターネット経由で安全に利用できるように設計されているため、閉域網サービスであるExpressRouteを経由したMicrosoft 365へのアクセスは推奨されていません。要件に応じて上記のAzure Peering Serviceなどを検討してください。

参考 Azure ExpressRoute for Microsoft 365
https://learn.microsoft.com/ja-jp/microsoft-365/enterprise/azure-expressroute?view=o365-worldwide

※5　Basic SKUを持つパブリックIPアドレスやロードバランサーが含まれるサブネットに対して、NAT Gatewayを利用することはサポートされていません。

※6　MicrosoftとパートナーシップをむすぶISP。日本ではBBIX、IIJ、NTT Communications。
・Peering Service パートナー
https://learn.microsoft.com/ja-jp/azure/peering-service/location-partners

※7　AzureのパブリックIPとの通信にExpressRouteを利用するサービス。
・ExpressRoute 回線とピアリング
https://learn.microsoft.com/ja-jp/azure/expressroute/expressroute-circuit-peerings

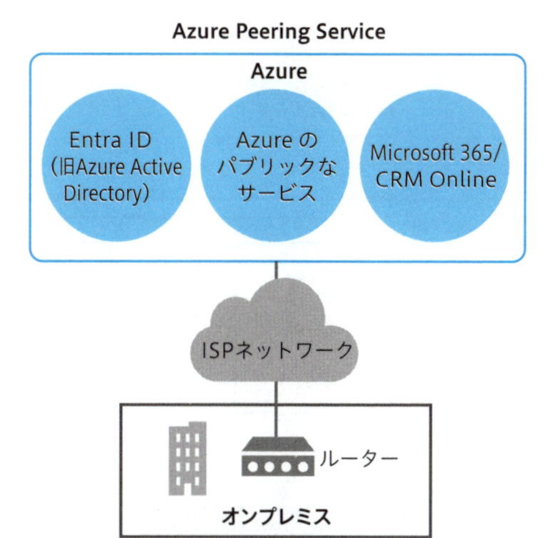

図5-7　Peering Service

表5-7　Peering Serviceのサービス概要

SKU	可用性ゾーン対応	SLA	備考
Peering Service	なし（非リージョンサービス）		

課金の考え方

Peering Serviceパートナー／ユーザー間の課金（Peering Serviceパートナーの利用料）が発生します。Peering Serviceパートナーへ事前に相談してください。

Route Table（ルートテーブル）

Route Table（ルートテーブル）とは、ルーティングの経路情報を手動で設定・更新する、いわゆるスタティックルート（Static Route：固定ルート）です（図5-8）。ユーザー独自のルーティングを設定することができるため、ユーザー定義ルート（UDR：User Defined Route）とも呼ばれます。ネクストホップとは、当該のネットワークに到達するため、次に経由する経由先のことです。

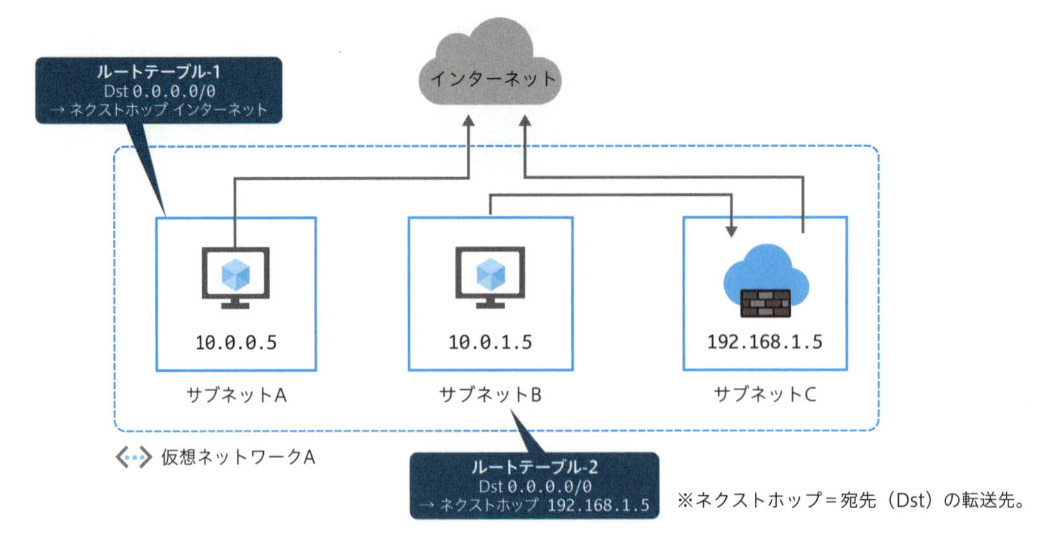

図5-8　Route Table（ルートテーブル）

Azureでは既定で仮想ネットワーク内のサブネット間やインターネット向けの通信が可能ですが、ルートテーブルによって制御することが可能です。ルートテーブルはサブネットに関連付けることができ、Azure Firewall p.140 やNVA利用時などのシナリオにおいて使用されます。

Azureにおけるルーティングの優先度は、基本的にアドレスプレフィックス（例192.168.1.0/24）が最も一致するルート（ロンゲストマッチ※8）で判断され、宛先IPアドレスに基づきルートを選択します。同じアドレスプレフィックス長で重複した場合、以下の優先順位に基づいてルーティングされます。

1. ユーザー定義ルート（UDR）
2. BGPルート※9（VPN/ExpressRoute利用時）
3. システムルート※10

たとえば、**表5-8**のようなルートテーブルがあるとします。

表5-8　ルートテーブルの例

source	アドレスプレフィックス	ネクストホップの種類
Default	0.0.0.0/0	インターネット
User	0.0.0.0/0	仮想ネットワークゲートウェイ

表5-8のsource（ソース）がDefault（既定）のものはシステムルート、User（ユーザー）のもの

※8　ルーティングで合致したルールが複数ある場合には、より合致度の高いルールが利用されること。第2章の「ロンゲストマッチの法則」p.53 を参照してください。
※9　BGPで学習したルートのこと。BGPについては第2章（2-1節 p.36 や2-4節 p.53 ）を参照してください。
※10　Azureでは、システムルートが自動的に作成され、仮想ネットワークの各サブネットに割り当てられます。システムルートは作成することも削除することもできませんが、カスタムルートでシステムルートを上書きすることができます。

はユーザー定義ルート（UDR）を指します。トラフィックの宛先が、ルートテーブルのその他のルートのアドレスプレフィックスに含まれていないIPアドレスの場合、ユーザー定義ルートは既定のシステムルートよりも優先順位が高いため、ソースがユーザーのルートが選択されます。より高い優先度のルートで他のルートが上書きされた場合、上書きされたルートは状態が無効となります。

課金の考え方

ルートテーブル自体は無償のサービスです。

Azure Route Server

Route Server（Azure Route Server：ARS）は、BGPの経路情報を中継するマネージドサービスです（**図5-9・表5-9**）。図5-9の場合、異なる拠点と接続されているERとVPN間でお互いの経路を広告できるようになります。

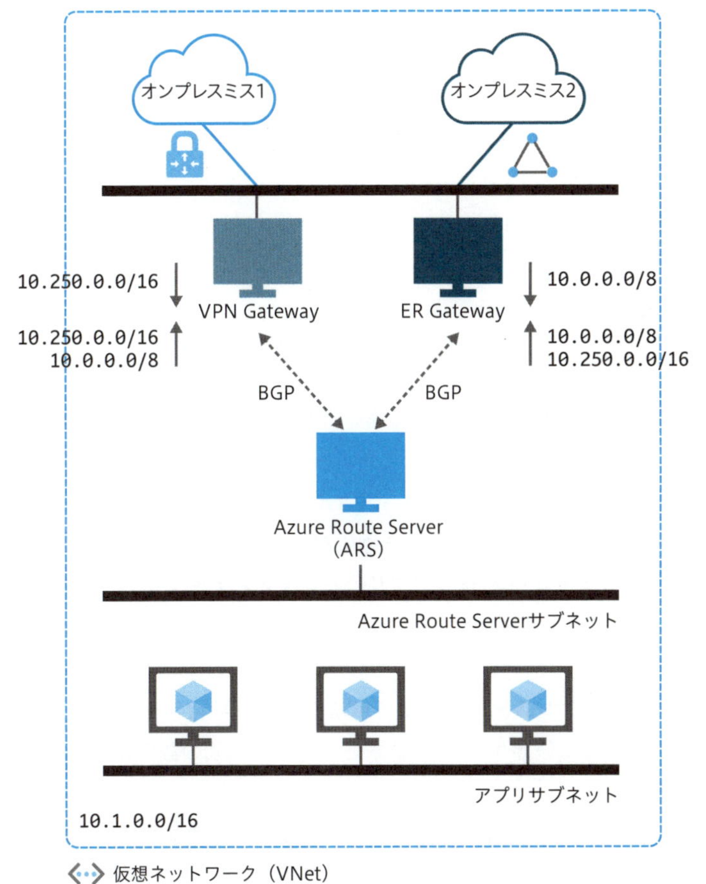

ルート	ネクストホップ
10.250.0.0/16	VPN
10.1.0.0/16	Virtual Network
10.0.0.0/8	ER

図5-9　Route Server（ARS）

出典 https://learn.microsoft.com/ja-jp/azure/route-server/media/expressroute-vpn-support/expressroute-and-vpn-with-route-server.png

表5-9　Route Serverのサービス概要

SKU	可用性ゾーン対応	SLA	備考
Route Server	あり	99.95%	

課金の考え方

Route Serverの稼働時間により課金されます。

5-2 アプリケーション保護サービス

Azureのネットワークサービスのいずれか、または組み合わせを使ってアプリケーションを保護します。

- Azure DDoS Protection
- Azure Private Link（プライベートリンク）
- Virtual Network Service Endpoints（仮想ネットワークサービスエンドポイント）
- Azure Firewall
- Azure Web Application Firewall（Azure WAF）

Azure DDoS Protection

DDoS Protectionは、仮想マシン（VM）、ロードバランサー、アプリケーションゲートウェイに関連付けられたパブリックIPアドレスに対して、DDoS [▶8] からの保護を行なうサービスです（**図5-10・表5-10**）。

Azureを使用する場合、追加コストなしでDDoS Protection Infrastructure Protection（インフラストラクチャ保護）が既定で有効となり、Azureのデータセンター全体に対してのDDoS攻撃から保護されます。加えて、仮想ネットワーク内にあるユーザー固有のアプリケーションを保護するために有償のDDoS Protectionを提供しており、以下の2つのSKUがあります。

- IP Protection（IP保護）：パブリックIPアドレス単位で有効／無効の設定が可能
- Network Protection（ネットワーク保護）：仮想ネットワーク単位で有効／無効の設定が可能

Network Protectionでは、DDoS Protection Rapid Response（DDoSへの迅速な対応）、コスト保護、Web Application Firewall（WAF）割引などの追加機能も提供しています。

[▶8] DDoS　Distributed Denial of Service（分散型サービス拒否攻撃）の略語で、インターネット上の多数の機器から特定のネットワークやコンピュータに一斉に接続要求を送信し、過剰な負荷をかけて機能不全に追い込む攻撃手法。

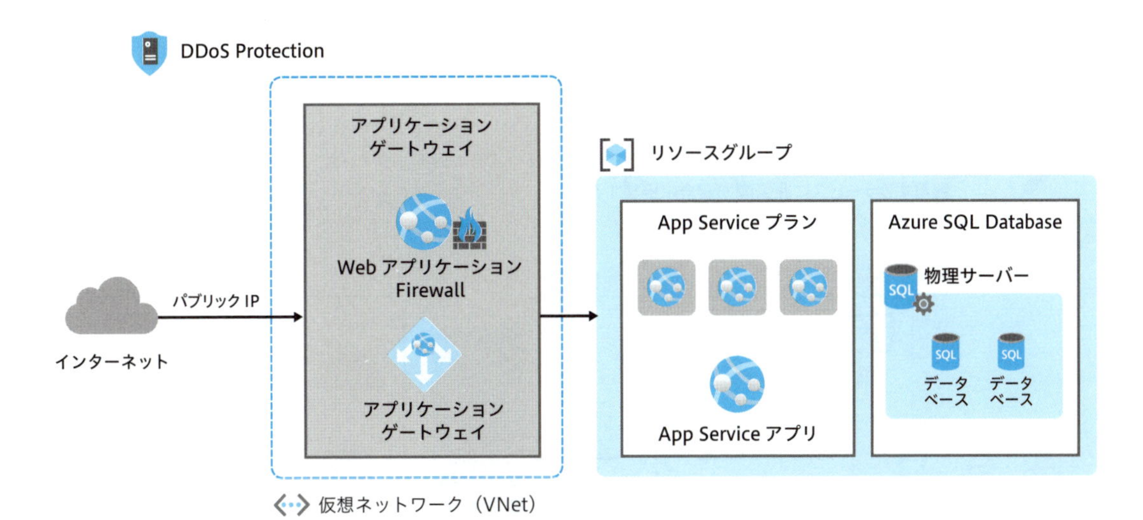

- **App Service プラン**：App Service（Azure上でWebアプリケーションをホストするPaaSの1つ）を動作させるCPUなどのリソース
- **App Service アプリ**：Azure上でWebアプリケーションをホストするPaaSの1つ
- **Azure SQL Database**：Azure上でマネージドなSQLを提供するPaaSの1つ

図5-10　DDoS Protection

出典 https://learn.microsoft.com/ja-jp/azure/ddos-protection/media/ddos-best-practices/ddos-protection-overview-architecture.png

表5-10　DDoS Protectionのサービス概要

SKU	可用性ゾーン対応	SLA	備考
Network Protection（ネットワーク保護）	あり	99.99%	テナント内の複数サブスクリプションに対して、100個のパブリックIPアドレスまで適用可能
IP Protection（IP保護）	あり	99.99%	個々のパブリックIPアドレスに対して適用可能

課金の考え方

Network Protection SKUは、100個のパブリックIPアドレスまで同一価格で固定の月額料金が発生します。100個を超える場合、パブリックIPアドレスごとに超過料金が発生します。100個のパブリックIPアドレスはテナント内の異なるサブスクリプションに対しても適用可能で、仮想ネットワークで有効にすると仮想ネットワーク内のすべてのパブリックIPアドレスが自動的に保護されます。

IP Protection SKUは、個々のパブリックIPアドレス単位に適用可能で、保護対象のパブリックIPアドレスの数量によって料金が発生します※11。

※11　一般的には保護対象のパブリックIPアドレスが15個未満である場合、IP Protection（IP保護）SKUのほうがコスト効率がよくなります。

Azure Private Link（プライベートリンク）

Private Link（プライベートリンク）は、インターネットを介さずに仮想ネットワーク（VNet）内のプライベートIPアドレスを持つプライベートエンドポイント[▶9]を経由して、Azure PaaSやAzure上で運用されている顧客・パートナー所有のサービスに接続できるサービスです（図5-11）。

[▶9] プライベートエンドポイント（Private Endpoint）　仮想ネットワーク（VNet）のプライベートIPアドレスを使用するネットワークインターフェイス。ユーザーは、このネットワークインターフェイスにより、Private Linkを利用するサービスに非公開で安全に接続する。

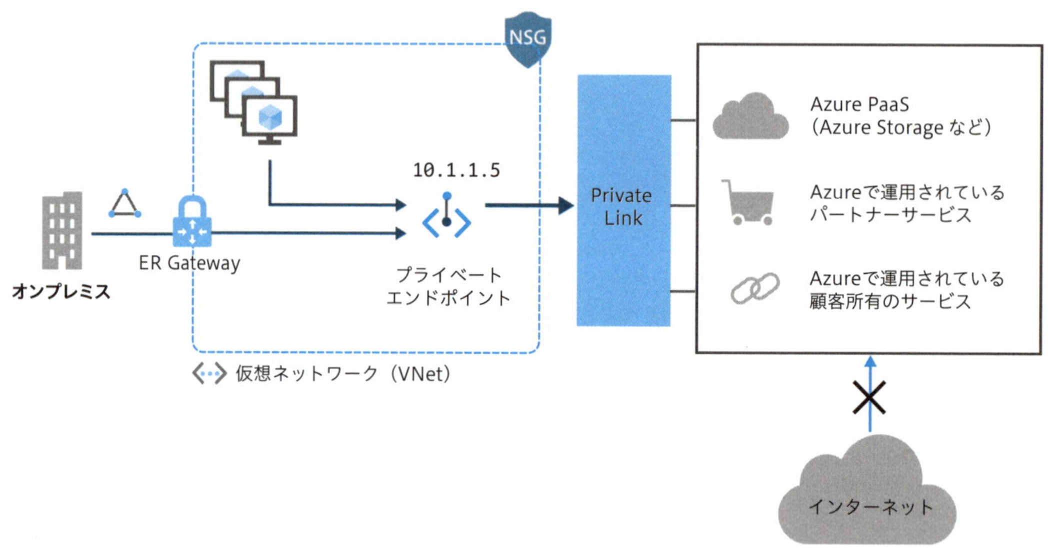

図5-11　Private Link（プライベートリンク）

出典 https://azure.microsoft.com/en-us/blog/wp-content/uploads/2019/09/6436278d-251a-48f0-9846-d9a01f3621b4.webp

プライベートエンドポイントを利用することで、（パブリックIPではなく）プライベートIPでPaaSへ接続することが可能になります。プライベートエンドポイントを有効にして、サービスをVNetに取り込みます。VNet内でプライベートIPを持つため、S2S VPNやExpressRouteで接続されたオンプレミス環境からでも利用できます。リソース単位で構成するため、完全に自社のリソースに対してのみ接続するネットワーク経路を用意できます。

対象PaaSのFQDN（完全修飾ドメイン名）がプライベートエンドポイントに設定したプライベートIPアドレスに名前解決されるようにDNSを構成する必要があります。また、Private Linkを使用して自社の仮想ネットワークから外部のサービスにプライベートに接続できます。

課金の考え方

Private Link自体は無償のサービスですが、プライベートエンドポイントの稼働時間および送受信データ処理量に対して課金が発生します。送信だけでなく受信にもデータ処理量が発生する点に注意してください。

Virtual Network Service Endpoints（仮想ネットワークサービスエンドポイント）

Virtual Network Service Endpoints（仮想ネットワークサービスエンドポイント）、通称サービスエンドポイント（Service Endpoint）は、インターネットを介さずに仮想ネットワーク（VNet）内のサブネットとAzure PaaSを直接接続できるサービスです（図5-12）。

サービスエンドポイントを有効にしたPaaSに対して、特定のVNetからのみの接続に限定させることが可能になります。VNetの外のリソースとなるため、発信元のサブネットから接続可能なPaaSを制限する場合、NSGでサービスタグを宛先として設定する必要があります。ただし、PaaSへのインターネットからの接続を遮断できるものの、VNet内からしか使用できず、PaaSへ通信する際の宛先はグローバルIPアドレスとなります。

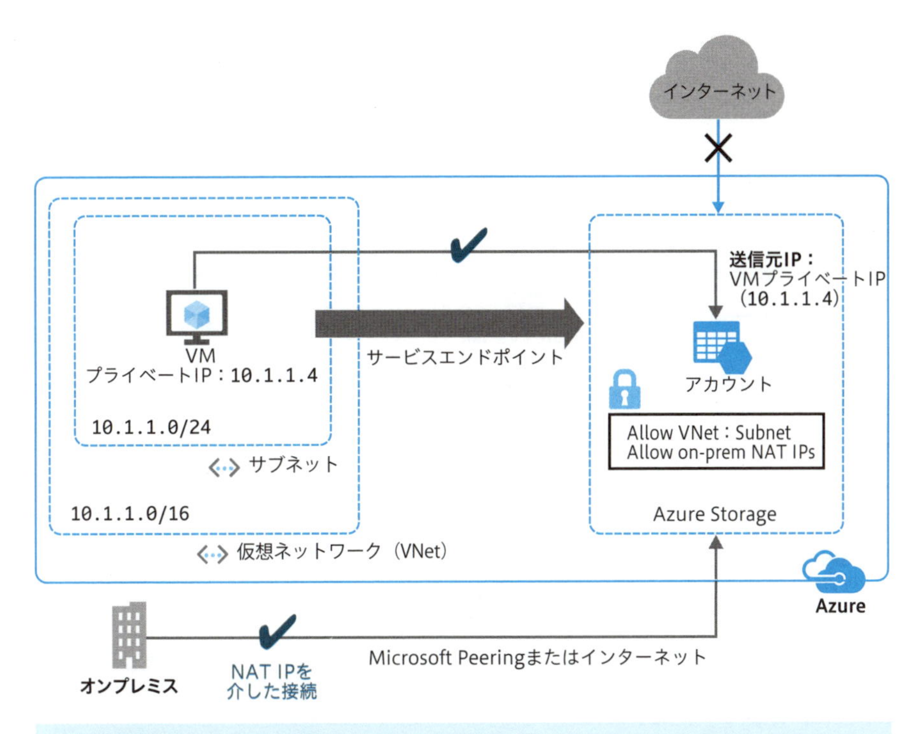

図5-12　サービスエンドポイント（Virtual Network Service Endpoints）

出典 https://learn.microsoft.com/ja-jp/azure/virtual-network/media/virtual-network-service-endpoints-overview/vnet_service_endpoints_overview.png

課金の考え方

サービスエンドポイントは無償のサービスです。

Azure Firewall

Azure Firewall（Azure FW）は、高可用性とスケーラビリティを備えたマネージドなファイアウォールです（図5-13・表5-11）。

Azure Firewallは高可用性が組み込まれているため、追加のロードバランサーは必要ありませんし、設定も不要です。また、デプロイ時に、可用性を高めるために複数の可用性ゾーンにまたがるように構成できます。 必要に応じてスケールアウト（拡張）してネットワークトラフィックの変化にも対応できます。

URLフィルタリングでは、ワイルドカードも含まれる完全修飾ドメイン名（FQDN）の指定された一覧をもとに、送信HTTP/SトラフィックまたはAzure SQLトラフィックを制限できます。

ネットワークトラフィックのフィルタリングでは、送信元と送信先のIPアドレス、ポート、プロトコルを基準として、「許可」または「拒否」のネットワークフィルタリング規則を一元的に作成できます。

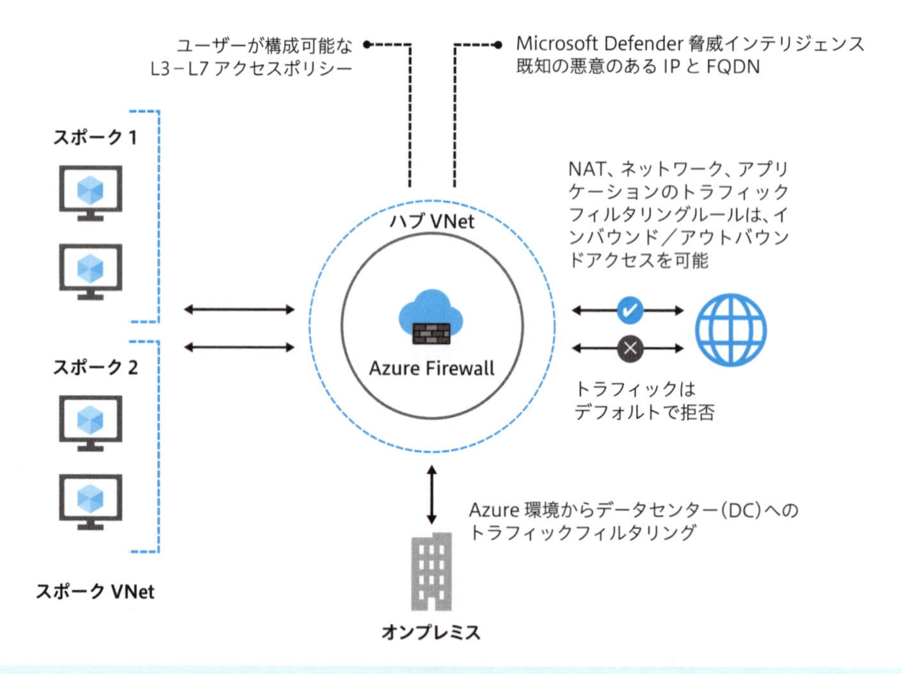

- **ハブ＆スポーク構成：** Azure 内の VNet 構成をハブ－VNet とスポーク－VNet に分け、ハブ－VNet と各スポーク－VNet は VNet ピアリングを用いて接続。詳細は第 6 章で解説
- **Microsoft Defender 脅威インテリジェンス：** ユーザーのサイバー攻撃の検知と修復を行なう機能
- **インバウンド／アウトバウンド：** インバウンドは Azure に入ってくる通信、アウトバウンドは Azure から出ていく通信

図5-13　Azure Firewall

表5-11　Azure Firewallのサービス概要

SKU	可用性ゾーン対応	SLA	備考
Basic	あり		
Standard	あり	シングル構成[※1]：99.95% マルチAZ構成[※2]：99.99%	高度なフィルタリング機能、DNAT機能を提供。DNATはDestination NATの略語で、宛先アドレスを書き換える方式を指す
Premium	あり	シングル構成[※1]：99.95% マルチAZ構成[※2]：99.99%	Standard SKUの機能に加え、IDPS、URLフィルタリングを提供 ・IDFP：侵入検知・防止システム ・URLフィルタリング：アクセス可能なURLの制御（不適切なURLへのアクセスをブロック）

[※1] 1つの可用性ゾーンでのみ利用（ゾーン障害への耐性なし）。
[※2] 複数の可用性ゾーンにまたがって利用（ゾーン障害への体制あり）。

課金の考え方

Azure Firewallはオートスケーリング（自動拡張）を提供していますが、スケールに関係なく、ファイアウォールのデプロイごとに固定の料金が課金されます。また、Azure Firewallで処理されたデータに対して課金が発生します。

Azure Web Application Firewall (Azure WAF)

AzureにおけるWAFであるAzure Web Application Firewall（Azure WAF）は、Application GatewayまたはAzure Front Doorの機能の一部として提供しています（**図5-14**）。いずれもL7（HTTP/HTTPS）のロードバランサーですが、主な違いはAzure Front Doorが非リージョンサービスであるのに対し、Application Gatewayはリージョンサービスである点です。

また、提供されるWAFのルールセットも異なります。

- **Application Gateway**：アプリケーションを保護するためOWASP Top 10※12の攻撃など代表的なパターンをもとにしたOWASP Core Rule Set（CRS）を利用
- **Azure Front Door**：Microsoft Default Rule Set（DRS）という、CRSをベースとしたMicrosoft側でカスタマイズしたWAFルールを利用

いずれもカスタムルールを追加したり、ルールの除外などWAFポリシーのチューニングをすることが可能です。

※12　OWASPの詳細については以下を参照してください。
・OWASP（Open Web Application Security Project）
https://owasp.org/www-chapter-japan/

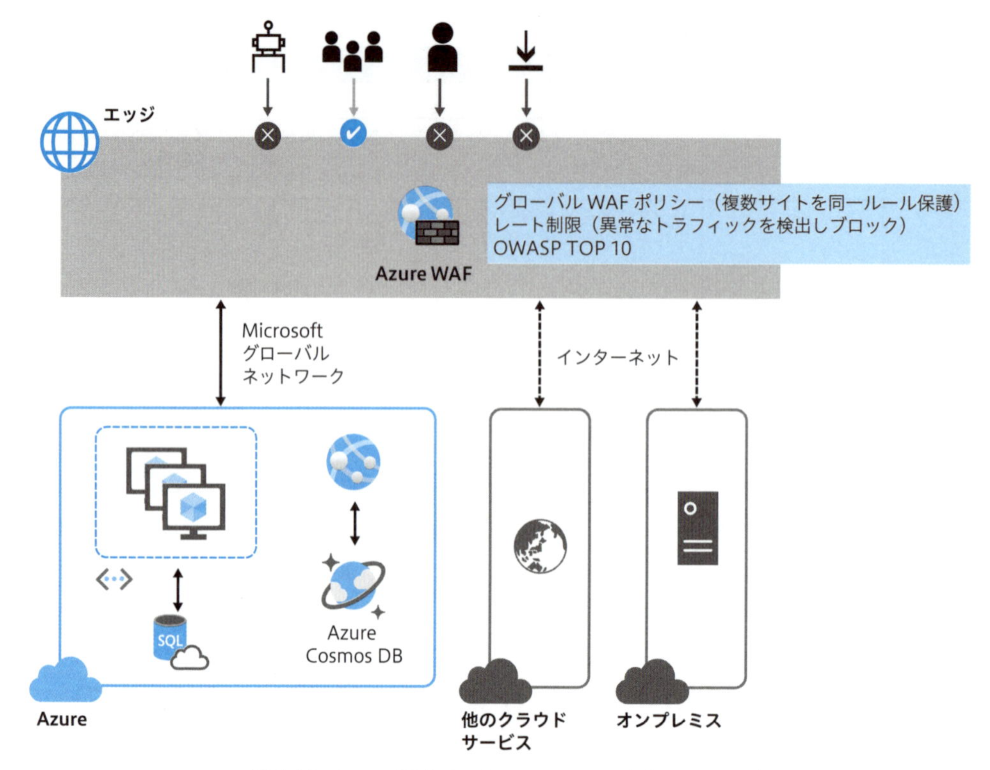

図5-14 Azure Web Application Firewall（Azure WAF）

出典 https://learn.microsoft.com/ja-jp/azure/web-application-firewall/media/overview/wafoverview.png

課金の考え方

Azure WAFは、Application GatewayまたはAzure Front doorに含まれるサービスのため、それぞれの説明を参照してください[※13]。

※13 詳細は以下を参照してください。
・Azure Webアプリケーションファイアウォールとは
https://learn.microsoft.com/ja-jp/azure/web-application-firewall/overview

5-3 アプリケーション配信サービス

Azureネットワークでアプリケーションを配信するには、Azureの次のネットワークサービスを単独で、または組み合わせて使用します。ここでは、負荷分散サービスの概要を説明し、詳細は第7章で解説します。

- Azure Contents Delivery Network（Azure CDN）
- Azure Front Door
- Azure Traffic Manager
- Azure Load Balancer
- Azure Application Gateway

5

Azure Contents Delivery Network (Azure CDN)

CDN（Contents Delivery Network）は、Webサイト上のコンテンツを高速配信するための仕組みです。Azureにおいて選択可能なCDNには次の2種類がありますが、ここではAzure Contents Delivery Networkについて説明します。

- Azure Front Doorに含まれるCDN機能
- Azure Contents Delivery Network単体で利用する形態

Azure Contents Delivery Network（Azure CDN）は、Azureリージョンにコンテンツをキャッシュし、クライアントからの接続を様々な場所にあるPoP（ポイントオブプレゼンス）※14に分散させることで、大量配信を可能にしたり、大量のアクセスからオリジン（配信元）サーバーを保護することができます（図5-15・表5-12）。

※14　エッジノード（ユーザー保有のネットワークとMicrosoftのグローバルネットワークとの接続点）。

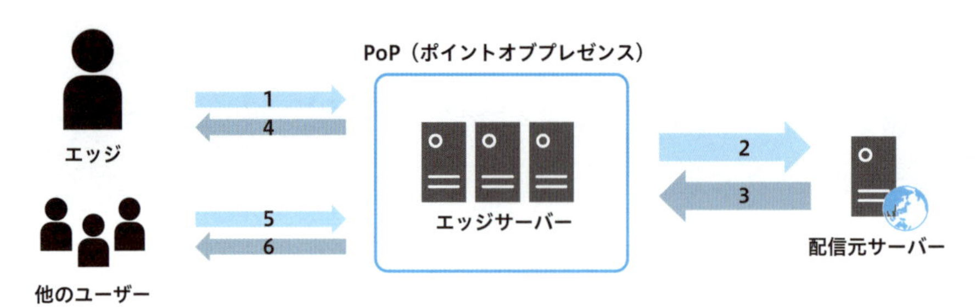

図5-15　Azure Contents Delivery Network（Azure CDN）

出典 https://learn.microsoft.com/ja-jp/azure/cdn/media/cdn-overview/cdn-overview.png

表5-12　Azure CDNのサービス概要

SKU [※1]	可用性ゾーン対応	SLA [※2]	備考
Standard	なし（非リージョンサービス）	99.9%	Edgio（旧 Verizon）、Microsoftから選択可能 [※3]
Premium	なし（非リージョンサービス）	99.9%	Edgio（旧 Verizon）のみ

［※1］各SKUの機能比較は以下のサイトを参照してください。
・Azure Content Delivery Network製品の機能比較
https://learn.microsoft.com/ja-jp/azure/cdn/cdn-features

［※2］99.9%以上の時間において、Azure CDNがエラーなしでクライアントの要求に応答し、要求されたコンテンツを配信することを保証します。

［※3］Verizon、MicrosoftのほかにAkamaiも提供されていましたが、2023年10月31日に廃止されました。2023年6月1日以降、Akamaiから新しいAzure CDNを作成することができなくなっています。

Azure StorageやApp Serviceなどの各種Azureサービスと簡単に統合でき、Edgio（旧 Verizon）、Microsoftのいずれかの提供事業者を選択できます。Azure CDNでは、PoPと呼ばれるエッジロケーションが世界中のユーザーに近い場所に配置されています。ユーザーが特定のコンテンツにアクセスする際、最も近いPoPからコンテンツが提供されます。これにより、コンテンツのキャッシュと配信が高速化されます。

課金の考え方

送信データ転送量に対して課金されます。データ転送量の単価は、ゾーンおよび転送量のボリュームによって異なります。キャッシュできない動的コンテンツを高速化する際に利用する「データ転送アクセラレーション」も同じく、送信データ転送量に対して課金されます。

Azure Front Door

Azure Front Door(AFD)は、Microsoft 365、Dynamics 365を始め、Microsoftの様々なクラウドサービスで利用されている、高度なセキュリティ対策と統合され、高速かつ安全で信頼性の高いグローバルなロードバランサーです（**図5-16・表5-13**）。単なるロードバランサーの機能だけでなく、前述したコンテンツのキャッシュ配信を行なうCDN（Content Delivery Network）の機能と、WAF（Web Application Firewall）の機能が、Azure Front Doorには含まれています。

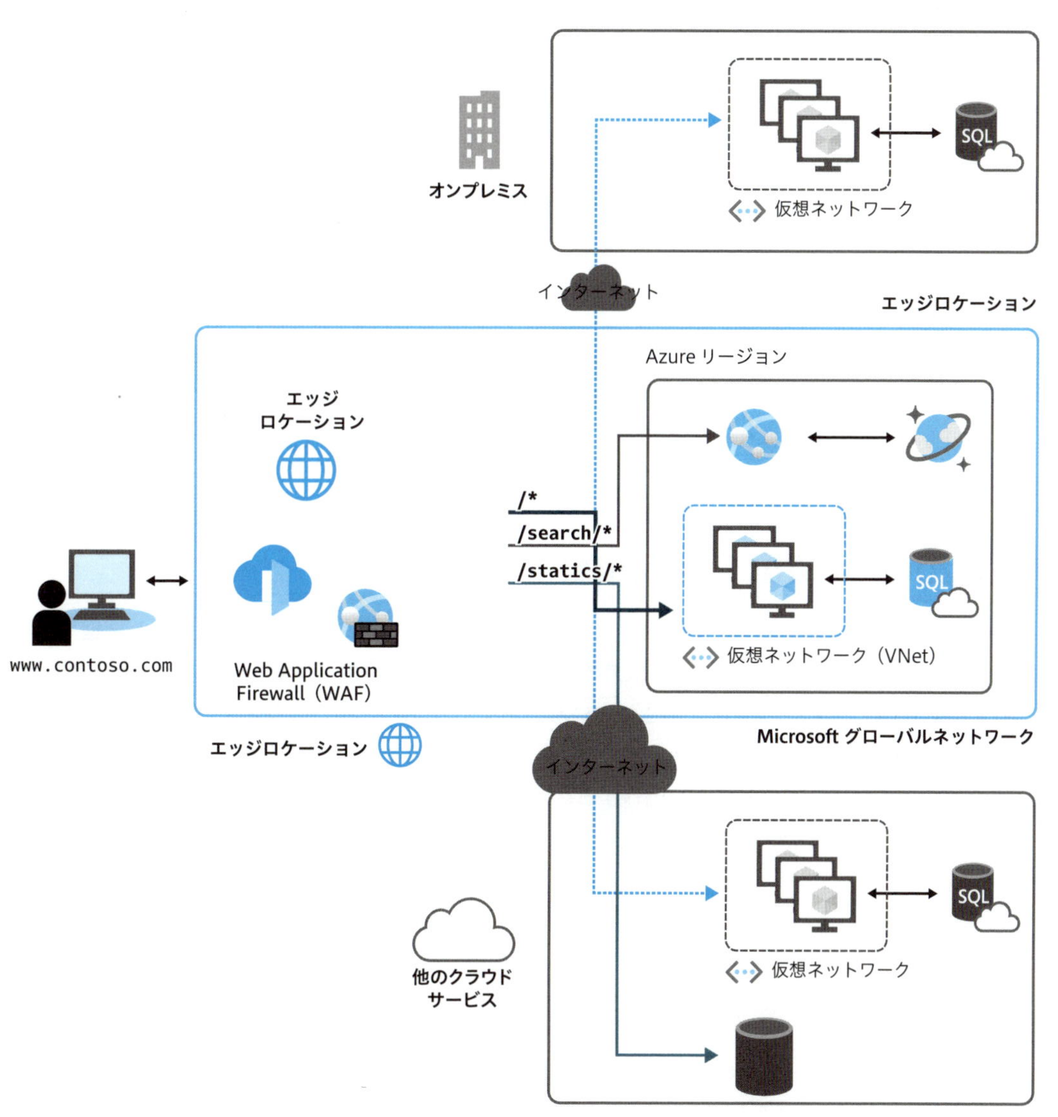

図5-16　Azure Front Door

出典 https://learn.microsoft.com/ja-jp/azure/frontdoor/media/overview/front-door-overview.png

表5-13　Azure Front Doorのサービス概要

SKU	可用性ゾーン対応	SLA	ルーティング方式	正常性プローブ	備考
Standard	なし（非リージョンサービス）	99.99%	待機時間、優先順位、重みづけ、セッションアフィニティ	HTTP/HTTPS	L7負荷分散、SSLオフロード、キャッシングなどが利用可能
Premium	なし（非リージョンサービス）	99.99%	同上	HTTP/HTTPS	Standard SKUの機能に加え、Azure WAF、Private Link、セキュリティレポートが利用可能

Memo

ルーティング方式と正常性プローブ

Azureで提供している各種ロードバランサー（Azure Front Door、Azure Traffic Manager、Azure Load Balancer、Application Gateway）では、それぞれルーティング方式や正常性プローブなどの機能が異なり、必要な機能に応じて適切なサービスを選定できるように、本書では各「サービス概要」の表に記載しています。これらの詳細は第7章で解説しますが、ルーティング方式はトラフィックをバックエンドに転送する際のルールのことを指し、正常性プローブはバックエンドが使用可能かどうかを確認する機能のことを指します。

課金の考え方

Azure Front Doorの稼働時間が基本料金として発生します。加えて、Azure Front Doorから配信元および配信元からAzure Front Doorに対するデータ転送量やリクエスト数に応じて課金されます。なお、Azure Front Doorは非リージョンサービスですが、DDoS攻撃についてはAzure Front Doorの基盤側で防御されるため無課金となります。

Azure Traffic Manager

Azure Traffic Managerは、Azureが提供しているグローバルなロードバランサーの一種ですが、Azure Front Doorとは異なり、**Web以外のプロトコルにも対応可能なDNSロードバランサー**です（**図5-17・表5-14**）。パブリックに公開されているアプリケーションへのトラフィックを世界各国のAzureリージョン全体に分散することができます。このサービスを使用すると、アプリケーション全体でトラフィックの分散を制御でき、グローバルで動作するためAzureリージョン全体などの障害が発生した場合でもサービスを継続することができます。

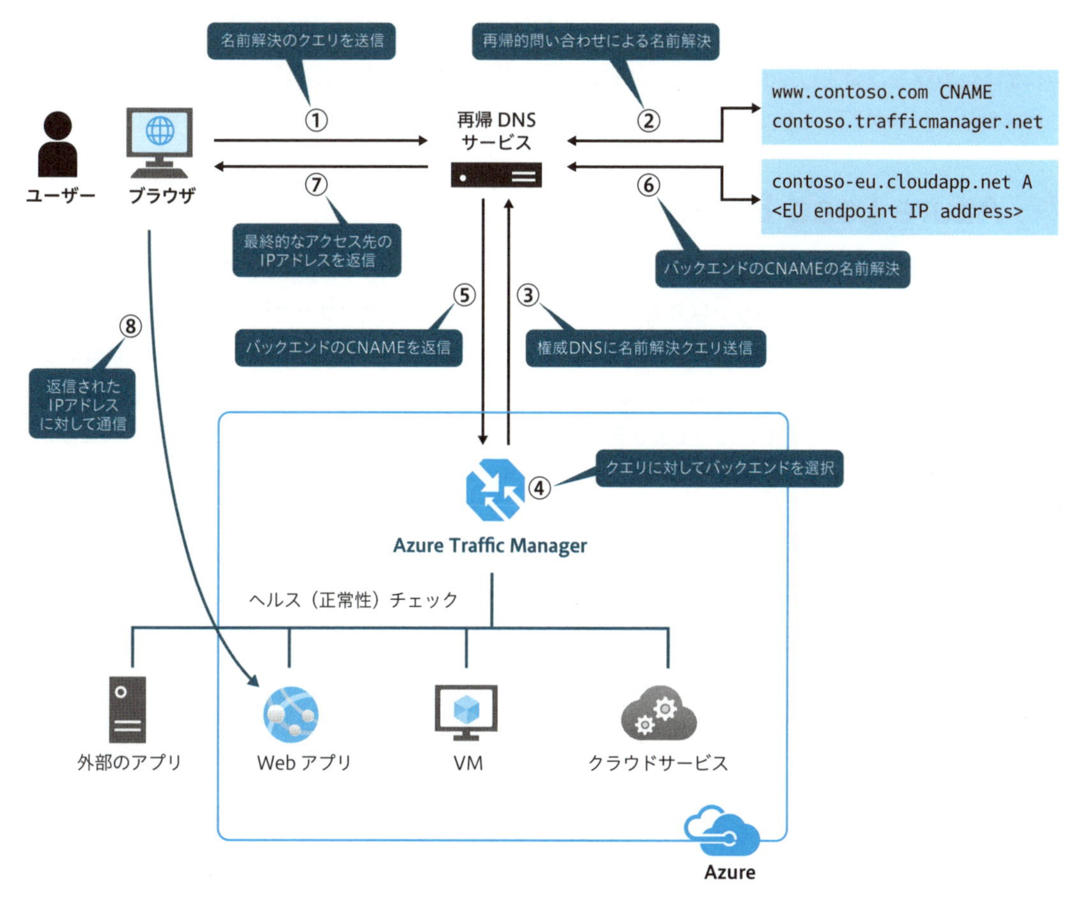

図5-17　Azure Traffic Manager

出典 https://learn.microsoft.com/ja-jp/azure/traffic-manager/media/traffic-manager-how-traffic-manager-works/flow.png

表5-14　Azure Traffic Managerのサービス概要

SKU	可用性ゾーン対応	SLA[※]	ルーティング方式	正常性プローブ	備考
Traffic Manager	なし（非リージョンサービス）	99.99%	優先順位、重みづけ、パフォーマンス、地理的、複数値、サブネット	TCP/HTTP/HTTPS	

[※]DNSクエリが、99.99%以上の時間において、少なくとも1つのAzure Traffic Managerから有効な応答を受信することを保証します。

課金の考え方

Azure Traffic Managerは、受信したDNSクエリの数に基づいて課金されます。また、単価はAzureか外部サービスかによって異なりますが、正常性プローブを用いて監視された各エンドポイントも課金されます。

クライアントPC内などにキャッシュされた応答は、Azure Traffic Managerのネームサーバーに到達しないため課金は発生しません。キャッシュの期間はTTLによって決まり、Azure Traffic managerサービスのユーザーがTTLを設定できるため、要件に基づいて最適な選択をすることができます。

 Azure Load Balancer

Azure Load Balancer (LB) は、マネージドな**L4ロードバランサー**※15であり、内部向けのプライベート(内部) ロードバランサーあるいは外部向けのパブリックロードバランサーとして動作します (**図5-18・表5-15**)。可用性セットまたは可用性ゾーン内の仮想マシン (VM) は、Azure Load Balancerと組み合わせて負荷分散を実施するのが基本となります。また、Azure Load Balancerは内部で高可用性構成になっており、ユーザー側でAzure Load Balancerを冗長構成にするなどの対応は不要となります。

ルーティング方式(負荷分散規則) は、以下が利用できます。

- **同じクライアントIPからのトラフィック**: バックエンドプール内の正常なインスタンスにルーティングされるハッシュベース
- **同じクライアントIPとプロトコルからのトラフィック**: 同じバックエンドインスタンスにルーティングされるセッション永続化

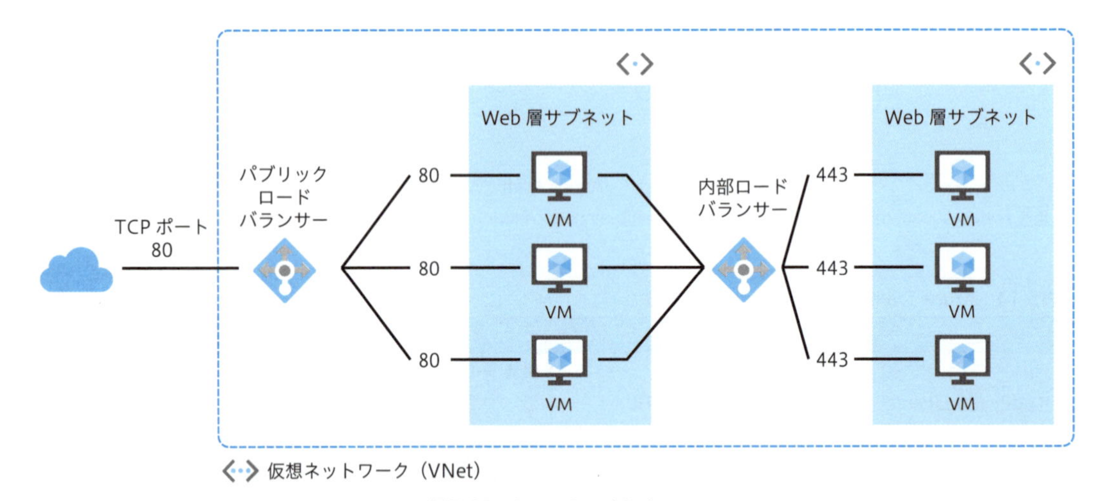

図5-18 Azure Load Balancer

出典 https://learn.microsoft.com/ja-jp/azure/load-balancer/media/load-balancer-overview/load-balancer.png

※15 OSI参照モデルのトランスポート層 (L4) で動作するロードバランサー。

表5-15　Azure Load Balancerのサービス概要

SKU	可用性ゾーン対応	SLA	ルーティング方式	正常性プローブ	備考
Basic [※]	なし	-	ハッシュベースセッション永続化（クライアントIP、クライアントIPとプロトコル）	TCP/HTTP	本番環境では非推奨
Standard	あり	99.99%	同上	TCP/HTTP/HTTPS	
Gateway	あり	99.99%	同上	TCP/HTTP	トラフィックを別環境のNVAなどへ転送する場合に利用

[※] Basic SKUは2025年9月30日に廃止。https://learn.microsoft.com/ja-jp/azure/load-balancer/skus

課金の考え方

Azure Load Balancerの稼働時間およびデータ処理量により課金が発生します。最初の5つまで負荷分散規則（ルール）が含まれており、6つを超えてルールを作成する場合、追加するルール数に応じて課金されます。ルールには設定された負荷分散および**アウトバンドルール**※16が含まれ、**インバウンドNATルール**※17は合計数にカウントされません。

Azure Application Gateway

Application Gateway（AppGW）は、マネージドな**L7ロードバランサー**※18であり、Azure Load Balancerでは実現できないCookieを利用したセッション永続化やSSLコネクションの終端等の機能を提供しています（**図5-19・表5-16**）。バックエンドプールにはAzure上のVM/VMSSだけでなくオンプレミスのリソースなどを使用できます。

Azure Load Balancerでは、送信元IPアドレスとポートに基づくトラフィックを送信先IPアドレスとポートにルーティングしますが、Application Gatewayでは、URIパスやホストヘッダーなど、HTTP要求の追加属性に基づいてルーティングを決定できます。

また、WAF機能が付属するSKUもあり、SQLインジェクション攻撃やクロスサイトスクリプティング攻撃への対策も可能なほか、OWASPが公開／メンテナンスしているOWASP Core Rule Set（CRS）に準拠したWAFルールも提供しています。

なお、SKUにはv1とv2の2種類があります。2019年に追加リリースされたv2 SKUでは、自動スケーリングやゾーン冗長など大幅な改善と機能追加が行なわれています。また、コストに関してもv1 SKUと比較して総合的に低コストになるように設計されているため、現在ではv2 SKUの利用が推奨されています。

※16　ロードバランサーに入ってくる通信に対して適用されるルール。
※17　ロードバランサーから外に出ていく通信に対して適用されるNATルール。
※18　OSI参照モデルのアプリケーション層（L7）で動作するロードバランサー。

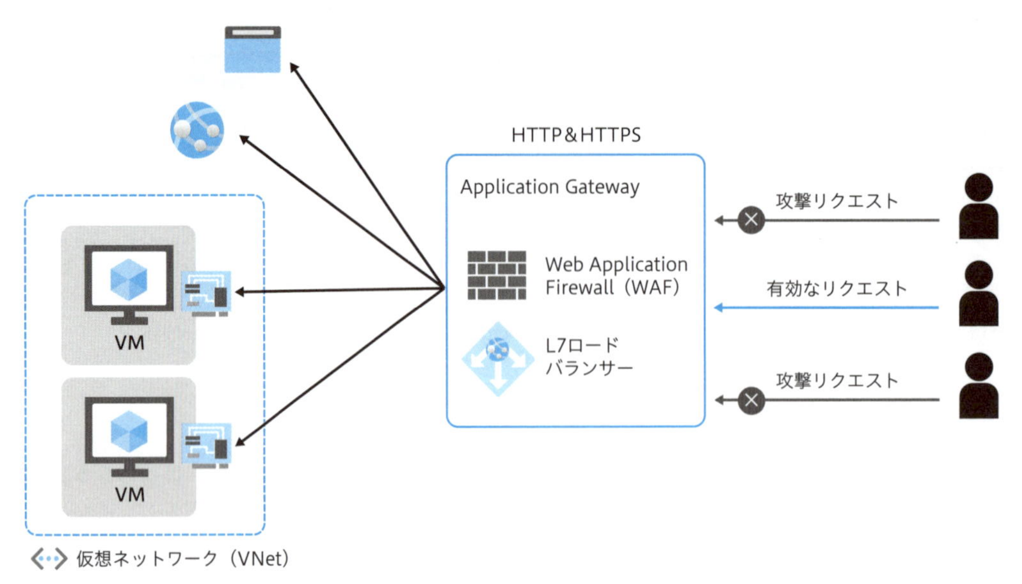

図5-19　Application Gateway

表5-16　Application Gatewayのサービス概要

Application Gateway v2 SKU	可用性ゾーン対応	SLA	ルーティング方式	正常性プローブ	備考
Standard v2	あり	99.95%	ラウンドロビン、パスベース、Cookieベース	HTTP/HTTPS、カスタム	
WAF v2	あり	99.95%	同上	HTTP/HTTPS、カスタム	Standardに加えWAFが利用可能

Application Gateway v1 SKU[※1]	可用性ゾーン対応	SLA	ルーティング方式	正常性プローブ	備考
Standard	なし	99.95% [※2]	ラウンドロビン、パスベース、Cookieベース	HTTP/HTTPS、カスタム	
WAF	なし	99.95% [※2]	同上	HTTP/HTTPS、カスタム	Basicに加えWAFが利用可能

[※1] 将来的には、v1 SKUでは新規のゲートウェイが作成できなくなる予定です。ただし、既存のv1のゲートウェイは、v2に自動的にアップグレードされないため、v1からv2に移行する場合は、以下を参照してください。

・Azure Application Gateway と Web Application Firewall を V1 から V2 に移行する
https://learn.microsoft.com/ja-jp/azure/application-gateway/migrate-v1-v2

[※2] v1 SKUでは、内部インスタンスが2つ以上となる構成でSLAをサポートしています。

課金の考え方

Application Gatewayのコストは、固定コストと変動コストで構成されます。固定コストはApplication Gatewayの稼働時間により課金され、変動コストは追加で必要となる容量ユニットの数により課金されます（v1 SKUの場合、変動コストはデータ処理量となります）。

5-4 ネットワークの監視

ネットワークリソースを監視するには、Azureの次のネットワークサービスを単独で、または組み合わせて使用します。ここでは、ネットワーク監視サービスの概要を説明し、Azure Monitorを含め、Azureにおけるネットワークの運用と監視の詳細は第10章で解説します。

- Azure Network Watcher
- Azure Monitor Network Insights

Azure Network Watcher

Network Watcherは、仮想マシン（VM）、Application Gateway、Azure Load Balancer、および仮想ネットワーク内のネットワーク正常性を監視および修復する機能を提供するサービスです（**図5-20・表5-17**）。主要な機能として、以下の3つがあります。

①**監視**：仮想ネットワーク内のリソース間の関係性や接続状況、待機時間を監視できる
②**診断**：トラフィックやルーティングに関する問題を検出できる。また、パケットキャプチャやVPNや接続のトラブルシューティングを実行することも可能
③**ログ記録**：NSGを通過するすべてのトラフィックをNSGフローログとして保存できる

また、Network Watcherの機能の1つとして2018年にリリース（GA）された「トラフィック分析（Traffic Analytics）」は、NSGフローログを分析することで、オンプレミスでは実現が難しかったAzureサブスクリプション全体のネットワークを可視化する機能を提供しています。

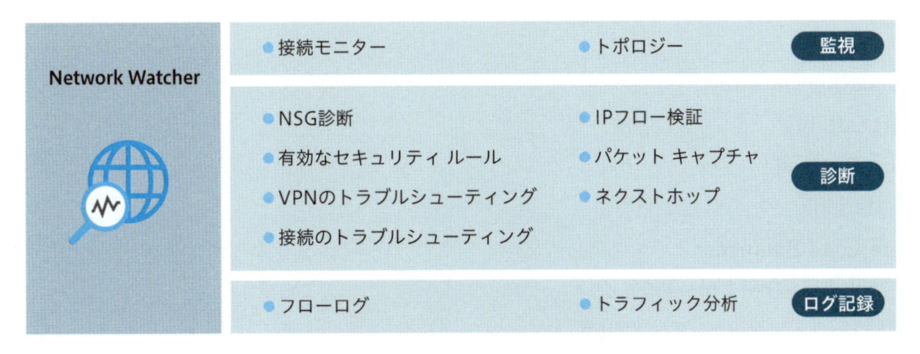

図5-20　Network Watcher

出典 https://learn.microsoft.com/ja-jp/azure/network-watcher/media/network-watcher-overview/network-watcher-capabilities.png

表5-17　Network Watcherのサービス概要

SKU	可用性ゾーン対応	SLA	備考
Network Watcher	あり	99.9%	

課金の考え方

Network Watcher内で利用した機能に応じて課金が発生します。たとえば、トラフィック分析（Traffic Analytics）は、NSGフローログデータの処理と、その結果として生成された拡張ログの**Log Analyticsワークスペース**[※19]への格納に基づいています。

Azure Monitor Network Insights

Azure Monitor Network Insights（Network Insights）は、Azureが提供する監視ソリューションであるAzure Monitorの機能の1つです（**表5-18**）[※20]。Azure Monitorには分析情報（Insights）と呼ばれるサービス群があり、アプリケーションの分析情報（Application Insights）や仮想マシン（VM）の分析情報（VM Insights）と並列関係にあるネットワークの分析情報を、Azure Monitor Network Insightsサービスとして提供しています。

表5-18　Azure Monitor Network Insightsのサービス概要

SKU	可用性ゾーン対応	SLA	備考
Azure Monitor Network Insights	あり	99.9%	

Network Watcherと異なるのは、Azure Monitor Network Insightsではパケットキャプチャなどアクティブな診断は提供しておらず、収集したログやメトリックをベースとした基本的な監視機能を提供している、という点です。ただし、Azure Monitor Network Insightsは、IaaS製品のネットワーク正常性を監視するために設計されているため、**PaaS製品の監視またはWeb分析をする場合はAzure Monitorの利用**を検討してください。

Azure Monitor Network Insightsに対応しているAzureサービスは以下の通りです。

- Application Gateway
- ExpressRoute
- Azure Firewall
- Private Link
- Azure Load Balancer
- ローカルネットワークゲートウェイ
- ネットワークインターフェイス（NIC）

※19　Azure Monitorの機能の1つで、ログを保管し分析するサービス。Azure Monitorの詳細は第10章で扱います。
※20　Azure Monitor Network Insightsで具体的にどのようなことができるかは第10章で解説します。

- ネットワークセキュリティグループ（NSG）
- パブリックIPアドレス
- ルートテーブル／UDR
- Azure Traffic Manager
- Virtual Network（VNet）
- Virtual Network NAT
- Virtual WAN（VWAN）
- ER/VPN Gateway
- 仮想ハブ

課金の考え方

Azure Monitorの課金体系に準じます。ログデータのインジェストとデータ保持に対して課金され、アラートを設定した場合は設定したアラートルール数に応じて課金が発生します。データ保持は最初の31日間※21まで無料で保持できます。

5-5 パブリックIP

最後に、ネットワーク構築において、非常に重要な役割を担うAzureネットワークサービスである**パブリックIP**について説明します。

パブリックIP (Public IP)

パブリックIPを使用すると、Azureリソースからインターネットへの通信と、公開されているAzureサービスへの通信が可能になります（**図5-21・表5-19**）。このアドレスは、特定のリソース専用に確保され、明示的に割り当てが解除されない限り維持されます。

なお、パブリックIPが割り当てられていないリソースは、AzureのデータセンターのDC）で確保しているパブリックIPアドレスプールから動的に割り当てられ、インターネットへアウトバンド通信することが可能です。ただし、この方法は既定の送信アクセスと呼ばれますが、運用環境では推奨されていないため注意してください。Azureにおけるインターネットへの接続方法については第6章で説明します。

※21　Microsoft Sentinel（統合セキュリティ分析基盤）がワークスペースで有効になっている場合は90日間。

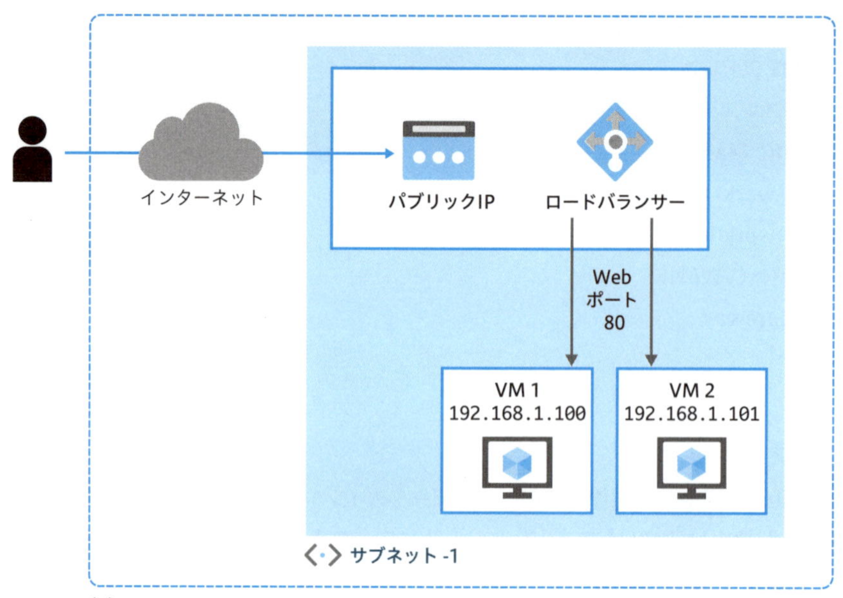

図5-21　パブリックIPを介した通信

出典 https://learn.microsoft.com/ja-jp/azure/virtual-network/ip-services/media/create-public-ip-portal/public-ip-example-resources.png

表5-19　パブリックIPのサービス概要

SKU	可用性ゾーン対応	SLA	備考
Basic [※]	なし		
Standard	あり		

[※] Basic SKUは2025年9月30日に廃止。
https://learn.microsoft.com/ja-jp/azure/virtual-network/ip-services/public-ip-addresses

また、パブリックIPを関連付けられるAzureリソースと関連付け方法は**表5-20**の通りです。現時点では、パブリックIPv6はすべてのリソースで使用できるわけではありません。

表5-20　パブリックIPとAzureリソースの早見表

最上位リソース	IPアドレスの関連付け	動的IPv4 [※1]	静的IPv4 [※2]	動的IPv6 [※1]	静的IPv6 [※2]
仮想マシン（VM）	ネットワークインターフェイス	○	○	○	○
Azure Load Balancer（パブリック）	フロントエンド構成	○	○	○	○
VNet Gateway（VPN）	ゲートウェイIPの構成	○（AZ [※3] 以外のみ）	○	×	×
VNet Gateway（ER）	ゲートウェイIPの構成	○	○	○（Preview [※4]）	×
NAT Gateway	ゲートウェイIPの構成	×	○	×	×
Application Gateway	フロントエンド構成 [※5]	○（v1のみ）	○（v2のみ）	×	×
Azure Firewall	フロントエンド構成 [※5]	×	○	×	×
Azure Bastion	パブリックIP構成	×	○	×	×
Azure Route Server	フロントエンド構成 [※5]	×	○	×	×
API Management	フロントエンド構成 [※5]	×	○	×	×

[※1] 動的IP：サブネットのアドレス空間から、使用可能なアドレスが自動的に割り当てられること。
[※2] 静的IP：サブネットのアドレス空間から、未使用のアドレスを手動で割り当てること。
[※3] Availability Zone（可用性ゾーン）の略。
[※4] 正式リリース前の状態。
[※5] クライアントなどAzure外から受け付ける際に使われるIPアドレス（サービスによってはバックエンド構成も存在する）。

課金の考え方

関連付けられた仮想マシン（VM）が**停止済みかつ割り当て解除済み**の場合に、**動的**パブリックIPアドレスには課金されません。ただし、関連付けられたリソースに関係のない静的パブリックIPアドレスには課金されます。

Column

Azureのサービスはフィードバックで進化する

Azureのサービスは、ユーザーの皆様のフィードバックにより日々進化を続けています。もし「こんな機能がほしい」「この機能を改善してほしい」などご意見がありましたら、Azure PortalからMicrosoftへフィードバックを送信できるため、ぜひ気軽にお送りください。また、世界中から寄せられたフィードバックは以下で確認でき、それらの意見について投票することも可能です。

https://feedback.azure.com/d365community

なお、Azureにおける機能リリースのプロセスは基本的に**Private Preview → Public Preview → General Availability（GA）**という流れになっており、GAが最終的なリリースとなります。このプロセスにかかる期間は機能やサービスによって異なります。また、GAされた機能でも、一部のリージョンでのみ利用可能な場合があるため注意してください。

本章で解説したネットワークサービスについても日々開発が進められており、ここで近年発表された新機能についていくつか紹介します。

❶Azure Virtual Network Manager（AVNM：仮想ネットワークマネージャー） 2023/3/22 GA

特にAzureを大規模に利用しているユーザーのネットワークでは、多数のVNet（仮想ネットワーク）が存在することがよくあります。そのような場合にAVNMを使うと、複数のVNetをグループ化し、セキュリティルールの一括設定やVNet間の接続などを集中管理できます。

https://learn.microsoft.com/ja-jp/azure/virtual-network-manager/overview
※東日本/西日本リージョンで利用可能。

❷Virtual network flow logs（VNetフローログ） 2024/4/23 GA

これまでは、Azure内のトラフィックを取得するために、主にNSGフローログを使ってNSGを通過するトラフィックを記録していました。しかし、VNetフローログを使うことで、VNetを通過するトラフィックも取得できるようになりました。

https://learn.microsoft.com/ja-jp/azure/network-watcher/vnet-flow-logs-overview
※東日本/西日本リージョンで利用可能。

❸Azure Virtual Network encryption（仮想ネットワーク暗号化） 2024/1/17 GA

同じVNet内の仮想マシン間およびVNetピアリングで接続されたVNet間のトラフィックを暗号化できるようになりました。

https://learn.microsoft.com/ja-jp/azure/virtual-network/virtual-network-encryption-overview
※東日本/西日本リージョンで利用可能。

❹Azure Bastion Developer SKU 2024/5/13 GA

これまで提供されていた2つのSKU（Basic/Standard）に加え、新たに無償で利用できるDeveloper SKUがGAされました。

https://learn.microsoft.com/ja-jp/azure/bastion/quickstart-developer-sku

❺可用性ゾーン間の通信無料化 2024/5/21 GA

新機能ではありませんが、Azureにおける可用性ゾーン間通信は「課金されない」ことが発表されました。これにより、可用性ゾーン間のデータ転送に追加コストをかけずに、ゾーン冗長サービスの利点を活用できます。

https://azure.microsoft.com/ja-jp/updates/update-on-interavailability-zone-data-transfer-pricing/

シナリオ別ユースケース——Azure ネットワークサービスの基本的な使い方

この章から、Azureのネットワークサービスを組み合わせたアーキテクチャのユースケース（利用場面）について見ていきます。まず本章では、Azureとオンプレミス、Azureの仮想ネットワーク同士、Azureとインターネットを接続してトラフィックをコントロールするにはどのようにサービスを組み合わせるのか、どのようなアーキテクチャをとるべきかについて解説します。

本章では、第5章で説明したAzureのネットワークサービスを、実際によくある利用シナリオに合わせて解説します。主な利用シナリオとしては、以下の3つに分けられます（**図6-1**）。

❶ **オンプレミス To Azure**（Azure**と**つなぐ＝Azureとオンプレミスの接続）
❷ **Azure To Azure**（Azure**で**つなぐ＝Azureの仮想ネットワーク同士の接続）
❸ **Azure To インターネット**（Azure**へ**つなぐ＝インターネットとAzureの接続）

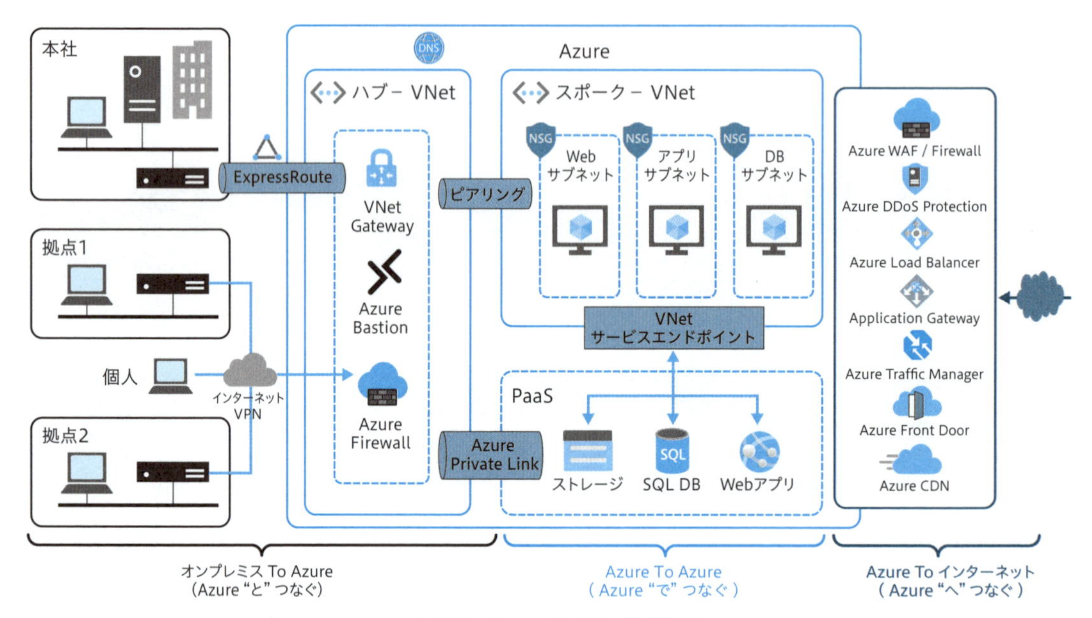

図6-1　Azureネットワーク全体像

それぞれの項目ごとに一般的な利用方法や考慮ポイントを解説していきます。一部、PaaSとの接続やセキュリティ対策など発展的な利用方法については第7章で解説しますので、必要に応じて第7章も合わせて確認してください。

図6-1のように、Azureにおけるネットワーク構成のベストプラクティスとして**ハブ&スポーク構成**という考え方があり、実際に多くの企業が採用しています。ハブ&スポークは物流業界や通信業界で使われている言葉で、車輪におけるハブ（Hub）とスポーク（Spoke）が由来であり、ハブは「中央の拠点（中心軸）」、スポークは「そこから伸びる拠点（中心軸から伸びる棒）」といった意味を持ちます。**ハブ&スポーク構成**とは、Azure内のVNet構成をハブ－VNetとスポーク－VNetに分け、ハブ－VNetと各スポーク－VNetはVNetピアリングを用いて接続します。ハブ－VNetにはオンプレミスとの接続に必要となるVNET GatewayやAzure Firewallなどを配置し、一方でスポーク－VNetには各個別システムを配置することで、ハブ－VNetの共有コンポーネントによるガバナンスとコスト削減が可能となります。また、VNetが**非推移的**（2ホップ不可）[※1]という特性を利用し、既定ではスポーク－VNet間の通信ができないため、

※1　**非推移的**とは、Azure上に仮想ネットワークA、仮想ネットワークB、仮想ネットワークCがあり、仮想ネットワークAと仮想ネットワークBが接続（ピアリング）されていて、仮想ネットワークBと仮想ネットワークCが接続されている状況において、仮想ネットワークAと仮想ネットワークCは2ホップとなるためお互いに通信できないことを意味します。

セキュリティ的脅威にも対応しやすいといったメリットがあります。ハブ＆スポーク構成については、第8章のAzureを使ったエンタープライズネットワークのベストプラクティスで詳細に解説します。

6-1 オンプレミス To Azure

利用シナリオ1つ目の「オンプレミスと接続する方法」から見ていきましょう。選択肢は3つあります（図6-2・表6-1）。開発・検証用途ではVPN接続、本番用途では帯域やRTT[▶1]が安定するExpressRoute接続が推奨されています。VPNとExpressRouteを併用することも可能であり、メイン回線をExpressRoute、バックアップ回線をVPNといった構成を採用する企業もあります。

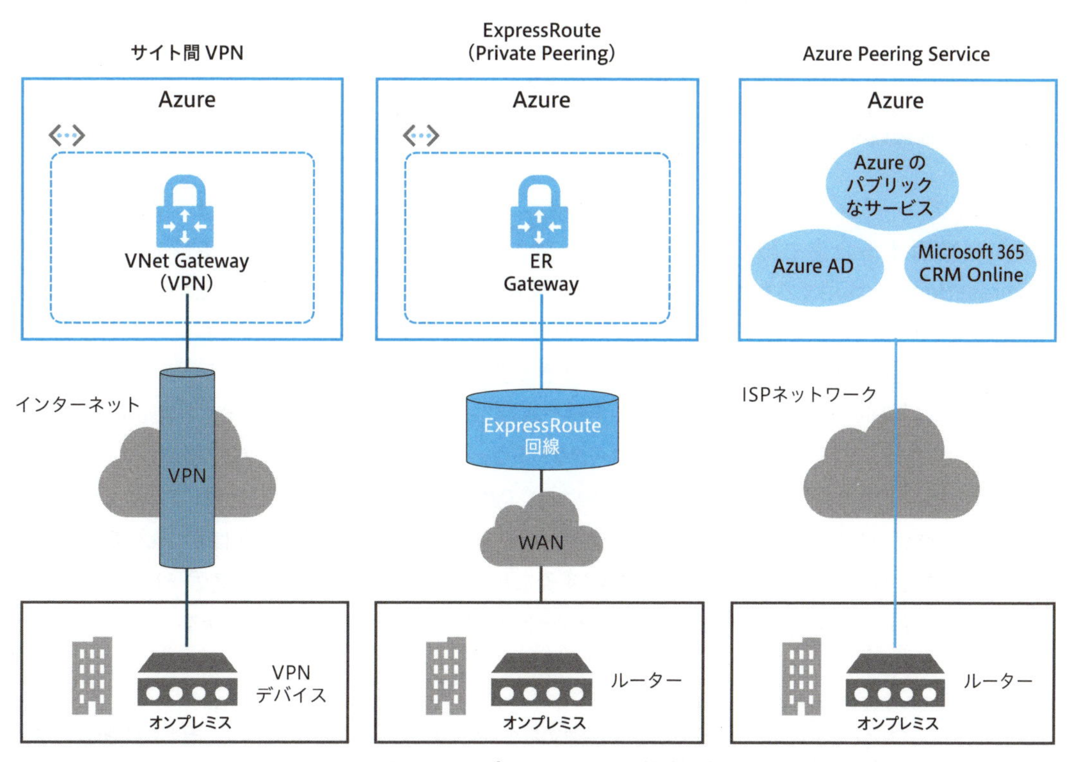

図6-2　オンプレミスとAzureの接続方法

[▶1] RTT　Round-Trip Time（ラウンドトリップタイム）の略語で、ネットワーク上での信号やデータの往復時間を表わす。たとえば、あるコンピュータから別のコンピュータにping コマンドを送信した場合、そのping が目的地に到達するまでの時間と、その応答が元のコンピュータに戻るまでの時間を足したものがRTT になる。RTT はミリ秒（ms）単位で測定される。

表6-1　オンプレミスとAzureの接続方法

接続方法	通信経路	オンプレミスからの接続先	料金	暗号化	SLA
サイト間VPN	インターネット	Azure VNet	従量課金	IPsec/IKEによる暗号化[※1]	なし（VPN Gateway単体はSLA有）
ExpressRoute	閉域網[※2]	・Azure VNet（Private Peering） ・Azureのパブリックなサービス（Microsoft Peering） ・Microsoft 365（Microsoft Peering：一部のサービスは承認制）	従量課金、定額	・Private Peering：暗号化なし[※3] ・Microsoft Private Peering：利用サービスによる暗号化（例SharePoint Onlineの場合、TLSによる暗号化）	99.95%
Azure Peering Service	インターネット（通信キャリアサービスによる）	・Azureのパブリックなサービス ・Microsoft 365/CRM Online	通信キャリアサービスによる	通信キャリアサービスによる	通信キャリアサービスによる

[※1] IPsec（Internet Protocol security）は、インターネット上で暗号化した通信経路を構築し、機密性の高いデータ通信を可能にする技術。IKE（Internet Key Exchange）は、IPsecで使用する暗号鍵を交換するための通信プロトコル。簡潔に言えば、IPsecはインターネット上で安全な通信を実現するための仕組みであり、IKEはその鍵交換のプロトコルです。

[※2] インターネット接続と分離することで、セキュリティを確保したネットワークのこと。

[※3] Microsoft Private Peeringを利用する場合でも、以下の方法で暗号化することが可能です。

①ExpressRoute Directを利用し、MACsecによる暗号化
https://learn.microsoft.com/ja-jp/azure/expressroute/expressroute-about-encryption#point-to-point-encryption-by-macsec-faq

②VPNを利用しPrivate Peering内にIPsecトンネルを設定
https://learn.microsoft.com/ja-jp/azure/expressroute/expressroute-about-encryption#can-i-use-azure-vpn-gateway-to-set-up-the-ipsec-tunnel-over-azure-private-peering

また、グローバルネットワークを必要とする場合、VPNやExpressRouteと合わせてVirtual WANの導入を検討する企業も増えてきています。オンプレミスなどの拠点との接続自体はVPNやExpressRouteを利用するものの、Microsoftが保有するグローバルネットワークを利用し日本国外との通信をVirtual WANが担うことで、拠点間の折り返し通信やAzureのVNetにおいて変更があった場合などでも自動的にルーティングすることができます。

本節では、VPNとExpressRouteの導入手順を解説します。いずれもオンプレミスとAzure上のVNetを接続するために必要となる、**仮想ネットワークゲートウェイ（VNet Gateway）**が登場します。公式サイト／ドキュメントでは「仮想ネットワークゲートウェイ（VPNゲートウェイ）」と表記されていますが、仮想ネットワークゲートウェイを作成する際に「ゲートウェイの種類」としてVPNまたはExpressRouteを選択できます。**本書では両者を区別して説明するため、VPNの仮想ネットワークゲートウェイをVPN Gateway、ExpressRouteの仮想ネットワークゲートウェイをER Gatewayと表記します。**

VPNとExpressRouteの最新情報

VPNとExpressRouteの導入手順や可用性の考え方などは変更される場合があります。最新の情報は以下のサイトで確認するようにしてください。

・チュートリアル：Azure portalでサイト間VPN接続を作成する
https://learn.microsoft.com/ja-jp/azure/vpn-gateway/tutorial-site-to-site-portal

・クイックスタート：ExpressRoute回線の作成と変更
https://learn.microsoft.com/ja-jp/azure/expressroute/expressroute-howto-circuit-portal-resource-manager

Azure Peering Serviceの用途

オンプレミスとの接続という観点では、Azure Peering Serviceも選択肢の1つですが、これは主にMicrosoft 365への接続用に利用されるサービスです。また、詳細なサービス仕様などはPeering Serviceパートナーによって異なるため、本書での説明は省きます。以下のドキュメントなどを参考にしてください。

・Azure Peering Serviceのドキュメント
https://learn.microsoft.com/ja-jp/azure/peering-service/

VPN

導入の流れ

VPNを新規に導入するまでの具体的な流れ（**表6-2**）に沿って、導入時の検討ポイントを見ていきましょう。

表6-2　VPN導入の流れ

Step	作業者	作業場所	作業概要
0	ユーザー		VPN導入に向けて情報収集する
1	ユーザー	Azure	VPN接続に必要となるリソースを構築する
2	ユーザー	オンプレミス	VPNデバイスを設定する
3	ユーザー	オンプレミス	VPN接続を確認する（任意）

VPNを利用したオンプレミスとの接続では、S2S VPN（サイト間VPN）が利用されます（**図6-3❶**）。以降では、S2S VPNにおける導入の手順を見ていきます。

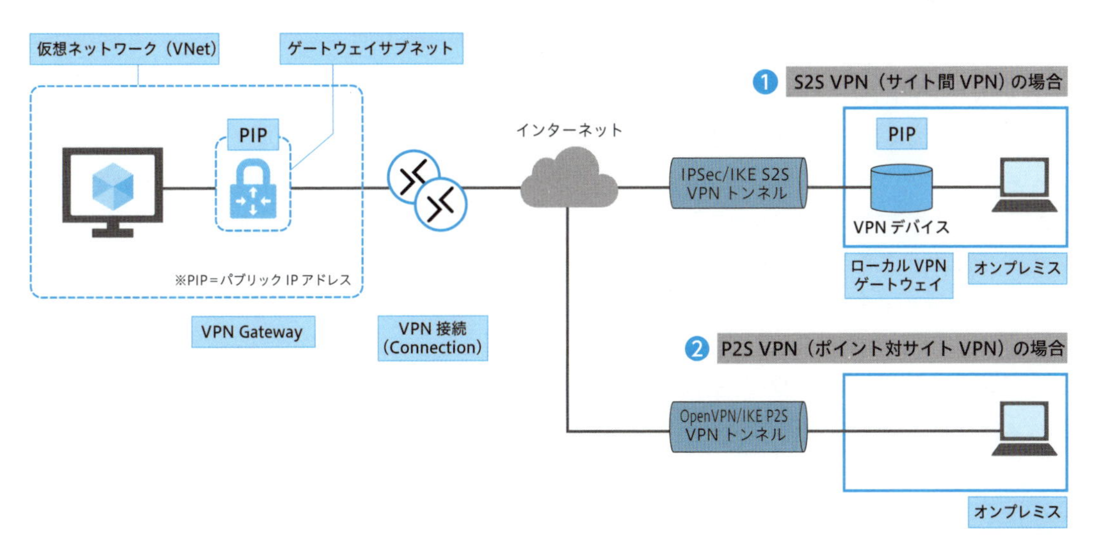

図6-3　VPN接続方法の違い

Memo

P2S VPN（ポイント対サイトVPN）接続

VPNには、P2S VPN（ポイント対サイトVPN）という接続もあります（図6-3❷）。P2S VPN接続は、社内ネットワーク外クライアントやリモートワーク用途で利用されることが多く、OpenVPN [▶2] やIKEv2 VPN [▶3] などのプロトコルが利用できます。P2S VPN接続する際にはユーザー認証が必要となり、認証方式として証明書認証、Microsoft Entra認証 [▶4]、RADIUS認証 [▶5] が提供されています。

P2S VPNは、少人数の拠点などではS2S VPNの代わりに使用すると便利です

[▶2] OpenVPN　SSL/TLSベースのVPNプロトコル。Android、iOS（バージョン 11.0以上）、Windows、Linux、およびMacデバイス（macOSバージョン10.13以上）から接続する際に使用できる。

[▶3] IKEv2 VPN　標準ベースのIPsec VPNソリューション。Macデバイス（macOSバージョン10.11以上）から接続する際に使用できる。

[▶4] Microsoft Entra認証　クラウドベースのID・アカウント管理サービスMicrosoft Entra ID（旧称Azure AD）を使用した認証方法。Microsoft Entra認証はOpenVPNプロトコルでのみサポートされており、Azure VPNクライアントの使用も必要。サポートされているクライアントオペレーティングシステムは、Windows 10以降とmacOS。

[▶5] RADIUS認証　RADIUSサーバーを使用した認証方法。ユーザーはユーザー名とパスワードを入力して接続する。RADIUSとは、認証プロトコルの一種で、利用者の情報はRADIUSサーバーが一元的に管理し、RADIUSクライアントからの要求に応じて認証の可否や資源へのアクセスの可否などを通知する。

Step 0 VPN導入に向けて情報収集する

この手順が一番重要であり、検討次第では Step 1 以降の手順が変わる可能性があります。いくつか重要なポイントを見ていきましょう。

- ルーティング方法（VPNの種類）
  - ルートベース（動的）とポリシーベース（静的）の違いを理解する（**表6-3**）。
  - 基本的には**ルートベース**を利用する。
- VPNゲートウェイのSKU
  - 必要となるS2Sのトンネル数、スループットをふまえて検討する（**表6-4**）。
  - VPNゲートウェイには現在、2つの世代があるが、Generation2の利用が推奨されている（開発テスト用途であればBasicも可）。
  - 同じ世代内であればSKUのサイズ変更が可能（Basic SKUを除き）。
  - Generation2は全SKUでBGP※2をサポートしており、ルートベースであればExpressRouteとの共存が可能。
- オンプレミス側のネットワーク構成の確認
  - Azureと接続するVPNデバイスが検証済みのVPNデバイスであれば、Azureとの接続がサポート

※2　BGP（Border Gateway Protocol）は、Azureでサポートされているダイナミックルーティングのプロトコルであり、2つ以上のネットワーク間でルーティングと到達可能性の情報を交換するためにインターネット上で広く使用されている標準のルーティングプロトコル。詳細は第2章の「ダイナミックルーティング」p.52 を参照してください。

されている。また、一部のデバイスは構成ガイドが提供されている[※3]。
- 外部接続用の固定パブリックIPアドレスがあるか。
- Azure側のネットワーク構成の検討
  - 推奨は仮想ネットワークによるハブ＆スポーク構成（詳細については第8章を参照）。
  - 大規模で複雑な接続シナリオを実現したい場合、Virtual WANも検討する。
  - オンプレミスと重複したIPアドレスは利用できない。

表6-3　ルートベースとポリシーベースの違い

ルーティング方法	S2S VPN	P2S VPN	マルチサイトVPN[※]	VNet間の接続	VPN Gateway SKU	IKEバージョン
ポリシーベース（静的）	○	×	×	×	Basicのみ	IKEv1
ルートベース（動的）	○	○	○	○	○（Generation1のBasicを除き）	IKEv1、IKEv2

［※］マルチサイトVPNは、複数（マルチ）のオンプレミスの場所（サイト）を単一の仮想ネットワークに接続する構成で、ルートベースの接続のみサポートされています。

表6-4　VPNゲートウェイのSKU一覧（Generation2）

SKU	最大S2Sトンネル数	最大P2S接続数	スループットベンチマーク	ゾーン冗長
VpnGW2	30	128	1.25Gps	×
VpnGW3	30	128	2.5Gps	×
VpnGW4	100	128	5Gps	×
VpnGW5	100	128	10Gps	×
VpnGW2AZ	30	128	1.25Gps	○
VpnGW3AZ	30	128	2.5Gps	○
VpnGW4AZ	100	128	5Gps	○
VpnGW5AZ	100	128	10Gps	○

Step 1 VPN接続に必要となるAzureリソースを構築する

まず、以下のリソースを作成します（**図6-4**）。

①仮想ネットワーク（VNet）およびゲートウェイサブネット
②VPN Gateway（パブリックIPアドレス含む）
③ローカルネットワークゲートウェイ
④接続

※3　最新の検証済みデバイスの一覧は以下を参照してください。
・検証済みのVPNデバイスとデバイス構成ガイド
https://learn.microsoft.com/ja-jp/azure/vpn-gateway/vpn-gateway-about-vpn-devices#devicetable

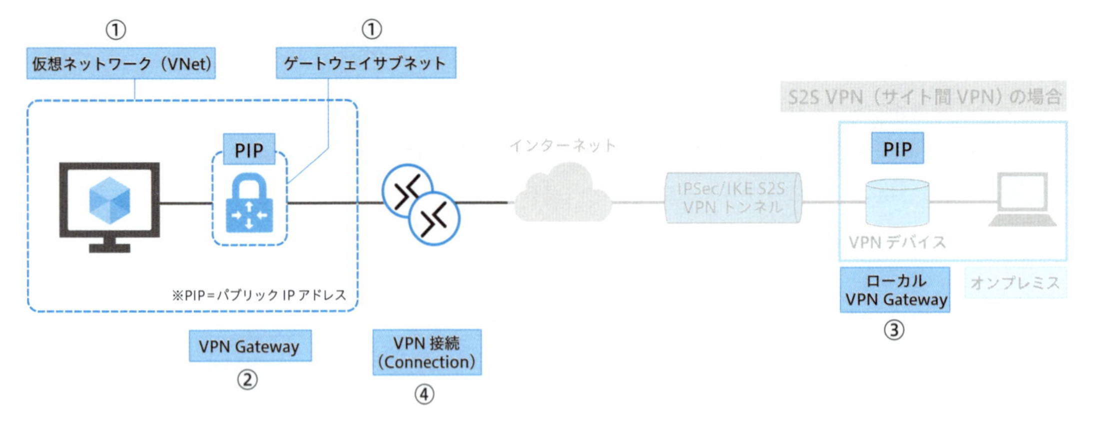

図6-4　Step 1 作業範囲

①仮想ネットワーク（VNet）およびゲートウェイサブネット

1つのVNet内にデプロイできるVPN Gatewayは1つなので、複数のゲートウェイが必要である場合は注意してください。また、ゲートウェイサブネットに関しては、以下のように守らなければならない制約事項がいくつかあります。

- VPN Gatewayのみが存在するサブネットであり、仮想マシン（VM）など他のリソースは作成してはいけない
- NSGを適用してはいけない（管理コントローラーへアクセスができず正常に機能しない可能性があるため）
- サブネットに割り当てるプライベートIPアドレス範囲はサイズ/27以上が推奨されている
  - ExpressRouteと共存させる場合や、大規模な構成である場合、/27以上が必要。
  - サブネット内にリソースがデプロイされていなければ変更可能。
  - 割り当てたIPアドレスは内部的にゲートウェイVMとゲートウェイサービスに利用される。
  - サブネットの名前は「GatewaySubnet」とする（AzureのプラットフォームでGatewaySubnetを認識するため）。

仮想ネットワーク作成時にサブネットも同時に作成できますが、**図6-5**のように「サブネットテンプレート」から［Virtual Network Gateway］を選択すると上記の制約事項を満たしたサブネットが表示されるため、容易に設定できます。

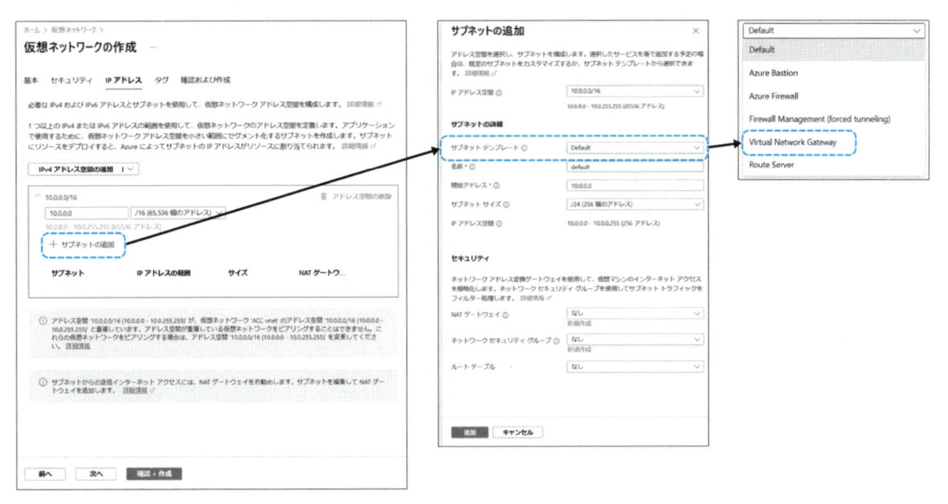

図6-5　「仮想ネットワークの作成」画面（GatewaySubnetの作成）

②VPN Gateway（パブリックIPアドレス含む）

サブネット作成後、**図6-6**のようにVPN用の仮想ネットワークゲートウェイを、必要なSKUなどを指定しつつデプロイします。

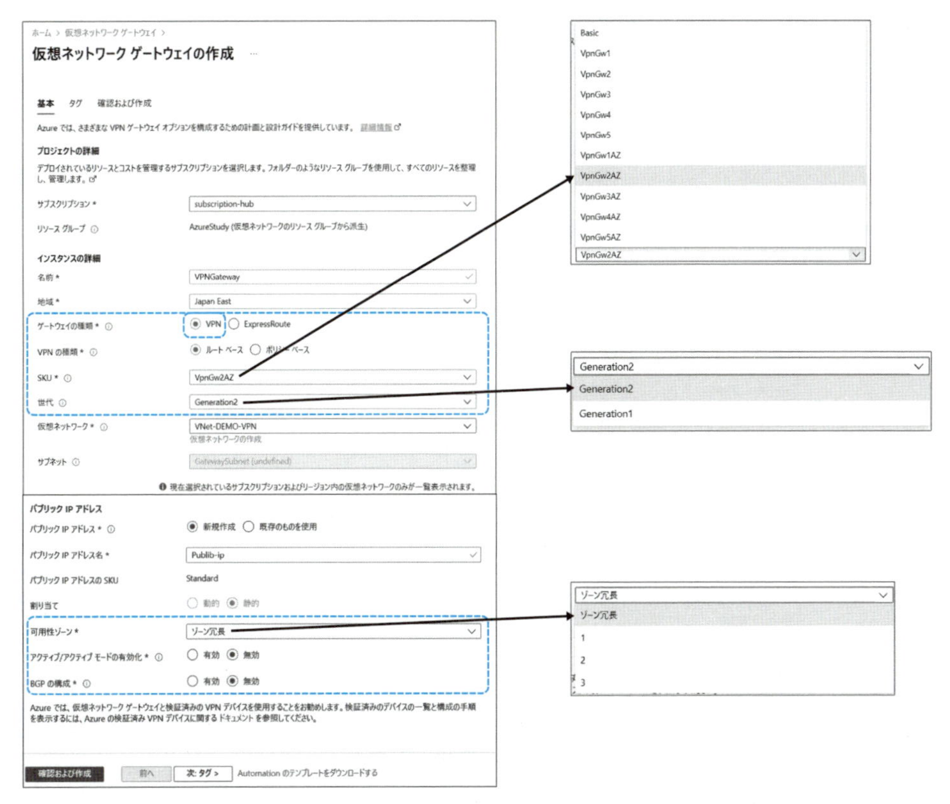

図6-6　「仮想ネットワークゲートウェイの作成」画面（VPN Gatewayの作成）

- **ゲートウェイの種類**：VPN（VPN Gateway）を選択
- **VPNの種類**：**VPN Gateway作成時のみ選択でき、あとから変更することができない**ので注意
- **アクティブ/アクティブモードの有効化**：高可用性を必要とする場合に有効化する※4。このパラメータはデプロイ後でも有効／無効を切り替えられるため、特に高可用性構成に関心がなければ、いったん［無効］で作成しても問題ない
- **BGPの構成**：BGPによるダイナミックルーティングを利用する場合に有効化する。アクティブ／アクティブモードを有効化する場合は、フェールオーバー時の制御を動的に行なうためにBGPもあわせて有効化するのが一般的

③ローカルネットワークゲートウェイ

VPN Gatewayの作成後、ローカルネットワークゲートウェイを作成します。ローカルネットワークゲートウェイは少しイメージしにくいAzureリソースかもしれませんが、オンプレミスのVPNデバイスをAzure上で認識させるために必要なリソースです。そのため、VPNデバイスに設定されているパブリックIPアドレスとオンプレミスのアドレス空間をローカルネットワークゲートウェイとして指定します。

④接続

接続もイメージしにくいかもしれませんが、作成したVPN Gatewayとローカルネットワークゲートウェイをひも付けるために必要な、独立した1つのAzureリソースです（**図6-7**）。

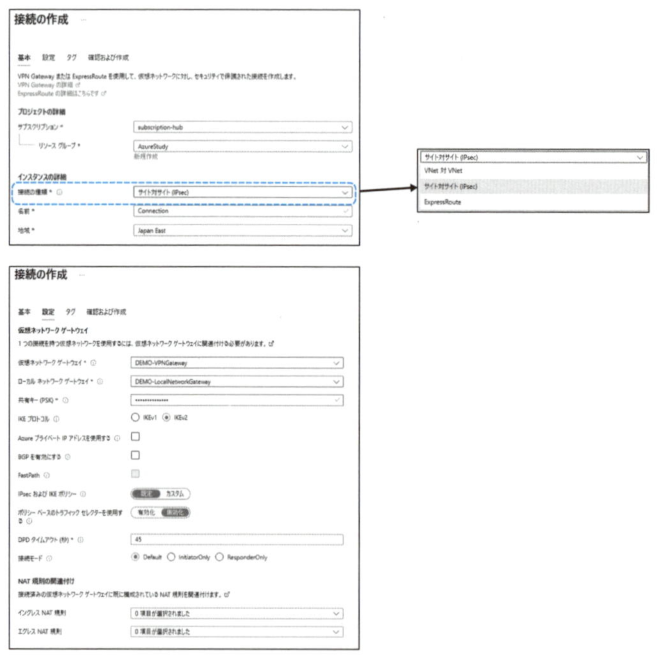

図6-7　「接続の作成」画面

※4　詳細は Step 3 の「高可用性（VPN）」p.168 で説明します。

Step 2 VPNデバイスを設定する

続いて、オンプレミスのVPNデバイスの設定を行ないます（**図6-8**）。

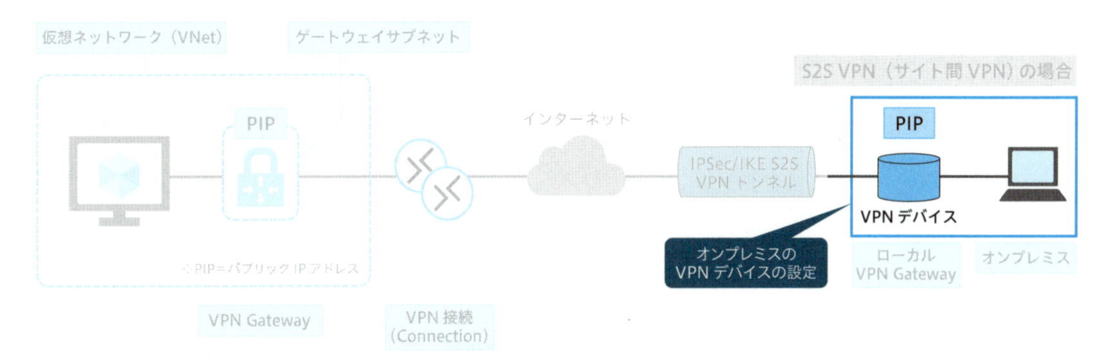

図6-8　Step 2 作業範囲

VPNデバイスの設定は、「接続」画面から［構成のダウンロード］を利用すると、各デバイスのファームウェアなどに合わせた設定のサンプルがダウンロードできます（**図6-9**）。

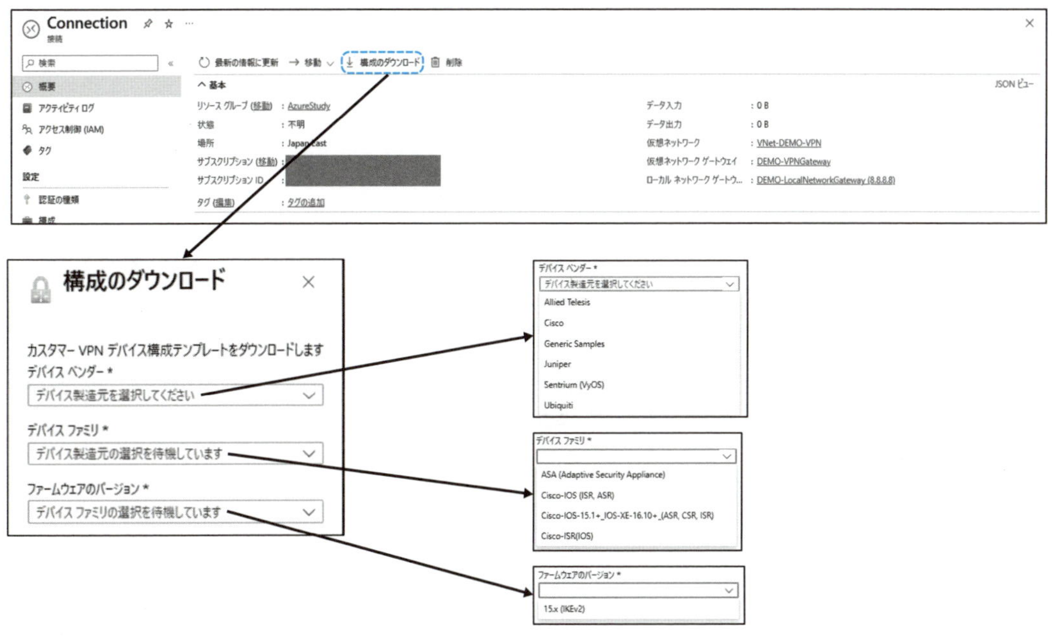

図6-9　構成のダウンロード

ダウンロードしたサンプルは、「接続の作成」画面（**図6-7** p.166）で入力した共有キーやVPN Gatewayのパブリック IPアドレスなど、VPN接続に必要となるAzureリソースの情報が自動的に入力されています。その他、部分的に編集が必要な項目（アクセスリストなど）があり、それらはデバイスベンダーによって異なるため、詳細な設定手順は各デバイスベンダーに問い合わせてください。

無事にVPNデバイスの設定が完了すると、「接続」画面で［接続済み］のステータスとなり、VPN接続が確立されていることを確認できます（**図6-10**）。

図6-10　VPN接続確認

Step 3 VPN接続を確認する（任意）

VNet内にデプロイされている仮想マシンがあれば、オンプレミスのクライアントからプライベートIPアドレスでリモートデスクトップ接続（Linuxの場合はSSH接続）ができるかどうか確認してみましょう。

コンピュータ名でリモートデスクトップ接続することは可能ですが、名前解決の動作確認も必要となるため、ここではVPN接続の疎通確認という目的でプライベートIPアドレスを利用します※5。

高可用性（VPN）

VPN接続の可用性を高めるには、大きく次の2つの方法があります。

❶ 可用性ゾーンに対応したSKUを選択する（内部インスタンス［▶6］の障害ドメインを切り離す）
❷ 複数のVPN接続を確立する（アクティブ／アクティブモードとの併用）

［▶6］内部インスタンス　通常、インスタンスは単にAzure上で実行される仮想マシンを指すが、ここでは内部的にVPN Gatewayが実際に動作している仮想マシンのことを指す。

※5　リモートデスクトップ接続が失敗する場合、以下のトラブルシューティングを確認してください。
・Azure仮想マシンへのリモートデスクトップ接続に関するトラブルシューティング
https://learn.microsoft.com/ja-jp/troubleshoot/azure/virtual-machines/troubleshoot-rdp-connection

❶ 可用性ゾーンに対応したSKUを選択する

まず、インスタンスの物理配置を意識した高可用性の実現方法です。Azure上でVPN Gatewayをデプロイすると、内部的には2つのインスタンスが作成されます。いずれかのインスタンスが停止しても、VPN Gatewayが動作し続けるよう設計されているためです。そして、これらインスタンスの障害ドメイン（同一の可用性レベルを共有する物理的な範囲）は、VPN GatewayのSKUによって制御できます。

具体的には、VpnGw1AZなどのゾーン冗長に対応しているSKUであれば、各インスタンスは異なる可用性ゾーンにデプロイされます。その結果、複数の仮想マシンを異なるゾーンに配置すると可用性が高められるのと同様に、VPN Gatewayをゾーンレベルの障害から保護することができます。なお、ゾーン冗長に対応していないSKUでは、特定のゾーンで障害が起きるとVPN Gatewayが利用できなくなる可能性があります。

❷ 複数のVPN接続を確立する

さらに、複数のVPN接続を確立することで、さらに可用性の高いVPN接続を実現できます。なぜなら、事実上VPN接続の切断は避けられないためです。

先述した2台の内部インスタンスは、既定ではアクティブ／スタンバイ構成を取ります。つまり、通常時はアクティブ側のインスタンスのみを利用して、アクティブなインスタンスに予期せぬ問題が起きたり、計画的なメンテナンスを実施したりする際に、スタンバイ側のインスタンスにフェールオーバー[▶7]します。数十秒～数分でスタンバイ側に切り替わるものの、その間アプリケーションは通信できない状態が続きます。反対に、オンプレミス側のVPNデバイスが不調に陥ることで、VPN接続が切断されてしまうケースもあります。

[▶7] フェールオーバー　稼働中のシステムに障害が発生した際に、代替システムがその機能を引き継ぎ、処理を続行する仕組み。

このような切断時のダウンタイムを最小化するために、VPN Gatewayは同一拠点から複数のVPN接続を確立することをサポートしています。2台の内部インスタンスを同時に利用するアクティブ／アクティブモードを有効化すれば、最大で4本のVPN接続を確立できるようになります※6。

図6-11に、接続のパターンを示します。明示的に2台の内部インスタンスを表記していますが、いずれのパターンでもVPN Gatewayはあくまで1つのリソースである点に注意してください。

※6　オンプレミス拠点側もアクティブ／アクティブ構成のVPNデバイスが2台必要です。

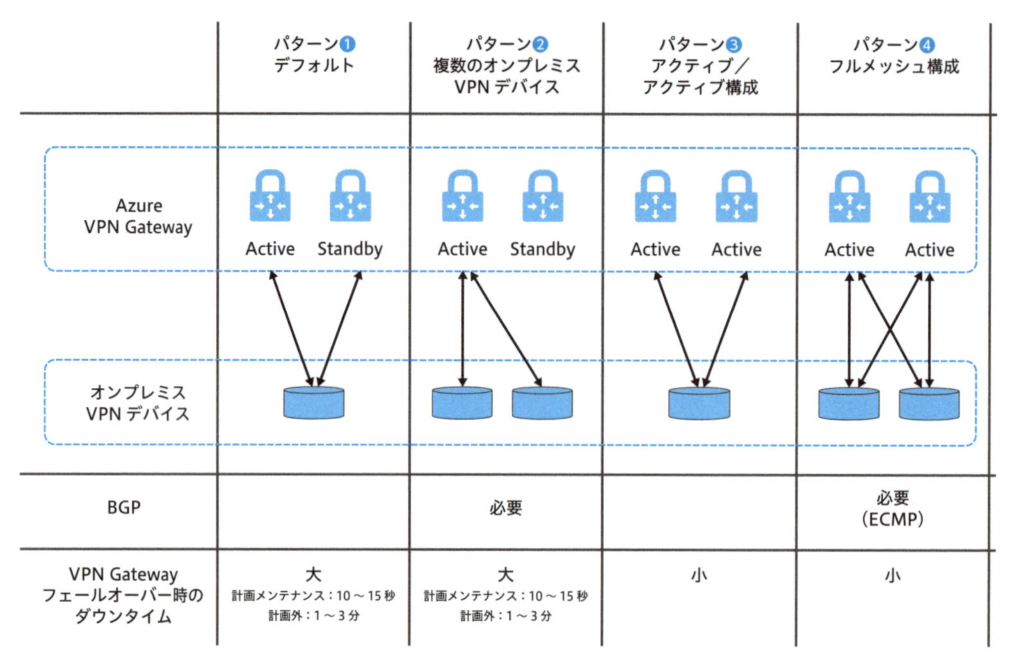

図6-11　VPNの高可用性オプション

パターン❸のアクティブ／アクティブモードで構成する場合、VPN Gateway作成時に「アクティブ／アクティブモードの有効化」の設定で［有効］を選択します（**図6-6** p.165）。なお、デプロイ済みのVPN Gatewayに対してあとから変更することも可能です。

パターン❷と❹の場合、オンプレミスVPNデバイスが複数存在し、同じオンプレミスネットワークに接続するときは、VPN Gatewayに経路情報をアドバタイズ（ブロードキャスト通信）するためにBGPを使用する必要があります。

パターン❹の場合、1つのオンプレミスVPNデバイスが同じ経路を2つのVPN Gatewayから受信するためオンプレミスVPNデバイスでECMP p.104 の実装が必要となります。また、BGPでは、通常ベストパスの1つだけを選択するため、複数パスを有効化する設定※7により複数パスを認識させECMPの実装が必要となります※8。

 ExpressRoute

導入の流れ

ExpressRouteを新規に導入するまでの具体的な流れ（**表6-5**）に沿って、導入時の検討ポイントを見ていきましょう。

※7　複数パスを有効化する設定を使うと、同一の宛先に対して複数のパス（経路）を認識させることができ、1つのパスが障害を起こした場合でも他のパスが引き継ぐことができます。

※8　オンプレミスVPNデバイスがファイアウォールの場合、ECMPにすると経路が非対称になりファイアウォールによって破棄される可能性があるため、ECMPを実装するかは検討が必要です。

表6-5　ExpressRoute導入の流れ

Step	作業者（L2接続の場合）	作業者（L3接続の場合）	作業概要
0	ユーザー／接続プロバイダー	ユーザー／接続プロバイダー	ExpressRoute導入に向けた情報収集を行なう。ExpressRouteの接続プロバイダー（や通信キャリア）との調整や契約などを行なう
1	ユーザー／接続プロバイダー	ユーザー／接続プロバイダー	ユーザー／接続プロバイダー拠点間を接続する
2	ユーザー	ユーザー	Azure上でExpressRoute Circuit[※]を作成する
3	ユーザー	ユーザー	ExpressRoute Circuitのサービスキーを接続プロバイダーへ連絡する
4	接続プロバイダー	接続プロバイダー	ExpressRoute Circuitとの接続に必要な各種設定作業などを行なう
5	ユーザー	接続プロバイダー	ユーザー自身で用意したオンプレミス設置BGPルーターの設定などを行なう
6	ユーザー	接続プロバイダー	Private Peeringの構成を行なう
7	ユーザー	ユーザー	ExpressRoute CircuitとER Gatewayを接続する
8	ユーザー	ユーザー	ExpressRoute接続を確認する

[※] ExpressRouteでは、ExpressRoute Circuit（ExpressRoute回線）と呼ばれるAzureリソースを作成し、その中にピアリング情報を構成して利用します。

ExpressRouteは、ExpressRoute単独では利用できず、接続プロバイダーのサービスと組み合わせて利用することが前提となります（**図6-12**）。接続プロバイダーは、レイヤー3（L3）接続プロバイダーとレイヤー2（L2）接続プロバイダーに大別されます。

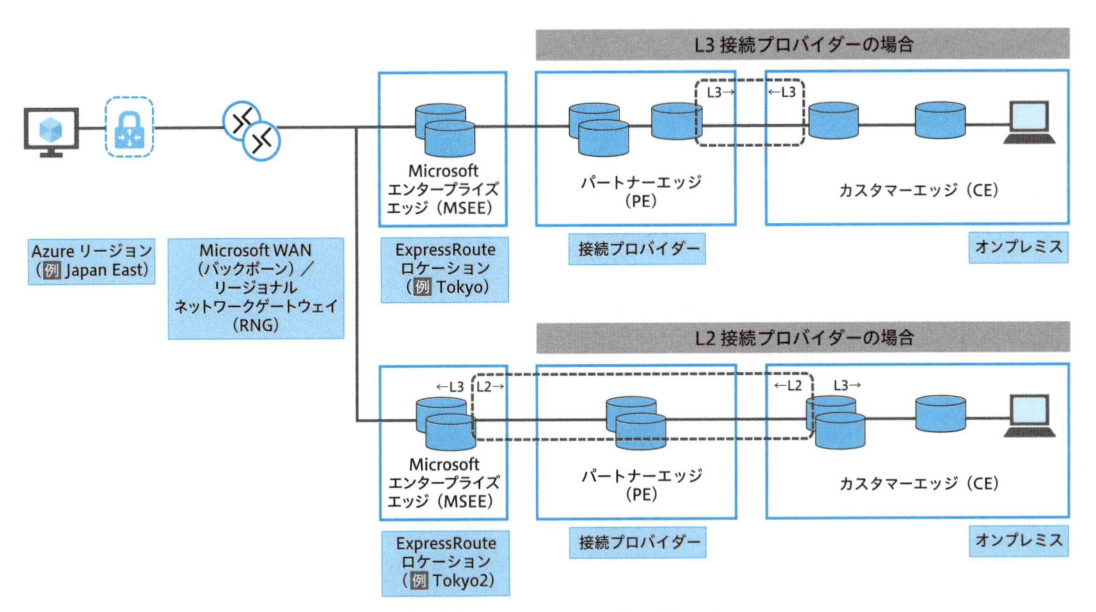

図6-12　ExpressRoute接続モデルの違い

接続プロバイダーによって提供サービスの違いはあるものの、L3接続とL2接続の共通の特徴は以下の通りです。

- **L3接続の場合**：ルーティングやルーターの管理等を含めて接続プロバイダーへ任せることができ、導入・運用負荷が少なくなる
- **L2接続の場合**：ルーティングやルーターの管理などを自分たちで行なう必要があるが、より柔軟なネットワーク構成が可能になる

本書では、L2接続における導入の流れ（**表6-5** p.171）を見ていきます。なお、L3接続の場合は、Step 4 〜 Step 6 は不要です。

ExpressRoute Direct

接続プロバイダーを利用せず、直接ExpressRouteに接続するExpressRoute Directというサービスもあります。ExpressRoute Directでは、10Gbpsまたは100Gbpsでの接続が提供されています。通常のExpressRouteと比較し、利用料金が高額、かつ、物理回線の準備などが必要であるため、政府機関などの規制業界や非常に大規模な環境向けのサービスとなっています。

Step 0 ExpressRoute導入に向けて情報収集する

VPNと同様、この手順が一番重要であり、検討次第では Step 1 以降の手順が変わる可能性があります。いくつか重要なポイントを見ていきましょう。

- 契約する接続プロバイダーの検討
  - それぞれの接続プロバイダーによって提供サービス内容や納期が異なり、また複数の接続プロバイダーと契約することも可能。
  - ExpressRoute導入検討時のできるだけ早いタイミングで、接続プロバイダーに相談することが推奨されている（ポートの空き状況などによっては、利用開始までに半年程度かかる場合もあるため）。
- ExpressRouteを介して利用したいAzureサービスの整理
  - IaaS（例 VMなど）
  - PaaS（例 Azure Storageストレージアカウントなど）
  - SaaS（例 Microsoft 365など）
- ピアリングの種類
  - ExpressRouteのピアリングの種類には、Private PeeringとMicrosoft Peeringの2種類がある（**図6-13**）。
  - 利用予定サービスをふまえて検討するが、最近はPrivate Linkなどを介したプライベート接続が可能になってきているため、PaaSを利用するケースでもPrivate Peeringを選択することが多い。
  - Microsoft Peeringを利用しExpressRoute経由でMicrosoft 365にアクセスすることも可能だが、Microsoft 365はインターネット経由で安全かつ確実にアクセスできるように作られているため、Microsoft 365への接続に関してはインターネット経由での接続が推奨されている。そのため、Microsoft Peeringを使用したMicrosoft 365へのアクセスを利用する場合は、Microsoft

による承認が必要（承認を得ることが難しい場合、Azure Peering Serviceもあわせて検討する）。

- ExpressRouteの本数、場所（ロケーション）やSKUやオプションの選択（**表6-6・表6-7**）
  - 利用規模やSLAなどをふまえて検討するが、SPOF（単一障害点）を回避するため、異なる場所に少なくとも2本のExpressRoute Circuitを設定することが推奨されている。
  - 場所は東日本では3つ（Tokyo/Tokyo2/Tokyo3）、西日本では1つ（Osaka）提供されており、接続プロバイダーによって利用可能な場所が異なる。
- オンプレミス側のネットワーク構成の確認
  - オンプレミス側のネットワーク構成を変更する必要はあるかどうかを確認。
- Azure側のネットワーク構成の検討
  - 推奨は仮想ネットワークによるはハブ＆スポーク構成（詳細は第8章で説明）。
  - 大規模で複雑な接続シナリオを実現したい場合、Virtual WANも検討する。
  - オンプレミスと重複したIPアドレスは利用できない。

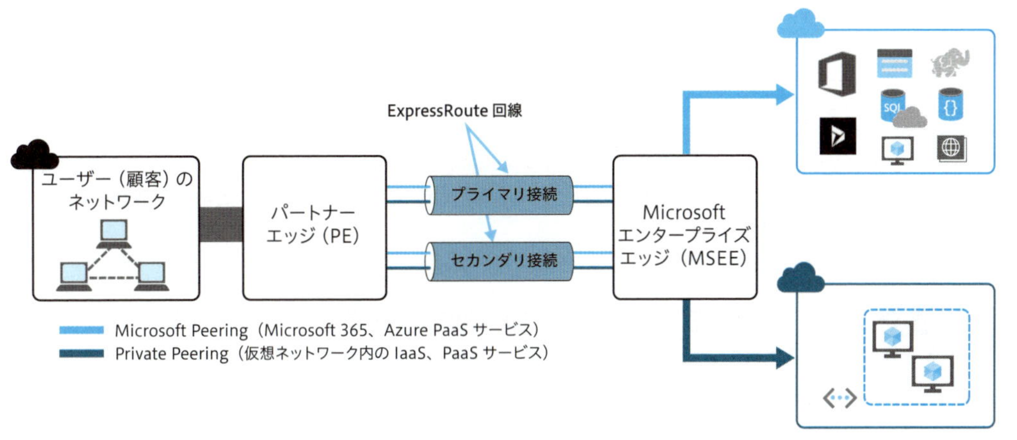

図6-13　ピアリングの種類

出典 https://learn.microsoft.com/ja-jp/azure/expressroute/media/expressroute-introduction/expressroute-connection-overview.png

表6-6　ER GatewayのSKU一覧

SKU	ExpressRoute Circuit 数	帯域幅	VPN と ER の共存	ゾーン冗長	FastPath
Standard	4	1Gps	○	×	×
HighPerformance	8	2Gps	○	×	×
UltraPerformance	16	10Gps	○	×	○
ErGw1Az	4	1Gps	○	○	×
ErGw2Az	8	2Gps	○	○	×
ErGw3Az	16	10Gps	○	○	○

表6-7　ExpressRouteの場所と接続プロバイダー（日本国内）

リージョン（地理的リージョン）	Azureリージョン	場所（Location）	ExpressRoute Direct	接続ポイント	接続プロバイダー
日本	東日本	Tokyo	○	Equinix TY4	Aryaka Networks、AT&T NetBond、BBIX、British Telecom、CenturyLink Cloud Connect、Colt、Equinix、Intercloud、Internet Initiative Japan Inc.（IIJ）、Megaport、NTT Communications、NTT EAST、オレンジ、Softbank、Telehouse（KDDI）、Verizon
日本	東日本	Tokyo2	○	アット東京	アット東京、China Unicom Global、Colt、Equinix、IX Reach、Megaport、PCCW Global Limited、Tokai Communications
日本	東日本	Tokyo3	○	NEC	NEC、SCSK
日本	西日本	Osaka	○	Equinix OS1	アット東京、BBIX、Colt、Equinix、Internet Initiative Japan Inc.（IIJ）、Megaport、NTT Communications、NTT SmartConnect、Softbank、Tokai Communications

FastPath

ExpressRouteのオプション機能の1つ。オンプレミスとの通信時に、通常はER Gatewayを通過しますが、FastPathを有効にするとER Gatewayはバイパス（スキップ）され、直接AzureのVNetへ送信されるため、パフォーマンス向上が期待できます。

Step 1 ユーザー／接続プロバイダー拠点間を接続する

通常は、既存の接続プロバイダーWAN回線網にExpressRouteを接続することが多いため、この手順はスキップすることもあります。しかし、新規契約の接続プロバイダーの場合、オンプレミス環境への物理配線の引き込みなどの作業が発生することがあります（図6-14）。

なお、ここではExpressRouteの Step 1 としましたが、ユーザー／接続プロバイダー拠点間の通信経路はExpressRouteとは関係ない部分なので、任意のタイミングで実施可能です。

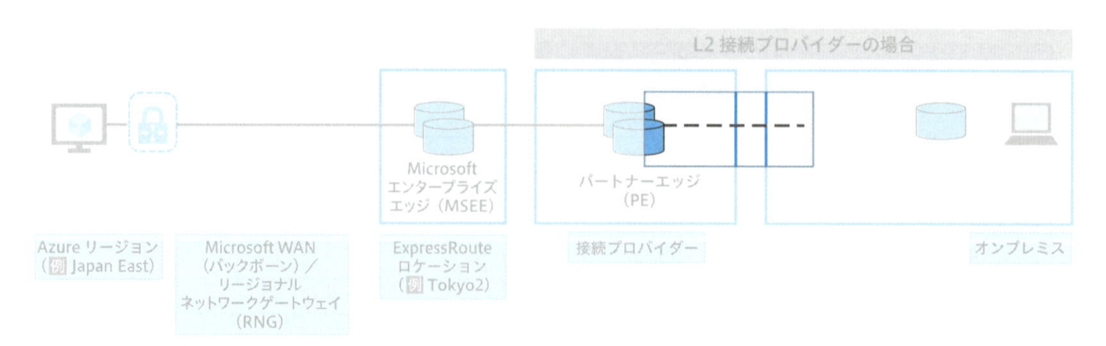

図6-14　Step 1 作業範囲

Step 2 ExpressRoute Circuitの作成

続いて、ExpressRoute Circuitを作成します(**図6-15**)。Circuitは回線という意味で、ExpressRoute CircuitはExpressRoute回線、ER回線と表記されることもあります。

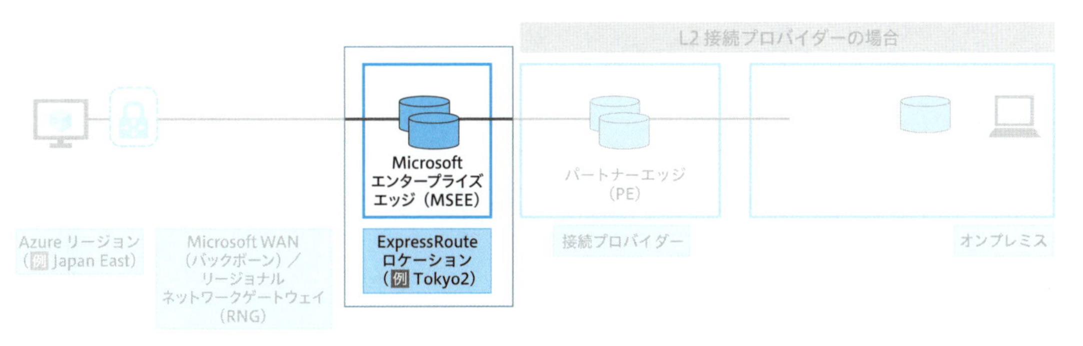

図6-15　Step 2 作業範囲

作成する際は、**接続に使う場所**と接続プロバイダーを選択します。ここでの**場所**とは、ExpressRoute**回線の物理ルーターが敷設されている施設**のことで、TokyoやTokyo2などの値を選択します。仮想マシンなどがデプロイされるAzureリージョン（データセンターのロケーション）とは異なる概念なので注意してください。ExpressRouteの場所はリージョンのデータセンターと物理的に離れていることが多く、リージョン障害が発生してもExpressRoute回線をホストする物理デバイスに影響はない、ということもありえます。

たとえば、Tokyoに敷設したExpressRoute回線を経由して、東日本リージョンと西日本リージョンのVNetへの接続を確保したとします。ここで、東日本リージョンに障害が発生した場合でも、ExpressRouteの場所であるTokyoが利用できる限り、この回線を使って西日本リージョンにアクセスをし続けることができます。

反対に、利用しているExpressRouteの場所に障害があれば、リージョン障害の有無にかかわらずVNetへのプライベート接続は利用できなくなります。そのため、複数の接続プロバイダーを利用したり、複数の場所にExpressRoute回線を設置したりすることで、接続経路を冗長化することを検討するケースもあります。

Step 3 ExpressRoute Circuitのサービスキーを接続プロバイダーへ連絡する

作成されたExpressRoute Circuitのサービスキー（**図6-16**）を接続プロバイダーへ連絡します。連絡方法は、ポータル画面などから入力する形式や所定の申請書に記載して送付する形式など、接続プロバイダーによって異なるため、接続プロバイダーに確認してください。

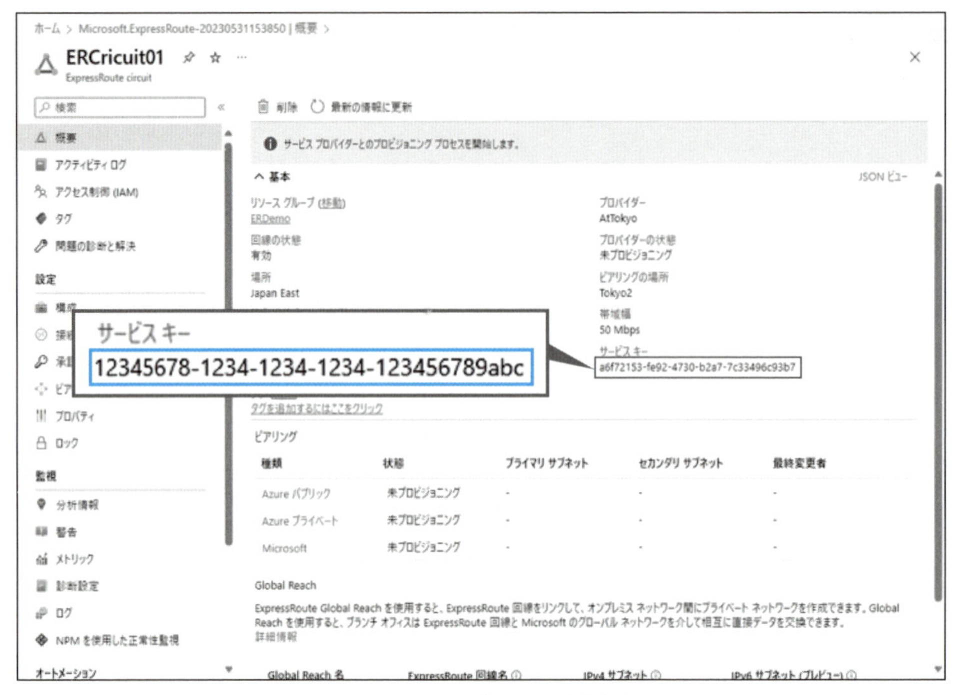

図6-16　サービスキーの確認方法

Step 4 ExpressRoute Circuitとの接続に必要な各種設定作業などを行なう

接続プロバイダー側で、ExpressRoute Circuitとの接続に必要な各種設定作業などが行なわれます（**図6-17**）。なお、ここでは「接続プロバイダーの作業範囲」としましたが、接続プロバイダーのポータル画面などから、ユーザー自身が各種設定パラメータなどの入力を求められる場合もあるため、事前に確認しておきましょう。

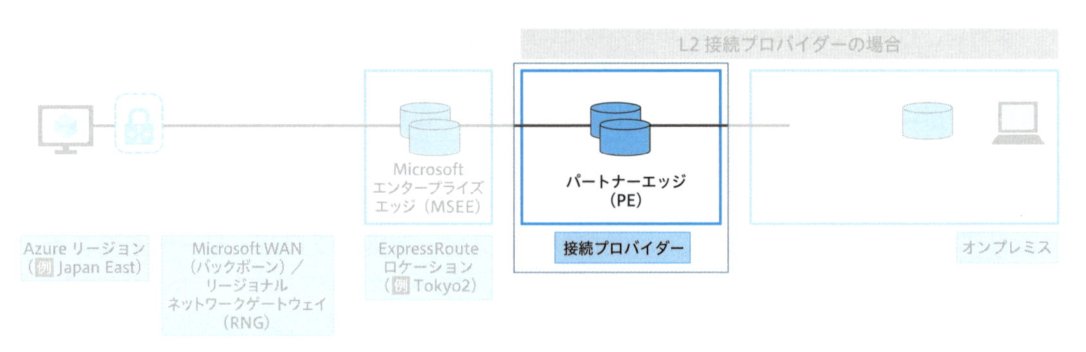

図6-17　Step 4 作業範囲

この接続プロバイダーの作業が完了すれば、Azure Portalから確認できるExpressRoute Circuitが、［プロバイダーの状態：プロビジョニング済み］となります（図6-18）※9。

※9　「プロビジョニング済み」でない場合、以降のAzure側の設定ができないため、接続プロバイダーの作業完了を待つ必要があります。

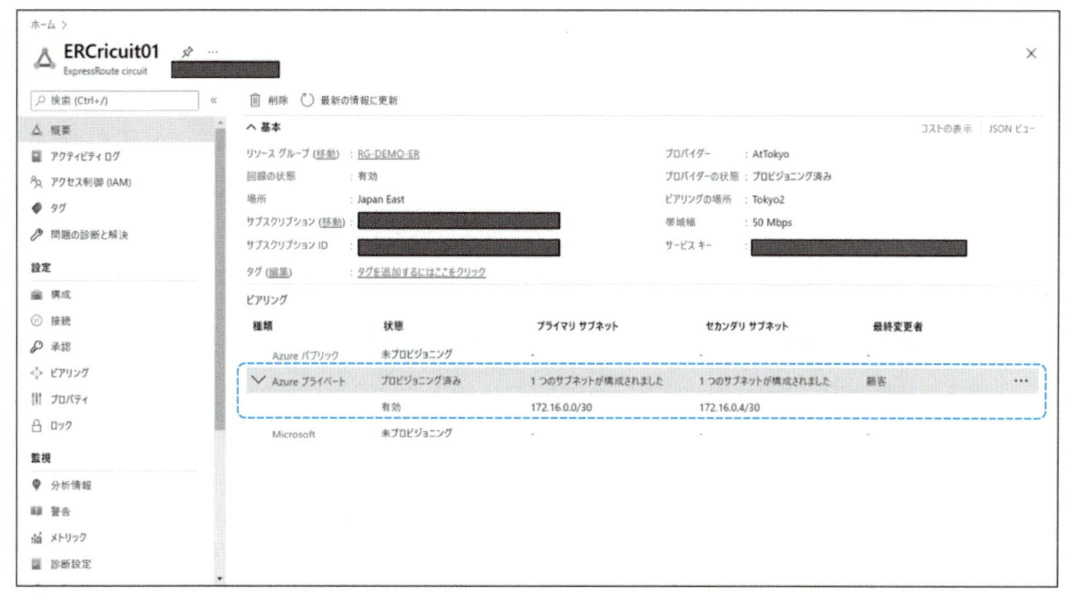

図6-18　ExpressRoute接続確認

Step 5 オンプレミス設置BGPルーターの設定などを行なう

ユーザー側で、オンプレミス設置BGPルーターの設定などを行ないます（**図6-19**）。

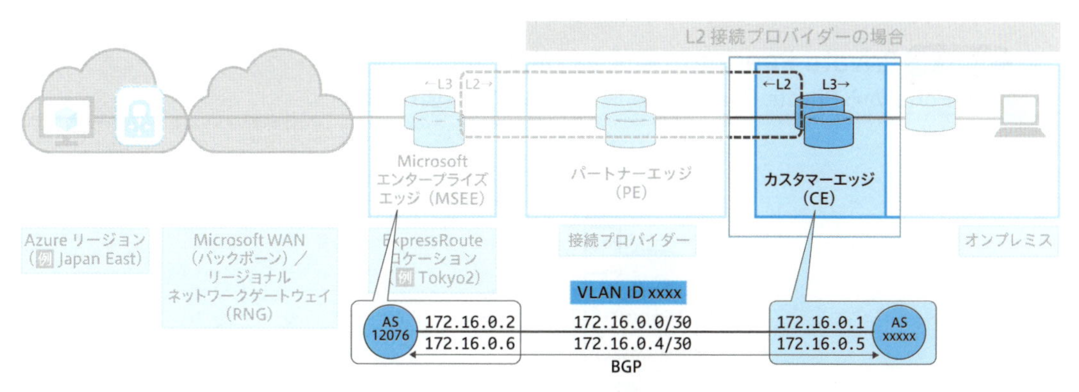

図6-19　Step 5 作業範囲

接続プロバイダーとの接続に関する必要な設定など、接続プロバイダーから通知された内容に従い、ユーザー側でオンプレミス設置BGPルーターの設定を行ないます。ここではPrivate Peeringなので、Microsoft側のエッジルーター（MSEE）とオンプレミス設置BGPルーター（CE）間のネットワークセグメントはプライベートIPアドレスを設定しますが、Microsoft Peeringの場合はパブリックIPアドレスとなります。

- L2接続プロバイダーの場合、接続プロバイダーから、ピアリングのためのVLAN ID[▶8]が指定される（またはユーザー側が指定する）。**図6-17**では接続線を省略して1本で描いているが、L2の場合、接続プロバイダーから提供される接続線は**2本**（2本ともに同じVLAN IDが設定されている）
- それぞれに、[**/30**] のプライベートサブネットを2つ割り当てる必要がある。なお、VNetでは利用していないサブネットを使う。**図6-19**では、172.16.0.0/30と172.16.0.4/30を例にしている。オンプレミス設置スイッチが若番※10のIPアドレス、172.16.0.1と172.16.0.5になる
- AS番号[▶9]については、Azure側は［12076］で固定。オンプレミス側のAS番号（65515～65520までの番号を除く）を用意し、オンプレミス設置BGPルーターを設定する。
- その他、経路制御のためのlocal preference属性[▶10]やAS-Path Prepend[▶11]、障害検知を高速化するためのBFD（Bidirectional Forwarding Detection）の設定などのBGP関連設定を行ない、BGPピアを確立します。

[▶8] VLAN ID　物理的なネットワークを仮想的に分割する技術であるVLAN（Virtual LAN）において、各VLANを識別するための番号。同じVLAN IDが割り当てられたポートや端末は同じVLANに所属し、相互に通信できる。

[▶9] AS番号　ASはAutonomous System（自律システム）の略語で、ISPや企業など統一された規則のもとに管理・運用されるネットワークのこと。ASに対して割り当てられている一位の識別番号をAS番号と呼ぶ。

[▶10] local preference属性　BGPにおいて、同じ宛先ネットワークに対して複数の経路がある場合、Local Preference属性は該当する宛先ネットワークに対する優先経路を示す。

[▶11] AS-Path Prepend　BGPにおいて、特定の経路を優先的に選択するために使用される手法。AS番号をASパスの前に追加し、特定の経路を「長く見せる」ことで、経路選択を制御する。

Step 6 Private Peeringの構成を行なう

Azure PortalからPrivate Peeringの構成を行ないます（**図6-20**）。

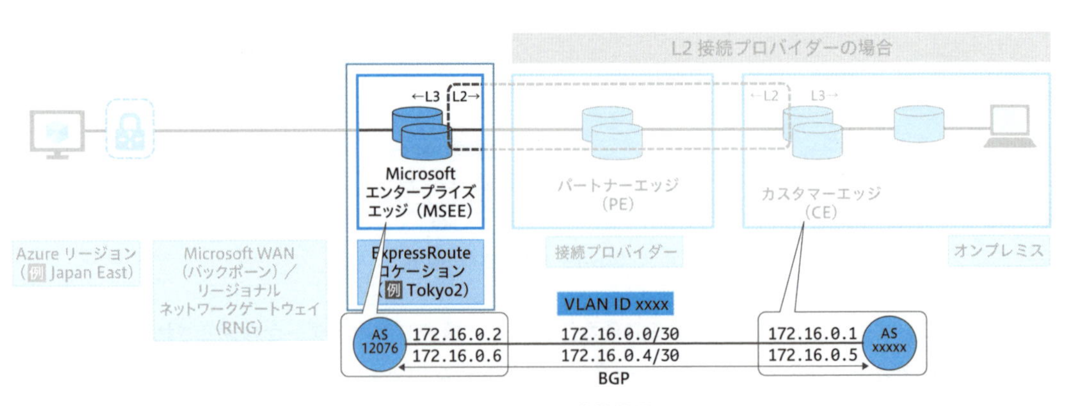

図6-20　Step 6 作業範囲

※10　IPアドレスなどを決める際、番号の数の小さいほうを若番（わかばん）、大きいほうを老番（おいばん）と言います。

Azure Portalから確認できるExpressRoute Circuitが、[プロバイダーの状態：プロビジョニング済み] となっていることを確認します。

[ピアリング] → [Azureプライベート] を選択して設定を行ないます。

図6-21 のように、オンプレミスのBGPルーターとのBGPピア確立に必要な設定を行ないます。

- **ピアASN**：オンプレミス側で設定したAS番号を指定する
- **プライマリサブネット、セカンダリサブネット**：2つのプライベートサブネットを指定する
- **IPv4ピアリング**：有効にする（チェックが外れていると、BGPピア確立に失敗する）
- **VLAN ID**：プロバイダーから通知されたVLAN IDを指定する

図6-21　Private Peeringの設定画面

設定を保存すると、Private Peeringが構成され、[状態]が有効となります。[Azureプライベート]を選択すれば、ルートやARPが確認できるので、正常に構成できているかを確認します。その他、Local Preference属性（Localpref）や重み（「重い＝数値が多い」ほうを優先）、経由するパス（AS-PATH）なども確認できます。

このステップで、オンプレミス側の機器でも正しく設定できているか確認しましょう。機器によって異なりますが、Ciscoであれば [show ip bgp neighbors **.**.**.**] や [show bgp summary] などでBGP接続のステータスを確認し、Microsoft側のエッジルーター（MSEE）とBGPの接続が確立できていることを確認します。

Step 7 ExpressRoute CircuitとER Gatewayを接続する

ExpressRoute Circuit ER Gatewayを接続します（**図6-22**）。

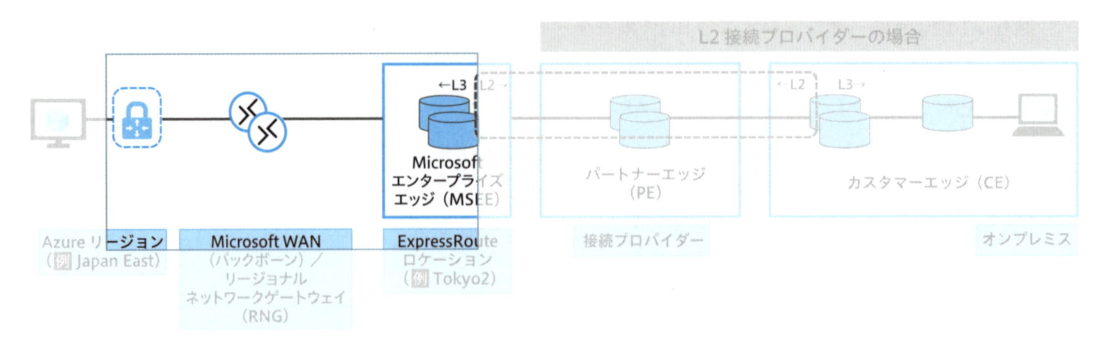

図6-22　Step 7 作業範囲

なお、ExpressRoute CircuitとER Gatewayは以下の条件で、互いに複数で接続可能です。

- ExpressRoute Circuit（Local/Standard SKU）は、最大10個のVNet（ER Gateway）と接続可能。さらに、Premium SKUを利用すれば、回線のサイズに応じて最大100個まで拡張することができる
- ER Gatewayに接続可能なExpressRoute Circuitの数は、接続しようとしているExpressRoute Circuitのロケーションによって異なる
  - 同一Locationの場合：4つまで。
  - 異なるLocationの場合：Gateway SKU次第。
    - ・Standard/ERGw1Az：4つまで
    - ・High Perf/ERGw2Az：8つまで
    - ・Ultra Performance/ErGw3Az：16つまで

ER Gatewayは、VPNと同様に「`GatewaySubnet`」という既定の名前の専用サブネットが必要となります。このサブネットをVNet内に事前に作成したうえで、**図6-23**のように必要なSKUなどを指定してExpressRoute用の仮想ネットワークゲートウェイ（ER Gateway）をデプロイします。

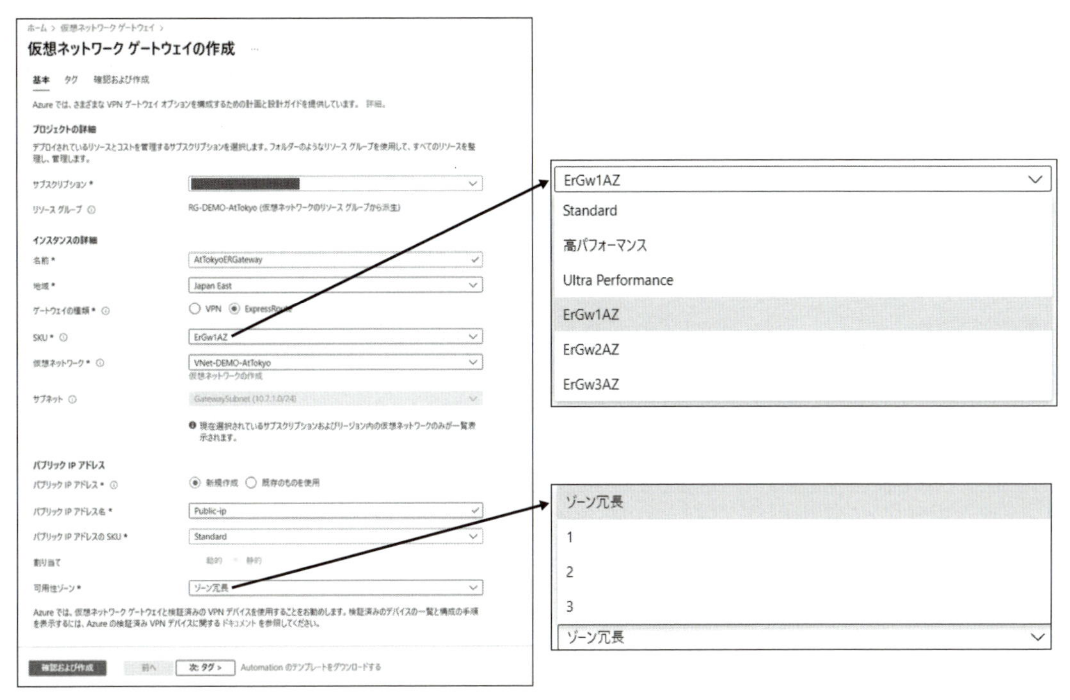

図6-23　ER Gatewayの作成画面

ER Gatewayのデプロイが完了したら、ExpressRoute Circuitを選択し、[接続] を作成します（図6-24）。

図6-24　接続の設定画面 1

プルダウンから、接続するER Gatewayを選択します（**図6-25**）。複数接続を作成するという場合には、重み付け（重いほうを優先）の設定もできます。なお、既定はECMP（Equal-cost multi-path routing）です。

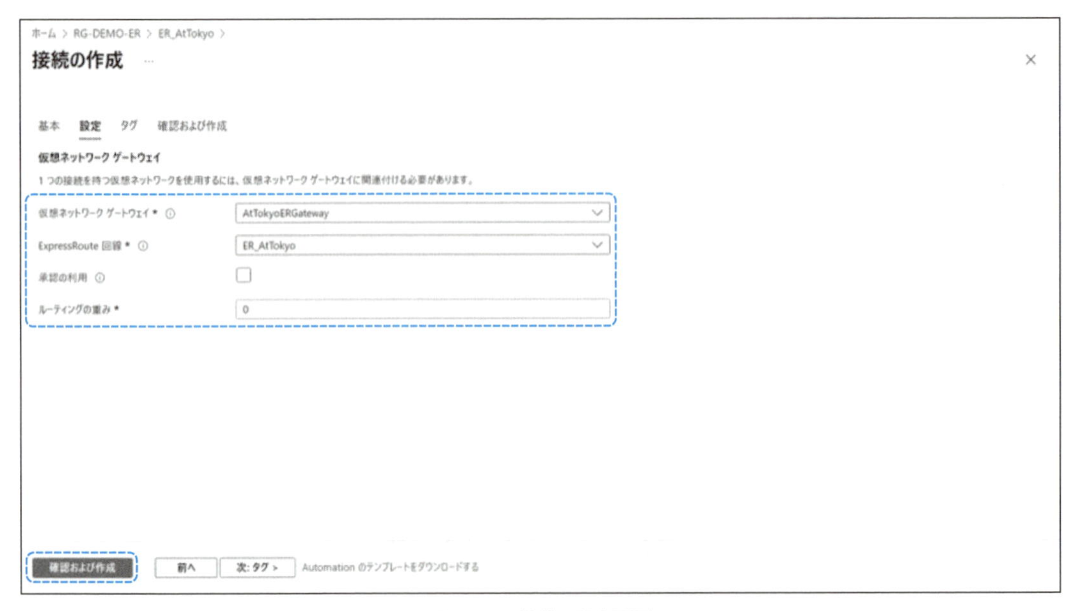

図6-25　接続の設定画面2

Step 8 ExpressRoute接続を確認する

VPNと同様に、プライベートIPアドレスでオンプレミスからAzure上の仮想マシンへリモートデスクトップ接続ができるか確認します。

高可用性（ExpressRoute）

ExpressRouteは、既定で冗長化されたSLAが提供されています。VPN Gatewayと異なり、ER Gatewayはアクティブ／アクティブで構成され、Microsoftが提供するエッジルーター（MSEE）と接続プロバイダーが提供するエッジルーター（パートナーエッジ）間も標準で2つの回線で構成されています。つまり、ExpressRouteを1本導入することで、内部的には2回線で冗長化された状態で利用可能となっています。さらに大規模災害時などを想定し可用性を高める必要がある場合、以下のような選択肢があります（**図6-26**）。

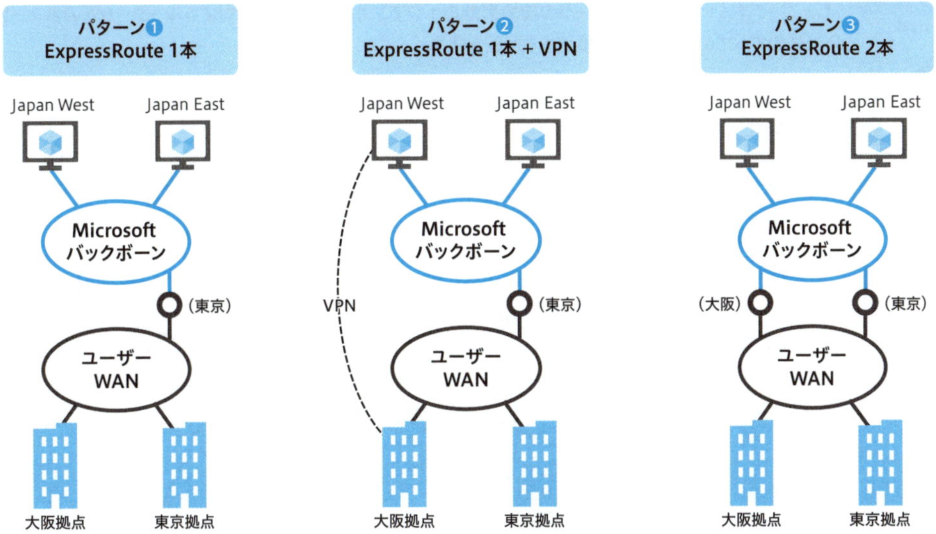

パターン❶
ExpressRoute 1本

Japan West　Japan East
Microsoft
バックボーン
（東京）
ユーザー
WAN
大阪拠点　東京拠点

パターン❷
ExpressRoute 1本 + VPN

Japan West　Japan East
Microsoft
バックボーン
VPN
（東京）
ユーザー
WAN
大阪拠点　東京拠点

パターン❸
ExpressRoute 2本

Japan West　Japan East
Microsoft
バックボーン
（大阪）　（東京）
ユーザー
WAN
大阪拠点　東京拠点

図6-26　ExpressRouteの高可用性オプション

- **パターン❶**：ExpressRoute 1本
  - ExpressRouteを東京で契約した場合でも、東日本リージョンだけでなくMicrosoftバックボーンネットワークを経由し西日本リージョンにも接続可能（1つのVNetは同じロケーションの場合、最大4つまでExpressRoute Circuitを接続可能）。
  - 東京のExpressRouteが被災した場合には、東日本リージョンや西日本リージョンにアクセスできなくなる。
  - 東京のExpressRouteが被災した場合にも東日本リージョンや西日本リージョン上のシステムにアクセスしたい場合には、インターネット経由でもアクセスできるように事前にシステムを構成しておく必要がある。
- **パターン❷**：ExpressRoute 1本 + VPN
  - 東京被災時はVPN経由でJapan Westにアクセス。
  - ExpressRouteとVPNの併用時の注意事項。
    - ・ルートベースのVPN Gatewayのみサポート（Basicを除く）
    - ・ゲートウェイサブネットは /27以上のアドレス範囲が必要
    - ・ロンゲストマッチの法則（LPM）に従うが、同コストの場合はExpressRouteが優先
    - ・Azureとオンプレミスの通信だけでなく、複数の拠点間の通信（トランジット通信）をする場合は、Azure Route Serverが必要
- **パターン❸**：ExpressRoute 2本
  - 東京被災時は大阪のExpressRoute経由でJapan Westにアクセス。
  - フルメッシュ[▶12]にすることでAzureのデータセンターが被災した場合やMSEEがダウンした場合でも、東日本／西日本リージョンへの通信経路を確保（**図6-27**）。

[▶ 12] フルメッシュ　ネットワークの接続形態の1つで、ネットワークに参加するルーターなどの各ノードが、自分以外のすべてのノードと直接接続する形態を指す。

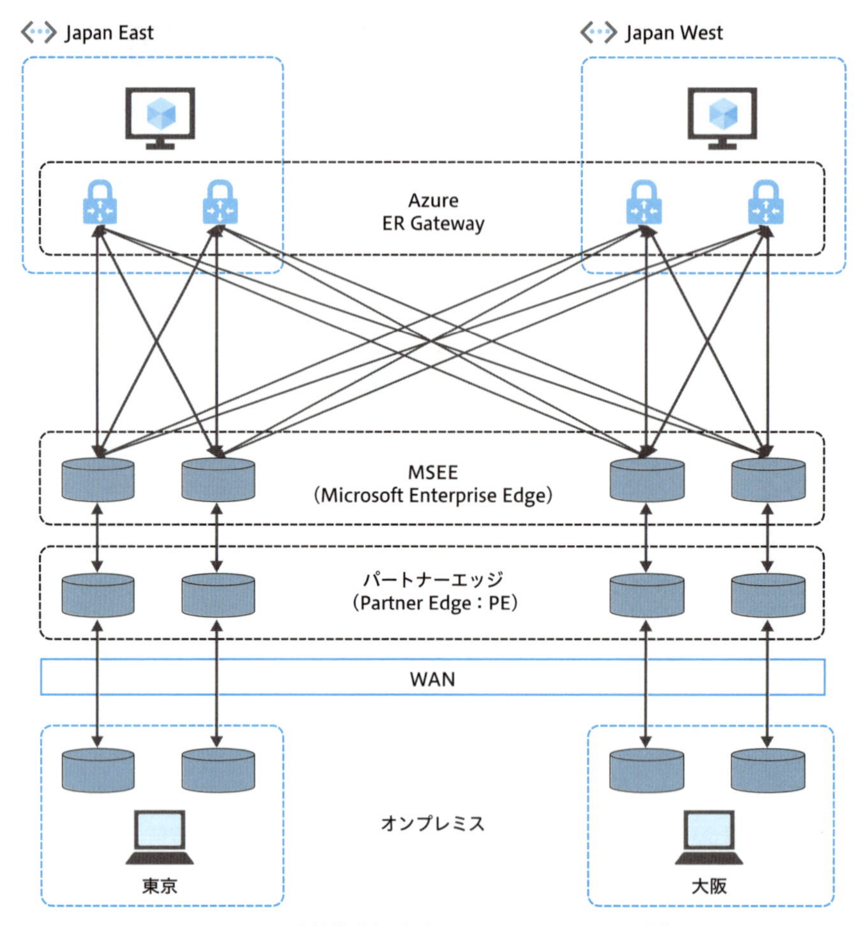

図6-27　大規模災害を想定したExpressRouteの冗長化

なお、パターン❷および❸のようにオンプレミスとAzure間で複数の経路が存在する場合、意図しない経路を通ってしまわないよう十分な考慮が必要となります。複数のExpressRoute Circuitを構成する場合は、BGPコミュニティ[▶13]やAS-Path Prependによってルーティングを制御可能です※11。

[▶ 13] BGPコミュニティ　Azureでは仮想ネットワークに対してBGPコミュニティ値（例 12076:20001）を設定することができる。AzureからExpressRoute経由でオンプレミスに送信されるトラフィックには、このコミュニティ値が付加され、オンプレミス側でどの仮想ネットワークからのトラフィックなのかを識別することができる。

※11　具体的な手順については以下のサイトを参照してください。

- ExpressRouteルーティングの最適化
  https://learn.microsoft.com/ja-jp/azure/expressroute/expressroute-optimize-routing

また、VPNと同様に、ゾーン冗長に対応しているSKU（ErGW1-3AZ）であれば、異なる可用性ゾーンにデプロイすることができるため、ゾーンレベルの障害から保護することができます。さらにExpressRouteでは、BFD（Bidirectional Forwarding Detection）をサポートしており、BFDを有効にするとMSEEとパートナーエッジ（PE）間におけるリンク障害の検出時間を通常約3分から1秒未満に短縮することができます[※12]。

オプション／アドオン

ExpressRouteでは、いくつかのオプションが用意されています（**図6-28・表6-8**）。あとから有効化することもできるので、ExpressRoute利用開始後に必要になった場合などに検討してください。

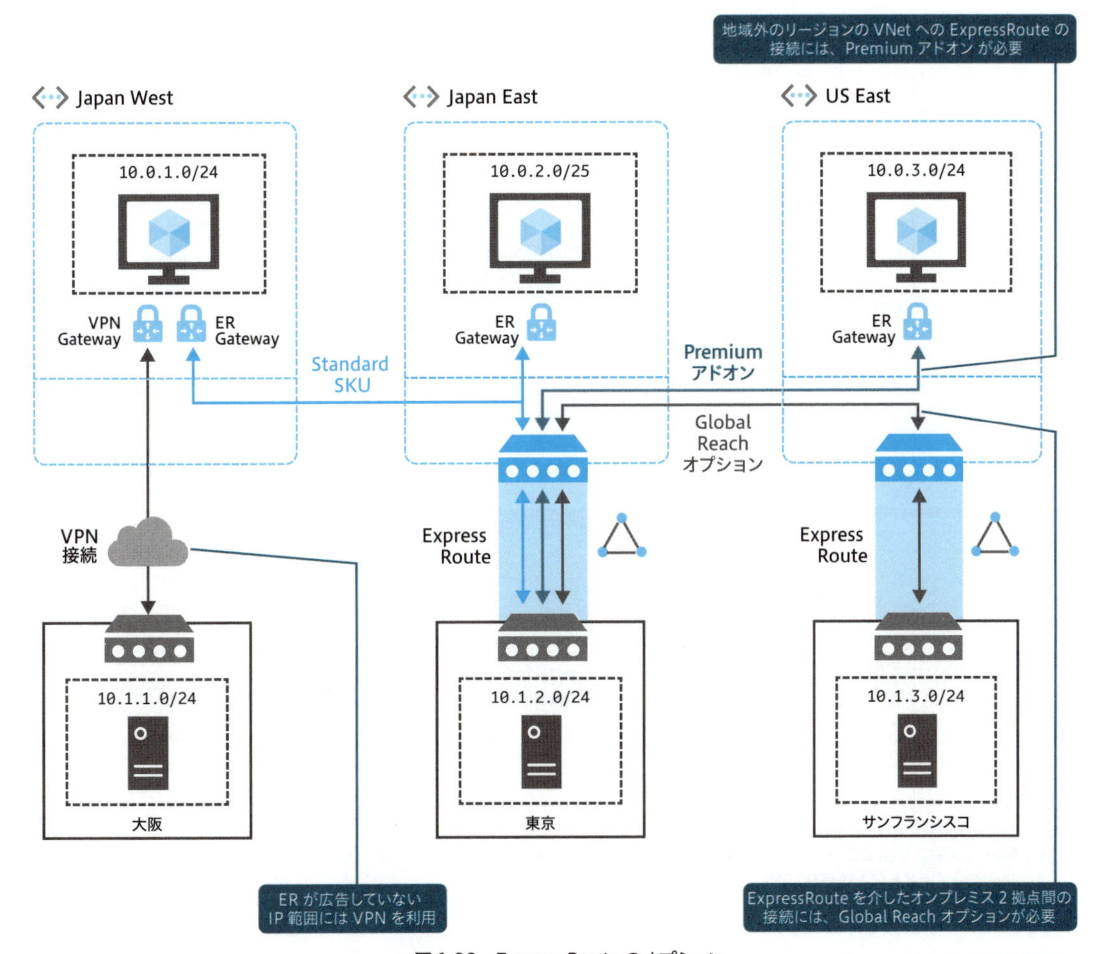

図6-28　ExpressRouteのオプション

※12　BFDの詳細については以下を参照してください。
・ExpressRoute経由のBFDの構成
https://learn.microsoft.com/ja-jp/azure/expressroute/expressroute-bfd

表6-8　ExpressRouteのオプション／アドオン

オプション名	料金	有効化方法	概要
Global Reach [▶ 14]	有償	Azure PortalでExpressRoute構築後に実施 ▼具体的な有効化手順 ・Azure portalを使用してExpressRoute Global Reachを構成する https://learn.microsoft.com/ja-jp/azure/expressroute/expressroute-howto-set-global-reach-portal	・ExpressRouteを利用した拠点間通信が可能になる（図6-28） ・地理的リージョンをまたいだGlobal Reachを構成する場合、Premiumアドオンが必要
Premium アドオン	有償	Azure PortalでExpressRoute Circuit作成時に選択（ExpressRoute構築後にコマンドでアドオン有効化も可能） ▼具体的な有効化手順 ・ExpressRoute Premiumはどのようにして有効にしますか。 https://learn.microsoft.com/ja-jp/azure/expressroute/expressroute-faqs#how-do-i-enable-expressroute-premium	・地理的リージョンをまたぐ世界中のリージョンと通信が可能になる（図6-28） ・1つのExpressRoute Circuitに接続できるVNetの数が増える（例 1Gbpsの場合、10→50） ・Private Peeringで広告できる経路数が4,000→10,000に増える
FastPath	無償	Powershellコマンドで新規または既存の接続に対して実施 ▼具体的な有効化手順 ・次のステップ https://learn.microsoft.com/ja-jp/azure/expressroute/about-fastpath#next-steps	・オンプレミスとの通信時に、通常はER Gatewayを通過するが、FastPathによりER Gatewayはバイパス（スキップ）され、直接AzureのVNetへ送信されるため、パフォーマンス向上が期待できる ・ER GatewayのSKUは、Ultra PerformanceまたはErGw3Azが必須 ・以下のトラフィックはFastPath対象外 　・PrivateLink（オンプレミスからプライベートエンドポイントへの通信） 　・仮想ネットワークピアリング（VNet Peering） 　・ユーザー定義ルート（UDR） 　※PrivateLinkは、100GbpsのExpressRoute DirectのみFastPath対象。
MACsec [※]	無償	PowershellコマンドでExpressRoute構築後に実施 ▼具体的な有効化手順 ・ExpressRoute DirectポートでMACsecを構成する https://learn.microsoft.com/ja-jp/azure/expressroute/expressroute-howto-macsec	・よく誤解されることが多いが、ExpressRouteは既定では暗号化されない。暗号化が必要な場合、以下のオプションがある 　・ExpressRoute Direct経由で接続する場合：MACsecによるL2レベルの暗号化が可能。MACsecによりオンプレミスのカスタマーエッジからMicrosoftのネットワークデバイスまでが暗号化される。 　・ExpressRoute（Private Peering）経由で接続する場合：VPN Gatewayを利用しExpressRoute内にIPsecトンネルを作成し暗号化することが可能。

［※］MACsecは、OSI参照モデルの第2層（L2）で利用されるセキュリティプロトコル。パケットにMACsec用のパラメータが追加され、特定のノード間通信を暗号化します。

［▶ 14］ExpressRoute Global Reach　ExpressRoute回線の機能の1つで、Global Reachを使うことで各リージョンのExpressRoute回線を相互に接続できる。これにより、ExpressRoute回線を使って、拠点同士がリージョンをまたいで通信することができる。

6-2 Azure To Azure

次に、利用シナリオ2つ目の「Azureの仮想ネットワーク同士の接続方法」について見ていきます。

VNet内

VNet内の異なるサブネットにある仮想マシン間は、既定で通信可能となっています。通信できる状態が好ましくない（通信不可にしたい）場合、以下のいずれかの方法を選択します。

- NSG（サブネットまたはNICにアタッチ可能）やAzure Firewallを利用してアクセス制御をする
- 異なるVNetに仮想マシンを配置する

VNet間

異なるVNet間を接続する方法には、以下の選択肢があります（**図6-29**）。

❶ VNetピアリング
❷ VPN
❸ ExpressRoute
❹ パブリックIP（インターネット経由）
❺ Private Link

このうち、VNetピアリングが最もシンプルでパフォーマンスが高い構成です。仮想化ホストの処理で実装されるためレイテンシが低く、リージョンが同一であればVNet内通信と同等のスループットが得られます。また、物理経路的にもVNet内通信と同じMicrosoftのバックボーンを利用します。通信がインターネットに出ないことをセキュリティ要件で求められる場合でも安心して利用できます。ただし、送受信データ量に応じた課金が発生することから、大きなデータ転送が定常的に発生する場合は費用に注意してください。

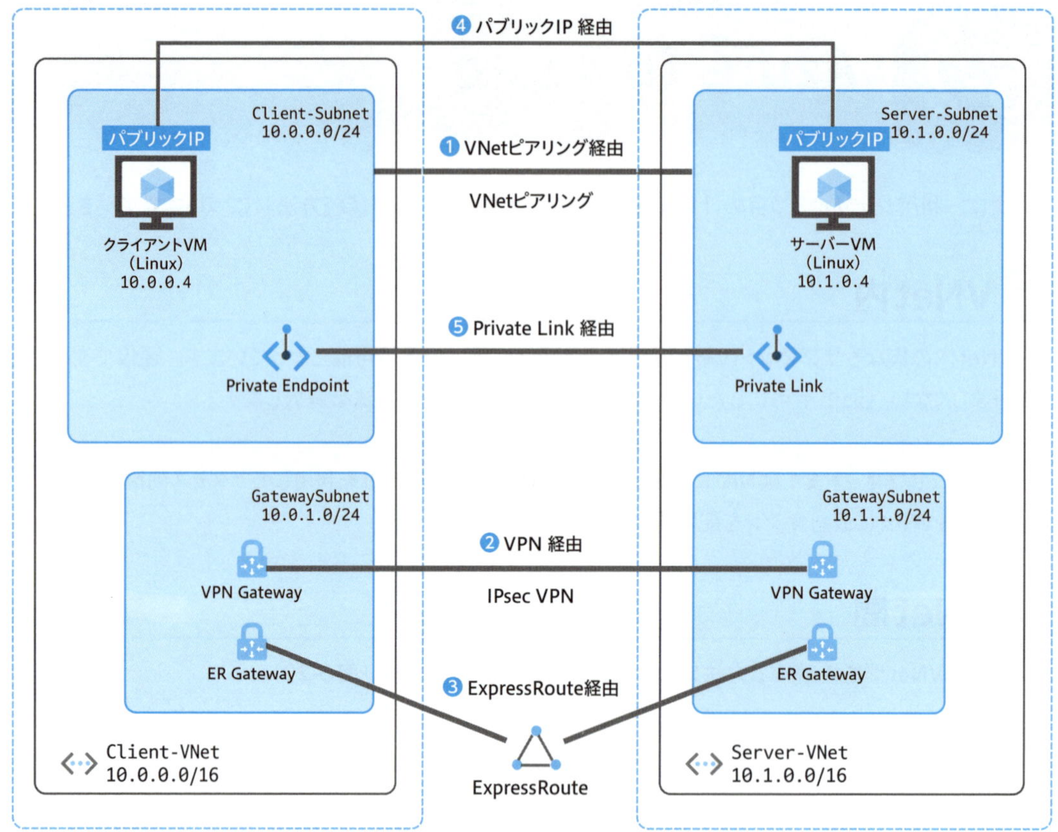

図6-29　VNet間通信の選択肢

IaaSとの接続

IaaS上の仮想マシンへ接続する主な方法には、**表6-9**の選択肢があります。基本的にはBastionの利用が推奨されていますが、オンプレミスとExpressRouteまたはS2S VPNで接続されている場合などについてはプライベートIPアドレスを用いてネイティブクライアントからアクセスすることも検討してください。

表6-9　仮想マシンとの接続方法

ツール名	接続元	料金	対応 OS	備考
Bastion（RDP[※]、SSH）	ローカルコンピュータ、Azure Portal	有料	Windows、Linux	仮想マシンへのパブリックIPアドレス付与が不要なマネージドな踏み台サービス
ネイティブクライアント（RDP、SSH）	ローカルコンピュータ	無料	Windows、Linux	ExpressRouteやVPNでオンプレミスと接続されている場合、プライベートIPアドレスでの接続も可能
Windows Admin Center	Azure Portal	無料	Windows Server 2022/2019/2016のみ	オンプレミスのWindows Admin Centerと同じ操作をAzure Portalから利用可能
シリアルコンソール	Azure Portal	無料	Windows、Linux	シリアルポートへ接続しテキストベースのみのコンソール接続を提供

[※] Remote Desktop Protocol（リモートデスクトッププロトコル）の略で、Microsoftが開発した画面の表示内容を遠隔のコンピュータに転送するためのプロトコル。

クラウド環境でも、従来のオンプレミス拠点での開発／運用と同様に、インターネットを介したリモート作業が必要とされる場面があります。すべての作業対象サーバーにパブリックIPアドレスを付与するのが現実的でないことやアタックサーフェス（攻撃の対象領域）を最小化したいという背景から、多くのエンタープライズ企業では、別途用意した踏み台サーバー（JumpBox）を経由してアクセスする体制を整えています。しかしながら、踏み台サーバーの運用は容易ではありません。その理由には次のようなものがあります。

- インターネットに公開されていて、セキュリティリスクが大きい
- サーバーに接続するための設定が煩雑になりやすい
- 接続の増減に応じたキャパシティのスケーリングに対応しなければならない

こういった点をふまえて開発されたのが、フルマネージドの踏み台サービスであるBastion（バッション）です。Bastionを使えば、仮想マシンにパブリックIPアドレスを付与しなくても[※13]、インターネット経由でセキュアに仮想マシンへ接続できます（**図6-30**）。これにより、仮想マシンがインターネット上の脅威アクターによる攻撃（ポートスキャンや脆弱性診断）から保護されます。また、Bastion自身はMicrosoftによって管理されているため、ユーザーが最新のセキュリティパッチを適用するなどのセキュリティ対策を実施する必要がありません。スケーリングを含めた設定変更も、Azure Portal上の操作で簡単に行なえます。

※13　Bastionを利用する場合、パブリックIPアドレスは不要ですが、接続先の仮想マシンに対して必要なポート（RDPの場合、3389など）が空いている必要があるため注意してください。

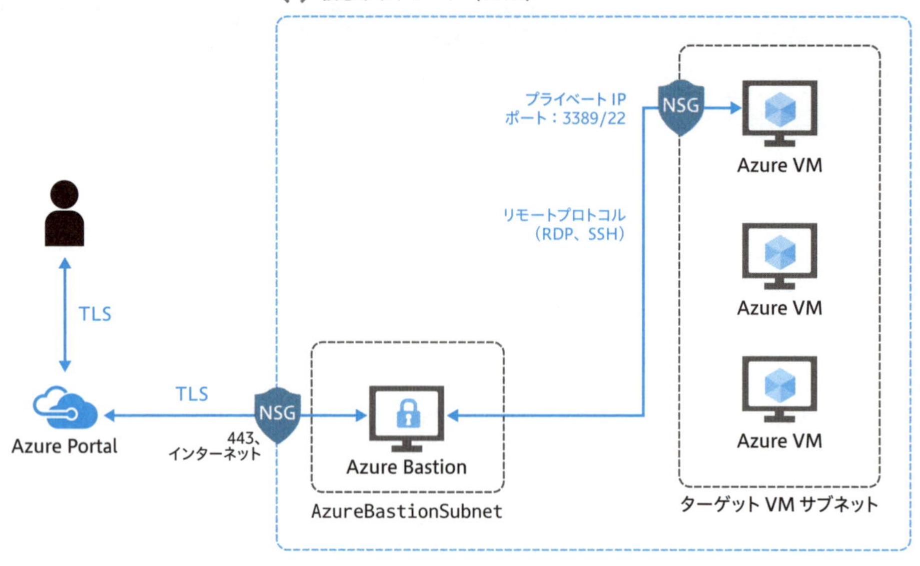

図6-30　Bastionの仕組み

出典 https://learn.microsoft.com/ja-jp/azure/bastion/media/bastion-overview/architecture.png

6-3 Azure To インターネット

最後に、利用シナリオ3つ目の「Azureからインターネットへの接続方法」について見ていきます。

アウトバウンド接続

仮想マシンからインターネット上のサーバーへのアクセスを、**アウトバウンド接続**あるいは**送信接続**と呼びます。アウトバウンド接続はパブリックIPアドレス（グローバルIPアドレス）の通信であるため、送信元となる仮想マシンにもパブリックIPアドレスが必要となります。Azureでは、送信元NAT（SNAT）によってこれを実現します※14。

また、アウトバウンド接続ができる状態の仮想マシンにインターネットゲートウェイの役割を与え、複数の仮想マシンのアウトバウンド接続をまとめて処理するような構成を取ることもできます。インターネットゲートウェイは、信頼性やセキュリティを担保するために、**ネットワーク仮想アプライアンス**（**NVA**）と呼ばれる専用の製品で構成することが一般的です。NVAには、マネージドサービスであるAzure

※14 IPv4でのインターネット通信の実現方法は、ホストに直接グローバルIPアドレスを割り当てる方法と、送信元NAT（SNAT）を使う方法の2つに分類できます。グローバルIPアドレスの枯渇が問題となっている現代において、前者の方法が採用される機会は極めて限定的です。

Firewallも含まれます。

このように、Azureでは複数の方法で仮想マシンのアウトバウンド接続性を担保できます。ここでは、アウトバウンド接続性に利用できるネットワーク構成について説明します。まずは、Azureで利用できるアウトバウンド接続の構成を**表6-10**にまとめておきます。

表6-10　アウトバウンド接続の構成

No.	構成	SNATアドレス	運用環境での推奨／非推奨
1	仮想アプライアンス	仮想アプライアンスの設定依存	推奨
2	NAT Gateway	NAT Gatewayに付与したパブリックIPアドレス（またはパブリックIPプレフィックス）	推奨
3	インスタンスレベルのパブリックIPアドレス	NICのIP構成に割り当てたパブリックIPアドレス	推奨
4	パブリックロードバランサーの送信規則	フロントエンドに付与したパブリックIPアドレス（またはパブリックIPプレフィックス）	推奨（大規模環境を除く）
5	既定の送信アクセス	Azureデータセンターが所有しているパブリックIPアドレスのいずれか	非推奨（2025年9月提供終了[※]）

[※] Azure VMの送信接続（SNAT）オプションまとめ
https://jpaztech.github.io/blog/network/snat-options-for-azure-vm/

このうちNo. 1の「仮想アプライアンス」に関しては、先述の通り、仮想アプライアンス側でNo. 2～No. 5のいずれかによるSNATが実装されており、それを複数の仮想マシンで共有するような形を取ります。純粋な基盤のSNAT機能を使ったアウトバウンド接続構成は、No. 2～No. 5だけである点に注意してください（No. 5は非推奨：2025年9月提供終了）。

判断フローチャート

個々の詳細に入る前に、ある仮想マシンがどの構成でアウトバウンド接続を実現しているか判定するフローチャートを**図6-31**に示します。

より厳密に言えば、これはNICに対する判定チャートとなっています。なぜなら、同一仮想マシンにアタッチされたNICであっても、NICごとに異なるアウトバウンド接続を構成できるためです。たとえば、異なる2つのサブネットに所属する仮想マシンに対し、片方のサブネットではNAT Gatewayを使ったアウトバウンド接続を、もう一方のサブネットではAzure Firewallを使ったアウトバウンド接続を構成することが可能です。

また、構成間の優先度も考慮して作成されています。たとえば、あるNICに対してNAT GatewayとインスタンスレベルのパブリックIPアドレスが両方構成された場合、NAT GatewayによるSNATでアウトバウンド接続が行なわれます。**図6-31**のフローチャートを使うと、このような依存関係を判断できます。

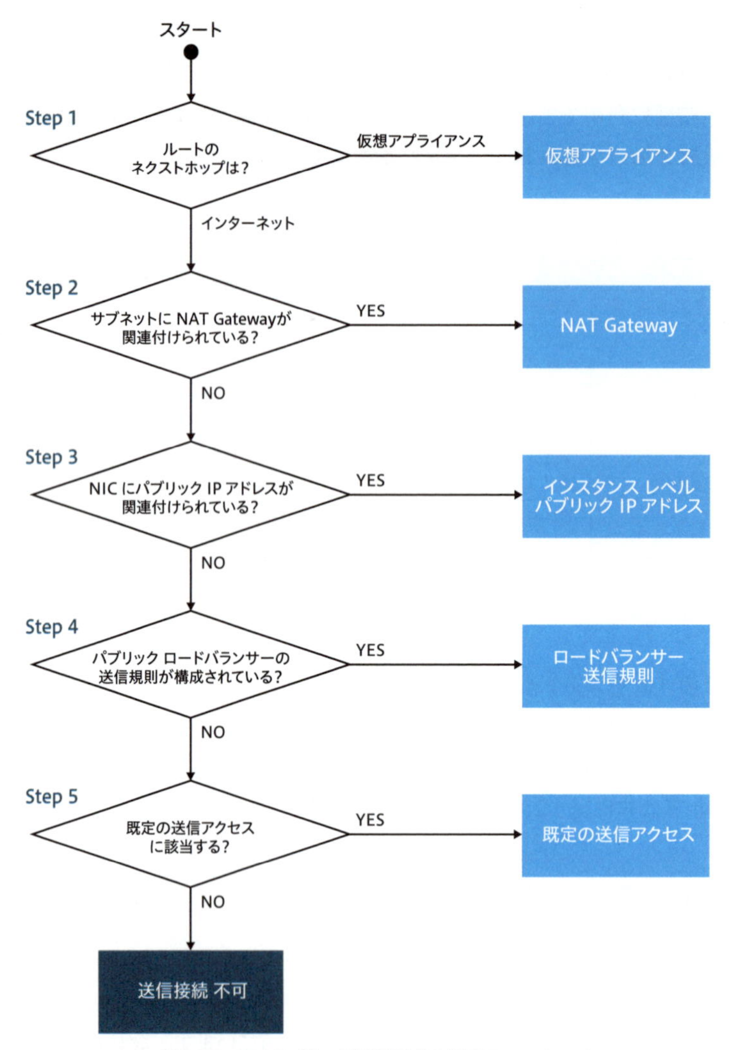

図6-31　アウトバウンド接続構成の判定フローチャート

Step 1 ルートのネクストホップは？

このステップは、ネットワーク仮想アプライアンス（NVA）でアウトバウンド接続を処理する構成か確認するものです。

通信制御やログの一元的な管理を目指すために、インターネットトラフィックをアプライアンス装置に通す構成は広く利用されています。VNetでも、Azure FirewallなどのNVAを利用することで同じ構成を実装できます。このような構成の場合、アウトバウンド接続のSNATはNVAで実施されます。

具体的な判断基準としては、ネクストホップが［仮想アプライアンス］のルートでトラフィックが処理される場合、そのトラフィックはNVAで処理されます。仮想マシンの有効なルートを確認することで、判断できます。厳密には**既定のデフォルトルート（`0.0.0.0/0`）を無効化／上書きするユーザー定義ルートがあるか**を重点的に確認するのがよいでしょう。

具体的に、**図6-32**のような有効なルートを持つ仮想マシンに対して、Step 1 の判定を行なってみましょう。

有効なルート

ソース ↑↓	状態 ↑↓	アドレスのプレフィックス ↑↓	ネクスト ホップの種類 ↑↓	ネクスト ホップ IP アドレス ↑↓	ユーザー定義ルート名
既定	アクティブ	10.0.0.0/16	仮想ネットワーク	-	-
ユーザー	アクティブ	20.118.99.224/32	インターネット	-	kms-server-01
ユーザー	アクティブ	40.83.235.53/32	インターネット	-	kms-server-02
ユーザー	アクティブ	23.102.135.246/32	インターネット	-	kms-server-03
既定	無効	0.0.0.0/0	インターネット	-	-
ユーザー	アクティブ	0.0.0.0/0	仮想アプライアンス	10.0.255.4	default-route

図6-32　有効なルートによるネクストホップの確認

まずは、ユーザー定義ルートによって、デフォルトルートのネクストホップが［仮想アプライアンス］に設定されている点に注目してください。これは、インターネット宛ての通信をNVAで処理する場合の典型的な状態です。本来、［インターネット］に向いている既定のデフォルトルートが無効状態になっていることも重要なポイントです。

また、3つのパブリックIPアドレスに対するユーザー定義ルートが設定されている点も見落とさないように注意しましょう。これらはWindows Serverのライセンス認証に使われるKMSサーバーのアドレスです。Azureでは最長一致検索（ロンゲストマッチ）がプライマリのルート選択基準として用いられるため、/32のプレフィックス長で設定したこれらのルートはデフォルトルートよりも優先されます。

したがって、この例での Step 1 の回答は次の通りです。

- インターネット宛てのトラフィックのネクストホップは**仮想アプライアンス**
- ただし、例外的にKMSサーバー宛てのトラフィックなら**インターネット**

Step 2 サブネットにNAT Gatewayが関連付けられている?

このステップでは、NAT Gatewayによるアウトバウンド接続のシナリオに該当するか判断します。

NAT Gatewayは、関連付けられたサブネット内のすべての仮想マシンに対してSNATの機能を提供します。したがって、対象仮想マシンのサブネットプロパティを確認することが Step 2 のポイントとなります。Azure Portalやコマンドなどでサブネットに NAT Gatewayが関連付けられていることが確認できれば、Step 2 の回答は**YES**です。

Step 3 NICにパブリックIPアドレスが関連付けられている?

NICに関連付けられたパブリックIPアドレスは、その仮想マシンに対してSNATの機能を提供します。このようなパブリックIPアドレスを、インスタンスレベルのパブリックIPアドレス（IL PIP）と呼ぶことがあります。

このステップでは、IL PIPによるアウトバウンド接続のシナリオに該当するか確認します。

Azure PortalやコマンドなどでNICのIP構成に対するパブリックIPアドレスの関連付けが確認できれば、Step 3 の回答は**YES**です。

Step 4 パブリックロードバランサーの送信規則が構成されている?

このステップでは、パブリックロードバランサーの送信規則によるアウトバウンド接続のシナリオに該当するか確認します。

Standard SKUのパブリックロードバランサー（パブリックAzure Load Balancer）で利用できる送信規則は、バックエンドプール [▶15] 内の仮想マシンに対するSNAT機能を提供します。内部ロードバランサーやBasic SKUのパブリックロードバランサーでは利用できません。対象の仮想マシンが送信規則を構成したバックエンドプールに存在する場合、Step 4 の回答は**YES**です。

[▶15] バックエンドプール　**ロードバランサーの重要な機能であり、指定された負荷分散規則のトラフィックを処理する仮想マシンなどのリソースのグループを指す。バックエンドプールを構成することで、ロードバランサーは受け付けたトラフィックをバックエンドプール内に送信する。**

Step 5 既定の送信アクセスに該当する?

既定の送信アクセスとは、仮想マシンに最低限のアウトバウンド接続を提供することを目的としたAzure基盤のSNAT機能です。これを既定のSNATと呼ぶこともあります。

このステップでは、既定の送信アクセスによるアウトバウンド接続のシナリオに該当するか確認します。

これまでの方法（No. 2～4 p.191）は明示的な構成を取っていたのに対し、既定の送信アクセスは条件さえ満たせばどの仮想マシンにも適用される点が特異的です。具体的には、次の条件をすべて満たす場合に適用されます。

- (条件1) **可用性セットに相当するグループ**内のすべてのNICが、Standard SKUのパブリックIPアドレス※15やロードバランサーに関連付けられていない
- (条件2) フレキシブルオーケストレーションモード [▶16] のVMSSのインスタンスではない

ここで、**可用性セットに相当するグループ**とは次を指しています。

- **可用性セットが組まれている場合**：可用性セット
- **VMSSのインスタンスの場合**：VMSS
- **それ以外の場合**：仮想マシン

※15　Basic SKUのパブリックIPは2025年9月30日に廃止。
・パブリックIPアドレス
https://learn.microsoft.com/ja-jp/azure/virtual-network/ip-services/public-ip-addresses

このようなグループを考える理由は、仮想化基盤でこれらのグループは同じモードで動作しているためです。グループ内のいずれか1つのNICがStandard SKUの接続リソース（パブリックIPアドレスとロードバランサー）に接続されていると、グループ全体がStandard SKU用のモードで動作するようになり、既定の送信アクセスが無効化されます。

[▶16] フレキシブルオーケストレーションモード　VMSSにおけるオーケストレーションモード（仮想マシンの管理方法）の1つであり、大規模なアプリケーション向けに複数の仮想マシンの種類を使用して、高可用性とスケーラビリティを両立させるために利用される。

機能比較

各構成を俯瞰的に比べられるよう、それぞれの構成の特性を**表6-11**にまとめました。

表6-11　SNATオプションごとの機能比較

構成	構成単位	アドレスの割り当て	NAT方式	最大SNATポート数	アイドルタイムアウト[分]	プロトコル	インバウンド接続
仮想アプライアンス	サブネット	NVA依存[※]	NVA依存[※]	NVA依存[※]	NVA依存[※]	NVA依存[※]	NVA依存[※]
NAT Gateway	サブネット	固定	NAPT	~64,512*16	4~120	TCP/UDP	なし
インスタンスレベルのパブリックIPアドレス	NIC	固定	NAT		4	TCP/UDP/ICMP/ESP	あり
パブリックロードバランサーの送信規則	バックエンドプール	固定	NAPT	64,000	4~100	TCP/UDP	選択
既定の送信アクセス	VM／可用性セット	ランダム	NAPT	1,024	4	TCP/UDP/ICMP	なし

[※] 仮想アプライアンスによるアウトバウンド接続も、究極的にはAzure基盤が提供するSNAT機能（NAT Gateway、インスタンスレベルのパブリックIPアドレス、パブリックロードバランサーの送信規則、Azure既定の送信アクセスのいずれか）を利用しています。仮想アプライアンスの特性に関しては、採用している基盤のSNAT方式とともに、製品固有の機能制限や特性などを総合的に加味して検討してください。

- **構成単位**：同じアウトバウンド接続の構成を共有する範囲。たとえば、サブネットが構成単位である場合、サブネット内のすべてのNICは同じ方法でアウトバウンド接続する
- **アドレスの割り当て**：「固定」の構成では、特定のSNATアドレスプールから送信元IPアドレスが払い出されることを保証できる。これにより、送信元アドレスを使ったアクセス制御が容易になる。「ランダム」の構成では、SNATアドレスを限定できない。たとえば、仮想マシンの割り当てを停止するとSNATアドレスが変化する可能性がある
- **NAT方式**：この「NAT」は、1対1でアドレスを対応付ける純粋なNATによって実装される送信元NAT（SNAT）を表わす。これが採用されているのは、インスタンスレベルのパブリックIPアドレスだ

け。「NAPT」※16は、5タプル p.77 を利用することで1対多のアドレス変換を実現するNATによって実現されるSNATを表わす。この方式では、同じエンドポイントへの接続を大量に発生させると「SNATポート枯渇」の問題が発生する可能性がある

- **最大SNATポート数**：NICが使用できる最大のSNATポート数を表わす。NAT Gatewayは、複数の仮想マシンにSNATポートを動的に分配するため状況に依存するが、理論上、NAT Gateway全体で最大64,512 × 16 = 1,032,192個のSNATポートが確保できる
- **アイドルタイムアウト**：TCPコネクションを確立したときのアイドルタイムアウト値（分）。タイムアウト値よりも長くアイドル状態が続くコネクションに関しては、それ以降の接続が保証されない。範囲での表記は、設定により変動できることを表わす
- **プロトコル**：サポートされているプロトコル。すべてのオプションでTCP/UDPはサポートされている。ICMPが利用できないオプションもあるので、外部サーバーへのping監視のような利用シナリオで注意する必要がある
- **インバウンド接続**：インターネットからのインバウンド接続を受信する機能を持っているかを表わす。「なし」の構成では、インバウンド接続性を確保することはできず、必要なら別途作成する必要がある。「あり」の構成では、必ずインバウンド接続性が確保されるため、NSGなどでの通信制御が必要。「選択」の構成では、「なし」にするか「あり」にするかをユーザーが決める機能を持つ

各構成の詳細

ここからは、各構成の特徴、ユースケース、注意事項を紹介していきます。ただし、仮想アプライアンスによるアウトバウンド接続構成については、次の理由により説明を省きます。

- 製品ごとに機能制約や想定パフォーマンスが異なるため、仮想アプライアンスを使った構成の一般的な特徴を言及することは難しい側面がある
- 仮想アプライアンスも、究極的にはAzure基盤が提供するSNAT機能（No .2 ～ No.5 p.191）を利用している。ネイティブなSNAT機能の理解が進むと、仮想アプライアンスのアウトバンド接続の特性もまた容易に把握できる

NAT Gateway

NAT Gatewayは、アウトバウンド接続のためにデザインされた唯一のネットワークサービスです（図6-33）。専門的なサービスなだけあって、送信元アドレスの固定化はもちろん、動的なポート確保によるポート資源の有効活用など、他の方式にない機能を有します。

※16　NAPT（Network Address Port Translation）は、SNATと同様にIPアドレスを変換する技術ですが、SNATとは異なりIPアドレスとポート番号を合わせて変換する技術です。そのため、複数のプライベートIPアドレスを1つのグローバルIPアドレスに変換できます。

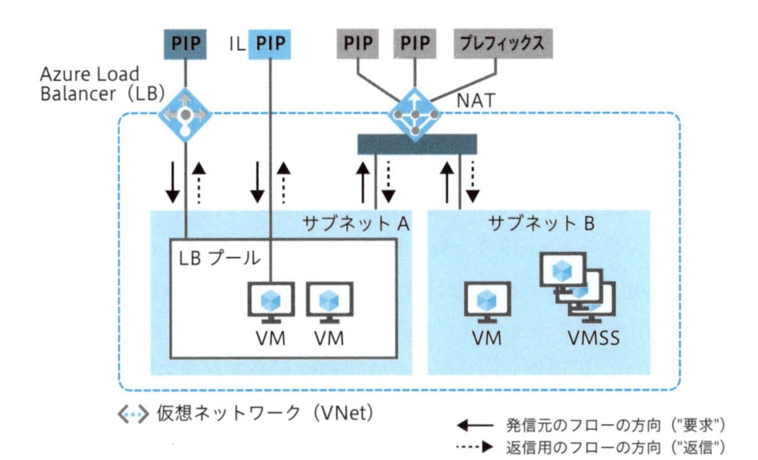

- **PIP：**パブリック IP アドレス
- **ILPIP：**インスタンスレベルのパブリック IP アドレス p.131
- **VMSS：**Virtual Machine Scale Sets p.131

図6-33　NAT Gatewayによるアウトバウンド接続

特徴

- フルマネージドなPaaSサービスで、高い可用性を有する。最新のSLAでは、可用性が99.99%を下回ると一部料金の返金（サービスクレジット）を受け取ることができる
- 複数の仮想マシンでSNATポートプールを共有し、動的にSNATポートを確保できるのはNAT Gatewayだけ
- NAT Gatewayに追加できるパブリックIPアドレスの最大数は16個。パブリックIPアドレスあたり64,152のSNATポートが確保されるため、NAT Gateway全体で最大64,512 × 16 = 1,032,192のSNATポートを確保できる
- アウトバウンド接続のTCPアイドルタイムアウトを4分から最大120分まで伸ばせる
- Azure MonitorのメトリックでNAT Gatewayで処理されたデータサイズ、パケット数、現在の接続数を確認できる

基本的な構成方法

①NAT Gatewayリソースを作成する
②対象のサブネットにNAT Gatewayを関連付ける

ユースケース

- 一般的なアウトバウンド接続のシナリオ全般
- 大量のインターネットへの接続が必要となる場合
- 複数の仮想マシンでSNAT用のパブリックIPアドレス（SNATポート）を共有したい場合

■ 注意事項

- NAT Gatewayを使用するNICは、Basic SKUのインスタンスレベルのパブリックIPアドレスを関連付けたり、Basic SKUのロードバランサーのバックエンドに配置したりできない
- 仮想ネットワーク内の通信に対する一般的なNAT装置として利用できない。あくまで、インターネットへのアウトバウンド接続におけるSNAT機能だけが提供される
- インバウンド方向のインターネット接続を受け付けることはできない。インバウンド接続性が必要な場合、Azure Application Gatewayやロードバランサーなどの利用を検討する
- NAT Gatewayの可用性オプションは、特定可用性ゾーンへの固定（zonal）または非ゾーン（regional）のいずれか。可用性ゾーンレベルの冗長性が必要なシステムに組み込む場合は、可用性ゾーンごとにサブネットを作成し、複数のNAT Gatewayを各サブネットに関連付けるようにする
- ICMPプロトコルはサポートされない

インスタンスレベルのパブリックIPアドレス

仮想マシンのNICにパブリックIPアドレス（インスタンスレベルのパブリックIPアドレス）を関連付けると、そのパブリックIPアドレスで通信がSNATされるようになります（**図6-34**）。1対1のステートレスNAT（単純NAT）として実装されるため、基盤側ではSNATポートを管理しません。

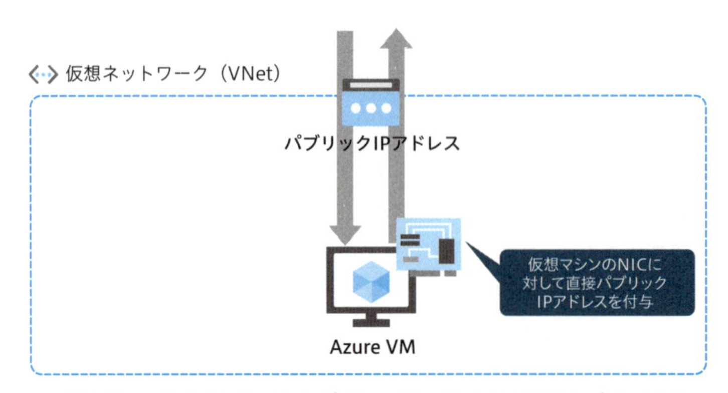

図6-34　インスタンスレベルのパブリックIPアドレスによるアウトバウンド接続

■ 特徴

- 基盤に備わるSNAT機能の中で、唯一NAPTを利用しない（SNATポートを使わない）方式によるSNAT。SNATポートの枯渇を心配する必要はない
- SNATアドレスが1つの仮想マシンに占有され、他の仮想マシンに使われないことを保証できる
- 構成が非常にシンプル

■ 基本的な構成方法

①パブリックIPアドレスリソースを作成する

②対象の仮想マシンのNICに関連付ける

■ ユースケース

- 単一の仮想マシンに対するアウトバウンド接続の確保（NAT Gatewayなどを導入するまでの一時的な対策）
- アウトバウンド接続だけでなく、仮想マシンへのインバウンド接続も確保したい場合

■ 注意事項

- Basic SKUだとNAT Gatewayと共存できない、といったSKU依存の制限が存在する。可用性ゾーンへの対応も考慮すると、基本的にはStandard SKUの使用が推奨される
- SNATポートの消費を気にしなくて済む反面、送信元仮想マシンの内部（OSのネットワークスタック）でエフェメラルポート[▶17]が枯渇する事象に遭遇する可能性がある

[▶17]エフェメラルポート　IPネットワークで使用されるTCPやUDPのポート番号のうち、どのソフトウェアやプロトコルからも自由に利用できる一時的な用途のために使用されるポート。具体的な番号の範囲はシステムによって異なるが、一般的には1024～65535番の範囲が指されることが多い。

パブリックロードバランサーの送信規則

パブリックロードバランサーのバックエンドプールに仮想マシンを配置し、送信規則を構成すると、フロントエンドのパブリックIPアドレスでアウトバウンド接続がSNATされる動作となります（**図6-35**）。なお、送信規則はStandard SKUでのみサポートされる機能です。

NATの種類にはNAPTが利用されています。バックエンドプール内の仮想マシンに対して、各々どの程度のSNATポート数を割り与えるか、あらかじめ設定しておきます。パブリックIPアドレスあたり64,000のSNATポートを持つので、これをバックエンドプール内の仮想マシンで分配する形になります。たとえば、8台なら8,000ポートずつ割り振ることができます。

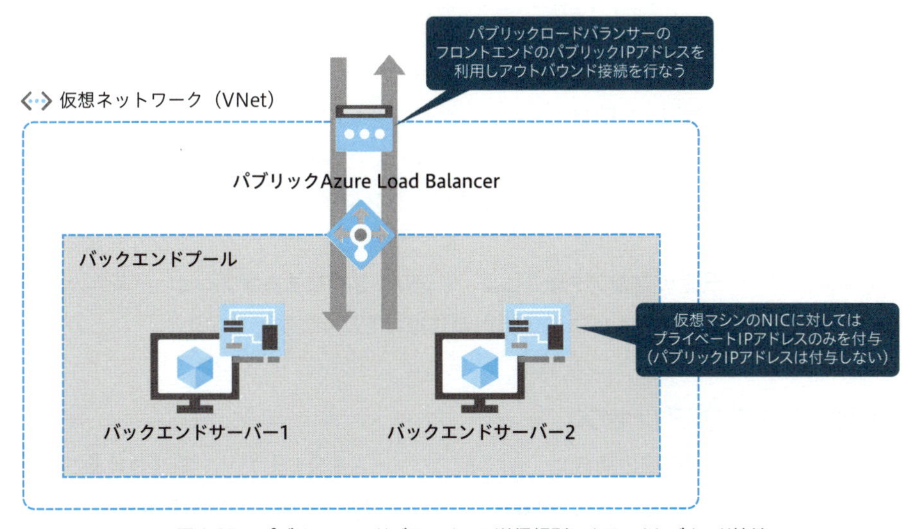

図6-35　パブリックロードバランサーの送信規則によるアウトバウンド接続

■ 特徴

- バックエンドプールの単位で構成されるため、サブネットをまたいで複数の仮想マシンを同じ方法でSNATできる
- 送信規則で制御できるパラメータが豊富
  - バックエンドプール（どの仮想マシンを対象とするか）
  - フロントエンドIP構成（どのパブリックIPアドレスでSNATするか）
  - SNATポート数の割り当て（各仮想マシンへ自動的に均等に割り当てる方式か、明示的に値を入力する方式が選択できる）
  - SNATの対象とするプロトコル（TCP、UDP、または両方）
  - TCPアイドルタイムアウト（4分から最大100分まで）
  - アイドルタイムアウト時のTCPリセット送信の有無
- インバウンド接続性も、負荷分散規則やインバウンドNAT規則を作成すれば確保できる。作成しなければ、単にアウトバウンド接続のみを行なうSNAT装置として使うことも可能

■ 基本的な構成方法

①パブリックIPアドレスをフロントエンドに付与したパブリックロードバランサーを作成する
②バックエンドプールに対象の仮想マシンのNICを追加する
③送信規則を作成する

■ ユースケース

- SNATと同時に、インバウンド方向の負荷分散も同時に構成したい場合（例 外部へのDBアクセスが必要となるアプリケーションサーバー）
- サブネット以外の単位で、複数の仮想マシンのアウトバウンド接続を制御したい場合（例 サブネット内の一部の仮想マシンに、まとめてインターネット接続を許可する）

■ 注意事項

- 送信規則で、複数のパブリックIPアドレス（フロントエンドIP構成）をまとめて指定すると、バックエンドプール全体としては「64,000 × IPアドレスの数」だけSNATポートが用意される。しかし、どれだけパブリックIPアドレスを追加しても、各仮想マシンに割り当てられる最大のSNATポート数は64,000まで
- 負荷分散規則には、既定の送信アクセスによってSNATを構成するオプションがある。これを有効化すると、同じバックエンドプールには送信規則が作成できなくなる

Azure既定の送信アクセス

これまでのアウトバウンド接続の構成は、明示的にリソースを作成したり、関連付けることでSNATをプログラミングするものでした。しかし、Azureにはアウトバウンド接続の方法をユーザーが指定してい

ない場合でも、仮想マシンがインターネット接続できるようにする仕組みが存在します。これを**Azure既定の送信アクセス**と呼びます（**図6-36**）。

具体的には、Azureプラットフォーム上で使われていないパブリックIPアドレスを一時的に借りてSNATを行ないます。そのため、仮想マシンを割り当て解除および起動するたびに、SNATに利用されるパブリックアドレスが変動します。

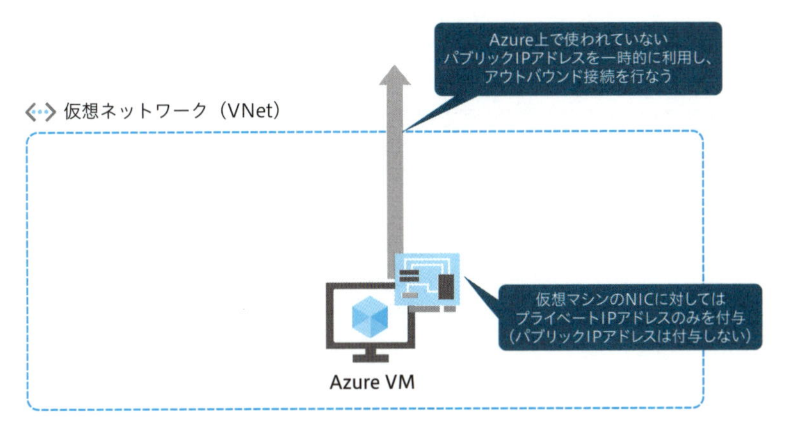

図6-36　既定の送信アクセスによるアウトバウンド接続

なお、割り当てられる可能性のあるIPアドレスはある程度絞り込むことができます。なぜなら、Azureリージョンで使用されているパブリックIPアドレスの一覧が、以下のダウンロードサイトから提供されているためです。対象の仮想マシンが存在するリージョンを確認し、「AzureCloud.<リージョン名>」で検索すると候補のIPアドレスを取得できます。

- Download Azure IP Ranges and Service Tags – Public Cloud from Official Microsoft Download Center
  https://www.microsoft.com/en-us/download/details.aspx?id=56519

■ 特徴

- 唯一、パブリックIPアドレスリソースを作らずにSNATができるアウトバウンド接続の構成
- NAPTにより実現されており、確保されるSNATポート数はNIC（仮想マシン）あたり1024で固定されている

■ 基本的な構成方法

条件の詳細は、判定フローチャート p.192 の「既定の送信アクセスに該当する?」 p.194 を参照してください。典型的には、次のような状況で既定の送信アクセスが利用されます。

- NAT Gateway、インスタンスレベルのパブリックIPアドレス、パブリックロードバランサーの送信規則を使わず、スタンドアロンな仮想マシンをデプロイしている

- 仮想マシンをBasic SKUのロードバランサーのバックエンドプールだけに配置している

■ ユースケース

- テスト／開発用の仮想マシンでアウトバウンド接続が必要になる場合

■ 注意事項

- 既定の送信アクセスでは最大でも1024までしかSNATポートが確保されず、SNATポート枯渇の問題が発生しやすいため推奨されていない
- 既定の送信アクセスは2025年9月30日で提供が終了。もともと本番環境での既定の送信アクセスは推奨されていなかったが、今後は任意の環境で明示的な送信接続の構成を取ることが求められる

発展的なユースケース

この章では、システムのパフォーマンス、可用性、セキュリティに着目して、Azureネットワークサービスの使いどころやVMのパラメータのチューニングなどについて解説します。仮想マシンをデプロイしたもののパフォーマンスがうまく出ないとき、可用性を高めるための負荷分散やルーティングの方法を知りたいとき、ネットワークのセキュリティをどのように設定すればよいか知りたいときなどに役立つ内容をまとめています。

第4章、第5章でAzureのネットワークの仕組みと基本的なネットワークサービスについて説明しました。本章では、Azureのネットワークサービスのパフォーマンスを引き出し、セキュリティを保って利用するために必要な発展的な利用方法を見ていきましょう。

7-1 パフォーマンス最適化

ネットワークのパフォーマンスとは?

最初のテーマはパフォーマンスです。「ネットワークのパフォーマンスを引き出す」とは、具体的にどういうことでしょうか。

ネットワークの本質的な機能は、仮想マシン(VM)やPaaSなどリソース間のデータの受け渡し、つまり**通信を行なうこと**です。現実的にはアプリケーションのアルゴリズムやCPUの処理能力、メモリの容量など様々な理由で一定時間に処理できるデータ量、および処理のために必要なインプットとなるデータ量は頭打ちになりますが、ネットワークがシステム全体の処理能力のボトルネックとならないようにすることを考えると、ネットワークのパフォーマンスを引き出すということは**単位時間あたりの通信量を多くすること**と考えることができます。

単位時間あたりの通信量をさらに掘り下げて考えてみましょう。ネットワークのパフォーマンスの指標として**スループット**がよく取り上げられます。スループットは単位時間あたりに転送されるデータ量のことで、MbpsやGbpsの単位で表現されます。実際の通信における実効スループット(実際に通信できる速度)は単位時間あたりに処理するパケット数と平均パケット長の積です。ネットワークのスループット能力を引き出すということは、**単位時間あたりにたくさんのパケットをできるだけ長いパケット長で通信するようにチューニングする**ということになります。

また、単位時間あたりの通信量を多くするには、スループット能力を引き出すだけでは不十分です。特にWebの世界では、HTTP/3の登場によってトランスポート層プロトコルの役割を変化させる動きも見られますが、いまだほとんどのアプリケーションはTCPプロトコルに依存しています。第3章で見た通り、TCPは制御ビットを使って、データ送信側がデータ受信側のACK※1での応答を見ながらデータを送信します。つまり、データ送信側が一方的にデータを送り続けることができず、一定データ量ごとにデータ受信側のACKを待つ必要があるということです。よって、**ACKがいかに早く届けられるか**も重要なポイントとなります。この観点ではパケット自体がどれだけ短い時間で到達するか(=レイテンシ)と、いかに再送せずにパケットを届けられるか(=パケット損失率)も重要になります(**図7-1**)。

※1 ACKはTCPにおけるパケット受信の応答フラグのこと。詳細は第3章の「制御ビット(control bit)」p.65および「3ウェイハンドシェイク」p.68を参照。

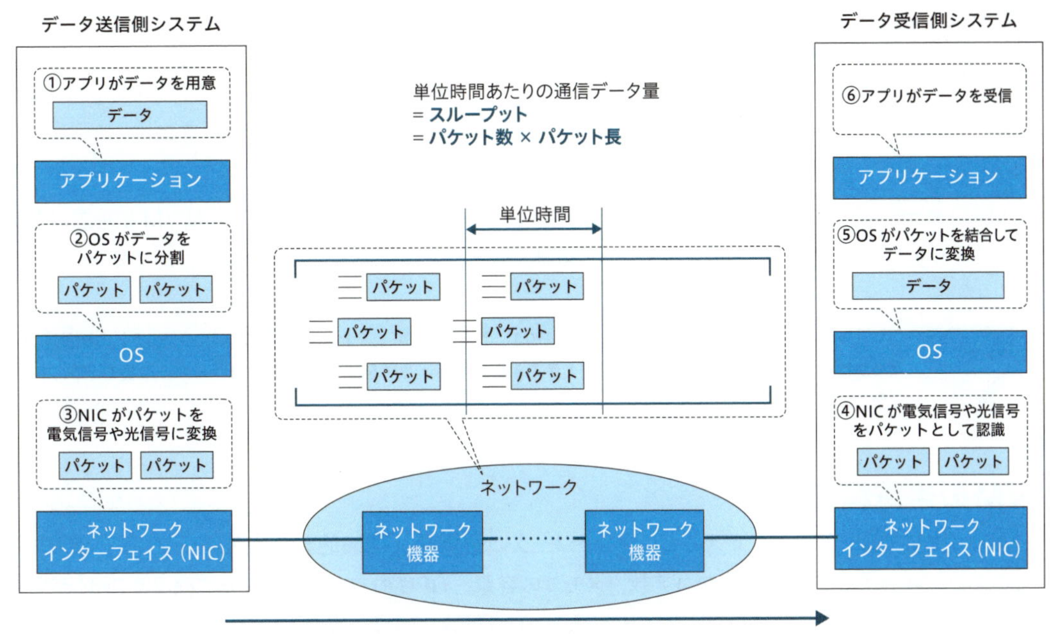

図7-1 パケット、スループット、レイテンシの関係

以上のことから、ネットワークのパフォーマンスを引き出すためには、以下の3点について考える必要があることがわかります。

- **スループット**：ネットワークのスループットを高めること。つまり単位時間あたりにたくさんのパケットを、できるだけ長いパケット長で送ること
- **レイテンシ**：パケットの転送時間を短くすること
- **パケット損失率**：パケット損失率を低減させること

HTTP/3

私たちがふだんブラウザでWebページを表示する際に利用しているHTTP（Hypertext Transfer Protocol）は、インターネットの成長とともにバージョンアップが行なわれてきました。1996年にHTTP 1.0が登場してHTMLを送受信するために利用され、その後、1997年にHTTP 1.1、2015年にHTTP/2とバージョンを重ねてきました。これはWebページ、Webアプリケーションが高機能化するとともに、データ量が増え、通信形態が複雑化し、データの送受信を担うHTTPのパフォーマンス改善が必要となったためです。そして、2019年にHTTP/3が発表されました。HTTP/2までTCP p.59 を元にしたプロトコルであったのに対し、HTTP/3はUDP p.71 が元になっていることに大きな特徴があります。コネクション層で通信制御（TCP）を行なわず、アプリケーション層でWebに特化した通信制御（UDP）を行なうことで、よりWebに適したパフォーマンスを引き出すことを目的としています。

Azure VMのパフォーマンスチューニング

パフォーマンスチューニングとは、システムやサービスの動作環境を最適化することです。まずは、ネットワークサービスではなく、通信の起点となるAzure VM[▶1]自身でどのように通信のパフォーマンスチューニングができるのかを見てみましょう※2。

VMのチューニングポイントは、スループットとレイテンシです。パケット損失率はVMと通信対象をつなぐネットワークによるところが大きく、VM自体でチューニングするものではないためです。

[▶1] Azure VM　Azureの仮想マシン（VM）サービスのこと。IaaSの1つであり、OS以上の機能をユーザーが自由にカスタマイズして利用することができる。Azure VMを使うことで様々なサーバーや仮想デスクトップクライアントを構築することができる。

VMの帯域幅

Azure VMでは、VMのサイズごとにネットワークの帯域幅（理論的な最大スループット）が決まっています。vCPU（仮想CPU）のコア数、メモリの容量、GPUの有無などによって様々なSKUが用意されており、たとえば汎用のシリーズであるDv5シリーズ[▶2]では、**表7-1**のスペックとなっています。

[▶2] Dv5シリーズ　CPUの世代、GPUの世代によってAzure VMの世代（シリーズ）が定義されており、「Dv5シリーズ」はDシリーズの5世代を表わす。Dシリーズは、CPUのコア数に対して4倍の値のメモリ容量が割り当てられた本番稼働を想定したSKU。

表7-1　Dv5シリーズのスペック

サイズ[※]	vCPU	メモリ（GiB）	最大NIC数	最大ネットワーク帯域幅（Mbps）
Standard_D2_v5	2	8	2	12500
Standard_D4_v5	4	16	2	12500
Standard_D8_v5	8	32	4	12500
Standard_D16_v5	16	64	8	12500
Standard_D32_v5	32	128	8	16000
Standard_D48_v5	48	192	8	24000
Standard_D64_v5	64	256	8	30000
Standard_D96_v5	96	384	8	35000

[※] Azureの仮想マシンのサイズ。DやAが仮想マシンのシリーズの特性ごとの符号、次に続く2や4の数字がコア数を示し、名前を見ると、どのシリーズの何コアのサイズかがわかります。

※2　PaaSもチューニングしたいところですが、基本的に通信制御を担うOSレイヤーはMicrosoftで管理するため、ユーザーによるネットワークのパフォーマンスチューニングは限定的もしくは不可です。

一方、開発／テスト用のシリーズであるAv2シリーズ[▶3]では、表7-2のスペックとなっています。

[▶3] Av2シリーズ　Aシリーズの2世代。Aシリーズは、本番稼働用のSKUと比べて古い世代のCPUや通信帯域、ディスクアクセス性能が限定された開発／テスト用のSKU。

表7-2　Av2シリーズのスペック

サイズ	vCPU	メモリ（GiB）	最大NIC数	最大ネットワーク帯域幅（Mbps）
Standard_A1_v2	1	2	2	250
Standard_A2_v2	2	4	2	500
Standard_A4_v2	4	8	4	1000
Standard_A8_v2	8	16	8	2000
Standard_A2m_v2	2	16	2	500
Standard_A4m_v2	4	32	4	1000
Standard_A8m_v2	8	64	8	2000

上記のように、SKUおよびサイズによってネットワーク帯域幅が大きく異なるので注意が必要です。帯域幅については、次の点もあわせて注意してください。

- 帯域幅はVMに対して設定されている。複数のNICを同じVMにアタッチ（追加）しても帯域幅が増えることはない
- 帯域幅は送信トラフィックに対する値。受信トラフィックに関しては帯域の制限はないが、当然ながらハイパーバイザーやゲストOSが持つ計算資源（CPU、メモリなど）やワークロード特性に依存して、どこかで頭打ちになるポイントがある

本書のテーマはネットワークなので詳細は省きますが、ネットワークスループットと同様にディスクのIOPS[▶4]、スループットに関してもVMのSKUごとに上限があります。高速なディスクをVMにアタッチしても性能が出ない場合、VM側の制限値も確認してください。

[▶4]IOPS　Input/output operations per secondの略語で、ディスクが1秒あたりに処理可能なI/Oアクセス数（入出力数）のこと。

MTUとIPパケットの断片化（IPフラグメント）

適切なパケット長を選択する方法を見ていきましょう。第2章で解説した通り、MTUは転送可能なパケットの最大長です。Azure VMのデフォルトMTUは1500バイトで、AzureのVNetは1500バイト、VPN GatewayではMTUは1400バイトです。データセンターのネットワークに携わっていた方ならば、スループットの向上のためにジャンボフレームを利用したいかもしれませんが、ジャンボフレームは利用できないことに注意してください。

ジャンボフレーム

ジャンボフレームは、ネットワークで使用されるデータパケットの一種で、伝送路の通常のMTUを越えたデータ量を持つパケットのことです。伝送路にイーサネットを利用する場合、イーサネットの仕様でMTUは1500バイトとなりますが、この値を越えたフレーム（イーサネットにおけるパケットのこと）はジャンボフレームです。ネットワーク機器の処理能力は単位時間あたりに処理できるパケット数で規定されるため、1つのパケットに保持できるデータ量が大きくなるほど、送信するデータあたりのパケット数が減少し、ネットワーク機器の転送効率がよくなり、スループットが向上します。そのため、オンプレミスのデータセンターでは、MTUをカスタマイズしてジャンボフレームをそのまま転送できるようにネットワークを設計することもあります。Azureの仮想ネットワークでは、MTUはカスタマイズできないため、注意する必要があります。

MTUを超えるパケットを転送する場合、IPヘッダのDFビット[▶5]でフラグメント（断片化）が許可されていると、そのパケットはMTUに収まるように複数のパケットに断片化されます（**図7-2**）。

[▶5] DFビット　第2章の「パケットフォーマット」p.44 で説明したフラグフィールドのうち、パケットの断片化の可否を記述する箇所のこと。このDFビット（Don't Fragment bit）が有効になっている場合、経路上のネットワーク機器においてパケット長がMTUより大きくても、パケットの断片化を行なわず、パケットを破棄する。

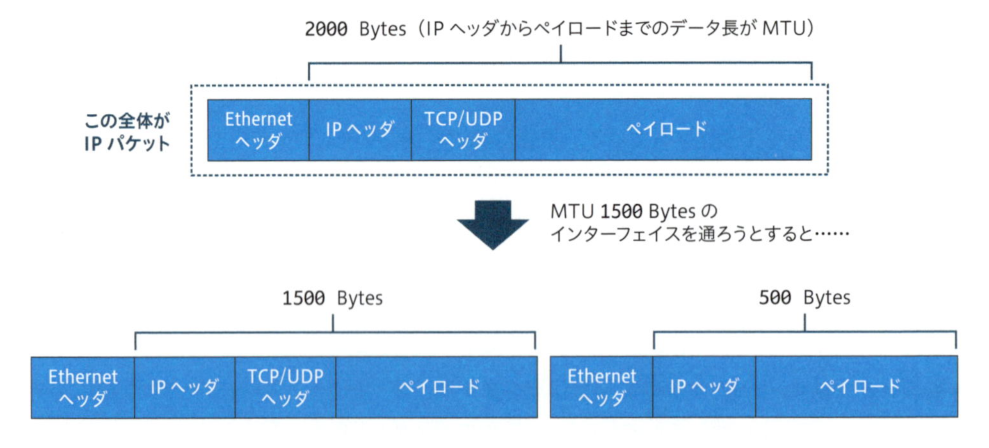

図7-2　IPフラグメントとパケットのヘッダの関係

この断片化は、非常に大きな問題があるように思えます。なぜなら、AzureのVNetには以下のような仕様があるためです。

■ Azure VNetのIP断片化に関する仕様

❶ AzureのVirtual Networkスタックでは、順序の正しくないフラグメントパケットが到着すると、パケットを破棄する（2018年11月に発表されたFragmentSmackというLinuxカーネルの脆弱性に対処するため）。等コストマルチパス（ECMP）で通信経路を構築している場合、発生しやすくなる

❷ AzureのVNetでサポートされるプロトコルは、TCP、UDP、ESP※3、AH※3、ICMP、TCP/IP。パケットが断片化すると、これらのヘッダが付かないパケットが発生するため問題が起こる

たとえば、MTUが1500バイトのVNetに2000バイトのUDPのパケットが着信すると、**図7-2**のように1500バイトのパケットと500バイトのパケットに分割されます。IP断片化はIPレイヤーで行なわれるため、UDPのヘッダの再構成は行なわれず、最初のパケットにのみUDPのヘッダが付き、次の500バイトのパケットにはUDPのヘッダは付きません。つまり、VNetでサポートされないパケットとなります。特にロードバランサー（Azure Load Balancer）は、IPとTCP/UDPのポート番号を使って負荷分散をコントロールしているため、断片化されてTCP/UDPヘッダを持たないパケットは扱えませんし、サービスとしてもサポートしていません。

また、IP断片化が発生すると単純にパケット数が増えるため断片化したパケットを受信するリソースや途中のネットワークのパフォーマンスに影響を与えます。特に、受信するリソースはパケットの再構成のために待ち時間が発生しますし、再構成の対象となる一連のパケットをメモリに格納しておく必要が発生します。

それではMTUの範囲内で効率のよいパケット長で通信するにはどうすればよいのでしょうか。

TCPの3ウェイハンドシェイクにおけるMSSの調整（TCP MSSクランプ）

第3章で見た通り、TCPでの通信が開始する際に通信するリソース間では**3ウェイハンドシェイク**※4でコネクションを確立します。その際にリソース間でお互いにMSS [▶6] を知らせ合います。MSSはMTUからIPヘッダのサイズとTCPヘッダのサイズを除いたものです。

MSS = MTU −（IPヘッダサイズ + TCPヘッダサイズ）

[▶6] MSS　Maximum Segment Sizeの略語で、IPプロトコルのMTU（最大転送単位）をふまえたTCPプロトコルにおけるパケットあたりの最大データ長のこと。第3章の「オプション（Options）」p.67 も参照してください。

MSSはMTUから計算されたTCPのペイロードの最大サイズであり、3ウェイハンドシェイクを通じて通信するリソース同士でお互いのMTUに基づいた最大パケットサイズを知ることができます。ただし実際には通信するリソース同士が直接リンクを結ぶことは少なく、途中の経路にMTUの小さな経路が存在することもあります。VPNはカプセル化を行なうことから元のMTUより小さくなりますし、一部の通信キャリアのコンシューマー向けの回線サービスは内部的に同じくカプセル化を行なっていて、ユーザーでカプセル化しなくてもイーサネットよりMTUが小さくなります。経路の途中で断片化されないようにするにはどうすればよいのでしょうか。

※3　ESP、AHは、ともにIPパケットを暗号化するプロトコルであるIPsecを利用する際に追加されるヘッダのこと。
※4　TCPコネクション確立のための最初のシーケンス。第3章の「3ウェイハンドシェイク」p.68 および本章の**図7-4** p.210 を参照してください。

7

Path MTU Discoveryと途中経路でのTCP MSSクランプ

図7-3のネットワーク構成を考えてみましょう。

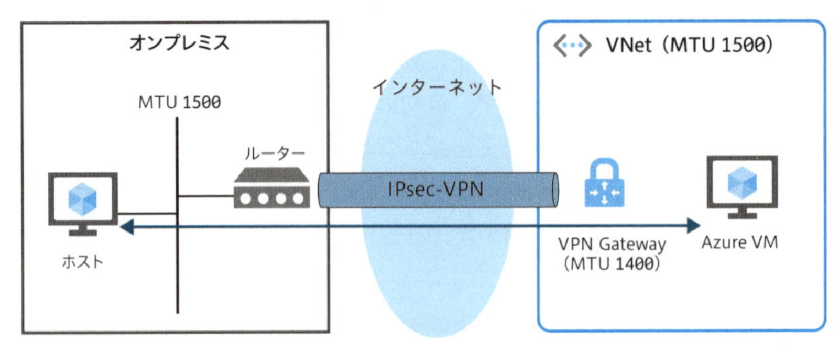

図7-3　VPNを挟んだサーバー間通信例

ホストとAzure VMは、それぞれのネットワークインターフェイスのMTUを1500と認識しています。このとき、3ウェイハンドシェイクで認識されるMSSは、IPヘッダが通常20バイト、TCPヘッダが20バイトのため、1460バイトです。ただし途中に、より小さなMTU（1374バイト）のVPNが挟まっています。

このときにホストが1500バイトでDFビットが1（＝断片化禁止）のTCPパケットをAzure VMに送信するとどうなるでしょうか。経路上にあるルーターは自身のインターフェイスのMTUを上回る、断片化禁止のパケットが届いたため、送信できないパケットであることを通知するためにホストにFragmentation Needed and DF set（タイプ3、コード4）を示すコードを持つICMPパケットを返します。これによりホストは経路上により小さなMTUのパスが存在することを認識し、MSSを下げることができるようになります。この仕組みをPath MTU Discovery（PMTUD）と呼びます（**図7-4**）。

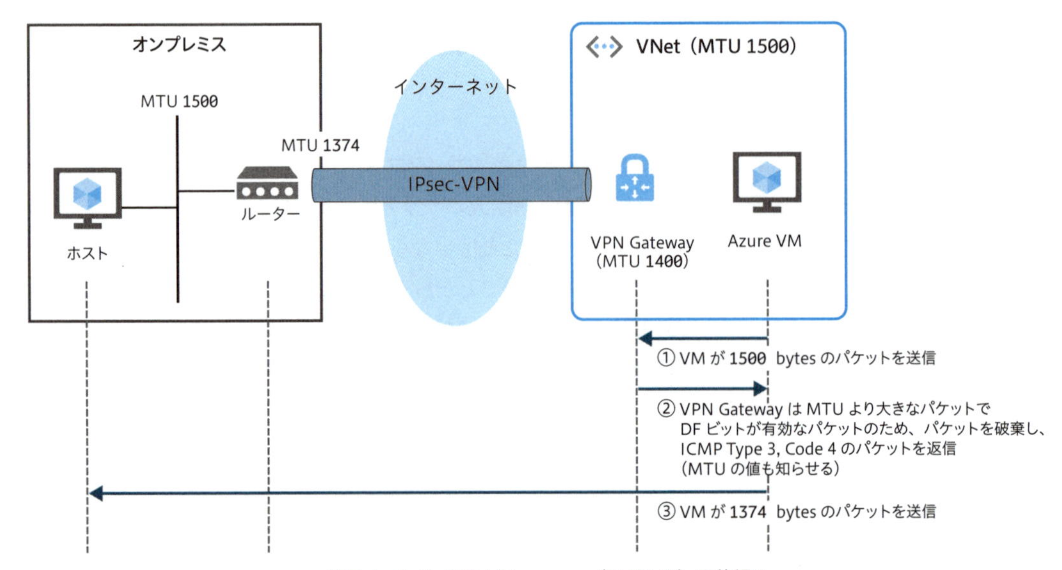

図7-4　Path MTU Discovery（PMTUD）の仕組み

ただし、途中経路の小さなMTUを持つ機器が必ずしも送信元に対してICMPで知らせるとも限りません。特に、ファイアウォールなどのセキュリティ機器は、そのようなMTUが小さなインターフェイスを持つことをICMPで知らせない仕様であることが多い傾向にあります。また、経路上のどこかでICMPのパケットがフィルターされるかもしれません。このように経路上に小さなMTUが存在するにもかかわらず、正常にPMTUDが動作しない状態をPath MTU Discovery Black Holeと言います（**図7-5**）。

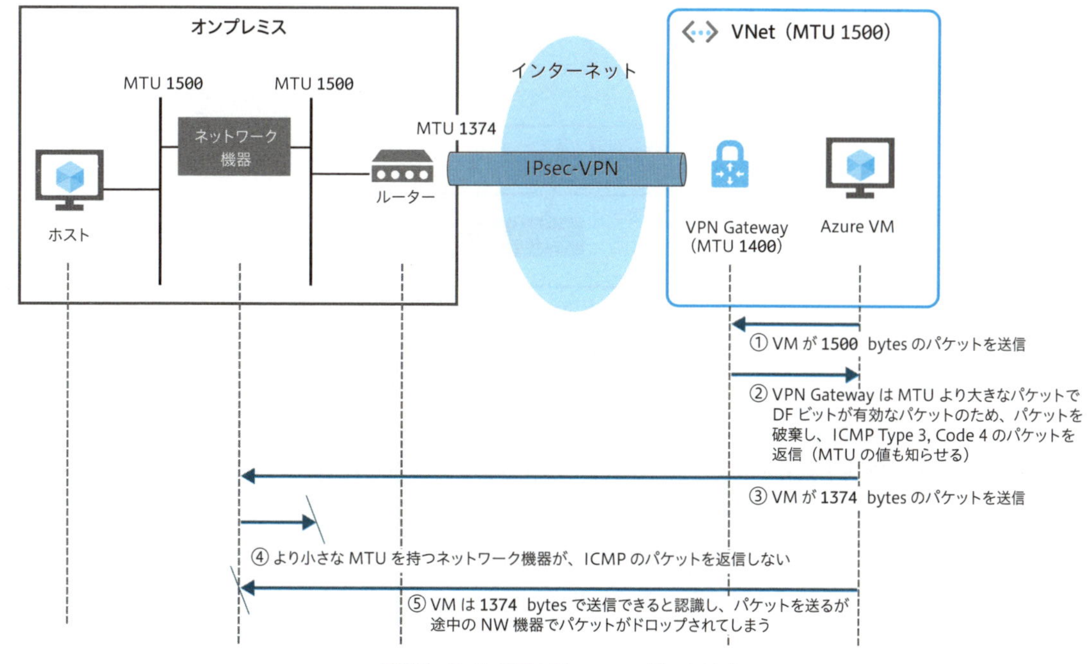

図7-5　Path MTU Discovery Black Hole

この場合の対処方法は以下の2つです。

❶ DFビットを書き換えて断片化を行なう
❷ 途中の小さなMTUを持つ機器で3ウェイハンドシェイクに介入し、小さなMTUに適したMSSに書き換える（**図7-6**）

❶は、これまで述べた通り、パケットの断片化はAzureを使う際に問題を引き起こす可能性があるため望ましくありません。そのため、できる限り❷を利用することが重要です。この❷の経路の途中でMSSを最適化することをMSSクランプと呼びます（**図7-6**）。特にオンプレミスからVPNでAzureに接続する場合はMTUに合わせた適切なMSSを選択できるように経路設計、機器の設定を行ないましょう。なお、Azure VPN GatewayはMSSクランプに対応しており、IPsecヘッダの分だけMSSを減少させるような動作となっています。

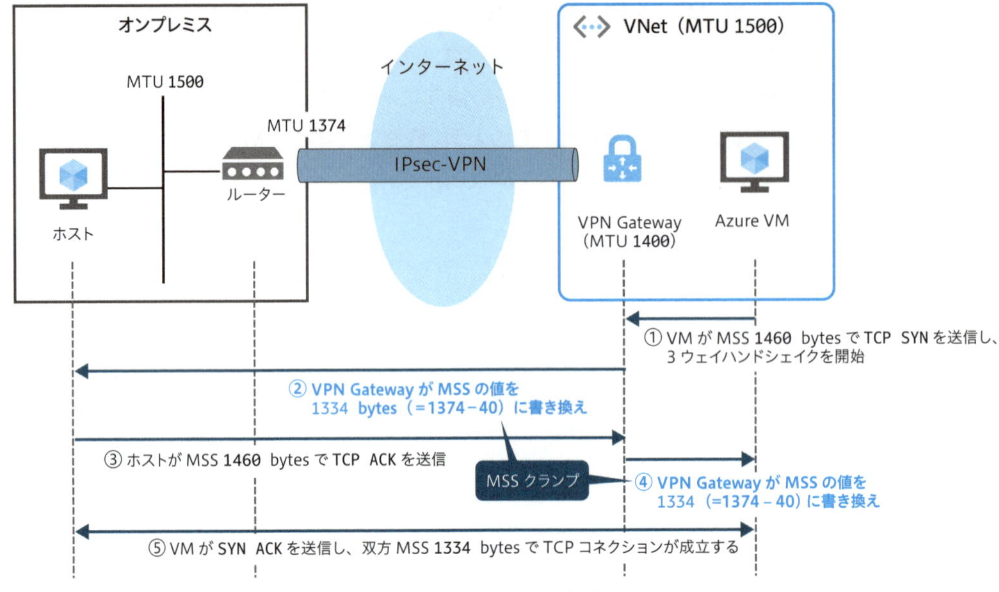

図7-6　MSSクランプの仕組み

上記のMSSの調整は、あくまでTCPに適用できるチューニング方法です。UDPはコネクションレスなので、MSSの調整もありません。現状では、パケット長の大きなUDPパケットをMTUに合わせて適切に取り扱うのは、Azureのネットワーク系のサービスだけでは難しいのが実情です。大きなUDPパケットを扱う場合、アプリケーションでパケット長をコントロールするか、あらかじめMTUを通信経路に合わせて小さく設定しておく必要があります。

TCPウィンドウとチューニング

次に、レイテンシへの対策について考えてみましょう。レイテンシへの対策がなぜ重要なのかを理解するには、TCPの通信の仕組みを十分に把握する必要があります。TCPはコネクションを作り、送信側が受信側のデータ受信状況を確認しながら通信することで、確実にデータが送信できていることを保証します。そのため、送信側がデータを送信したあとに、受信側から「データが受信できた」という応答を待つ必要があります。受信確認のパケットはネットワークを通じて送られてくるため、ネットワークのレイテンシの分だけ到達するのに時間がかかります。そのため、**TCPは原理的にレイテンシの影響を強く受けます。**

ここで鍵を握るのは、TCPウィンドウと呼ばれる仕組みです（**図7-7**）。UDPはパケットを一方的に送るのに対して、TCPでは送信パケットに対する受信確認が必要です。しかし、パケット1つ1つに対して受信確認していると非常に効率が悪くなります。そこでTCPは、複数のパケットをまとめて送信し、その全体に対する受信確認を1つだけ返すようなフロー制御を実施します。この受信確認を待つことなく送信できるデータ量をウィンドウサイズと呼びます。

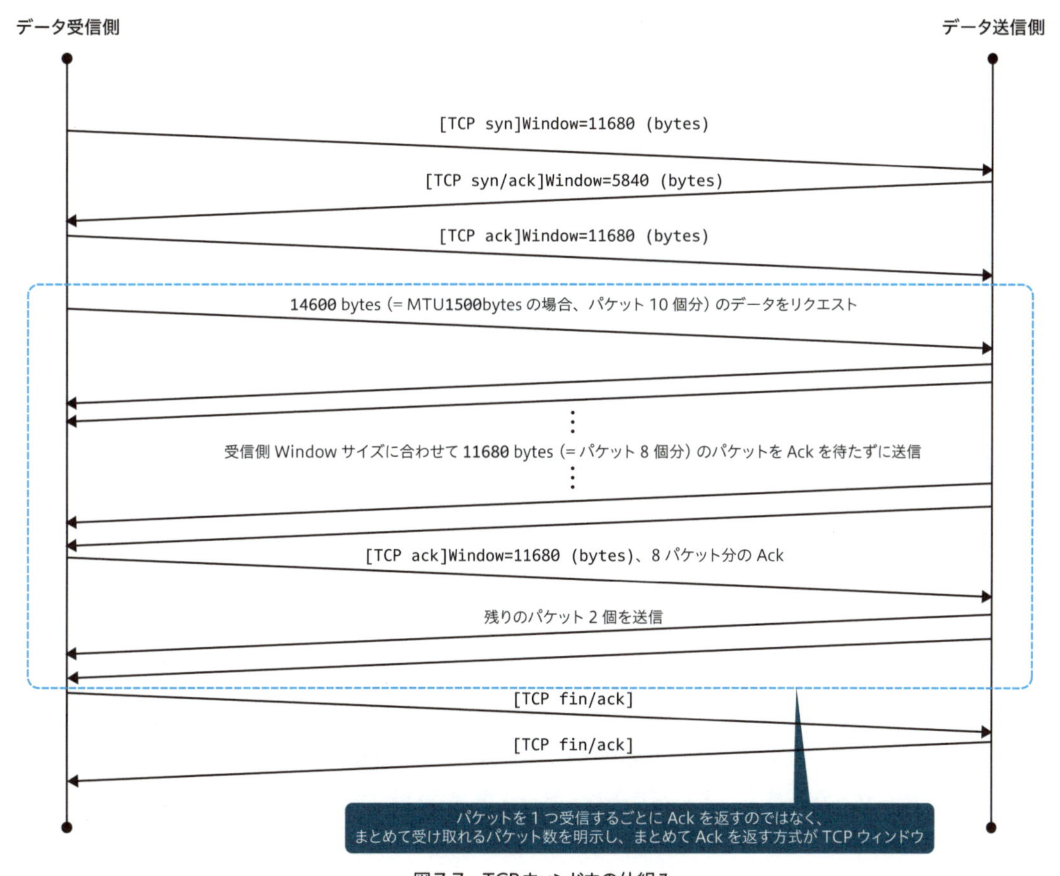

図7-7　TCPウィンドウの仕組み

データを送信する側、受信する側は、それぞれ3ウェイハンドシェイクのシーケンスの中で送信バッファのサイズ、受信バッファのサイズと使用可能スペースの情報を交換します。その情報に基づいて送信側は受信バッファの使用可能スペース分の複数のパケットをまとめて送信し、受信側はそれらのパケットを受信したことに対して受信確認を送信します。

■ TCP通信のスループットがレイテンシに与える影響

Windowsの受信バッファのデフォルトサイズは65535バイトのため、このサイズを基準にTCP通信のスループットがどのようにレイテンシの影響を受けるのか考えてみましょう。

ウィンドウサイズ以外のスループットに対する影響がない場合、単位時間あたりに何回データを送信できるかによってスループットを計算できます。何回データを送信できるかは、どれだけ早く受信確認のパケットを受け取れるかに基づきます。そのため、1つのTCPコネクションにおけるスループットの計算式は以下のようになります。

スループット = **ウィンドウサイズ** ÷（**レイテンシ** ÷ 1000）

バイト/秒　　バイト　　秒

よって、ウィンドウサイズが65535バイトのとき、レイテンシごとのスループットは**表7-3**のようになります。

表7-3　レイテンシとスループットの関係

TCPウィンドウサイズ（バイト）	レイテンシ（ミリ秒）	スループット	
		Mバイト/秒	Mbps
65535	1	65.54	524.29
65535	10	6.55	52.42
65535	30	2.18	17.48
65535	60	1.09	8.74
65535	90	0.73	5.83
65535	120	0.55	4.37

レイテンシが1ミリ秒から10ミリ秒になるだけでスループットが急減し、それ以降はほとんど実用的ではないレベルに低下しています。レイテンシがスループットに与えるインパクトは、それほど大きいのです。

スループットを高く保つには、ウィンドウサイズが大きい状態を維持することが大切です。なぜなら、レイテンシはネットワーク構成、通信するリソース間の物理的な距離に影響を受けるため、能動的に打てる対策が限られるためです。まとめて送れるデータ量が多ければ多いほど、受信確認のために一時休憩する時間が減り、TCPのスループットが向上します。

TCPヘッダにおけるウィンドウサイズを指定するセグメントは、第3章のデータ構造 p.61 で説明したように16ビットです。そのため、このセグメントで指定できる値の最大値は、$2^{16} - 1 = 65535$ です。現在ではRFC 7323でウィンドウサイズの指定の拡張仕様である**ウィンドウスケールオプション**が制定されています。ウィンドウスケールオプションを使うと、3ウェイハンドシェイク時にだけTCPのオプションが送信されます。ウィンドウスケールオプションを使うことで、元のウィンドウサイズ指定のビット列を何ビット分左にシフトするか、つまり2の何乗分倍にするかを指定します。このシフト数は0から14までの範囲で指定でき、14のスケールファクター（=シフト数）をとると、$65535 \times (2^{14}) =$ 1,073,725,440バイト = 8.5Gビットまで指定できます。

ただし、あまりに大きなウィンドウスケールオプションを指定すると、かえって効率が悪くなることも理解してく必要があります。受信確認が来るまでに一度に大量にパケットを送信できますが、その間にパケットがロスする確率は比例して増えていくため再送の回数が増えます。再送を適切に使えると非常に効率のよいフロー制御が可能ですが、実際のところ再送が原因で性能が悪化するケースも少なくありません。また、大きなウィンドウサイズのために輻輳（ふくそう）が発生することも考えられます。ウィンドウサイズは、ネットワーク品質とうまくバランスをとりながら調整しましょう。

高速ネットワークと近接通信配置グループ

前項ではレイテンシを不変のものとして説明してきましたが、ここではAzureのネットワークでレイテンシを減少させるアプローチを紹介します。具体的には、第4章で説明した**高速ネットワーク**、**近接通信配置グループ**（PPG）です。**高速ネットワーク**はAzureの基盤技術であるSmartNICによりパケット処理を高速化する技術、PPGは物理的に近いホストにVMをデプロイする仕組みです※5。

高速ネットワークの留意点

高速ネットワークを利用する際には、次の点に留意する必要があります。

- 受信トラフィックを複数のCPUで分散処理させるReceive Side Scaling（RSS）を有効にする（**図7-8**）※6

RSSはネットワークドライバーに対する機能であり、OSの設定として指定します。AzureではWindows、LinuxともにRSSを利用可能で、新規にAzureで構築したVMではデフォルトで有効になっています。一方、Azure Migrateなどを使ってAzureに移行したVMの場合、無効になっている場合があります。このようなVMに対しては手動で有効にしましょう※7。

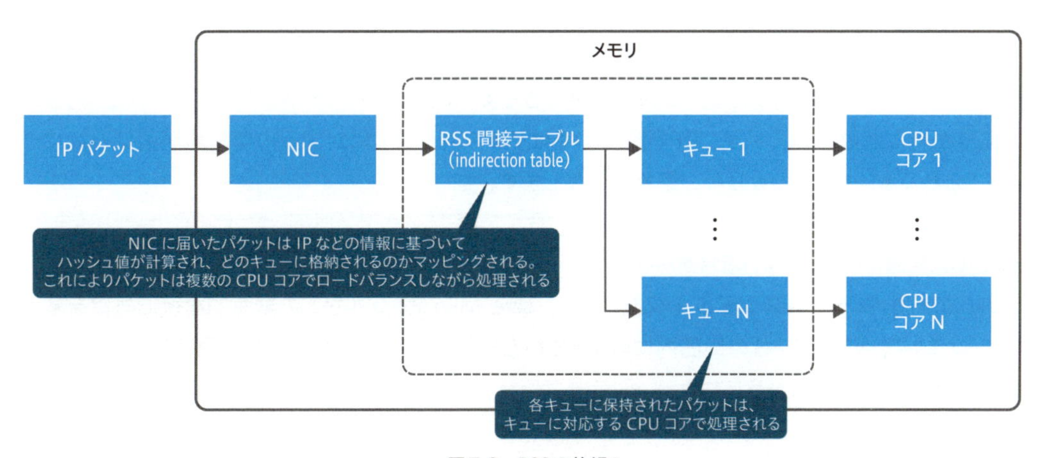

図7-8　RSSの仕組み

※5　高速ネットワークとPPGの詳細は、第4章の4-3節 p.118 で説明しています。

※6　RSSの詳細については、以下のドキュメントを参照してください。
・Receive Side Scaling の概要
https://learn.microsoft.com/ja-jp/windows-hardware/drivers/network/introduction-to-receive-side-scaling

※7　有効にする手順は以下のドキュメントを参考にしてください。
・Azure 仮想マシンのネットワーク スループットの最適化
https://learn.microsoft.com/ja-jp/azure/virtual-network/virtual-network-optimize-network-bandwidth

また、高速ネットワークは、新しい仮想化技術の基礎技術にもなっています。2023年7月、MicrosoftはAzureのインフラの大きなアップデートとして**Azure Boost**を発表しました。Azure Boostは、ネットワークやストレージパフォーマンスの向上、セキュリティ、物理ホストのメンテナンスによるダウンタイムの低減などの機能を盛り込んだ、Azureの新しいインフラサービスです。Azure Boostでは、**Microsoft Azure Network Adapter（MANA）**※8という新たなネットワークインターフェイスが導入されています。このMANAを利用するには高速ネットワークが必要です。こうした技術の進化に追従するためにも、高速ネットワークを利用することをおすすめします。

近接通信配置グループの留意点

近接通信配置グループ（PPG）を利用する際には、次の点に留意する必要があります。

・可用性とトレードオフがある

物理的に近い場所にVMを配置することは、障害ドメインを極めて小さく設定することと等価です。SAP S/4 HANAのようにシステム要件としてPPGの利用が指定されている場合は仕方ないところですが、数ミリ秒のレイテンシ改善によるメリットの裏には可用性低下によるデメリットがあることを意識しましょう。PPGを使用する場合でも、最低限の可用性を確保するために可用性セットとあわせて利用することをおすすめします。

・VMの割り当てが失敗する可能性が高まる

ユーザーのニーズに合ったサービスを提供できるように、Azureのデータセンターでは日々リソースの充足が行なわれていますが、PPG設定下ではVMの割り当てに対する物理制約が強いために、割り当てられるホストが見つからない事象が発生します。

・意図した配置になっていない場合がある

VMの計画メンテナンスや障害を契機にして、Live Migrate［▶7］などの緊急的な復旧処置を基盤が行なった結果、VMがPPGの範囲内に収まっていない場合があります。PPG利用時はメンテナンス後の状態確認を行ないましょう。

［▶7］Live Migrate　**仮想マシンを停止させることなく、別の物理ホストで稼働するように移し替えること。**

※8　Azure VM用に開発されたネットワークインターフェイスハードウェアと、それを利用するためのOSドライバーの総称。

ハイブリッドネットワークのパフォーマンス

VNet内でのネットワークのパフォーマンスチューニングの次は、オンプレミスと接続したハイブリッドネットワークでどのようにパフォーマンスチューニングを行なうのか見てみましょう。第6章で見た通り、Azureとオンプレミスを閉域ネットワークで接続するには、以下の2つの方法があります。

- VPN Gatewayを使ってインターネット上にIPsec-VPN（インターネットVPN）を構築する
- ExpressRouteを使って通信キャリアの専用線網と接続する

インターネットVPNと、ExpressRouteを使った専用線網をパフォーマンスの観点で比較すると、おおむね[※9]**表7-4**のようになります。

表7-4　インターネットVPNと、ExpressRouteを使った専用線網の比較

比較項目	インターネット VPN	専用線網
通信品質	インターネット上ではパケットロスに関する保証がない。国、地域によってはインターネットの通信品質が悪い	パケットロス率まで保証される
レイテンシ	インターネット上ではどのAS（Autonomous System：自律システム）を通過するかが不定で、特にMicrosoftのASとピアリングしていないISPの場合、複数ASを通過することになるのでレイテンシが伸びる	専用線網からPoP（ネットワークへの接続点）を通じてMicrosoftのバックボーンに接続するためレイテンシが短め
帯域幅	アクセス回線はキャリアによって帯域保証がある場合があるが、インターネット上では帯域保証はない	通信キャリアによってアクセス回線、バックボーンともに帯域保証される
通信経路の機器の負荷	VPNを形成する機器でパケットを暗号化する処理分時間がかかる	暗号化しなければパケットを転送するだけ

以上のことから、一般的にはインターネットVPNに比べてExpressRouteのほうがネットワークのパフォーマンスがよいと言えます。

VPN Gatewayをサイト間接続（S2S VPN）のインターネットVPNにのみ利用する場合は、オンプレミス側のVPNに利用するインターネット回線の帯域に合わせてVPN GatewayのSKUを選択しましょう。複数の拠点をサイト間接続（S2S VPN）で結ぶ場合は、各回線の帯域の総和に合わせましょう。この理由は、アクセス回線を超えるSKUを選択しても、アクセス回線の帯域以上のスループットは出ないためです。

ExpressRouteを利用する場合は、通信キャリアによって提供される物理回線に合わせたExpressRoute Circuitの帯域を選択しましょう。これも物理回線の帯域を越えたスループットは出ないためです。そして、ExpressRoute Circuitの帯域に合わせてER GatewayのSKUを選択します。

Cosmos DBやAzure Storageに対して大規模なデータ書き込みを行ないたい場合は、ExpressRoute Directを検討することも重要です。ExpressRoute Directは、AzureのPoP（接続点 p.219）となっているデータセンターにユーザーのネットワーク機器を設置し、データセンターの物理回線で直接MSEE（Microsoft側のエッジルーター）とユーザーのネットワーク機器を接続します。ExpressRoute Directでは最大100Gbpsの回線SKUが提供されます（通常の通信キャリア経由の場合は最大10Gbps）。

※9　ここで「おおむね」と言ったのは、専用線に関する言及は一般論であり、詳細な仕様はサービスによるからです。

インターネットVPN、ExpressRouteのどちらを利用する場合にも、トラフィックシェーピング[▶8]は重要なポイントです。VPN Gatewayの帯域幅、あるいはExpressRoute 回線、ER Gatewayの帯域幅を越えたトラフィックが流れ込んだ場合、パケットを破棄してしまいます。パケットドロップが発生するとパケットの再送が発生し、パフォーマンスが低下します。通信経路を設計し、経路が細くなる箇所でシェーピングすることで、パケットを通信機器でバッファリング[▶9]できるよう対策することが可能です。

[▶8] トラフィックシェーピング　接続している通信回線の帯域に合わせて通信量を制御すること。シェーピングは単位時間あたりの通信量を設定値に合わせるように流入したパケットをバッファリングしながらコントロールすることで、パケットの損失を低減させる。一方でバッファリング[▶9]するためレイテンシが上がり、またバッファリングできる量はネットワーク機器のメモリの容量に左右される。シェーピングに対して、設定値以上のパケットをバッファリングせず破棄する手法はポリッシングと呼ぶ。

[▶9] バッファリング　データを処理する際に一時的にデータをメモリに退避させること。CPUでの処理が追いつかない場合でもデータの損失を防ぐために行なう。

Webパフォーマンス

次に、インターネットで公開するシステムのネットワークのパフォーマンスを考えてみましょう。インターネットに公開するシステムは、世界中の様々な場所、様々なネットワーク環境からアクセスされます。そのため、ユーザーとシステムの間のネットワークの帯域幅を保証することができません。インターネットに公開するシステムにおけるネットワークのパフォーマンスチューニングのポイントは**レイテンシ**です。

レイテンシをチューニングするためには、ユーザー側はインターネットそのものの通信品質を向上したりできないため、とれる手段は**いかにユーザーに物理的に近い場所からレスポンスを返すか**です。

インターネットに公開するシステムにおいてネットワークのパフォーマンスを改善する場合、Azureでは以下の2つのサービスを利用することが可能です。

❶ Azure CDN Standard from Microsoft（classic）/Azure Front DoorでCDNを構築する
❷ Azure Traffic Manager/Azure Front Doorでリージョン間のルーティングを最適化する

負荷分散については次節で扱うため、ここではCDN（Contents Delivery Network）について解説します（**図7-9**）。

CDNは、Webコンテンツを効率的に配信するためのサーバーの分散ネットワークです。CDNは、一般的にはユーザーやセッションの状態によらない静的なWebコンテンツを配信元のサーバー（オリジンサーバー）からキャッシュしておき、ユーザーからアクセスがあったときに対象のコンテンツを返すことでオリジンサーバーの負荷を低減し、ユーザーへオリジンサーバーよりも早くコンテンツを提供します。

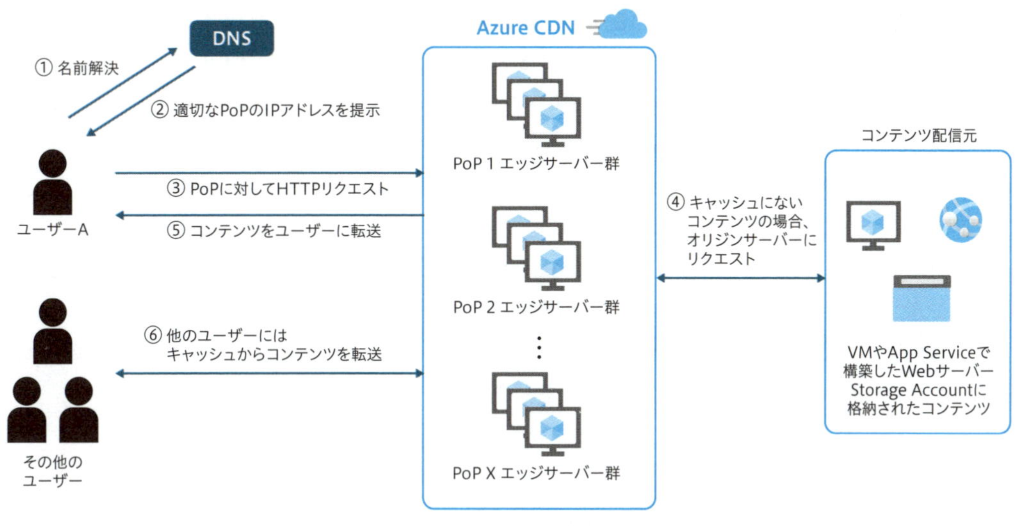

図7-9　Azure CDNの仕組み

① ユーザーAは、`https://example.azureedge.net/index.html`にアクセスするためにDNSに名前解決を行なう
② DNSはユーザーに対して最もパフォーマンスが高いPoP[▶10]にリクエストをルーティングするために、そのPOPを示すIPアドレスを返す。通常は最も地理的に近いPoPのIPアドレスが示される
③ ユーザーAは、DNSから返されたPoPに対してファイルをリクエストする
④ PoPのエッジサーバーは、要求されたファイルがキャッシュとして存在しない場合、配信元のサーバー（オリジンサーバー）にファイルを要求する。配信元はPoPにファイルを返す
⑤ PoPのエッジサーバーは、ファイルをキャッシュしユーザーAに返す。キャッシュはHTTPヘッダに指定されたTTLまで保管する
⑥ 他のユーザーからも同じファイルにアクセスされた場合、すでにキャッシュがあれば配信元にはリクエストせずにPoPからファイルを返す

上記のように、地理的にユーザーに近い場所からコンテンツを返すことで、レイテンシの低減を実現します。また、この仕組みによって、コンテンツ配信元の負荷を低減したり、コンテンツ配信元をDoS攻撃から保護したりできます。Azure CDN自体もさらにAzure DDoS Protectionで保護されているため、DoS攻撃に対して強い環境を構築することが可能です。

[▶10] PoP（ポップ） Point of Presence（ポイントオブプレゼンス）の略語で、ユーザー保有のネットワークとMicrosoftのグローバルネットワークとの接続点（エッジノードとも呼ばれる）。ここでは、Microsoftのバックボーンネットワークに接続する際の入り口となるデータセンターのこと。

CDNが適しているシナリオは、誰もが同じコンテンツを見るようなコーポレートサイトやブログのような一般的なWeb配信です。ユーザーにかかわらず、一度キャッシュしたファイルを不特定多数に配信ことができるためです。近年よく使われるSPA（シングルページアプリケーション）も、アプリケーションの大部分がHTML、CSS、JavaScriptのロジックによって成り立っているため、静的ファイルの配信に強いCDNと相性がよいです。また、Azure CDNでは動画の生配信、オンデマンド配信に対してメディアストリーミングの最適化も行なうことが可能です。

Azure CDNは、さらにDynamic Site Acceleration（DSA）をサポートしており、ユーザーごとに動的にコンテンツを変えるようなサイトにもある程度の効果が見込めます。DSAでは、PoPのエッジサーバーとコンテンツ配信元の間の経路の最適化、TCPスロースタートの排除などのTCPの最適化などを行なうことで動的サイトに対しても効率の向上を試みます。

7-2 ルーティング、負荷分散

VNetやVM、Azureのネットワークサービスによるパフォーマンスチューニングの次は、ルーティング、負荷分散について見ていきましょう。ルーティング、負荷分散は、「ユーザーに近いところにトラフィックを流す」「サーバー１台あたりのトラフィック量を減らす」という観点ではパフォーマンスに影響し、「リージョンや可用性ゾーンの障害、バックエンドインスタンスの障害が発生したときには、正常稼働しているインスタンスにトラフィックを流してサービスを継続する」という観点では可用性に影響する重要なポイントです。

第4章で見た通り、Azureはグローバルに多数のリージョンが存在し、リージョン内は可用性ゾーンに分散しています。Azureでルーティング、負荷分散を担うサービスのうち、リージョン間の分散を担うのがAzure Front DoorとAzure Traffic Manager、リージョン内の分散を担うのがApplication GatewayとAzure Load Balancerです（**図7-10**）。リージョン間の分散は、インターネットからのインバウンドトラフィック[▶11]が対象で、閉域ネットワークに対しては適用できないことに注意が必要です。

[▶11] インバウンドトラフィック　Azureの仮想ネットワークとインターネット、オンプレミスとインターネットの通信は、通信の方向によって2種類に分類される。インターネットから流入する通信はインバウンドトラフィック、インターネットへ流出する通信はアウトバウンドトラフィックと呼ぶ。

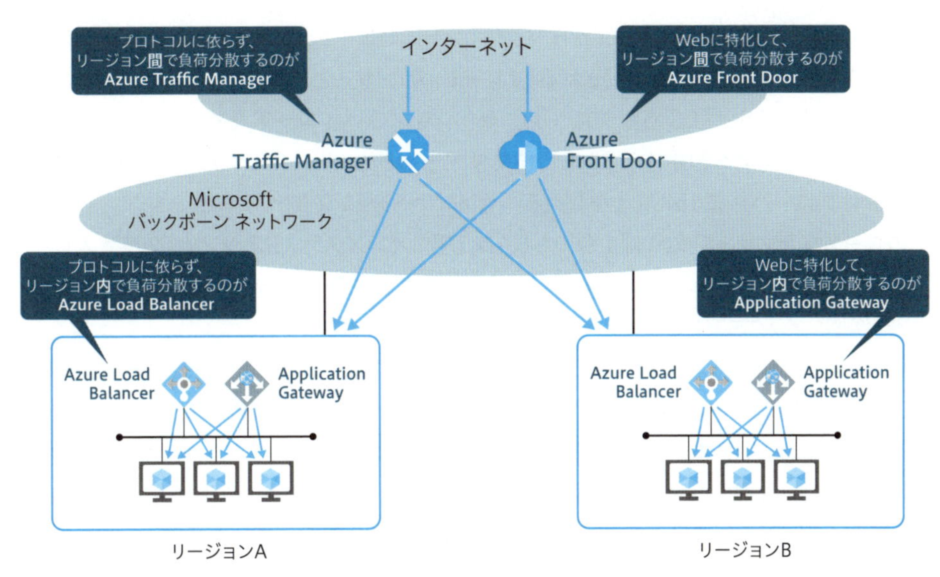

図7-10　Azure負荷分散サービスの分類

また、ルーティングという観点では、Webに特化したL7のルーティングを行なうのがAzure Front DoorとApplication Gateway、Web以外も対応するルーティングを行なうのがAzure Traffic ManagerとAzure Load Balancerです。

各サービスを区分すると、**表7-5**のようになります。

表7-5　負荷分散サービスの分類

分類	リージョン間分散	リージョン内分散
Web用L7ルーティング	Azure Front Door	Application Gateway
汎用ルーティング	Azure Traffic Manger（DNSベースのルーティング） リージョン間Load Balancer（L4ベースのルーティング）	Azure Load Balancer （L4ベースのルーティング）

リージョン間Load Balancerについては、このあとの「Azure Load Balancer」p.233で解説します。

 リージョン間負荷分散

リージョン間の負荷分散を担うのは、Azure Front Door、Azure Traffic Managerです。

Azure Front Door

Azure Front Door（以下、Front Door）は、Webに特化したリージョン間ロードバランサーです。CDN（Content Delivery Network）やWAF（Web Application Firewall）の機能もあわせ持ちます。

Front Doorのルーティング、負荷分散の仕組みを見ていきましょう。Front DoorはL7のロードバランサーとして機能するので、クライアントからのHTTP/HTTPSのセッションをいったんFront Doorで終

端[※10]します。そのうえで、Front Doorからバックエンドに対してセッションを開きます。このあたりの動きは、一般的なオンプレミスでも利用されるL7ロードバランサーと同様です。Front Doorでセッションを終端することからSSL/TLSのオフロード、セッションのペイロードを検査するWeb Application Firewall（WAF）の機能を利用することも可能です。一般的なL7ロードバランサーとの最大の違いは、Front Doorはグローバルに150以上を超えるエッジロケーションで動作する点です。

通常のロードバランサーであれば1台、もしくは1組のインスタンスにトラフィックが流入し、そのインスタンスから複数のバックエンドへトラフィックを流しますが、Front Doorはこの多数のエッジロケーションで動作し、バックエンドとなるリージョンにトラフィックを流します。

Front Doorに流入したトラフィックは、指定したルールに基づいてバックエンド群に分散されます。Front Doorのエッジロケーションは、アクセスしたユーザーに地理的に最も近い場所が選択されます（図7-11）。このようなトラフィックの形態を支える技術がエニーキャストです。Front DoorのDNSサーバー群はグローバルで同じIPを共有し、クライアントは問い合わせに対して最も早く返ってきた回答を採用します。この回答の早さは、ルーティングプロトコルによって形成された経路、インターネットではだいたいの場合はBGPのパスに依存します。これによりHTTP/HTTPSでもDNSの応答速度に応じたエッジロケーションを選べます。

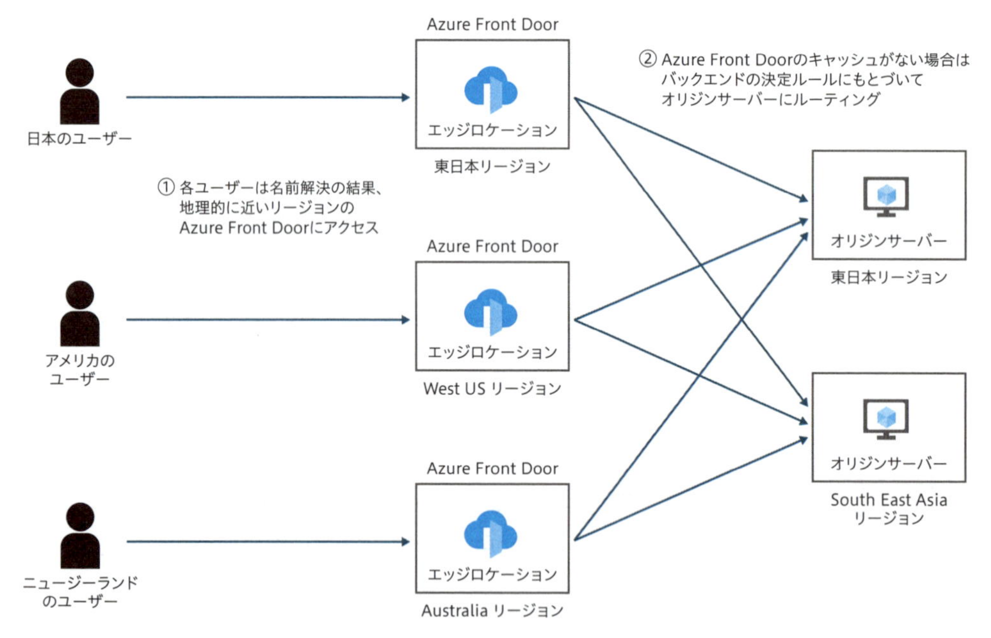

図7-11　Azure Front Doorのトラフィックコントロール

※10　L7ロードバランサーは、トラフィックコントロールのためにHTTPのメッセージを操作します。そのため、クライアントとWebサーバーの通信の中間に入り、HTTPのセッションはクライアント－L7ロードバランサー、L7ロードバランサー－Webサーバーというように分割します。「終端」という言葉は、クライアントのHTTPセッションがL7ロードバランサーでいったん区切られていることを示します。

ユーザーから近いエッジロケーションでHTTP/HTTPSのセッションが区切られることは、TCPの仕組みからもパフォーマンスに寄与します。7-1節の「TCPウィンドウとチューニング」p.212 で説明した通り、原理上、レイテンシはTCPのスループットに大きな影響を与えます。レイテンシの早いロケーションでいったんTCPのコネクションを区切ることで、素早く安定したTCPのパケットの往復が可能となりスループットの向上が見込めます。

また、Front DoorはCDNの機能も取り込んでいるため、バックエンドからキャッシュしたコンテンツが存在し、それに対してアクセスがあればAzure Front Doorからコンテンツを返すことも可能です。

■ ルーティング

続いて、負荷分散の仕組み、つまりFront Doorと**バックエンド**※11の間のルーティングについて見ていきましょう。

Front DoorにHTTPSトラフィックが着信すると、まずFront DoorはHTTPSのTLSのSNIをプロファイルと照合し、クライアントとTLSのセッションを確立します。次に、WAFが有効になっている場合は、WAFルールに基づいてHTTP/HTTPSリクエストを評価します。バックエンドの選択は、その次から始まります。

TLSのSNI

TLS（Transport Layer Security）は、OSI参照モデルの第6層のプロトコルで、通信元、通信先の認証と通信データの暗号化を行ないます。たとえば、HTTPSはHTTPの通信をTLSで暗号化した通信です。他にも様々なアプリケーションプロトコルがTLSを用いた通信の暗号化に対応しています。SNI（Server Name Indication）は、TLSの拡張機能の1つで、クライアントがどのサーバーと通信しようとしているのかを示すホスト名が記述されています。

TLS 1.2までであれば、SNIは通信を開始するときに平文で示されるため、通信先のサーバーでなくても途中の経路で読み取ることができます。Front DoorやApplication GatewayはSNIを読み取ることで、負荷分散対象のサービスへの通信かどうかを確認し、対象であれば、設定されたバックエンドへルールに基づいてトラフィックをルーティングします。Front DoorやApplication Gatewayでパスベースのルーティングや WAFを利用する場合は、ホスト名以外にパスやパケットのペイロードを見られるようにする必要があり、その場合はTLS終端の機能を利用し、いったん通信の暗号化を解除するようにします

バックエンドを決定するため、最初に配信元グループの選択を行ないます（**図7-12**）。配信元グループの選択は2つのステップに分かれ、フロントエンドホストのマッチング、その次に配信元グループ内のマッチングの順に行ないます。

※11　現在のFront Doorの用語では、正確には「配信元（origin、オリジン）」と呼びます。

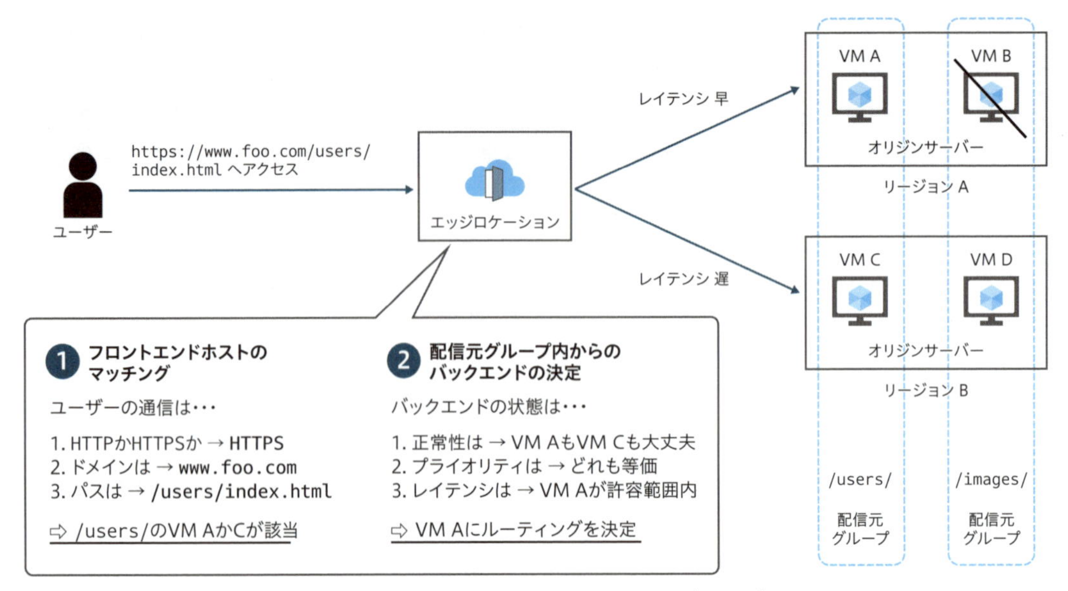

図7-12　Azure Front Doorのルーティングステップ

フロントエンドホストのマッチングは、どのサイトにルーティングするかをURL ベースで決定するプロセスです。フロントエンドホストのマッチングでは、以下の3つの要素がチェックされます。

❶ **プロトコル**（例 https://www.foo.com/users/index.htmlの場合、HTTPS）
❷ **ドメイン**（例 https://www.foo.com/users/index.htmlの場合、www.foo.com）
❸ **パス**（例 https://www.foo.com/users/index.htmlの場合、/users/index.html）

Front Doorのルーティングの基本は、まずこれら3つの要素に最も具体的にマッチするルールに基づきます。複数のルーティングルールがあったときにどのルールにも完全一致しないリクエストに対してはHTTP 400のエラーを返します。

フロントエンドホストマッチングによって配信元グループが決まります。配信元グループは、アプリケーションに対して同様のトラフィックを処理する複数のバックエンドを束ねたグループです。ここでも完全一致するルールがない場合は、HTTP 400のエラーを返します。

配信元グループが決定されると、いよいよ配信元グループ内からバックエンドを選択します。Front Doorは、各バックエンドに対して正常性プローブを発信し、正常性を監視しています。トラフィックを着信させるバックエンドは、正常状態であることが確認されているものから選ばれます。正常状態のバックエンドが複数存在する場合では、次の3つの軸の順で評価したときに最も優先されるバックエンドを選びます（**図7-13**）。どれかの評価軸を排他的に選択、設定するのではなく、それぞれの軸を設定し、この順で評価して振り分け先を選びます。

①プライオリティ
②正常性プローブに基づくレイテンシの許容時間
③ウェイト

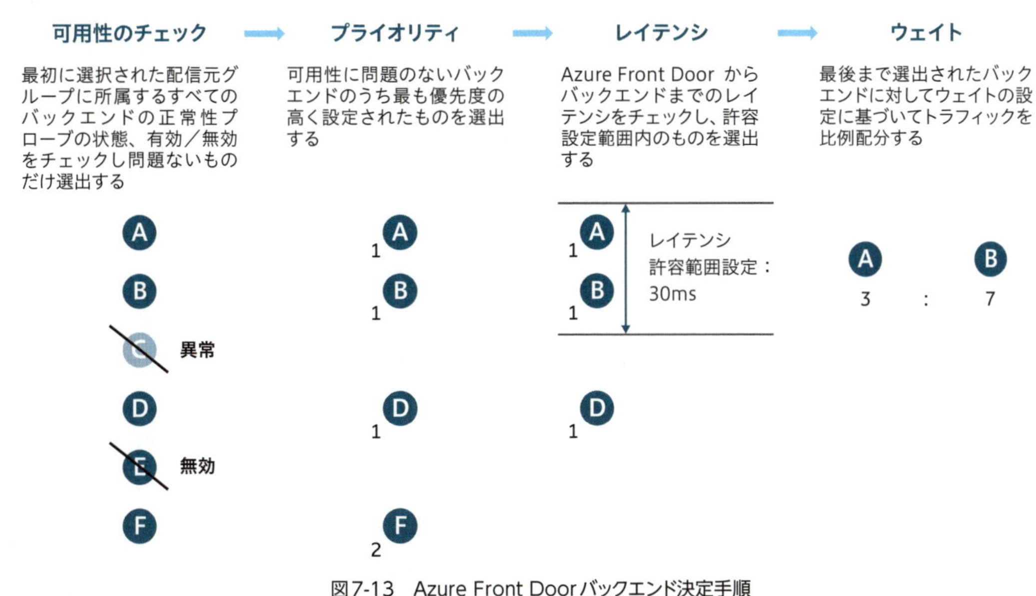

図7-13　Azure Front Doorバックエンド決定手順

図7-13の例だと、以下のような順で評価、選択しています。

①Ⓐ〜Ⓕまで設定されているバックエンドのうち、異常なⒸおよび無効なEを取り除いたⒶ、Ⓑ、Ⓓ、Ⓕが選択対象となる
②プライオリティに基づいて選択する。この例の場合、Ⓐ、Ⓑ、Ⓓが優先順位 1、Ⓕが優先順位 2のため、Ⓐ、Ⓑ、Ⓓが選択対象となる
③レイテンシの許容時間に基づいて選択する。この例の場合、許容時間が30ミリ秒（ms）に設定されており、Ⓐ、Ⓑが選択対象となる
④最後にウェイトに基づいて選択する。この例の場合、ウェイトはⒶが3、Ⓑが7の比に設定されており、トラフィックの30%がⒶに、70%がⒷに分配される

Front Doorはセッションアフィニティにも対応しており、最初のリクエストは前述の3つの軸で評価し、以降のトラフィックは選択したバックエンドに配信されます。

Memo

セッションアフィニティ

ロードバランサーがあるクライアントから通信を受け取ったときに特定のバックエンドサーバーに通信を中継する仕組みのことをセッションアフィニティと言います。

バックエンドサーバーで、あるクライアントに関するセッション情報を持ち、処理が終わるまでその情報を利用する場合、そのクライアントの通信は、セッション情報を持つバックエンドサーバーに必ず到着するように制御する必要があります。たとえば、ECサイトのシステムで、買い物カゴの情報をバックエンドサーバーが保持し、クライアントはページ遷移のたびに買い物カゴ情報をバックエンドサーバーからロードするとします。このとき、ロードバランサーにセッションアフィニティの機能がなく、クライアントがページを遷移するたびに不特定のバックエンドサーバーと通信すると、そのたびに得られる買い物カゴ情報が異なることになり機能を満たしません。そこで、セッションアフィニティの機能を使い、あるクライアントの通信は必ず同じバックエンドサーバーに到達するように制御し、情報の不整合の発生を防止します。

Azure Front Door、Application GatewayでのHTTP Hostヘッダ、ドメイン名

Front Doorを利用する際にドメイン名とHTTPのホストヘッダの取り扱いには注意が必要です。クライアントがwww.contoso.comに対するリクエストをFront Doorに送るときは、通常HTTPのHostヘッダにはwww.contoso.comが記述されます。

そして、Azure PortalからFront Doorのバックエンドを登録する場合、デフォルトではバックエンドとして指定したホスト名がFront Doorがバックエンドにアクセスする際のHTTPのHostヘッダとして利用されます。たとえば、Azure App ServiceのWeb Appsで構築したサイトをバックエンドとして登録することを考えてみましょう。このサイトの名前がcontoso-westus.azuresites.netであった場合、Front DoorからWeb AppsへのHTTPリクエストのHostヘッダにはcontoso-westus.azuresites.netが記述され、とりあえず問題ありません[※12]。

一方で、Azure Portalではなく、Azure Resource ManagerでFront Doorのバックエンドを指定する場合は、明示的にHTTPのHostヘッダの値を指定しないと、クライアントから受け取ったHTTP Hostヘッダの値が格納されてしまいます。すると、contoso-westus.azuresites.netのバックエンドに対して、Hostヘッダではwww.contoso.comを指定したトラフィックが流れます。Front Doorでバックエンドとして指定できるAzure PaaSのほとんど（Web AppsやAzure Blob Storageなど）はHostヘッダの値とサービスが認識しているドメインが一致している必要があり、問題が発生します。Front Doorを利用する際には、Front Doorで利用するドメインとバックエンドのドメインの関係をよく設計し、ヘッダの書き換えやカスタムドメインを使って一気通貫でドメインを一致させるなど、ドメイン名、Hostヘッダの取り扱いにはよく注意しましょう。これは、Front Doorと同様、L7ロードバランサーとして動作するApplication Gatewayでも同じです[※13]。

※12　Webアプリケーションで Web Appsのドメイン名から絶対パスでリンクを生成するときなどに、クライアントからバックエンドのエンドツーエンドの動作としては問題が発生しますが、ここではHTTPのHostヘッダのみを見て問題なしとします。

※13　第9章でApplication Gatewayでのドメインの取り扱いについて詳述しています。また、以下のAzureドキュメントでも、リバースプロキシを利用する際のドメイン名、Hostヘッダの扱いを解説しているので、あわせて確認してください。
・リバースプロキシとそのバックエンドWebアプリケーションの間で、元のHTTPホスト名を維持する
https://learn.microsoft.com/ja-jp/azure/architecture/best-practices/host-name-preservation

Azure App Service、Azure Blob Storage

Azure App Serviceは、Webサイト、Webアプリケーション、サーバーレスな関数アプリケーション、API、モバイルアプリケーションなど、様々なアプリケーションをホストすることができるサービスです。Web Appsは、Azure App Serviceの中のWebサイト、Webアプリケーションをホストする機能・サービスのことを指します。

Azure Blob Storageは、Azureのオブジェクトストレージサービスです。ファイルなど非構造化データを保持し、REST APIで操作します。単位容量あたりのコストが安価、スループットに優れることが特徴で大規模なWebアプリケーションやログの保存場所など様々な用途で利用されます。

Azure Traffic Manager

Azure Traffic Manager（以下、Traffic Manager）は、Web以外のプロトコルにも適用可能なリージョン間ロードバランサーです。DNSロードバランサーの一種で、クライアントからのDNSクエリに対して適切なCNAMEを返すことで、フローの最適化を行ないます（図7-14）。

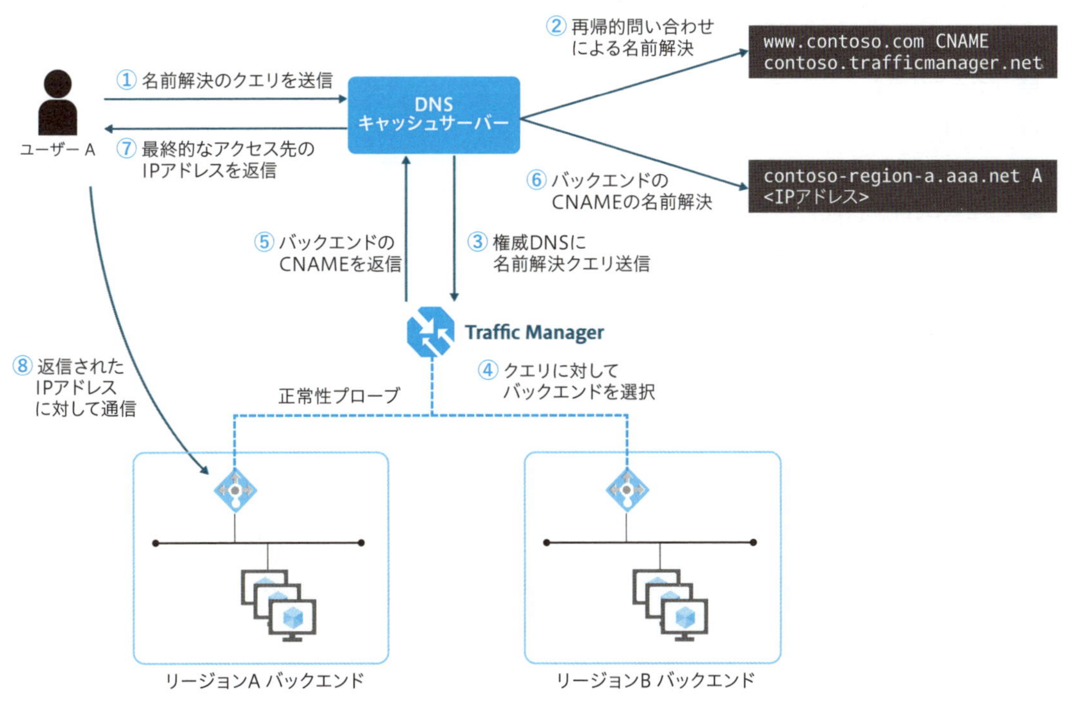

図7-14 Traffic Managerの仕組み

① ユーザーは、キャッシュDNSサーバーに対して`www.contoso.com`のクエリを送信する

② キャッシュDNSサーバーは、再帰的に名前解決を行ない、権威DNSで`www.contoso.com`のCNAMEにあたる`contoso.trafficmanager.net`を取得する

③ キャッシュDNSサーバーは、さらに`contoso.trafficmanager.net`の名前解決を、このドメインの権威DNSであるTraffic Managerにクエリ（問い合わせ）する

④ Traffic Managerは、クエリに対して、バックエンドの正常性、ルーティング方法に従ってアクセス先となるバックエンドを選択する

⑸ この例の場合、Traffic ManagerはさらにCNAMEの`region-a.contoso.com`を返す
⑥ キャッシュDNSサーバーは、`region-a.contoso.com`の名前解決を行ない、Aレコードを取得する
⑦ キャッシュDNSサーバーは、クライアントにアクセス先のIPアドレスを返す
⑧ クライアントは、直接アクセス先のバックエンドに通信を行なう

Traffic Managerは、あくまでDNSのシーケンスに介入して、クライアントがアクセスするべきバックエンドを提示するというのが特徴です。Front Doorのようにクライアントとバックエンドの実通信には介入しません。

■ ルーティングの評価基準

Traffic Managerのルーティングを見てみましょう。Traffic Managerで利用できるルーティングの評価基準は以下の6つです。

❶ プライオリティ
❷ ウェイト
❸ パフォーマンス
❹ 地理（Geographic）
❺ 複数値
❻ サブネット

Front Doorと異なり、どの評価基準でルーティングするかは排他的に選択します。また、直接通信に介入せず、クライアントのIPも認識しないことから**スティッキーなルーティング**※14は設定できません。

❶プライオリティ

プライオリティに基づいたルーティングは、アクティブ／スタンバイのDR構成に適しています。各バックエンドに対して1から1000まで優先順位を付けて、優先順位の高いものへルーティングします。複数のバックエンドに対して同じ優先順位は付けられません。

❷ウェイト

ウェイトに基づいたルーティングは、単純なアクティブ／アクティブの構成に適しています。**ウェイト**の値に基づいてトラフィックをバックエンドに分配します。複数リージョンで段階的にアプリケーションをアップデートし、徐々にアップデート後のアプリケーションにトラフィックを流していくような場面でも利用できます。

※14　一度セッションを開始したら、その後のセッションも同じバックエンドに優先的に送るようなルーティング。

❸ パフォーマンス

パフォーマンスは、DNSクエリを中継するキャッシュDNSサーバーの送信元IPに対して最もレイテンシの短いバックエンドを選択します。重要な点は、Traffic Managerに対して送信されたDNSクエリは通常はクライアントから直接送られたものではなく、キャッシュサーバーから送られていることです。そのため、キャッシュDNSサーバーのIPアドレスを元に、Traffic Managerで管理しているレイテンシテーブルを照合して、バックエンドを選択します。同一のAzureリージョンに複数のバックエンドが存在する場合、トラフィックは均等に分配されることに注意してください。同一リージョン内の複数のバックエンドでさらに別の軸で分配する場合は、Traffic Managerプロファイルをネストにして設定することで対応可能です。

❹ 地理

地理は、**パフォーマンス**と似ていますが、想定される用途が異なります。DNSクエリの送信元IPを元にどの国、地域から送信されたクエリかを特定し、指定されたリージョンのバックエンドを選択します。リージョンは、次の粒度で指定できます。

① 世界（任意のリージョン）
② リージョングループ（アフリカ、中東、オーストラリア／太平洋など）
③ 国／地域（国レベル、場所によっては香港特別行政区など地域レベル）
④ 州（米国、カナダ、オーストラリアは州レベルでの指定が可能）

たとえば、**表7-6**の構成でTraffic Managerプロファイルを構成します。

表7-6　Traffic Managerプロファイル例

プロファイル	バックエンド	指定した地理
1	Endpoint 1	ドイツ
2	Nested Profile（Endpoint A, B）	メキシコ、アジア
3	Endpoint 2	世界

この場合、ドイツの送信元IPに対しては`Endpoint 1`を、米国の送信元IPに対しては`Endpoint 2`を返します。日本の送信元IPに対してはさらに`Nested Profile`で指定された基準に基づいて、`Endpoint A`かBを返します。この地理に基づいたルーティングは、「GDPR※15に従ってEU域内からのアクセスにはEUのリージョンにルーティングするなど法規制に対応する」「他にはローカライズされたアプリケーションにルーティングする」というような用途を想定しています。

リージョンをマップできるバックエンドは1つに限られ、バックエンドが正常かどうかにかかわらず応答してしまいます。そのため、可用性の観点では、入れ子のプロファイルをバックエンドに指定し、可用性を確保することをおすすめします。

※15　EU（欧州連合）が2018年5月25日に施行したデータ保護規則。この規則は、EU市民の個人データの保護とプライバシーを強化することを目的とし、EU域内の市民の個人データの取り扱いに様々な規制を設定しています。

⑤複数値

複数値を選択すると、1つのDNSクエリに対して複数の正常なバックエンドを返します。IPv4とIPv6を同時に返したい場合や、複数返しておいてクライアントが1つのバックエンドに正常にアクセスできない場合に、クライアント側でフォールバックさせるようなときに利用します。

⑥サブネット

サブネットは、ユーザー側で「どのIPセグメントからのクエリであれば、どのバックエンドを返すのか」自分で管理することが可能です。クライアントのIPセグメントはCIDRかハイフン（-）を使って範囲を指定します。たとえば、社内からアクセスしてきた場合と社外からアクセスしてきた場合でルーティング先を変えるような用途で利用します。

リージョン内負荷分散

続いて、リージョン内の負荷分散を見てみましょう。Application GatewayとAzure Load Balancerは、ともにリージョン内で動作します。つまり、クライアントからのアクセスがApplication GatewayやLoad Balancerに着信したときには、すでにサーバーを処理する利用するリージョンは決定されています。その後も、これらの負荷分散装置はリージョン内のどのバックエンドに通信を分配／分散するかのみをコントロールします。

Application Gateway、Load Balancerのいずれも、可用性ゾーンに対応したSKUを選択可能です。データセンター規模の災害に対する耐障害性を持つシステムを設計している場合は、可用性ゾーン対応のSKUの利用をおすすめします。

Application Gateway

Application Gatewayは、HTTP/HTTPS用のL7ロードバランサーです。クライアントとバックエンドのセッションの間に入ることで、HTTP/HTTPSのセッションをコントロールします。クライアントからのセッションをApplication Gatewayでいったん終端することから、次のような動作が可能です。

- SSL/TLSの終端
- WAF
- バックエンドへのルーティング

また、AKS（Azure Kubernetes Service）のIngressコントローラー（KubernetesのIngress）としても利用できます。オートスケールにも対応し、トラフィックの負荷パターンに応じてApplication Gateway自身のインスタンス数を自動でスケールアウト、スケールインできます。

■ Application Gatewayの内部動作

内部の仕組みを見てみましょう（**図7-15**）。Application Gatewayは、Application Gatewayにひも付けられた**フロントエンドIP**に対して、クライアントに対するインターフェイスである**リスナー**を持ちます。一方でバックエンドのインスタンスをグループ化した**バックエンドプール**を設定しておきます。**リスナー**に着信したトラフィックをどの**バックエンドプール**のどのインスタンスに分配するかは**ルール**で制御します。

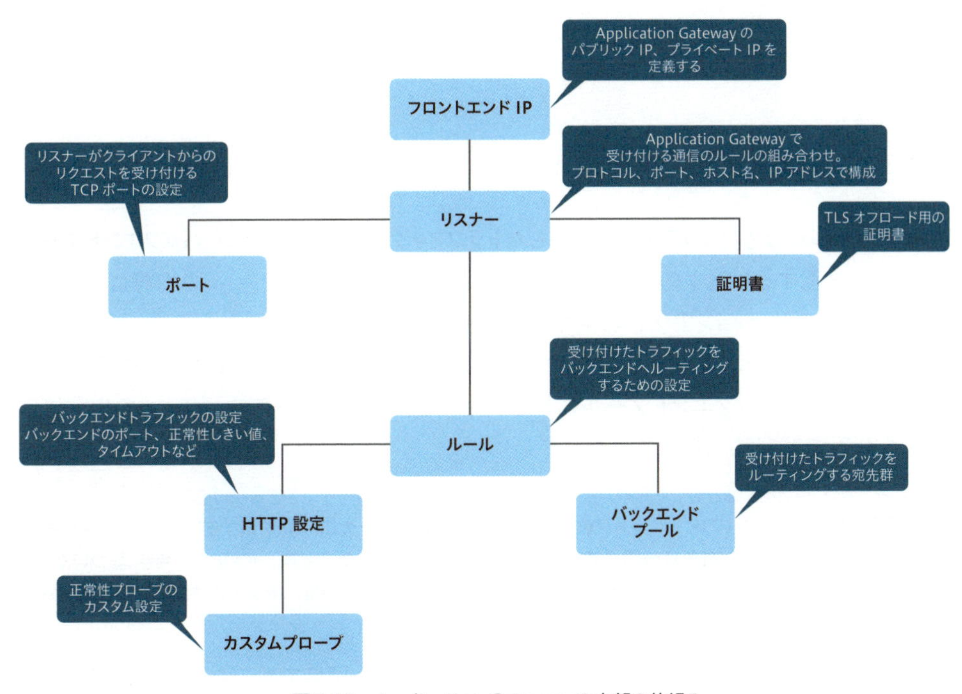

図7-15　Application Gatewayの内部の仕組み

• フロントエンドIP

フロントエンドIPは、「静的プライベートIP」「静的パブリックIPの両方」「静的パブリックIPのみ」「静的プライベートIPのみ」の4つのパターンで構成することが可能で、Application Gatewayをインターネットに公開するシステム、オンプレミスに公開するシステムの両方に利用することが可能です。

• リスナー

リスナーは2種類設定することが可能です。

❶ **Basic**：1つのApplication Gatewayで単一のドメインをホストする
❷ **マルチサイト**：1つのApplication Gatewayで複数のドメインをホストする

マルチサイトを使った場合は、1つの**リスナー**（=1つのパブリックIP）でどのドメインに対するアクセスなのか見分ける必要があるため、SNIおよびHTTP Hostヘッダでどのドメインに対するアクセスなのかクライアント側で指定する必要があります※16。

マルチサイトの場合、最大5つのドメイン名を指定可能です。また、ドメイン名の指定に`*.contoso.com`や`???.contoso.com`のようにワイルドカードを利用することも可能です。

リスナーには「直接**証明書**をアップロードする」、もしくは「Key Vault**証明書**を参照する」ことで、SSL/TLSの終端を行なうことも可能です。一方で、**バックエンドプール**のプロトコルにもHTTPSを選択可能です。これによりエンドツーエンドの通信の暗号化ができ、ゼロトラストネットワークを目指す場合は重要です。

● ルール

ルールは2種類設定することが可能です。

❶ Basic：ルールにひも付く**リスナー**に着信したトラフィックを関連付けられた**バックエンドプール**のインスタンスに分配する。基本的には、バックエンドにはラウンドロビン [▶12] で均等に分配されるが、Cookieベースのセッションアフィニティも利用可能

❷ **パスベース**：パスベースのルーティングは、文字通りリクエストされたURLのパスに基づいて、パスごとに指定されたバックエンドプールにトラフィックを分配する。パスのパターンの指定にワイルドカードを利用することも可能

[▶12] ラウンドロビン　タスクやプロセス、セッションをバックエンドに所属するサーバーに公平に割り当てる方式のこと。公平さは処理時間に基づいたり、処理するタスク、プロセス、セッションの数に基づいたり、ラウンドロビンの実装により様々。Application Gatewayのラウンドロビンは、セッション数に基づいて割り振る。

特殊なルーティング**ルール**として、リダイレクトをさせることも可能です。たとえば、「HTTPのリクエストをHTTPSにリダイレクトし、強制的にHTTPSでアクセスさせる」「特定のパスへのアクセスのみHTTPSにリダイレクトさせる」「不正なパスの指定に対して外部サイトにリダイレクトする」などの使い方が可能です。

また、ルーティングするのに合わせて、URLおよびHTTPヘッダの書き換えを行なうことも可能です。たとえば、Application Gatewayは、バックエンドにアクセスする際にHTTPヘッダに`X-Forwarded-For`ヘッダを追加しますが、「そこからポート番号を削除する」「バックエンドからの応答に対して`X-XSS-Protection`、`Strict-Transport-Security`、`Content-Security-Policy`などセキュリティ関連のヘッダを追加する」「URLの階層構造をクエリに変換する」というようなことが可能です。

Application Gatewayのバックエンドでアクセスログを取得する場合、セッションがApplication Gatewayで区切られることから、バックエンドから見るとクライアントIPにApplication GatewayのIPが表示されます。本当のクライアントのIPを確認したい場合は、`X-Forwarded-For`を確認しましょう。

なお、第9章では、Application GatewayをAzure FirewallとApp Serviceと組み合わせる方法も説明します。

※16　ドメインごとにポートを分ける方法もありますが、ウェルノウンポートを使えないサイトが出てくるため、一般的ではありません。

Azure Load Balancer

続いて、ロードバランサーについて見ていきましょう。Azure Load Balancer（以下、Load Balancer）は、送信元／宛先のIPアドレス、およびTCP/UDPのポート番号に基づいてトラフィックを分配するL4ロードバランサーです（**図7-16**）。Load Balancerは、フロントエンドに設定するIPがパブリックIPかプライベートIPかで、パブリックLoad Balancerか内部（プライベート）Load Balancerかに分かれます。IPv4、IPv6ともにサポートしています。

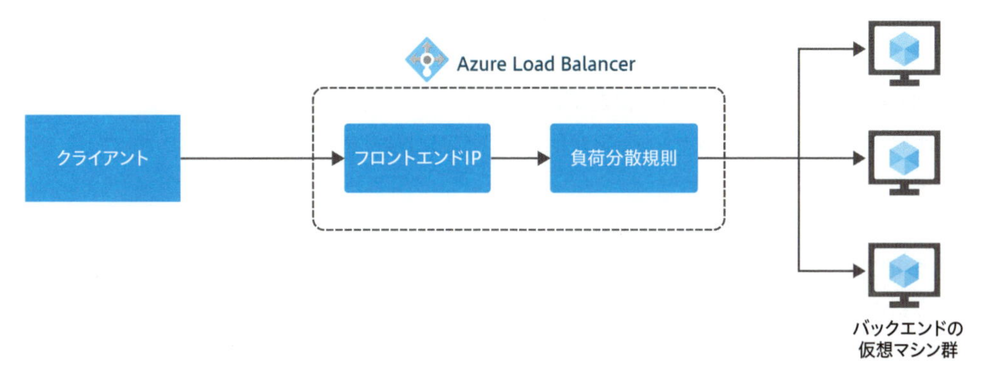

図7-16　Azure Load Balancerの仕組み

出典 https://learn.microsoft.com/ja-jp/azure/load-balancer/components

負荷分散方式

Load Balancerの負荷分散方式は、以下の3つがあります。

❶ ハッシュベース
❷ セッション永続化：クライアントIP
❸ セッション永続化：クライアントIPとプロトコル

それぞれの方式の違いは**表7-7**の通りです。

表7-7　Azure Load Balancerのセッション制御方法比較

制御方法	概要	分配の計算に利用する項目
ハッシュベース	クライアントからのトラフィックをバックエンドのいずれかに分配する。セッションは永続化しない	送信元IP、送信元ポート、宛先IP、宛先ポート、IPヘッダ内のプロトコルタイプの値
セッション永続化：クライアントIP	クライアントのIPと宛先IP（Load BalancerのIP）の組み合わせでバックエンドに分配する。そのため、クライアントごとにアクセスするバックエンドが固定される	送信元IP、宛先IP
セッション永続化：クライアントIPとプロトコル	クライアントのIPとプロトコル、宛先IP（Load BalancerのIP）の組み合わせでバックエンドに分配する。そのため、クライアントのセッションごとにアクセスするバックエンドが固定される	送信元IP、プロトコル、宛先IP

● **ハッシュベース**

セッションを永続化しないため、ステートフルなアプリケーションをバックエンドで利用する場合には適切ではありません。**ハッシュベース**を利用する場合は、セッション情報をバックエンドから切り離し、都度参照するなどステートレスなアプリケーションを構成することが重要です。

● **セッション永続化：クライアントIP**

セッションは固定されますが、複数のクライアントのうちトラフィックの過多にばらつきがある場合、特定のバックエンドにトラフィックが集中し十分な負荷分散ができない場合があります。

● **セッション永続化：クライアントIPとプロトコル**

これも特定のクライアントのセッションが他のクライアントより著しく大きな場合にバックエンドの負荷が偏ります。

負荷分散方式は、アプリケーションの構成、およびクライアントの利用状況をふまえて設計しましょう。

1つのLoad Balancerで、複数のフロントエンドIP、TCP/UDPのプロトコル種類、ポート番号の組み合わせで複数のアプリケーションに対して負荷分散することも可能です。

インバウンドNATを構成する場合

Load BalancerでインバウンドNATを構成すると、Load BalancerのフロントエンドIPに着信した特定の通信を、指定したVM、ポートにNATしながら受け流すことが可能です（**図7-17**）。たとえば、Load BalancerのバックエンドにWindows VMが2台ある場合に、フロントエンドIPのTCP 3390/3391に着信した通信をそれぞれバックエンドのVMのTCP 3389（RDP）としてNATしながら受け渡すことが可能です。直接VMにアクセスできないような環境でRDPやSSHでのメンテナンスを行ないたい場合や特定のVMのみで特殊なサービスを提供する場合に利用しましょう。

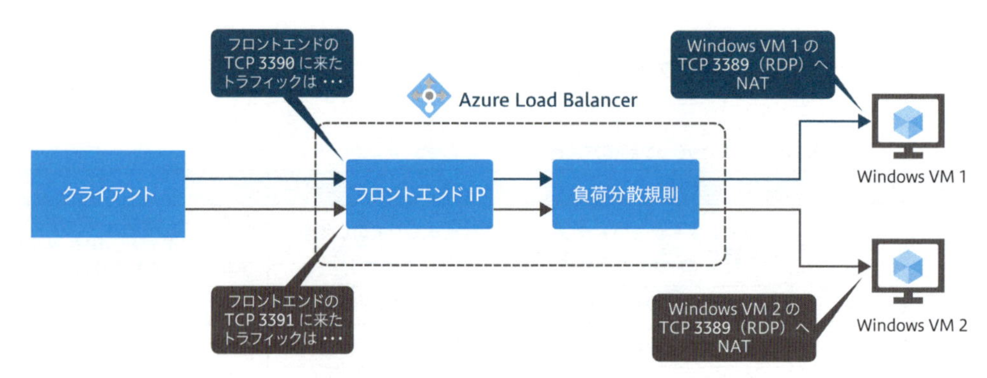

図7-17　Azure Load BalancerのインバウンドNAT

参考 Azure Load BalancerのインバウンドNAT規則を管理する
https://learn.microsoft.com/ja-jp/azure/load-balancer/manage-inbound-nat-rules

■ バックエンドがアウトバウンド通信する場合

Load Balancerのバックエンドがクライアントからのトラフィックとは関係なくアウトバウンド通信する場合があります。たとえば、バックエンドをVMで構成し、セキュリティアップデートのためにインターネットへアクセスするような場合です。アプリケーションがクライアントからアクセスを受け、処理のために連携する外部サイトにアクセスするような場合もこれにあたります。このLoad Balancerのバックエンドがアウトバウンド通信する場合には注意が必要です。

AzureのVMが特にインターネットへアウトバウンド通信するときの方式はいくつかあるので、以下にまとめます。

❶ UDRによってAzure FirewallやNVA(ネットワーク仮想アプライアンス）のようなSNATをサポートする機器へ経路を向ける
❷ バックエンドのVMのサブネットにNAT Gatewayをひも付ける
❸ バックエンドの各VMにインスタンスレベルのパブリックIPアドレスを割り当てる
❹ パブリックLoad Balancerの送信規則を設定し、Load BalancerのフロントエンドIPを使って送信元NATを行なう
❺ Azureの既定の送信アクセスを利用する（2025年9月廃止）

上記の方式は、どのアウトバウンド通信が適用されるかの優先順位にもなっています。問題は❹と❺の間にアウトバウンド不可となる条件が存在することです。既定の送信アクセスは、Load Balancerのバックエンドでは利用できません（また、既定の送信アクセスは廃止予定です)。そのため、Load BalancerのバックエンドのVMがインターネットアクセスするためには❶〜❹のいずれかを明示的に設定することが強く推奨されています。

Global Load Balancer

これまでAzureでは、リージョン間の非HTTP/HTTPSトラフィックのルーティング、負荷分散を行なうためにTraffic Managerが提供されてきました。そこに新たな選択肢として、Global Load Balancerが加わりました。Traffic ManagerがDNSベースのルーティング、負荷分散を行なっていたのに対して、リージョン間Load Balancerはリージョン間のL4でのルーティング、負荷分散を行なうことができます。

「リージョン間で非HTTP/HTTPSトラフィックの負荷分散を行ないたいが、Traffic Manager特有のDNSの構成が難しい」「アプリケーションがバックエンドにアクセスするうえでDNSのシーケンスの時間すら厳しい」という場合に、Global Load Balancerを検討する価値があります（**図7-18**)。

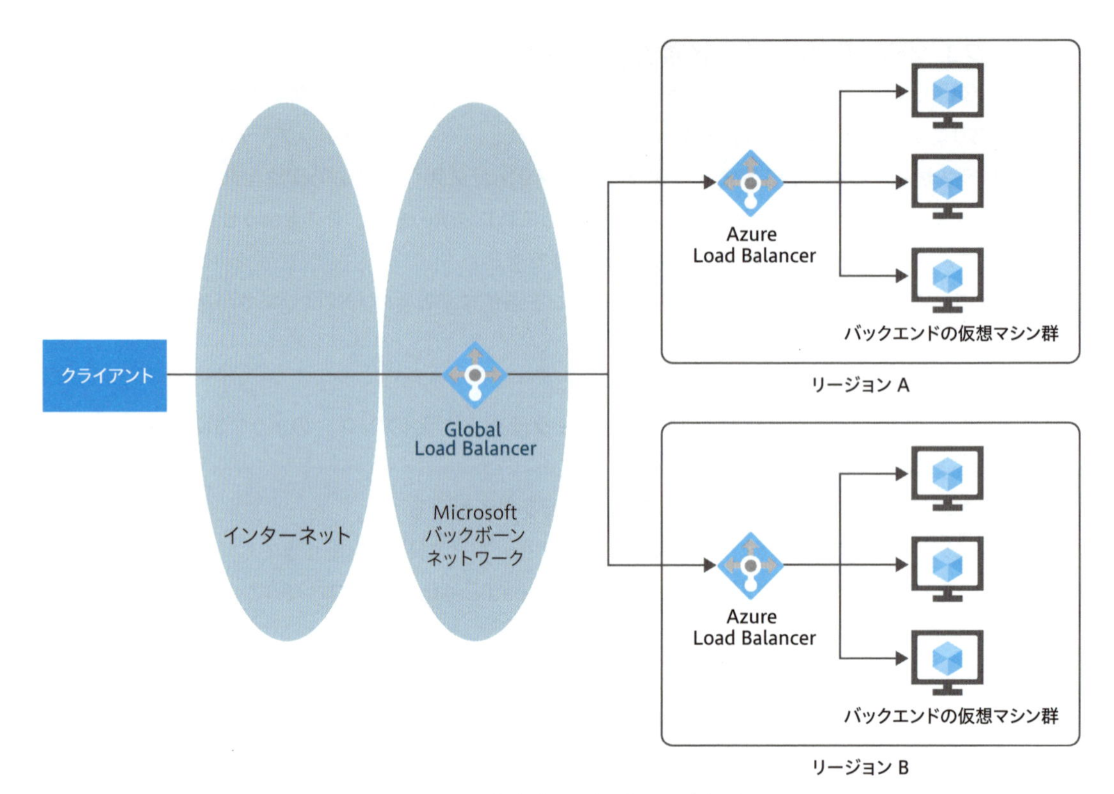

図7-18　Global Load Balancerの概要

ルーティング、負荷分散のデシジョンツリー

ここまでルーティング、負荷分散のサービスを見てきましたが、結局どのサービスを使えばよいのか、組み合わせればよいのか疑問に思った方もいるかもしれません。Azureでは、どの負荷分散サービスを使うかのガイダンスとして、デシジョンツリー（判断フローチャート）が提供されているので、参考にしてください（**図7-19**）。

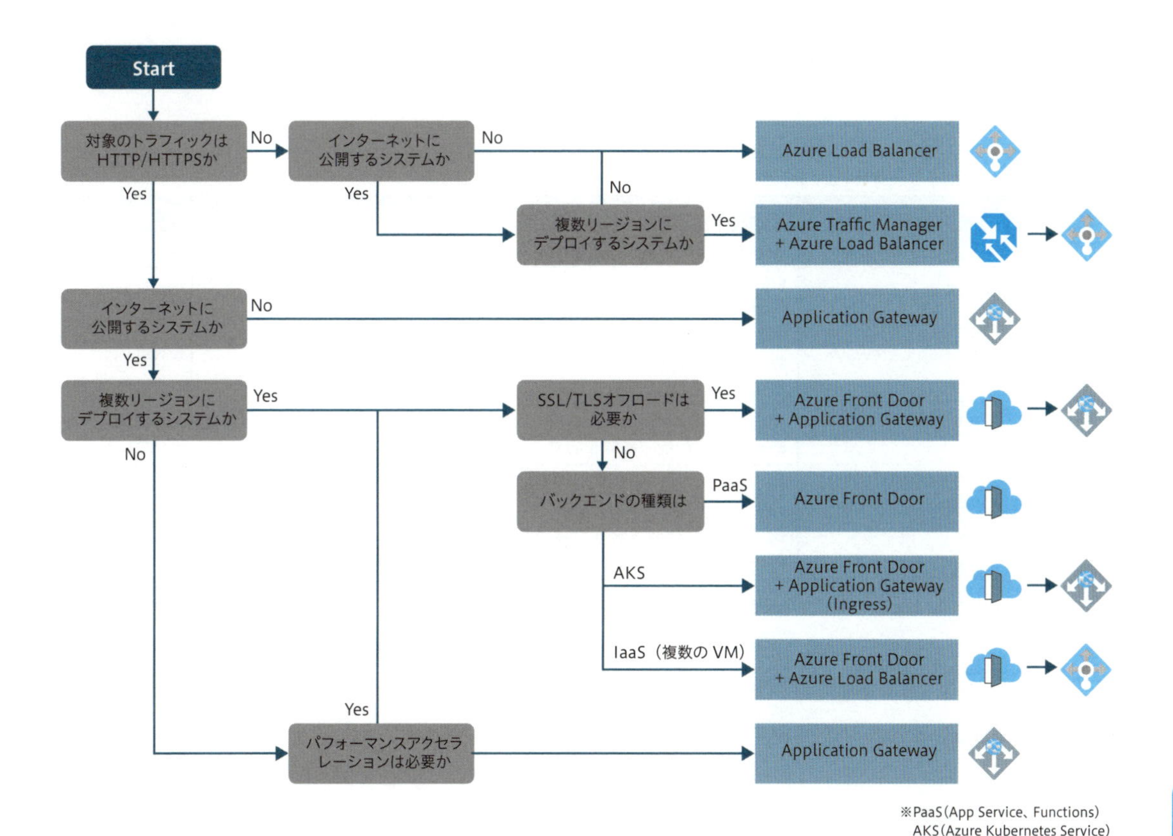

図7-19　ルーティング、負荷分散のデシジョンツリー

参考 負荷分散のオプション
https://learn.microsoft.com/ja-jp/azure/architecture/guide/technology-choices/load-balancing-overview

7-3 ネットワークのセキュリティ

本章の最後に、Azureのネットワークサービスを組み合わせて、どのようにセキュアなネットワークを構築するのかを見てみましょう。

Azureネットワークの多層防御

ネットワークセキュリティに関する主なサービスは、第5章の「アプリケーション保護サービス」p.136で説明したDDoS Protection、プライベートエンドポイント、サービスエンドポイント、Azure Firewall、WAF、および第4章p.112で説明したNSG（ネットワークセキュリティグループ）です。

それぞれのサービスの役割、デプロイする場所がVNet内部か外部かを元に整理すると、**表7-8**のようになります。

表7-8　Azureネットワークセキュリティサービス

サービス	役割	デプロイ場所
DDoS Protection	Azureで利用するパブリックIPに対するDDoS攻撃からの保護	VNet外
WAF（Azure Front Door）	SQLインジェクションやXSSなどのWebアプリケーションに対する攻撃からの保護	VNet外
WAF（Application Gateway）	SQLインジェクションやXSSなどのWebアプリケーションに対する攻撃からの保護	VNet内
Azure Firewall	HTTP/HTTPS、MSSQL[※]に関してはFQDNベースのL7のアクセス制御、その他プロトコルに対してはL4のアクセス制御を行ない、悪意ある第三者からの通信を防ぐ	VNet内
NSG（ネットワークセキュリティグループ）	L4のアクセス制御を行ない、悪意ある第三者からの通信を防ぐ	VNet内
プライベートエンドポイント／サービスエンドポイント	PaaSに対してアクセス可能なVNet、リソースを制御し第三者からのPaaSへの通信を防ぐ	VNet内

[※] Microsoft SQL Serverが利用する通信プロトコル。

これらのセキュリティ機能は、択一で利用するのではなく、複数のセキュリティサービスをネットワーク境界ごとに組み合わせて利用する多層防御をおすすめします（**図7-20**）。また、第9章で詳細を解説しますが、ネットワークレイヤーだけではなく、IDレイヤーでの認証を使った防御もさらに組み合わせることが重要です。

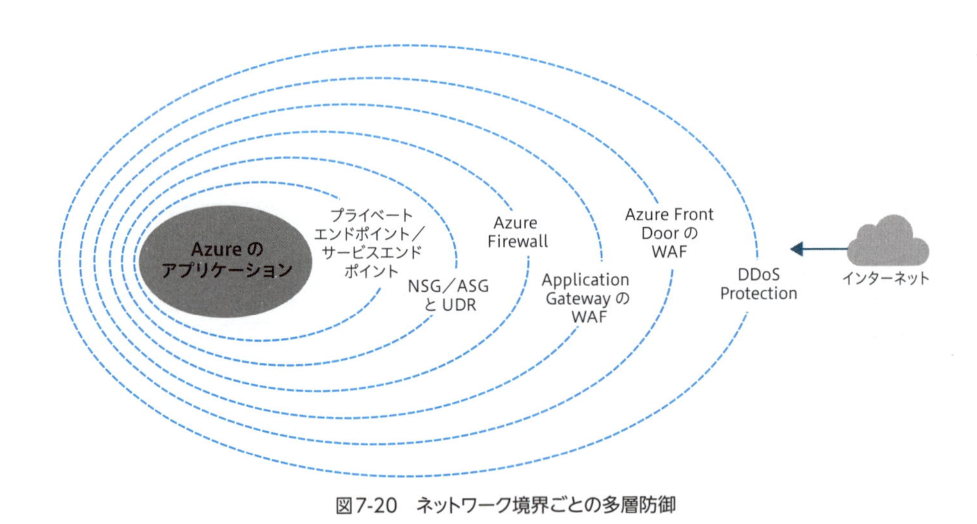

図7-20　ネットワーク境界ごとの多層防御

それでは、各セキュリティサービスを見てみましょう。

DDoS Protection

DDoS Protectionは、名前の通りインターネットからのDDoS攻撃に対して保護するためのサービスです。特にL3、L4での攻撃を対象とします。DDoS Protectionは、以下の3つのSKUがありまます。

- **DDoS Infrastructure Protection**：無償。Azureでパブリック IPを利用する際にデフォルトで機能する
- **DDoS IP Protection**：有償。パブリック IP1つずつに対して設定する
- **DDoS Network Protection**：有償。パブリック IPに対して最小100個から設定する

DDoS Infrastructure Protectionは無償で利用でき、何もしなくても機能することからDDoS IP ProtectionやDDoS Network Protectionは必要ないと思われるかもしれません。しかし、DDoS Infrastructure Protectionは、ユーザー側でしきい値が設定できず、またメトリックの監視も行なえません。多くのユーザーがデプロイする規模のアプリケーションに対してはDDoS Infrastructure Protectionのしきい値は高すぎ、しきい値未満の攻撃がアプリケーションの処理能力を超えてしまう場合があります。アプリケーションに適したしきい値でDDoS攻撃から保護するためにはDDoS IP ProtectionかDDoS Network Protectionを利用する必要があります。

DDoS IP ProtectionとDDoS Network Protectionは、機能的には多少の差はあるものの、ほとんど同じです。価格の観点から（2024年5月執筆時現在）、東日本リージョンではドルベースでDDoS IP ProtectionがIP 1つあたり199ドルであるのに対して、Network Protectionは29.5ドルかつ最小利用金額が2,944ドルであることから、保護するべき対象のIPが15個を超えると、100個に満たなくてもNetwork Protectionのほうが有利になります。

DDoS Protectionを適用できるサービスは少し制限があるので注意が必要です（**表7-9**）。

表7-9　DDoS Protectionがサポートするサービス

サポートするサービス	サポートされないサービス
・IaaS仮想マシン ・Application Gateway ・Azure API Management（Premiumレベルのみ） ・Bastion ・Azure Firewall ・IaaSベースのNVA（ネットワーク仮想アプライアンス） ・Public Load Balancer ・Service Fabric [▶13] ・VPN Gateway	・Azure Virtual WAN ・Azure API Management [▶14]（サポートされているモード以外のデプロイモード） ・Power Apps [※] 用Azure App Service Environmentを含むPaaSサービス（マルチテナント） ・パブリックIPアドレスプレフィックスから作成されたパブリックIPを含む保護されたリソース

[※] https://www.microsoft.com/ja-jp/power-platform/products/power-apps

[▶13] Service Fabric　Azureのコンテナオーケストレーションサービス。Azure SQL Database、Azure Cosmos DB、Microsoft Power BI、Microsoft Intune、Azure Event Hubs、Azure IoT Hub、Dynamics 365、Skype for Businessなど、様々なMicrosoft サービスの基盤として利用されている。

[▶14] Azure API Management　REST APIに対して通信量のコントロール、負荷分散、監視、APIの利用者に対する認証、APIの説明を掲載するポータルなどAPIの運用に必要な機能を包括的に提供するサービス。

特にマルチテナントのPaaSがDDoS Protectionではサポートされないことに注意が必要です。AzureのPaaSに魅力を感じる方も多いと思いますが、この制約からマルチテナントのApp ServiceはDDoS Protectionで保護されません。そのため、App Serviceをよりセキュアに利用するには、App ServiceをApplication GatewayやAzure Front Doorと連携させ、Application GatewayのフロントIPをDDoS Protectionで保護し、バックエンドとなるApp Serviceはプライベートエンドポイントを使ってインターネットから切り離すことを検討してください。Application GatewayとApp Serviceを連携させる構成は第9章で詳しく解説します。

Azure Front Door、Application GatewayのWAF

Azure Front DoorとApplication Gatewayは7-2節のルーティング、負荷分散で紹介しましたが、セキュリティの機能も持っています。WAFはWAFポリシーを構成し、Azure Front DoorもしくはApplication Gatewayにアタッチ（追加）することで利用します。WAFを機能させるためにはHTTPSの暗号化されたペイロードを検査する必要があるため、あわせてSSL/TLSオフロードを設定する必要があります。

WAFポリシー

WAFポリシーは、以下の2つのセキュリティ規則で構成します。

❶ ユーザーが作成した**カスタムルール**

❷ Azureで管理する**マネージドルールセット**

どちらも設定されている場合は、カスタムルールを処理したあとにマネージドルールセットが処理されます。カスタムルールのどれかのルールで処理されたトラフィックは、残りのカスタムルール、マネージドルールセットでは処理されません。

ルールは一致条件、優先順位、アクションで構成され、アクションはALLOW（許可）、BLOCK（拒否）、LOG（ログ出力）、REDIRECT（リダイレクト）を指定できます。ただし、たとえばアクションにBLOCKを指定したルールに引っかかったトラフィックがあった場合に、それだけではトラフィックを拒否しません。WAFのモードには検出モード、防止モードの2つがあり、防止モードのときに指定したアクションを実行します。検出モードのときはアクションは実行せず、ログに記録するのみとなります。

カスタムルールは、**表7-10**の条件を利用することが可能です。

表7-10　Azure WAFのカスタムルールで利用可能な条件

条件	概要
送信元IPに基づく許可リストもしくはブロックリスト	送信元IPに基づいて許可もしくはブロックを設定できる
地理ベースのアクセス制御	送信元IPから発信元地域、国を識別し制御する
HTTPパラメータベースのアクセス制御	HTTP/HTTPSのリクエストにおける、クエリ文字列、POST引数、URI、ヘッダ、ボディの文字列に基づいて制御する
HTTPメソッドベースのアクセス制御	HTTP/HTTPSのGETやPUTなどのメソッドに基づいて制御する
サイズ制約	クエリ文字列やURI、ボディのサイズに基づいて制御する
レート制限	単位時間あたりの1つの送信元IPからのリクエスト数で制限する。詳細なレート制御を使うと、パラメータベースのアクセス制御など他の条件と組み合わせられる

マネージドルールセットは、Azure Front DoorとApplication Gatewayで異なる点に少し注意が必要です。Azure Front DoorのマネージドルールセットはMicrosoft Default Rule Set（DRS）というOWASP Core Rule Set（CRS）をカスタマイズしたルールセットを利用しているのに対し、Application GatewayではDRSもCRSも利用できます（DRS/CRS両方利用することも可能です）。

業界のコンプライアンスによってWAFに求められるルールセットに指定があるので、どのルールセットを利用するかをよく確認しましょう。

DRSには、**表7-11**のカテゴリに対するルールが含まれます。

表7-11　DRSに含まれるルールカテゴリ

カテゴリ	概要
クロスサイトスクリプティング	Cross Site Scripting（XSSとも呼ばれる）。悪意のあるスクリプトを他のユーザーのブラウザで実行させる攻撃。通常、ウェブサイトの脆弱性を利用して行なわれる
Java攻撃	Javaプラットフォームの脆弱性を悪用して、システムに不正アクセスや悪意のあるコードの実行を試みる攻撃
ローカルファイルインクルージョン	Local File Inclusion（LFI）。サーバー上のローカルファイルを読み取る攻撃。通常、悪意のあるファイルをプログラムに読み込ませることによって行なわれる
PHPインジェクション	ユーザー入力をPHPコードとして実行させることで、システムに不正な操作をさせる攻撃。PHPコードの埋め込みを狙う
リモートコマンド実行	Remote Command Execution（RCE）。リモートの攻撃者が任意のコマンドを実行することができる脆弱性を利用する攻撃。システム全体が危険にさらされる
リモートファイルインクルージョン	Remote File Inclusion（RFI）。リモートの不正なファイルをサーバーに読み込ませることで、悪意のあるコードを実行する攻撃
セッションフィクセーション	攻撃者が事前に生成したセッションIDを被害者に強制的に使用させ、セッションを乗っ取る攻撃
SQLインジェクション	悪意のあるSQLコードをデータベースに挿入して、不正なデータ操作や情報漏洩を行なう攻撃
プロトコルアタッカーズ	通信プロトコルの脆弱性を利用して、データの盗聴や改ざん、サービス妨害などを行なう攻撃、もしくは攻撃者のこと

さらに追加で**マネージドbot保護ルールセット**も利用することができます。マネージドbot保護ルールセットを利用すると、既知のbotカテゴリからのアクセスに対して、許可、ブロック、ロギングの各アクションを設定することが可能です。

Azure Firewall

Azure FirewallとNSGは、トラフィックのアクセス制御の機能を提供します。本項ではAzure Firewall、次項でNSGの機能について見ていきますので、両者の違いを理解しましょう（2つの使い分けについては第8章で解説します）。

Azure Firewallはステートフルなファイアウォールで、NVA（ネットワーク仮想アプライアンス）として通信の経路上に入ることで機能します。

ステートフルなファイアウォール

ステートフルなファイアウォールとは、通信の状態を追跡して管理して処理するファイアウォールのことです。通信を規制するための設定であるファイアウォールのアクセスリストは、一般的に送信元IP、送信元ポート、宛先IP、宛先ポートで規制対象の通信を特定します。たとえば、クライアントAがサーバーBにHTTPでアクセスすることを許可し、他の通信を規制する場合、許可対象の通信はアクセスリストで以下のように表現されます。

送信元IP　　：クライアントAのIP
送信元ポート：不定
宛先IP　　　：サーバーBのIP
宛先ポート　：TCP80

ただし通信は往復で成立するものであり、ファイアウォールが通信を片方向ずつ処理する（＝ステートレスである）場合、サーバーBからクライアントA方向の応答通信は送信元IP／ポートと宛先IP／ポートが入れ替わることから、上記のアクセスリストでは許可対象になりません。それに対して、ステートフルなファイアウォールでは通信を往復で処理するため、上記のアクセスリストで許可されたパケットに対する応答パケットは自動的に許可対象として処理することができます。また、TCPのフラグやシーケンス番号も内部的に管理するため、サーバーBからスタートするクライアントAへの通信は規制することができます。

SKUはBasic、Standard、Premiumの3つがあり、それぞれ利用できる機能は**表7-12**のようになっています。

表7-12　Azure FirewallのSKU比較表

機能カテゴリ	機能	SKU		
		Basic	Standard	Premium
L3－L7フィルタリング	HTTP/HTTPS、MSSQL向けFQDNベースのアプリケーションレベル（L7）のフィルタリング	○	○	○
	FQDNベースのネットワークレベル（L4）のフィルタリング		○	○
	ネットワークレベル（L4）のフィルタリング	○	○	○
	NAT（SNAT & DNAT）	○	○	○

機能カテゴリ	機能	SKU		
		Basic	Standard	Premium
Advanced Threat Protection	脅威インテリジェントベースのフィルター処理	アラートのみ	○	○
	TLSインスペクション [▶15] (Azure Firewallを通過するTLSセッションの中間復号化)			○
	マネージドIDPS [▶16]			○
	フルパスでのURLフィルタリング(TLSインスペクション有効化)			○
エンタープライズ向け機能	フルロギング、SIEM統合	○	○	○
	サービスタグ、FQDNタグの利用	○	○	○
	Webコンテンツフィルタリング		○	○
	DNS Proxy、カスタムDNSの指定		○	○
信頼性、パフォーマンス	可用性ゾーン対応	○	○	○
	最大スループット(IDPS除く)	250 Mbps	30 Gbps	100 Gbps
	最大スループット(w/TLS & IDS)			100 Gbps
	最大スループット(w/ TLS & IPS)			10 Gbps
	TCP 1コネクションあたりの最大スループット	データなし	1.5 Gbps	9 Gbps 300 Mbps("アラートを出して拒否"モードのIDPS利用時)

[▶15] TLSインスペクション　クライアントとサーバー間のTLSによって暗号化された通信の経路の途中で復号化する機能のこと。通常TLSではクライアントとサーバーがエンドツーエンドで相互に認証、通信を暗号化するため通信経路の途中に入っても内容を解読できない。そこで、TLSインスペクションでは、ファイアウォールの証明書をあらかじめ信頼できる証明書としてクライアントにインストールしておき、クライアントがTLSでサーバーと通信する際に、正規のサーバー証明書の代わりに、ファイアウォールがクライアントに対してサーバー証明書を提示する。これにより、クライアントのTLSセッションの相手はファイアウォールとなり、ファイアウォールはクライアントとサーバー間の通信を復号化、解読することができる。

[▶16] IDPS　IDS(Intrusion Detection Systems：侵入検知システム)とIPS(Intrusion Prevention Systems：侵入防止システム)の複合語。IDS、IPSは通信の特徴を示すシグネチャ(情報)に従って通信を識別し、不正な通信と検知するとアラートを上げたり、通信を規制したりする。マネージドIDPSでは、そのシグネチャがクラウドサービスプロバイダー(Microsoft)によって管理され随時更新される。

フルロギング、SIEM統合

SIEMは、Security Information and Event Management(セキュリティ情報およびイベント管理)の略語で、ITシステムからログやイベントデータを収集・分析し、セキュリティ脅威を早期に検出するためのツールのことです。Microsoftの製品では、Microsoft Sentinelがそれにあたります。SIEMは様々なシステムからログを収集し、分析することで効果を発揮します。Azure Firewallでは通信の処理をすべてログに出力し(フルロギング)、Sentinelに連携する機能が用意されています。

Azure Firewallの機能は多岐にわたるため、ここでは中心的な機能に絞って説明します。

アプリケーションルール、ネットワークルール、DNATルール

Azure Firewallは、アプリケーションルール、ネットワークルール、DNATルールに基づいてトラフィックを処理します。

まずは、アプリケーションルール、ネットワークルール、DNATルールがそれぞれどのようなものか見てみましょう。

❶ **アプリケーションルール**：FQDN、URL（Premiumのみ）およびHTTP/HTTPS/MSSQLプロトコルに基づいてトラフィックを処理する。特にHTTP/HTTPSの場合はHTTPヘッダ、SNIに記載のホスト名を見て処理するため、同じIPで複数のドメインがホストされている場合でも制御することが可能。特徴として、アプリケーションルールで処理されたトラフィックは送信元NATがかかり、送信元IPがクライアントのIPからAzure FirewallのIPに変わる。詳細は第9章で解説するが、この仕様はプライベートエンドポイントにAzure Firewall経由でアクセスする場合に重要になる

❷ **ネットワークルール**：送信元IP、TCP/UDPの種類、送信元ポート、宛先IP、宛先ポートに基づいてトラフィックを処理する

❸ **DNATルール**：Azure FirewallのパブリックIPに着信したトラフィックに対して宛先IP、ポートの変換を行なう

各ルールは、ステートフルに機能します。これらのルールはファイアウォールポリシーとして管理します。ポリシーとルールの関係は、**図7-21**のようになっています。

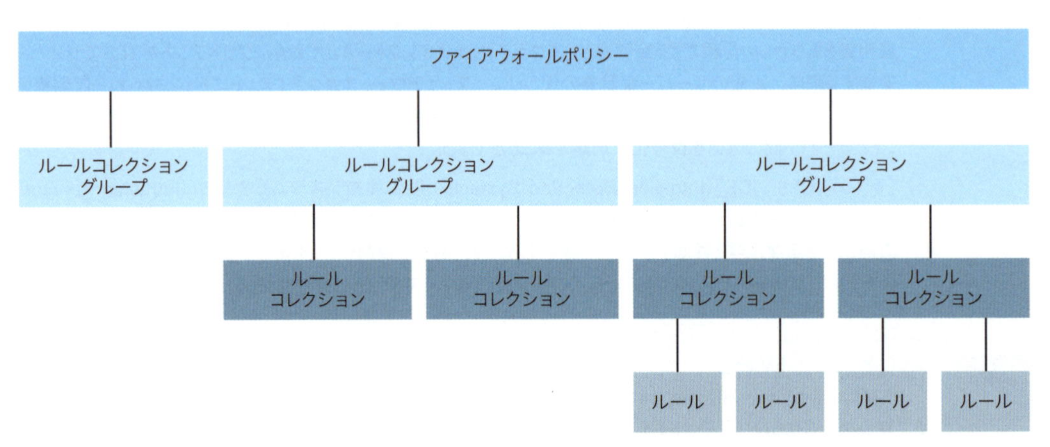

図7-21　Azure Firewallのポリシーとルールの関係

ルールコレクショングループはルールコレクションを取りまとめたものです。**ルールコレクション**はアプリケーションルール、ネットワークルール、DNATルールのカテゴリごとに複数行の各ルールを取りまとめたもの、**ルール**はそれぞれのルール1行に対応します。

ポリシー、ルールコレクショングループ、ルールコレクション、ルールの関係は、どのルールが適用されるかの処理ロジックに関係するので、よく理解しておく必要があります。Azure Firewallのルール

の処理ロジックは、以下のようになっています[※17]。

1. ルールコレクショングループ、ルールコレクションの優先順位にかかわらず、DNATルール → ネットワークルール → アプリケーションルールの順に処理を行なう
2. 同一カテゴリのルールは、所属するルールコレクショングループの優先順に従って処理される
3. 同一カテゴリのルールで同じルールコレクショングループに所属するルールは、ルールコレクションの優先順位に従って処理される
4. 同一ルールコレクションに所属するルールは上から順に処理される

■ ルールと併用する機能

TLSインスペクションの機能は、アプリケーションのルールごとに有効、無効を選択することが可能です。

IDPSは、ネットワークルール、アプリケーションルールにヒットするトラフィックに対して適用することが可能です。TLSで暗号化されたトラフィックに対してはTLSインスペクションとあわせて利用することが必要です。IDPSのシグネチャは、フルマネージドサービスでMicrosoftによって継続的に管理、更新されます。本書執筆時点で55000以上のシグネチャが利用可能です。

Webカテゴリでのフィルタリングは、VNet内部からAzure Firewallを経由してインターネットにアクセスする環境で利用します。特にAzure Virtual Desktopを利用してクライアント端末をVNet内部に構築した場合に有効です。インターネット上の様々なサイトをカテゴリに分類し、ポルノやギャンブルなど業務、セキュリティの観点で不適切なサイトへのアクセスを規制することが可能です。Webカテゴリでのフィルタリングは、アプリケーションルールの宛先の指定方法として設定します。

FQDNタグもアプリケーションルールの宛先の指定方法として利用することができます。Microsoft 365などMicrosoftのサービスに関する複数のFQDNがグループ化されており、個別のFQDNのルールを記述せずにサービス単位で許可、拒否を設定することが可能です。

サービスタグは、ネットワークルールの宛先の指定方法として利用することができます。NSGでもサポートされるサービスタグとMicrosoft 365の製品およびカテゴリごとのタグを利用することが可能です。こちらも利用することで、複数のIPで構成されるサービスに対する制御設定をシンプルにすることが可能です。

ネットワークセキュリティグループ（NSG）

続いて、ネットワークセキュリティグループ（Network Security Group：NSG）について見ていきましょう。

NSGは、L4レベルで通信を制御する機能です。サブネットまたはVMのNICに適用して利用します。L4レベルで通信を制御するので、Azure Firewallのネットワークルールと似ています。また、

※17 Azureのドキュメントに具体的な例が示されているため、そちらも参照してください。
- Azure Firewall 規則を構成する
https://learn.microsoft.com/ja-jp/azure/firewall/rule-processing

NSGもステートフルに機能します。NSGについては第4章 p.112 でも解説しているので、そちらも参照してください。

NSGのセキュリティ規則とネットワークセキュリティグループ（ASG）

NSGは、受信セキュリティ規則と送信セキュリティ規則で構成されており、適用したサブネット、NICの通信の方向に従って該当の規則が適用されます。セキュリティ規則に記述したルールは、優先順位に従って処理されます。

セキュリティ規則の送信元、宛先には、Any、IP、サービスタグ、アプリケーションセキュリティグループを指定できます。サービスタグは、Azure Firewallで利用できるものと同様です。

アプリケーションセキュリティグループ（Application Security Group：ASG）は、システムの構成に従って通信するインスタンスを表現する機能です。ASGの設定例を見てみましょう（**図7-22**）。

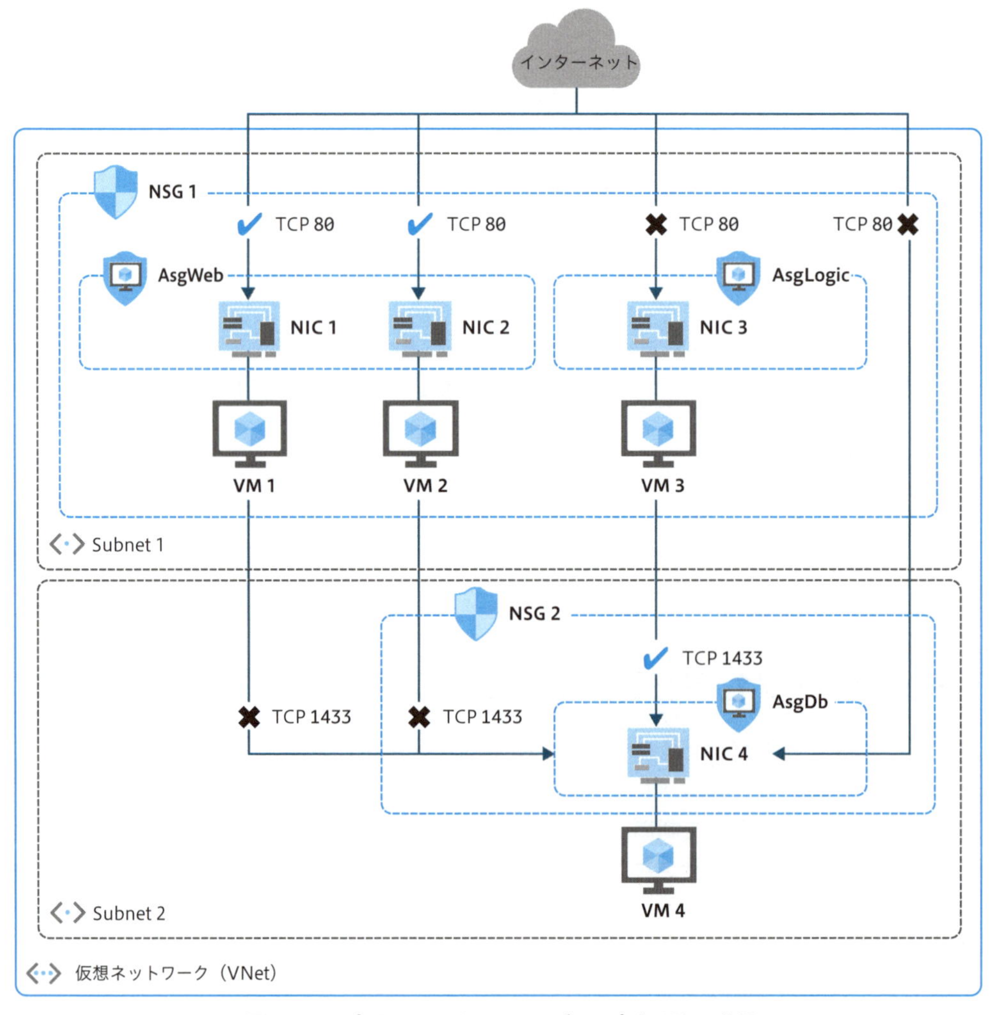

図7-22　アプリケーションセキュリティグループ（ASG）の仕組み

図7-22では、**表7-13**のようにシステムが構成されています。

表7-13　図7-22のASG設定例

VM	役割（ASG名）	NIC	サブネット
VM1	Webサーバー（AsgWeb）	NIC1	サブネット1
VM2	Webサーバー（AsgWeb）	NIC2	サブネット1
VM3	アプリケーションサーバー（AsgLogic）	NIC3	サブネット1
VM4	DBサーバー（AsgDb）	NIC4	サブネット2

ASGを使うと、各NICをグルーピングしてシステムの役割ごとに分類することができます。ここでは、NIC1とNIC2を「AsgWeb」、NIC3を「AsgLogic」、NIC4を「AsgDb」のようにASGでグルーピングしています。これで、たとえば、

- サブネット1のNSGの受信セキュリティグループで、インターネット → AsgWebは許可、インターネット → AsgLogicは拒否
- サブネット2のNSGの受信セキュリティグループで、AsgWeb → AsgDbは拒否、AsgLogic → AsgDbは許可

のように、システム構成に合わせたNSGの記述が可能になります。

ASGを使う際、1つのASGに所属させるNICは、すべて同じVNet内に存在する必要がある点に注意してください。また、NSGで送信元と宛先双方にASGを設定する場合、それぞれのASGに所属するNICは同一のVNet内に存在する必要があります。そのため、送信元と宛先両方にASGを使う場合は、1つのVNet内の通信にのみ適用可能です。

NSGでサブネットの通信制御を行なう際の注意事項

NSGを使ってサブネットの通信制御を行なう場合、いくつか注意すべき点があるため、確認しておきましょう。

- VMを利用するにあたりVNetのDHCPやDNS、Load Balancerの正常性プローブをつかさどる`168.63.129.16`やメタデータ、マネージドIDをつかさどる`169.254.169.254`、Windows OSのキー管理サービスへの通信を、サービスタグを使って規制できるが、AzureのVMの利便性をかなり制限することになるため、できるだけこれらへの通信は許可する
- Azure HDInsightやApp Service EnvironmentなどVNet内にデプロイするタイプのPaaSを利用する際にサービスごとに通信要件があるため、通信要件を満たすようにNSGを構成する必要がある

- Enterprise Agreement契約※18以外の契約形態で作成したサブスクリプションでは、NSGの設定によらず、TCP25（ポート25）でのSMTPを使ったインターネットへのメール送信は規制される。Enterprise Agreement契約下では規制されないが、受信側でブラックリストなどでブロックされた場合、ブロックされたことをどのように解除するかについてはサポートされない

7-4 PaaSとの連携

ここまで、「インターネットからVNetに入るまで」「VNet間」「VNet内」の通信を制御するサービスを見てきました。最後に、VNet内からPaaSにアクセスする際の通信を制御するサービスを見てみましょう。

AzureのPaaSは、大きく分けて次の2種類があります。

- VNet外にデプロイするタイプのPaaS（VNetの外のMicrosoftバックボーンネットワークにデプロイ）
- VNet内部にデプロイするタイプのPaaS

どのPaaSがどちらのタイプなのかの詳細な分類は第9章で説明します。ここでは、VNet外にデプロイするタイプのPaaSに対して、VNet内部からセキュアにアクセスする方法を見ていきましょう。

VNet外のPaaSにVNet内からアクセスする方法は3つあります（**図7-23**）。

❶ インターネットへのアウトバウンドと同様の送信元NAT（SNAT）を使ったアクセス
❷ サービスエンドポイントを経由してのアクセス
❸ プライベートエンドポイントを経由してのアクセス

※18 Azureには様々な種類の契約形態があります。ここでは「Enterprise Agreement契約」という契約形態があることだけ認識しておいてください。詳細を知りたい場合は、以下のドキュメントの「ライセンス契約形態の一覧」を参考にしてください。
・Microsoft Azure利用ガイド
https://download.microsoft.com/download/4/e/4/4e43bee8-e65d-4935-9eb5-cf0627a2820b/Azure_usage_guide.pdf

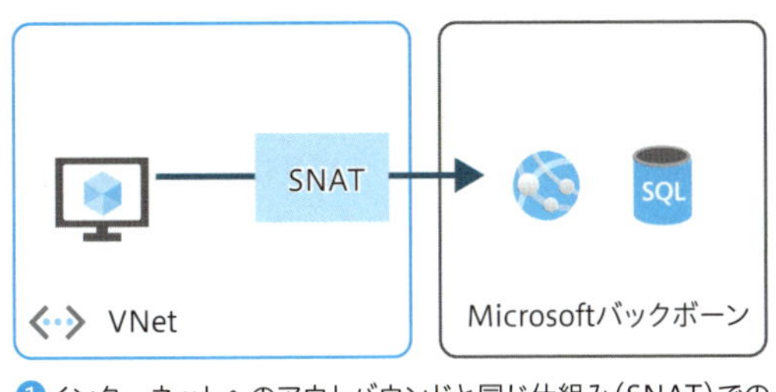

❶インターネットへのアウトバウンドと同じ仕組み（SNAT）での PaaSアクセス

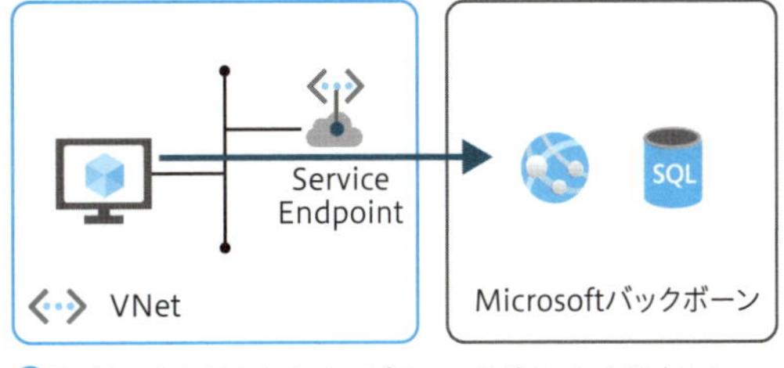

❷サブネットに付加したサービスエンドポイントを経由した PaaSアクセス

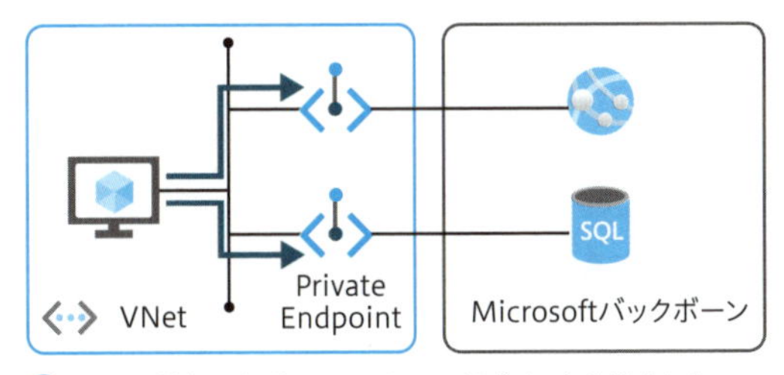

❸PaaS に付加したプライベートエンドポイントを経由した PaaSアクセス

図7-23　VNet内からPaaSへのアクセス方法

以降で、この3つの方法の概要と注意点について説明します。

インターネットと同様のSNATを使ったアクセス

VNet外にデプロイするタイプのPaaSは、インターネットからアクセス可能なパブリックIPを持つパブリックエンドポイントを持ちます。VNet内からパブリックエンドポイントにアクセスする場合、他のインターネットのリソースにアクセスするのと同様にSNATを行なって、送信元IPをプライベートIPからパブリックIPに変換したうえでアクセスすることが可能です。

この通信形態の場合、通信がインターネットに露出すると思われるかもしれませんが、結論としてはインターネット、正確にはMicrosoft以外のISPなどネットワーク運営者のネットワークを経由せずに、通信はMicrosoftが管理するバックボーンネットワークで完結します。これはMicrosoftが**コールドポテトルーティング**を採用しているためです。

コールドポテトルーティングは、Microsoftを含め様々なネットワーク運営者が自分が管理するネットワークに適用するルーティング手法の1つです。コールドポテトルーティングを採用すると、可能な限り自身の保有するネットワーク内でパケットをルーティングするようになります。逆に、できるだけパケットを別のネットワークに送り出す手法をホットポテトルーティングと呼びます。

Microsoftは、第4章で見たようにグローバルにバックボーンネットワークを張り巡らせており、ヨーロッパ-日本やインド-米国のような大陸間通信も自社のバックボーンネットワークで通信が完結しています。この大規模なバックボーンネットワーク上でコールドポテトルーティングを採用することにより、SNATを使ったPaaSアクセスでもインターネットに通信が露出しない仕組みになっています。また、VNetからM365やD365、Xboxのサービスなど他のMicrosoftのサービスへアクセスする際も、同様にMicrosoftのバックボーンネットワークで通信が完結します。

このようにMicrosoftのバックボーンネットワークで通信が完結することにより、SNATを使った通信であっても中間者攻撃のリスクが低減されます。また、PaaSのほとんどのサービスは通信プロトコルがTLSで暗号化されているため、通信に関してはセキュリティリスクは低いと言えます。

ただし、この手法の難点もいくつかあります。

- SNATを行なうため、SNATのキャパシティ（SNATに使えるポート数）を考える必要がある
- 通信を受けるPaaSはパブリックエンドポイントで受信するため、他のAzureのユーザーやインターネットからの通信もL3/L4レベルでは受信できてしまう

PaaS側は、あくまでパブリックエンドポイントで通信を受信します。そのため、各サービスで用意されたファイアウォールを設定しないとAzureの他のユーザーやインターネットから通信を受信します。PaaSのファイアウォールはIPごと、もしくはVNetごとにアクセス制御を行なえることがほとんどですが、SNATを使ったアクセスを行なう場合、VNetごとの規制ができません。そのため、ファイアウォールの管理が煩雑になる点に注意が必要です。

サービスエンドポイント

サービスエンドポイントを利用すると、SNATを使ったPaaSへのアクセスの問題が一部解決できます。サービスエンドポイントを経由してVNet内からPaaSにアクセスすると送信元IPはNATされず、VNet内で利用しているプライベートIPのまま通信を行ないます。実際には、VNetのIDおよびサブネットのIDなどを埋め込んだ特殊なパケットフォーマット（プロトコル）を使うことで、PaaS側で通信元の特定などを実現しています。

このような仕組みのため、SNATポートの枯渇を防ぐことができますし、PaaSのファイアウォールでVNet単位で通信を許可することができます。

サービスエンドポイントが利用できるPaaSは以下の通りです（廃止パスにある、後続の世代のサービスが出ているサービスを除く。各サービスの概要は**表7-14**）。

- Azure Storage
- Azure Storageのリージョン間サービスエンドポイント
- Azure SQL Database
- Azure Synapse Analytics
- Azure Database for MariaDB
- Azure Cosmos DB
- Azure Key Vault
- Azure Service Bus
- Azure Event Hubs

- Azure App Service
- Azure AI Services
- Azure Container Registry（Preview）

表7-14　サービスエンドポイントが利用できるPaaS

サービス	概要
Azure Storage	高い可用性とスケーラビリティを持つクラウドベースのストレージサービス。様々なデータタイプに対応。Blob StorageやAzure FilesはAzure Storageのサブコンポーネントに位置する
Azure SQL Database	フルマネージドのMicrosoft SQL Server互換のリレーショナルデータベース。高可用性とスケーラビリティを提供
Azure Synapse Analytics	データ統合と分析のための分析サービス。大規模なデータ処理が可能
Azure Database for MariaDB	フルマネージドのMariaDBデータベースサービス。高可用性とセキュリティが特徴
Azure Cosmos DB	グローバル分散型のマルチモデルデータベース。低レイテンシと高スループットを提供
Azure Key Vault	機密情報の管理と保護を行なうサービス。暗号化キーやシークレットの安全な保管が可能
Azure Service Bus	メッセージングサービス。アプリケーション間の信頼性の高い通信をサポート
Azure Event Hubs	大規模なデータストリームの取り込みと処理を行なうサービス。リアルタイム分析に最適
Azure App Service	Webアプリケーションやモバイルアプリケーションの構築とホスティングを行なうプラットフォーム。高可用性と自動スケーリングを提供
Azure AI Services	機械学習を活用したAIサービス。視覚、音声、言語の認識などを提供。Azure Open AI Serviceもここに含まれる
Azure Container Registry	コンテナイメージの管理と配布を行なうサービス。セキュアでスケーラブルなレジストリを提供

VNet内からだけPaaSにアクセスする場合は、SNATを利用していたときの欠点がサービスエンドポイントによってすべて解決することが可能です。一方で、VNet内部だけではなくオンプレミスからインターネット経由でのアクセスも必要な場合、引き続きファイアウォールでIPアドレスの管理が必要なため、この観点での管理コストをゼロにすることはできません（サービスエンドポイントは、オンプレミスからのプライベート通信に利用できません）。

また、サービスエンドポイントを利用する場合、VNet内からPaaSのカテゴリごとに許可を行ないます。たとえば、ストレージアカウントにアクセスする場合はサービスエンドポイントを利用するサブネットで`Microsoft.Storage`に対するアクセスを許可します。この設定方法は、セキュリティの観点からはアクセスする先のPaaSのリソース名まで特定できない点で少し難があります。たとえば、内部犯行を企てた従業員がVMがアクセスする先のストレージアカウントに自分の個人で管理するストレージアカウントを指定して通信させることができたりするためです。

これらの問題に対処するためにはサービスエンドポイントではなく、プライベートエンドポイントを利用する必要があります。

プライベートエンドポイント

プライベートエンドポイントは、PaaSにパブリックエンドポイントとは別にVNet内部にプライベートIPを付与したエンドポイントを作成し、それを経由してアクセスできるようにするサービスです（**図7-24**）。これにより、パブリックエンドポイントを閉じてしまって、PaaSを閉域ネットワークからのアクセスだけに限定することが可能です。

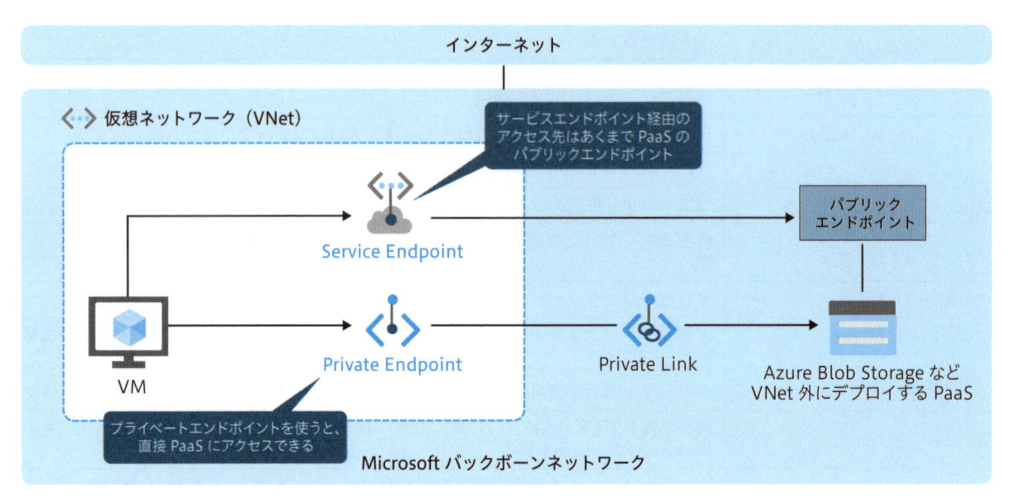

図7-24　サービスエンドポイントとプライベートエンドポイントの比較

プライベートエンドポイントも、サービスエンドポイントと同様に、対応しているサービス、対応していないサービスがあるので注意しましょう。

プライベートエンドポイントの名前解決

サービスエンドポイントにはなかった特徴として、オンプレミスからの通信もプライベートエンドポイントを経由することが可能です。また、NSGを使って通信を制限することも可能です。注意する点としては、「PaaSはマルチテナントの構成をとっている」「TLSレベルではホスト名で通信先を認証する」ことから、プライベートエンドポイントを設定しても**ホスト名を指定してアクセスする**必要がある点です。つまり、**名前解決を行なったうえでアクセスする**必要があります。

プライベートエンドポイントを利用する場合、名前解決に独特のクセがあります※19。

たとえば、`example.blob.core.windows.net`というAzure Blob Storageにプライベートエンドポイントを設定することを考えてみましょう。

■ プライベートエンドポイントがない場合

※19　プライベートエンドポイントは、サービスごとにどのようなドメイン名を利用するか決まっています。
・プライベートエンドポイントとは
https://learn.microsoft.com/ja-jp/azure/private-link/private-endpoint-overview

まず、プライベートエンドポイントがない場合から見てみます。プライベートエンドポイントを設定していない通常の場合、次のような処理順で名前解決が完了します(**図7-25**)。

① クライアントが指定されたDNSキャッシュサーバーに`example.blob.core.windows.net`のクエリを送信する
② DNSキャッシュサーバーは再帰的に名前解決(**再帰的問い合わせ**)を行ない、Microsoftの権威DNSから`example.blob.core.windows.net`のAレコードを取得する
③ DNSキャッシュサーバーはAレコードをクライアントに返す

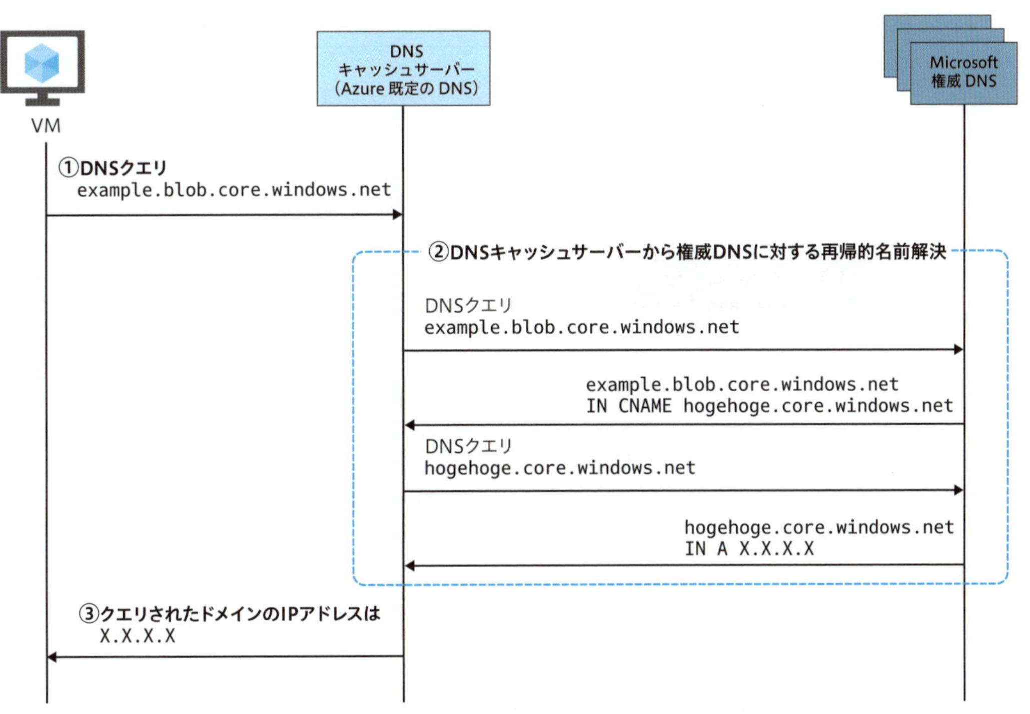

図7-25　プライベートエンドポイントなしのPaaS名前解決

Memo

DNSの再帰的問い合わせ

キャッシュDNSサーバーは、たとえばsub.www.example.comの名前を管理する権威DNSサーバーにいきなり問い合わせるのではなく、.comを管理する権威DNSから、example.comの権威DNSのIPアドレスを、example.comの権威DNSからwww.example.comの権威DNSのIPアドレスを、www.example.comの権威DNSでsub.www.example.comのIPアドレスを検索するように順を追って名前解決を実行していきます。このようなドメイン名の構造から順を追って、名前解決していく仕組みのことを再帰的問い合わせと呼びます（図7-A）。

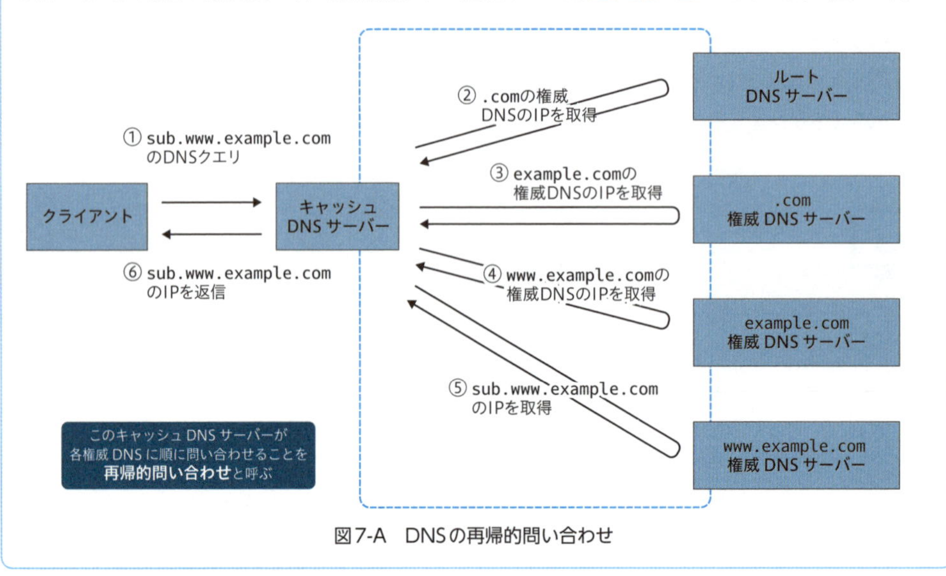

図7-A　DNSの再帰的問い合わせ

■ プライベートエンドポイントありの場合

一方で、プライベートエンドポイントを設定すると、次のような処理順に変化します（図7-26）。

① クライアントが指定されたDNSキャッシュサーバーにexample.blob.core.windows.netのクエリを送信する

② DNSキャッシュサーバーは再帰的に名前解決（再帰的問い合わせ）を行ない、Microsoftの権威DNSからexample.blob.core.windows.netのCNAMEレコードを取得する。CNAMEにはexample.privatelink.blob.core.windows.netが記載される

③ DNSキャッシュサーバーはさらに再帰的に名前解決（再帰的問い合わせ）を行ない、Microsoftの権威DNSからexample.privatelink.blob.core.windows.netのAレコードを取得する。Aレコードにはパブリックエンドポイントの IP が記載されている

④ DNSキャッシュサーバーはAレコードをクライアントに返す

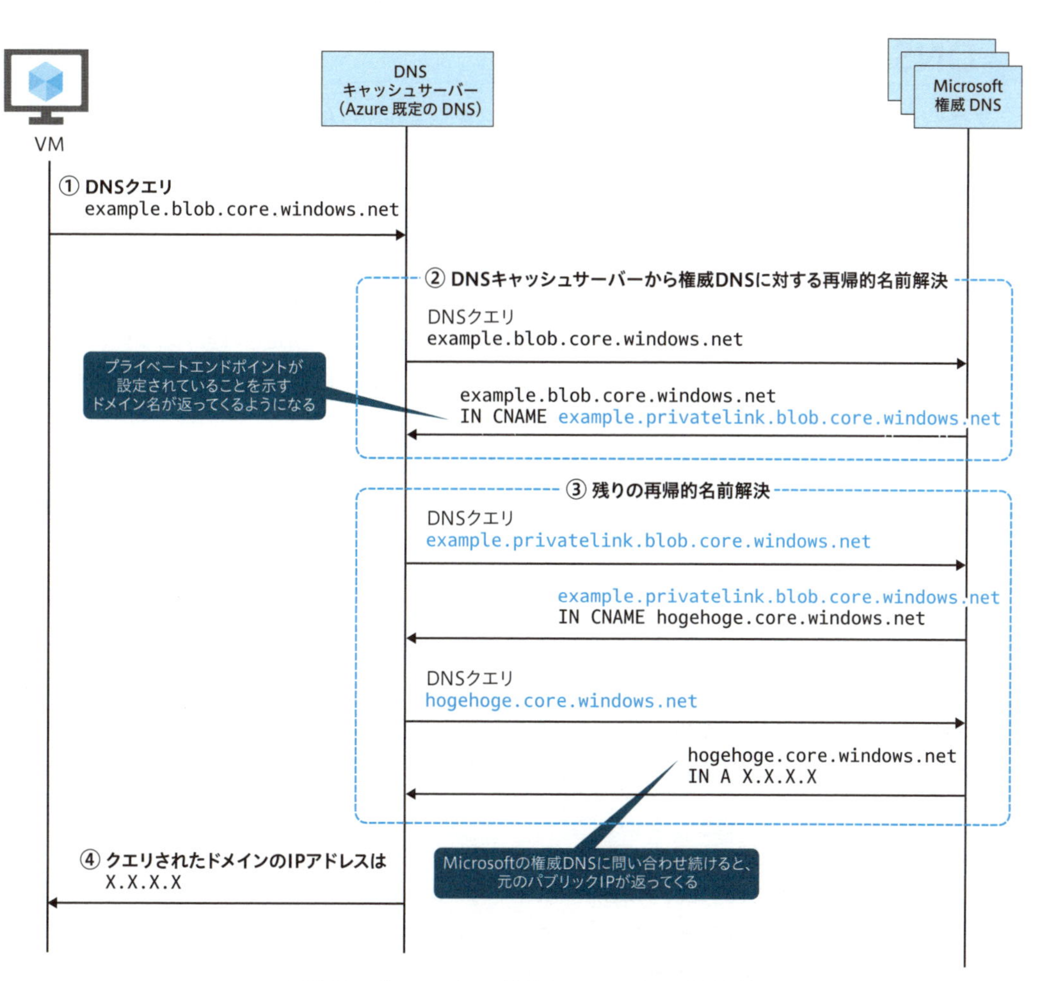

図7-26　プライベートエンドポイントありのPaaS名前解決

つまり、Microsoftの権威DNSが元のFQDNに対して「privatelink」と付いたCNAMEを返すステップが入るように動きが変わります。そのまま、インターネットに公開されているDNSで名前解決を続けると、結局パブリックエンドポイントのパブリックIPが解決されてしまいますが、「privatelink」と付いたCNAMEの名前解決にユーザーが独自に作成したAzure Private DNS Zoneを連携させることでプライベートエンドポイントのIPで解決させることが可能になります。具体的にどのように解決できるのかは次項で解説します。

DNSインフラストラクチャ

プライベートエンドポイントの名前解決にフォーカスを当てながらAzureのDNSの仕組みを見てみましょう。

Azure既定のDNS

Azureでは168.63.129.16をエンドポイントとして既定のDNSを提供しています。このアドレスは、VNetのデフォルトの設定を使うとDHCPでVMの利用するDNSとして指定されます。このエンドポイントは仮想化基盤の中でしか存在せず、VNet上のVMからのみアクセスできます。また、通信はVMとハイパーバイザー（ホストOS）の間で完結します。

既定のDNSは一般的なDNSキャッシュサーバーと同様に振る舞います。この既定のDNSと既定のSNATのおかげで、VNetにVMをデプロイするだけでVMはインターネットへのアウトバウンド通信ができるわけです。

プライベートDNSゾーン

プライベートDNSゾーンを使うと、プライベートなドメインに関するカスタムレコードを記述することが可能です。このサービスはVNetとリンクさせて利用しますが、リンクさせると既定のDNSはプライベートDNSゾーンの名前解決も行なえるようになります。この点がプライベートエンドポイントの名前解決と関係してきます。

VNetにprivatelink.blob.core.windows.netのプライベートDNSゾーンをリンクさせ、example.privatelink.blob.core.windows.netのAレコードとしてプライベートエンドポイントのプライベートIPを記述した状況を考えてみましょう。この状況下でVNet内の既定のDNSを利用するクライアントが名前解決を行なうと、次のような処理順序になります（図7-27）。

① VNet内のクライアントが既定のDNSにexample.blob.core.windows.netのクエリを送信する

② 既定のDNSは再帰的に名前解決（再帰的問い合わせ）を行ない、Microsoftの権威DNSからexample.blob.core.windows.netのCNAMEレコードを取得する。CNAMEにはexample.privatelink.blob.core.windows.netが記載される

③ 既定のDNSはprivatelink.blob.core.windows.netのプライベートDNSゾーンがリンクされていることから、このレコードを参照する。example.privatelink.blob.core.windows.netのAレコードを取得する。AレコードにはプライベートエンドポイントのIPが記載されている

④ DNSキャッシュサーバーはAレコードをクライアントに返す

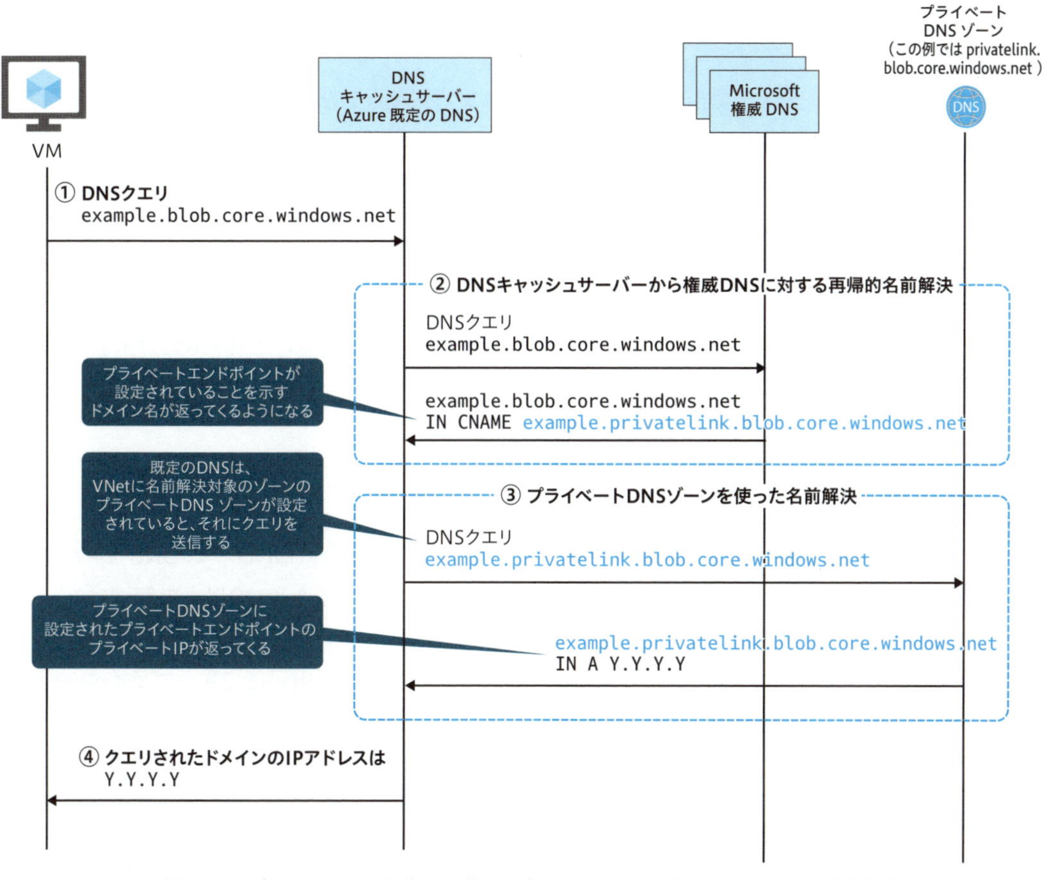

図7-27　プライベートDNSゾーンを使ったプライベートエンドポイントありのPaaS名前解決

このように既定のDNSとプライベートDNSゾーンを利用することで、VNet内からPaaSのプライベートエンドポイントの名前解決ができるようになります。既定のDNSはVNet内部からしかアクセスできないため、オンプレミスからプライベートエンドポイントにアクセスする場合はどうすればよいのでしょうか。

Private DNS Resolver

オンプレミスからプライベートエンドポイントにアクセスするための代表的なDNSインフラとして次の3種類があります。

❶ PaaSにアクセスするクライアントそれぞれでhostsファイルを書く
❷ オンプレミスのDNSにてプライベートDNSゾーンと同様にプライベートエンドポイント用のドメインを管理する
❸ オンプレミスのDNSからプライベートエンドポイント用のドメイン、もしくはホスト名については条件

付きフォワードでVNetにデプロイしたDNSフォワーダーに転送する

❶のhosts対応は、テスト環境や小規模な環境では実行可能な方法かもしれませんが、本番環境や大規模な環境では非現実的です。❷の手段は、プライベートDNSゾーンとオンプレミスのDNSで同様の内容を二重管理する必要があるため、管理のコストが高くなるうえに設定ミスの可能性も高まります。そこで、❸の手段が登場します。

❸のDNSフォワーダーを構築する場合、さらに次の選択肢が存在します。

Ⓐ VMを使ってDNSサーバーを構築し、転送されてきたDNSクエリをさらに168.63.129.16のエンドポイントへ転送するように設定する
Ⓑ Azure FirewallのDNSプロキシの機能を利用する
Ⓒ Private DNS Resolverを利用する

まず、Ⓐの構成は自由度が高く、特に複雑な名前解決構成の場合にBIND※20のDNS View機能を使ってきめ細かく設定することが可能です。その反面、VMで構築するためOS以上の管理はユーザーが行なう必要があります。

続いて、Ⓑの構成はオンプレミスからAzure方向への名前解決で利用可能です。プライベートDNSゾーンがハブVNetで一元管理されている場合、ハブVNetにデプロイしたAzure Firewallを使うだけなので比較的簡単な構成になります。一方で、プライベートDNSゾーンがスポークVNetごとに個別管理されているような環境の場合は、各スポークVNetにそれぞれAzure Firewallを構築する必要が出てくるため、コスト、管理性の観点であまり適切ではありません。

「オンプレミスからAzure方向、Azureからオンプレミス方向の相互の名前解決を行ないたい」「スポークごとにプライベートDNSゾーンを管理しているが、DNSフォワードに関してはコストを抑えたい」「DNSフォワーダーにはマネージドサービスを利用したい」といった要件がある場合には、ⒸのPrivate DNS Resolverの利用が有効です。

Private DNS Resolverの機能

Private DNS Resolverは、2種類のエンドポイントをホストする機能を持っています。

- オンプレミスから発信されたクエリをプライベートDNSゾーンで解決するための受信エンドポイント
- VNetから発信されたクエリをオンプレミスに転送するための送信エンドポイント

オンプレミスからの名前解決のシナリオでは、主に受信エンドポイントを利用します。

構成も比較的容易です。まず、Private DNS Resolverの受信エンドポイントをVNetにデプロイすると、オンプレミスからのクエリを受け付けられるようになります。受信エンドポイントにDNSクエリが送信

※20　最も広く使用されているDNSサーバーソフトウェア。UNIX系システムで開発され、現在は多くのプラットフォームで動作します。BINDのDNS View機能は、アクセス元のIPアドレスに応じて応答するレコードの内容を変える機能を提供します。

（転送）されてくると、Private DNS Resolverは受信エンドポイントが所属するVNetの既定のDNSへ名前解決を行なおうとします。このVNetでプライベートDNSゾーンがリンクされていると、プライベートDNSゾーンの設定に従ってオンプレミスからもプライベートエンドポイントの名前解決ができるようになります（**図7-28**）。

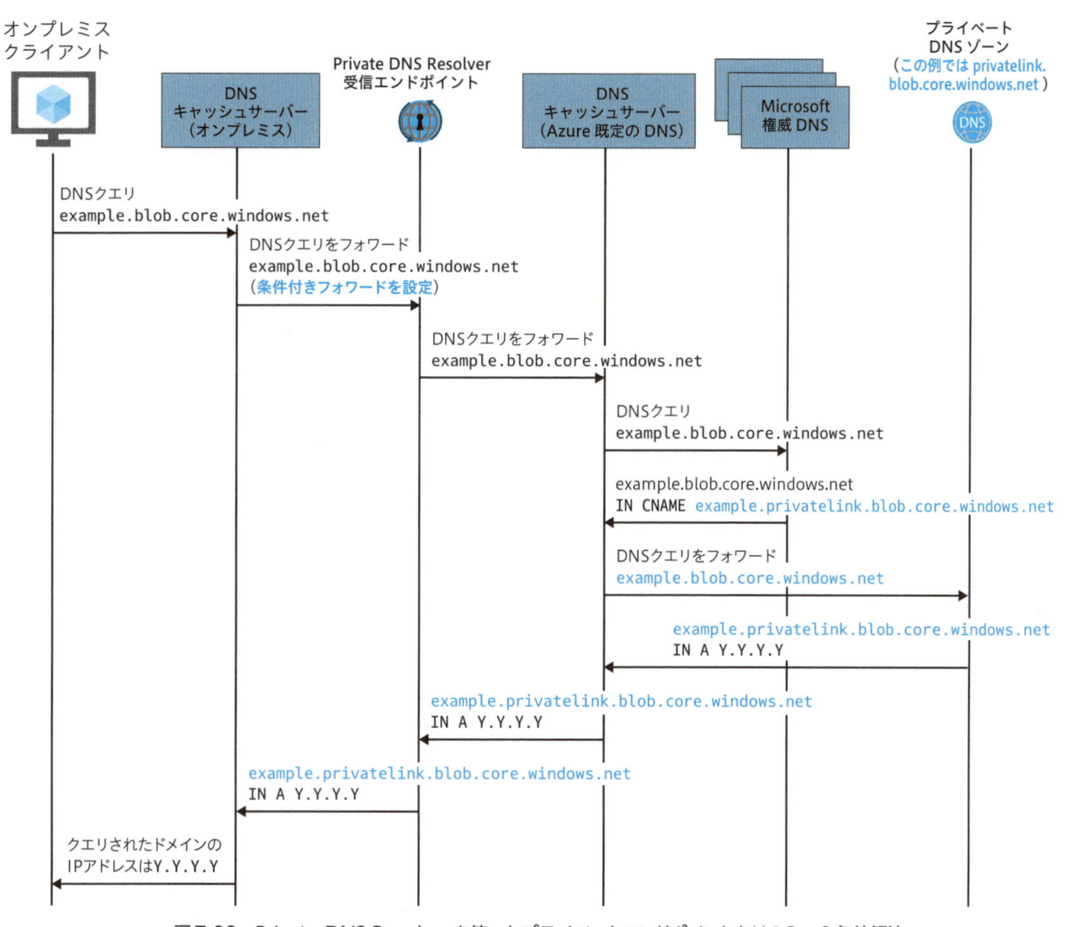

図7-28　Private DNS Resolverを使ったプライベートエンドポイントありのPaaS名前解決

Azure を使ったエンタープライズネットワークのベストプラクティス

Azureでは、クラウドの利用にあたって、組織として取り組むための指針であるクラウド導入フレームワーク（CAF）、クラウドに実装するシステムの設計指針であるAzure Well-Architected Framework（WAF）、具体的なシステムのリファレンスアーキテクチャであるAzureランディングゾーン（ALZ）を公開しています。この章では、Azureランディングゾーンに従って、これまで紹介したネットワーク系サービスをどのように組み合わせてアーキテクチャを構成するのか、Azureの利用をグローバルに展開するにはどのように構成するのかを解説します。

Azureでは、クラウドを活用するための指針や考慮事項、ベストプラクティスなどをまとめたフレームワークを提供しています。この章では、それらを概観したあと、エンタープライズ向けのフレームワークである「Azureランディングゾーン（ALZ）」に基づいて、Azureのネットワークサービスを組み合わせてエンタープライズネットワークを構築する方法について解説します。

8-1 クラウド活用のためのフレームワークや考え方

ここまでで説明したAzureのネットワークサービスを組み合わせて企業で利用するためには、信頼性やセキュリティ、コスト、運用性、パフォーマンスを考慮した設計を行なう必要があります。Microsoftでは、それらの考慮事項をふまえて、ベストプラクティスを整備し、設計フレームワークや考え方を用意しています。以降では、実際にAzureのネットワーク設計を行なう際に参考となる、これらのフレームワークや考え方について解説します。

- クラウド導入フレームワーク（CAF）
- Azure Well-Architected Framework（WAF）
- Azureランディングゾーン（ALZ）

クラウド導入フレームワーク（CAF）

クラウド導入フレームワーク（Cloud Adoption Framework：**CAF**）は、組織がクラウドを導入するにあたって、経営層、事業部、IT部門など様々なステークホルダーが組織的に効率よく活動するためのライフサイクル全体を整理するための考え方で、Microsoft自身やユーザー、パートナーのクラウド移行の経験をもとに取りまとめたものです（**図8-1**）。

CAFでは、最初にクラウドの導入目標、戦略を定めます（**戦略設定**）。ビジネスにおいて、コスト削減や新技術導入の迅速性の向上、需要に合わせたスケーリングの導入などクラウド移行の動機を明確化し、目標を設定します。あわせてコスト構造がどうなるのか財務的な予測を設定し、目標達成のために利用するクラウドの技術的な要素を把握しておきます。

次に、その目標、戦略に沿って**計画**を立案します。社内に存在するシステムに対してデジタル資産の現状把握と移行するのか、または移行せずに廃止するのかの決定、クラウド移行を支える組織の構成、スキルの準備などが計画の要素です。

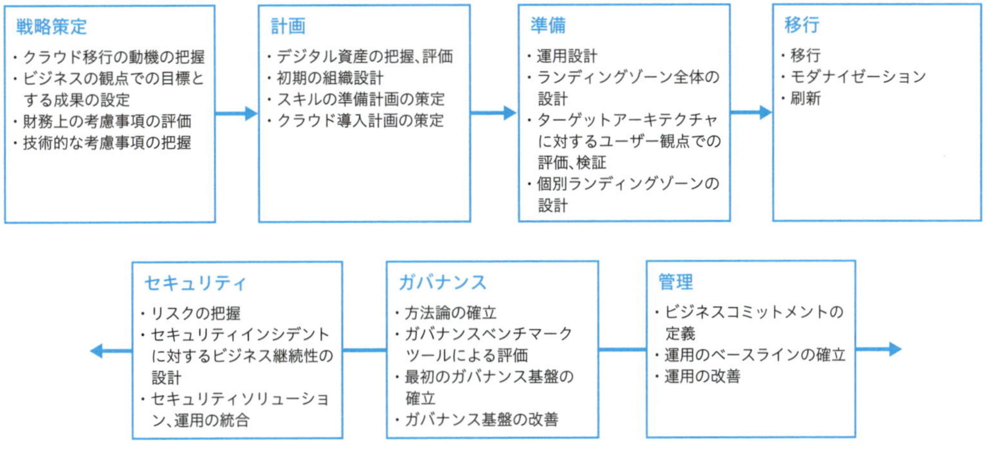

図8-1　クラウド導入フレームワーク（CAF）のライフサイクル

計画立案を行なったあとに、実際にクラウド移行のための**準備**を行ないます。クラウド移行するシステムについて、後述するAzure Well-Architected Frameworkに沿ってアーキテクチャ※1の設計を行ないながら、あわせて安定的にシステムを利用するための運用設計を行ないます。この工程で設計されたアーキテクチャ、およびそのアーキテクチャに基づいて構築された環境をランディングゾーンと呼びます。ランディングゾーンは、もともとヘリコプターや航空機の着地点を意味します。Azureランディングゾーンも組織の戦略や設計原則に基づいて設計・構築した一種の着地点であるため、このようなネーミングになっています。

アーキテクチャの設計、運用プロセスの設計が完了したらシステムを**移行**させていきます。移行対象のシステムの詳細なアセスメントや依存関係の整理を行ない、実際に移行を行ないます。移行したあとはシステムが正常に動作しているか、目標を達成できたかどうかを評価し、リリースを行ないます。

Microsoftは、これらのクラウド移行に関する概念的なライフサイクルをCAFとして定めています。CAFでは、上記のプロセスと合わせて反復的に行なわれる**ガバナンス**、**セキュリティ**、運用の改善活動（**管理**）も合わせて重要なプロセスとして定義しています。本書のメインテーマはAzureのネットワークの解説なので、CAFにこれ以上深く触れませんが、プロセスごとのアンチパターンなども提示されており、大規模にクラウド移行を考えられている組織の方々にはぜひ読み込んでいただきたいドキュメントです。

 Azure Well-Architected Framework (WAF)

Azure Well-Architected Framework（WAF）は、システムをクラウドに実装する際に、最適なアーキテクチャを設計するための設計原則や要件定義、設計、テスト、監視のポイントを取りまとめたドキュメント集です（**図8-2**）。

※1　日本語では共通基盤と呼ばれることもあります。

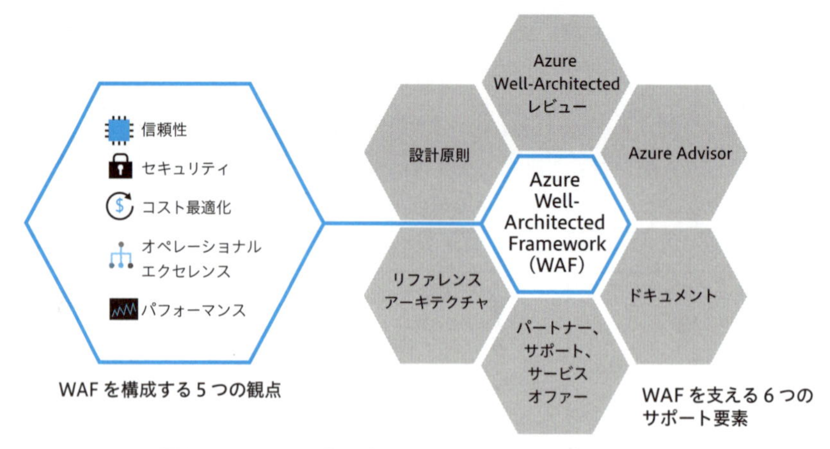

図8-2　Azure Well-Architected Framework（WAF）の構成

パブリッククラウドは、第1章で解説したようにオンプレミスのシステムと比較して様々な異なった特徴を持っています。そのパブリッククラウドの特徴をふまえて、WAFでは信頼性、セキュリティ、コスト最適化、**オペレーショナルエクセレンス**[▶1]、パフォーマンスの5つの観点で、設計原則や設計のポイントを定義しています。各原則の概要は**表8-1**の通りです。

[▶1] オペレーショナルエクセレンス　効率的でセキュリティが保たれ、信頼性のあるITシステムは運用、監視の業務によって支えられる。その運用・監視の業務もITシステム自体と合わせて効率的でセキュリティが保たれ、信頼性を備える必要がある。これらの性質を備えた運用性をオペレーショナルエクセレンスと呼ぶ。

表8-1　Azure Well-Architected Framework（WAF）の原則（5つの観点）

原則	概要
信頼性	・ビジネス要件を反映した信頼性のKPIについて、高い信頼性、高可用性とコストがトレードオフになることをふまえて設計しているか ・パブリッククラウドはクラウドベンダー側の都合でのメンテナンスやその規模の大きさからどこかしらで障害が発生しシステムがダウンすることがある。そのようなシステムダウンがあり得ることを前提に回復力のある設計やSPOF[▶2]を回避した設計がとれているか ・アプリケーション、システムの正常性を監視し、信頼性の問題を検出できる設計になっているか ・人的なエラーの可能性・影響を抑えるために日々のオペレーションや修復について自動化を取り入れた設計になっているか ・需要の増大に対応しつつ、信頼性を持たせるためにスケールアウト可能な設計になっているか
セキュリティ	・アプリケーションやクラウドのサービスを操作するための権限は必要なメンバーに必要最低限の権限に抑えられているか ・システムで取り扱うデータをリスクに応じて分類し、データの保存と転送において適切な暗号化処理を行なえているか ・セキュリティイベントと監査イベントを関連付け、正常性の定義を行なえているか。また脅威がすぐに特定できるか ・インシデントに対して自動と手動の対応手順を確立できているか ・ファイアウォールやWebアプリケーションファイアウォールを使って、各システムのエンドポイントに対してネットワークのセキュリティを確保し監視できているか ・DDoS攻撃など一般的な攻撃手法に対して防御する手段を用意しているか ・XSSやSQLインジェクションなどの攻撃に対してコードレベルの脆弱性を特定し軽減する手段を用意しているか ・セキュリティ運用のサイクルにおいて定期的にセキュリティパッチの適用やアーキテクチャの修正、コードや依存関係の修正を行なえるようにプロセスが組み立てられているか ・潜在的な脅威に対応するために、ペネトレーションテストや静的コード分析、コードスキャンを使って将来の脆弱性を検出できるか

原則	概要
コスト最適化	・ビジネス目標やパフォーマンスの要件、可用性の要件に適したリソースを選択しているか。過剰なリソースを選択していないか ・新たなワークロードであればクラウドネイティブなアーキテクチャやリソースが適用できるか検討したか。一般的に運用コストを鑑みるとIaaSと比較してPaaS、SaaSのほうがコスト効率が優れている ・予算を設定し、コストの制約を維持できるようにアーキテクチャ、利用するサービス、サービスの価格モデルを検討したか。また、設計においてスケーラビリティ、冗長性、パフォーマンスに対してコストとして許容できる範囲を検討したか ・予算に基づいてコストのアラートを設定したか ・パフォーマンスのニーズに合わせて動的にリソースの割り当てと割り当て解除を行なえるか ・ワークロードを最適化して、動的にリソースがスケールできる設計となっているか ・コスト管理を継続的に監視し、最適化するプロセスを構築できているか
オペレーショナルエクセレンス	・システムの開発ライフサイクル全体を通じて整合性、繰り返し、早期の問題検出を実現することを目的として、 　・システムにおいてアプリケーションだけではなく、インフラもInfrastructure as Codeを使って継続的インテグレーション（Continuous Integration：CI）と継続的デリバリー（Continuous Delivery：CD）を取り入れたビルドとリリースのプロセスを構築しているか 　・自動テストを取り入れているか 　・構成情報もコード化し、意図しない構成差異を回避しているか ・ビルドプロセス、リリースプロセス、運用中のインフラ、運用中のアプリケーションそれぞれに対して監視を行ない、可観測性を確保しているか ・監視で検出した様々なイベントを関連付け問題を予防的に軽減できているか ・障害訓練と復旧作業のリハーサルを行なっているか 　・ディザスタリカバリー（DR）の訓練を定期的に行なっているか 　・カオスエンジニアリングを取り入れてシステムの信頼性を検証するとともに弱点を特定しているか 　・障害訓練を行ない、復旧プロセスが有効かどうか検証しているか 　・過去の障害を文書化し、復旧の自動化を行なっているか ・継続的に運用プロセスの改善を行なっているか ・疎結合のアーキテクチャとなっているか
パフォーマンス	・システムに対する需要が高まったときにスケールアウトで対処できるように分散アーキテクチャを採用しているか。また、分散アーキテクチャの課題を理解しているか ・開発作業において継続的にパフォーマンステストを行ない、アプリケーション、インフラに対する変更がパフォーマンスに悪影響を及ぼさないか確認しているか ・運用中のアプリケーションとインフラを監視しデータに基づいてパフォーマンスの問題を特定できるようにしているか ・問題に対する解決策の影響範囲を理解し、適切なステークホルダーを巻き込めているか ・負荷の変動を予測しシステムがスケーリングできるように計画を立てているか。また予測した負荷を元にテストを行なったか

［▶2］SPOF　Single Point of Failureの略。システムにおける単一障害点を意味し、この箇所に障害が発生するとシステムが提供するサービスが止まる。

このように、WAFはネットワークだけではなく、インフラストラクチャ、アプリケーション、運用、セキュリティなど幅広いレイヤーをカバーした内容となっています。また、前述したように、WAFには、これらの原則だけではなく、要件、設計、テスト、監視のポイントがまとまっており、設計に対するチェックリストとして利用できるようになっています。

Azureランディングゾーン（ALZ）

Microsoftでは、Azure Well-Architected Framework（WAF）をもとにシステムを設計した場合の参考例、つまり具体的にどのようなアーキテクチャとなるのかを示した設計例を、Azureランディングゾーン（Azure Landing Zone：ALZ）として公開しています。ALZは、スケーラビリティ、セキュリティガバナンス、ネットワーク、およびID管理について複数のAzureのサブスクリプション（課金・請求の単位）が存在する中で統合的に管理するための設計例です。

このあとALZの詳細を説明しますが、その前に次節ではALZの前提知識である「Azureの権限管理」について解説します。すでにMicrosoft Entra ID [▶3]（以下、Entra ID）やAzureのサブスクリプションを使ってどのように権限管理を行なうのかについて理解している方は、次節を飛ばして8-3節 p.274 へ進んでください。

[▶3] Microsoft Entra ID　Microsoftのクラウドサービスの ID管理、権限管理を行なうIDプロバイダー（Identify Provider：Idp）サービス。以前、Azure Active Directory（Azure AD）と呼ばれていたが、2023年に「Microsoft Entra ID」という名称に変更された。

・Azure Active Directoryの新しい名前
https://learn.microsoft.com/ja-jp/entra/fundamentals/new-name

8-2 Azureの権限管理Microsoft Entra IDとサブスクリプション

ALZのネットワークアーキテクチャを理解するには、Azureの権限管理について知っておく必要があります。そこで、ここではAzureの権限管理の仕組みについて解説します。

 パブリッククラウドの権限管理

Azureに限らずパブリッククラウドでは権限管理はとても重要なポイントです。これまでオンプレミスのデータセンターなどに構築したシステムであれば、アクセスするためにデータセンターに入館して物理的にアクセスしたり、企業の内部ネットワークからアクセスしたりなど、物理的、ネットワーク的に守られた領域からアクセスする必要がありました※2。

一方で、パブリッククラウドはAzureであれば、Azure PortalやAzure CLI、Azure Resource ManagerのAPIなどシステムにアクセスするためのインターフェイスはインターネットで公開されており、基本的には誰でもアクセス可能です。

そこで、物理的な境界やネットワークの境界だけではなく、IDに基づいた境界を設けることが重要になります（図8-3）。どのユーザーにIDを付与するか、IDごとにどのような操作権限を付与するかを管理します。

※2　今日では「それらの物理境界、ネットワーク境界での防御だけでは足りない」という議論もありますが、それはいったん置いておきます。

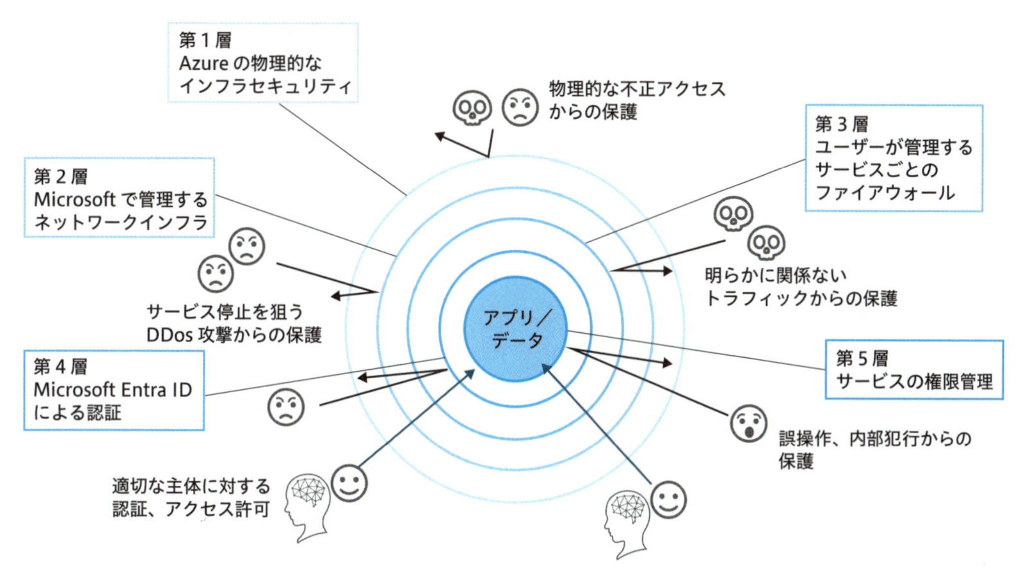

図8-3　物理層、ネットワーク層、ID層を組み合わせた複合的な多層防御

Azureでは、ユーザーに割り当てられるID（ユーザープリンシパル）やアプリケーションに割り当てられるID（サービスプリンシパル）は、ID基盤となるMicrosoft Entra ID（以下、Entra ID）で管理します。

Entra IDは認証機能も提供しており、IDごとのシークレットの管理やユーザープリンシパルの認証には多要素認証（MFA）[▶4]を強制するなど認証の管理も行ないます。サービスプリンシパルに対しては、OAuth 2.0やOpenID Connectに従ったフローの制御を行ないます。

[▶4] 多要素認証（MFA）　MFAはMulti Factor Authenticationの略。IDに対して認証を行なうときにパスワードだけなど単一の要素だけで認証するのではなく、パスワード認証のあとにさらにSMS通知やスマートフォンの認証アプリによるワンタイムパスワード認証や生体認証など、最初に認証に利用した要素とは別の要素も使って認証すること。複数の要素が揃って初めて認証されるので、単一要素による認証よりもセキュリティの強度が高い。Azureでもユーザープリンシパルの認証には多要素認証を利用することを強く推奨している。

Entra ID単体では、上記のユーザープリンシパルにMicrosoft 365やDynamics 365などSaaSのユーザーライセンスのひも付けやそれらのサービスにおける権限管理を行なうことが可能です。それではAzureの権限管理はどのように行なうのでしょうか。それを理解するには、サブスクリプションやリソースグループなどAzure特有のリソース管理の考え方を理解する必要があります。

Microsoft Entra IDとサブスクリプション

Azureのサブスクリプションは、契約内容や支払い方法、サポートプランに関する情報を保持した課金・請求の単位です。このサブスクリプションの枠の中でVMやストレージなどのリソースを作成しますが、サブスクリプションとリソースの間にリソースグループという論理的な管理単位を設けた3階層の構造となります。後述する権限管理の考え方に基づいて、サブスクリプションはシステムごとに分割するのが一般的です。そして、このシステムごとに分割したサブスクリプション群がEntra IDにひも付く構造をとります（図8-4）。

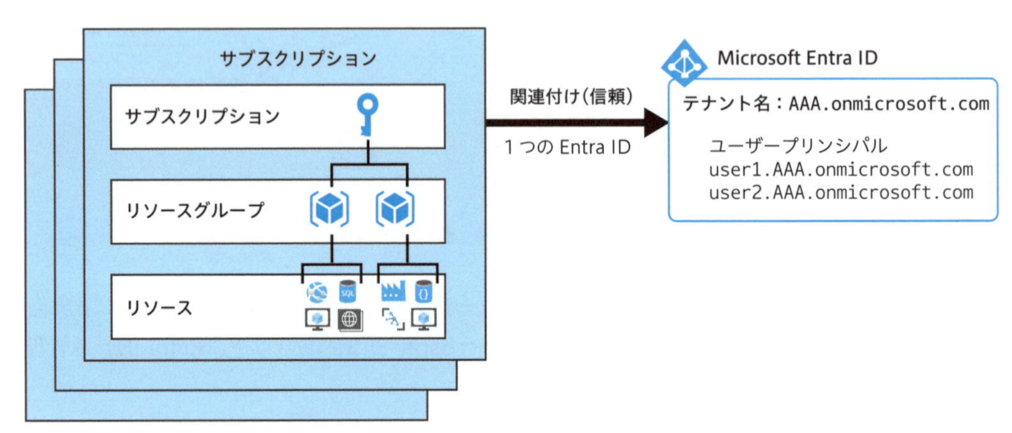

図8-4　Microsoft Entra IDとサブスクリプションの構造

Azureでは、サブスクリプションが関連付けられたEntra IDに登録されているユーザープリンシパルやサービスプリンシパルに対して、サブスクリプションレベル、リソースグループレベル、リソースレベルで権限を付与します。

Azure PortalでAzureの権限設定を行なう場合、Entra IDのメニューではなく、サブスクリプションやリソースグループ、リソースのメニューから行ないます（図8-5・図8-6）。

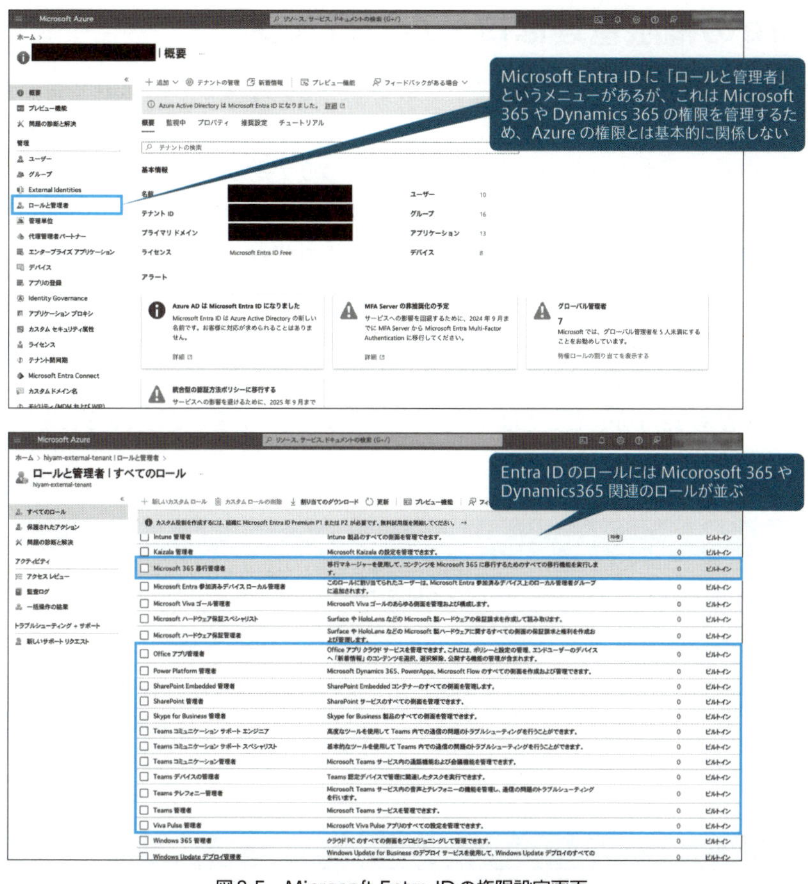

図8-5　Microsoft Entra IDの権限設定画面

図8-6　AzureのRBAC設定画面

Azureの権限管理はロールで行なう

具体的にどのような権限設定を行なえるのか見ていきましょう。そもそもAzureで権限管理を行なう場合に、ユーザープリンシパルやサービスプリンシパルなどの各IDと直接ひも付けられるものは、権限そのものではなく**ロール**です。Azureの権限は、ネットワークリソースの中の仮想ネットワークの読み取り権限やコンピュートリソースの中の仮想マシンの削除権限というように、リソースのグループ、リソースの種類、操作内容ごとに非常に細かく分かれています。そのため、あらかじめ想定される役割（ロール）が用意され、そのロールごとに複数の権限がまとめてひも付けられている、という構造をとっています。このあらかじめ用意されたロール（ビルトインロール）が要件に合わない場合は、カスタムロールを作成して、ひも付ける権限を編集することも可能です。

多くのロールがありますが、ここでは特によく使われるロールを**表8-2**と**表8-3**にまとめました。

表8-2　汎用的なロール

ロール	特徴
所有者（Owner）	このロールが設定された範囲でリソースの作成、編集、削除、ユーザーに対する権限付与のフルコントロールができる
共同作成者（Contributor）	このロールが設定された範囲でリソースの作成、編集、削除はできるが、ユーザーのアクセス権の管理はできない
ユーザーアクセス管理者（User Access Administrator）	このロールが設定された範囲でユーザーのアクセス管理はできるが、リソースに対する操作はできない
閲覧者（Reader）	このロールが設定された範囲ですべてのリソースを表示できる

表8-3　リソースに特化したロール

ロール	特徴
仮想マシン共同作成者	仮想マシン（VM）の作成と管理、ディスクの管理、ソフトウェアのインストールと実行、VM拡張機能を使用した仮想マシンのルートユーザーのパスワードリセット、VM拡張機能を使用したローカルユーザーアカウントの管理ができる。Entra ID認証を利用していても、この権限ではVMにログインすることはできない
仮想マシンの管理者ログイン	Entra ID認証を利用しているVMに対して管理者特権を持つユーザーとしてログインできる
仮想マシンのユーザーログイン	Entra ID認証を利用しているVMに対してユーザー権限を持つユーザーとしてログインできる
ネットワーク共同作成者	ネットワーク系のリソースの管理ができる
ストレージアカウント共同作成者	アカウントキーへのアクセスを含むストレージアカウントの管理ができる
ストレージアカウントキーオペレーターのサービスロール	ストレージアカウントのアカウントキーの表示と再生成ができる
ストレージBLOBデータ所有者	ストレージアカウントのBlob StorageコンテナとBlobの読み取り、書き込み、削除およびアクセス制御ができる
ストレージBLOBデータ共同作成者	ストレージアカウントのBlob StorageでコンテナとBlobの読み取り、書き込み、削除ができる
ストレージBLOB閲覧者	ストレージアカウントのBlob StorageでコンテナとBlobの読み取りと一覧表示ができる

権限管理のベストプラクティス

これらのロールとサブスクリプション、リソースグループ、リソースの階層を組み合わせてAzureの権限管理の設計を行なう必要があります。Microsoftでは、この権限管理に対してベストプラクティスを提示しています。

- Azure RBACのベストプラクティス
  https://learn.microsoft.com/ja-jp/azure/role-based-access-control/best-practices

代表的なものについて説明します。

■ サブスクリプションあたりの所有者の数を制限し最大3人までとする

これはできるだけ最少人数に最低限の権限を持たせつつ、一定程度フルコントロールできる人に助長性を持たせることを目的としたポイントです。

■ Microsoft Entra ID Privileged Identity Managementを使用する

Entra IDの特権管理の機能として、一時的に申請してきたユーザーに対して特定の権限を付与するPrivileged Identity Management(PIM)という機能があります。この機能を使うことで、特権の露出時間をコントロールし、セキュリティの侵害の可能性を減らすことが可能です。

■ ユーザーではなくグループにロールを割り当てる

特定できる少人数でシステムを管理している場合は問題になりませんが、大きな組織でAzureを利用する場合、社員の入退社や協力会社のメンバーの変更などで1人1人の権限を直接コントロールすることが難しくなります。そのため、あらかじめ同じ役割の人をまとめるためのEntra IDグループ（セキュリティグループ）を作成しておき、グループに対して権限をひも付けておきます。入退社などでの人への権限管理は、グループにユーザープリンシパルを追加する・削除するという操作でコントロールすることで、権限の管理が簡素化されます。

IDの保護・管理のベストプラクティス

Microsoftでは、権限管理とは別に、IDそのものの保護・管理について、以下のようなベストプラクティスも提示しています。

- AzureのID管理とアクセス制御セキュリティのベストプラクティス
  https://learn.microsoft.com/ja-jp/azure/security/fundamentals/identity-management-best-practices

代表的なものについて説明します。

■ ID管理を一元化する

前述したようにAzureのサブスクリプションは、1つのEntra IDテナント[▶5]にひも付く構造をとります。Entra IDテナントはいくつでも作成できますが、Entra IDテナントは1つの組織で1つのテナントに絞り込むことを推奨しています。これは複数テナントが存在したときにどのテナントにどのサブスクリプションがひも付いているのか、どのユーザープリンシパルはどのテナントにひも付いていてどのライセンスが適用されているのか、テナントごとにどのセキュリティ機能が利用されているのかの管理が煩雑になり、結果としてセキュリティレベルの低下を招く可能性があるためです。

また、AzureとDynamics 365などMicrosoftの別のクラウドサービスを連携させる場合に同一テナントでしかサポートされない機能もあり、その点でもEntra IDテナントは統一することが推奨されています。

[▶5] Microsoft Entra IDテナント　Entra ID自体は様々なユーザーが共用するSaaSだが、ユーザーごとの設定やデータは個別に管理される。このユーザーごとの設定やデータを管理する領域・仕組みをテナントと呼ぶ。このような、1つのシステム、サービスで複数のユーザーのテナントを管理することをマルチテナント（multi tenant/tenancy）と呼ぶ。

■ シングルサインオンの有効化

ID基盤が統一されておらず、ユーザーがシステムごとにIDとパスワードを使い分ける必要がある場合、ID管理が複雑になります。また、ユーザーの視点からは、複雑なパスワードをシステムごとに設定し記憶することが困難なため、パスワードの使いまわしやパスワードの簡素化を招きます。Entra IDは、Microsoftのクラウドサービスだけではなく、様々なサードパーティのサービスのIDプロバイダー（IdP）としても機能するため、Entra IDにID基盤を統一しシングルサインオンを有効にすることが推奨されています。

■ 条件付きアクセスをオンにする

現代の企業システムにおいて、ユーザーは様々なデバイス、アプリケーションを使って、社内ネットワークやインターネットなど様々なアクセス経路からシステムにアクセスします。これらのデバイスやアクセス経路が企業のセキュリティとコンプライアンスの基準を満たしているかどうかを確認する必要があります。Entra IDでは、条件付きアクセスを利用すると、認証においてユーザーに対するID、パスワード、多要素認証（MFA）の検証だけではなく、どのデバイスでどのネットワークからどの時間帯にアクセスしてきたのかなども検証できます。これにより機密性の高いデータやシステムと低いシステムに対して認証の基準を使い分けることが可能です。

■ ユーザーに多要素認証を適用する

すべてのユーザーに対して、パスワード認証だけではなく、多要素認証（MFA）を推奨しています。

Entra IDでは、P1、P2のライセンスの機能※3である条件付きアクセスを使ってユーザー別、条件別にMFAを要求できますが、一律に多要素認証を適用する場合はEntra IDセキュリティの既定値を使用することで、Entra IDのユーザープリンシパルすべてにMicrosoft Authenticator※4を使ったMFAを適用できます。

複数サブスクリプションが存在する場合の権限管理

ここまで説明したように、Azureでは、Entra IDに設定されたユーザープリンシパル、サービスプリンシパルに対して、サブスクリプション、リソースグループ、リソースの階層ごとにロールを割り当てることで、権限管理を行なうことができます。

一方で、サブスクリプションは、システムごとに分割することが推奨されています。それでは、企業内に多数のサブスクリプションがある場合、サブスクリプションごとに権限管理の設定を行なう必要があるのでしょうか。

企業では、たとえば財務部（事業部A）にシステムA-1、A-2、A-3……、営業部（事業部B）にシステムB-1、B-2……というように複数のシステムが存在し、システムのグループごとに開発運用チームが共通していて共通の権限設定を行ないたい場合があります。このような場合には、**管理グループ**という機能を使うことで、複数のサブスクリプションに共通した権限設定を行なうことができます（**図8-7**）。

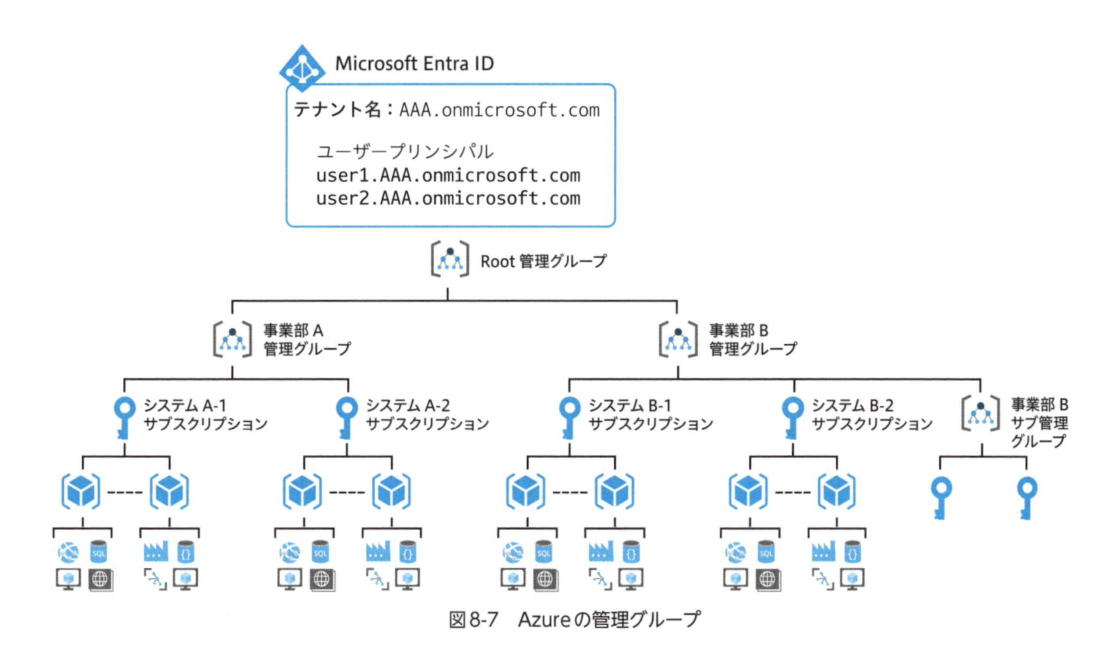

図8-7　Azureの管理グループ

※3　P1、P2は、それぞれEntra IDの有償ライセンスのことです。P1、P2でそれぞれ利用できるようになるセキュリティ機能があります。
参考 Microsoft Entraライセンス
https://learn.microsoft.com/ja-jp/entra/fundamentals/licensing

※4　Microsoft提供のワンタイムパスワード、パスワードレスサインインを実現するモバイルアプリケーション。iOS、Androidで利用できます。

管理グループは、サブスクリプション、リソースグループ、リソースのさらに上位の階層として権限管理を行なう単位です。図8-7のように、共通した権限管理を行なえるサブスクリプションを取りまとめて管理グループの配下とすることで、まとめて権限設定を行なうことが可能です。図8-7は事業部ごとに管理グループを設定する1つの軸だけで分割した例ですが、さらにインターネットを通じて社外に公開するシステムと社内システムで分ける2軸での分割も考えられます。

企業全体でAzureを活用するときには、セキュリティ面で権限管理が非常に重要なポイントとなります。上記の管理グループ－サブスクリプション－リソースグループ－リソースというAzureのリソースの管理構造と様々なロールの割り当てを使って、上手に権限管理の設計を行なってみてください。

8-3 Azureランディングゾーン（ALZ）の全体像

ではいよいよ、Azureランディングゾーン（Azure Landing Zone：ALZ）の全体像を説明します。ALZでは、これまでの章で説明したAzureのネットワークサービスや構成パターンを組み合わせたときに、具体的にどのような構成になるのかが示されています。そこで、最初にALZのアーキテクチャがどのようなものか、特にVNet同士、VNetとオンプレミスやインターネットなど他ネットワークの接続について解説します。その後、ALZがWell-Architected Framework（WAF）の5つの観点 p.264 から見て、どのようなポイントを押さえているのかを確認します。VNet内やVNetとPaaSの接続については、次章で具体的なシナリオをベースに解説します。

ALZのアーキテクチャ

ALZは、企業全体でAzureを使う際に様々なリソースを利用できるように、柔軟性と一貫性のある管理ができる構成である、という特徴を備えています。これはALZが、ユーザーが利用する各ランディングゾーンにデプロイされるワークロードやリソースに関係なく、一貫した構成と管理性を備えた環境を構築すること（スケーラビリティ）と、設計の基本的な枠組みを定義しながらシステムによって拡張可能なアプローチ（モジュール性）の2つを重視した設計となっているためです。この特性により、ALZの考え方を使って、企業や企業グループ全体のためのAzureの共通利用基盤を構築できます。

ALZで定義するランディングゾーンは、以下の2種類から構成されます（図8-8）。

- プラットフォームランディングゾーン
- アプリケーションランディングゾーン

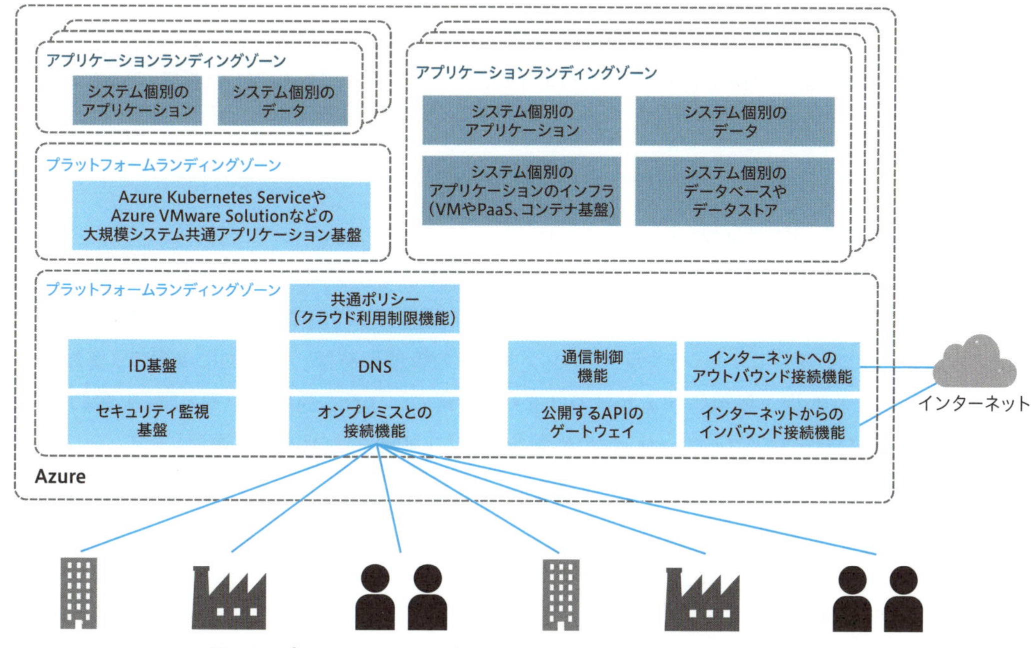

図8-8　プラットフォームランディングゾーンとアプリケーションランディングゾーン

プラットフォームランディングゾーン

プラットフォームランディングゾーンとは、ALZに基づいて構築された共通利用基盤全体で共用するサービスや機能を提供するためにデプロイされたサブスクリプションを指します。多くの場合共通利用基盤のチームによって運用され、後述する事業部などが実装するアプリケーションランディングゾーンにより共用されます。機能としては、ID管理機能（Entra IDと連携するActive Directory Domain Serviceなど）やオンプレミスとの接続性、セキュリティが確保されたインターネットからのインバウンドゲートウェイ、インターネットへのアウトバウンドゲートウェイなどのネットワーク機能、SIEM※5などのセキュリティ機能が実装されます。

Active Directory Domain Service（ADDS）

Windows Serverの機能の1つで、ネットワーク上のリソース（ユーザー、コンピュータ、プリンターなど）を管理するために利用されます。Active Directory Domain Serviceを略してADDSや、単にActive Directory（AD）と呼ばれる場合もあります。ADDSを使うと、管理者は一元的にユーザーのアカウントやパスワードを管理でき、ユーザーは一度のログインで複数のリソースにアクセスできます。また、ADDSに登録したコンピュータに対してセキュリティポリシーの適用やソフトウェアの配布も簡単にできる仕組みを提供します。

※5　第7章の「フルロギング、SIEM統合」p.243を参照してください。

> **Memo**
> **インバウンドゲートウェイとアウトバウンドゲートウェイ**
> インバウンドゲートウェイはインターネットからの通信を受け入れる経路、アウトバウンドゲートウェイはインターネットへの通信を送信する経路のことです。それぞれに不正なアクセスが入ってこないようにする機能、不正なアクセス先への通信を防止する機能を持たせ、システムで共通にこの経路を利用することで、一貫性のあるセキュリティを実現できます。

アプリケーションランディングゾーン

アプリケーションランディングゾーンは、各システムが実装されるサブスクリプションです。権限管理やポリシー制御が正しく適用されるように、権限管理の設計に基づいて各管理グループの配下に置かれることが重要です[※6]。アプリケーションランディングゾーンの管理形態は、一般的に以下の3種類があります。これらはどれか択一で選択するわけではなく、企業のシステム運用の実態と照らし合わせながら利用するテクノロジーやアプリケーションの性質をふまえて組み合わせながら適用します。

- ワークロードごとの管理
- 一元管理
- テクノロジープラットフォームごとの管理

ワークロードごとの管理

共通利用基盤のチームから実際にアプリケーションの管理をしているチームにサブスクリプションを払い出し、アプリケーションおよびそのアプリケーションのためのインフラの管理を委任する形態です。後述するネットワークアーキテクチャで言うと、IaaSでシステムを構築する場合、アプリケーションの管理チームはスポークの仮想ネットワークを受け取り、その中でシステム構築を行ないます。この管理形態の場合も、共通利用基盤が制御する管理グループによってポリシーや権限管理が適用されます。管理グループのポリシーに応じて、監視やセキュリティ管理は共通利用基盤チームが行なう場合とアプリケーション管理チームが行なう場合に分かれます。

一元管理

共通利用基盤を提供しているチームが共通利用基盤の共通部だけではなく、アプリケーションも提供している場合の形態です。共通利用基盤チームがプラットフォームとアプリケーションの両方を制御します。

テクノロジープラットフォームごとの管理

Azureのサービスの中にはAzure Kubernetes ServiceやAzure VMware Solutionのように「インフラが一元管理される」「ミニマムコストが高く個別構築するとスケールメリットを得にくい」「規模が大きいほど可用性や利用の密度のメリットが増す」という特徴を備えたサービスがあります。このようなサービスを利用する場合は、サービスの管理は基本的に共通利用基盤のチームが行ないながら、一部VMやコンテナの操作に関する権限をアプリケーションチームにも渡す、という形態が考えられます。

※6　管理グループについては、「複数サブスクリプションが存在する場合の権限管理」p.273を参照してください。

以上のように、ワークロードの管理形態を定めたうえで、ALZでは**概念アーキテクチャ**とワークロードごとのアーキテクチャを定めています。**概念アーキテクチャ**は、共通利用基盤全体を管理・利用していく際に必要な機能を網羅し、機能・サービス間の関連を示したものです。これを図にすると**図8-9**のようになります。

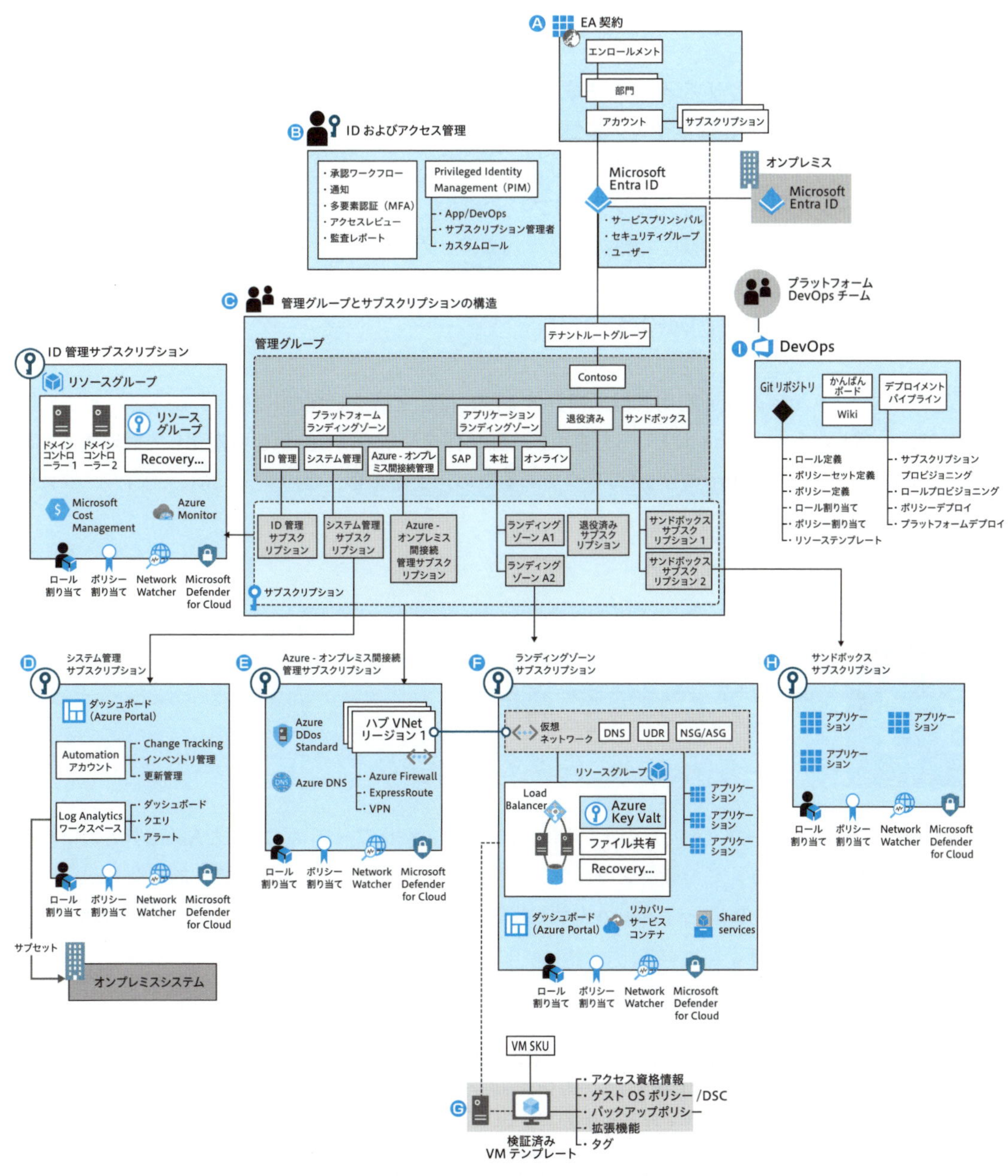

図8-9　ALZの概念アーキテクチャ

出典 https://learn.microsoft.com/ja-jp/azure/cloud-adoption-framework/ready/landing-zone

ALZにおける設計領域

図8-9中のⒶからⒾまでの記号は、機能ごとの設計領域にあたります。これらの設計領域は、以下のように分類されています。

Ⓐ Azureの課金とEntra IDテナント
Ⓑ ID管理とアクセス管理
Ⓒ 管理グループ、サブスクリプションの構成
Ⓓ 統合管理のための自動化機能やログ基盤用サブスクリプション
Ⓔ 共通利用するネットワーク機能用サブスクリプション
Ⓕ 各アプリケーションが実装されるサブスクリプション
Ⓖ 特にVMに関してアクセス管理、構成管理、バックアップ、利用する拡張機能など非機能領域
Ⓗ Azureに本番移行するまでに利用するサンドボックス
Ⓘ プラットフォームの自動化とDevOps

企業においてAzureの共通利用基盤を構築する際には、上記を網羅的に設計する必要があります。それは、一貫したセキュリティポリシーを適用し、誰が何をやっているのかを可視化して管理するためです。本書のテーマはAzureのネットワークであるため、上記のⒺ、Ⓕのうち、特にネットワークに関連した内容について解説します。

8-4 ALZの実装例

Azureランディングゾーン（ALZ）の設計領域の中でも、ネットワークトポロジーとAzure外との接続の設計は中心的な領域です。この設計を行なうことで、様々なアプリケーションが統一的なセキュリティポリシーや管理ポリシーにのっとってAzureのサービス、他のMicrosoftのサービス、インターネット、オンプレミスと通信できます。

ネットワークトポロジー

トポロジーとは、数学における形や空間の性質について研究する学問のことです。転じて、IT用語における特にネットワークトポロジーは、コンピュータやデバイスがネットワーク内でどのように接続されているかというレイアウトや構造のことを指します。主なネットワークトポロジーとして、以下があります。

- すべてのデバイスが単一のケーブル（バス）で接続されるバストポロジー
- 各デバイスがハブを介して接続されるハブアンドスポークストポロジー（スタートポロジーとも呼ぶ）
- 各デバイスが数珠つなぎに接続されるリングトポロジー

- 各デバイスが直接、他のすべてのデバイスと接続されるメッシュトポロジー
- バストポロジーの下部にハブアンドスポークトポロジーをぶら下げたツリートポロジー

ALZでは、仮想ネットワーク同士の接続にハブアンドスポークトポロジーを採用することが推奨されています。

ネットワークトポロジー

ALZのトポロジーは、これまでのAzureの歴史的な経緯から2種類あります。

❶ Virtual WAN（vWAN）※7を利用した構成
❷ Virtual Network（VNet）だけを利用する構成

これはAzureが企業で大きく使われ始めたことに合わせて、ネットワークトポロジーのベストプラクティスの整備が始まったあとにVirtual WANがリリースされたためです。

この2つのトポロジーに共通する特徴は、オンプレミスやインターネットとの接続を担う**ハブ**とアプリケーションが実装される**スポーク**群で構成される**ハブ＆スポーク**の構成である点です。Azureでは、オンプレミスとの接続にはVPN GatewayやExpressRouteを、アクセス制御の一元管理にはAzure Firewallを利用することで実現できます。これらの機能をアプリケーションごとに実装すると、サービスの最小スペックすら使い切れずコストの無駄が出たり、複数のそれらのサービスを管理する必要があるのでセキュリティやガバナンスが複雑になるという課題があります。これらの課題の解消のために、ハブに実装し複数のアプリケーションで共有する構成をとっています。

それでは、それぞれどのような構成なのかを見ていきましょう。

Virtual WANを使ったネットワークトポロジー

Virtual WAN（以下、vWAN）を使った構成の特徴は、vWANの機能によりオンプレミスとAzure、オンプレミスの拠点間の大規模な相互接続が実現できる点です（**図8-10**）。

※7　Virtual WAN（vWAN）については第5章の「Azure Virtual WAN（VWAN）」p.127 を参照してください。

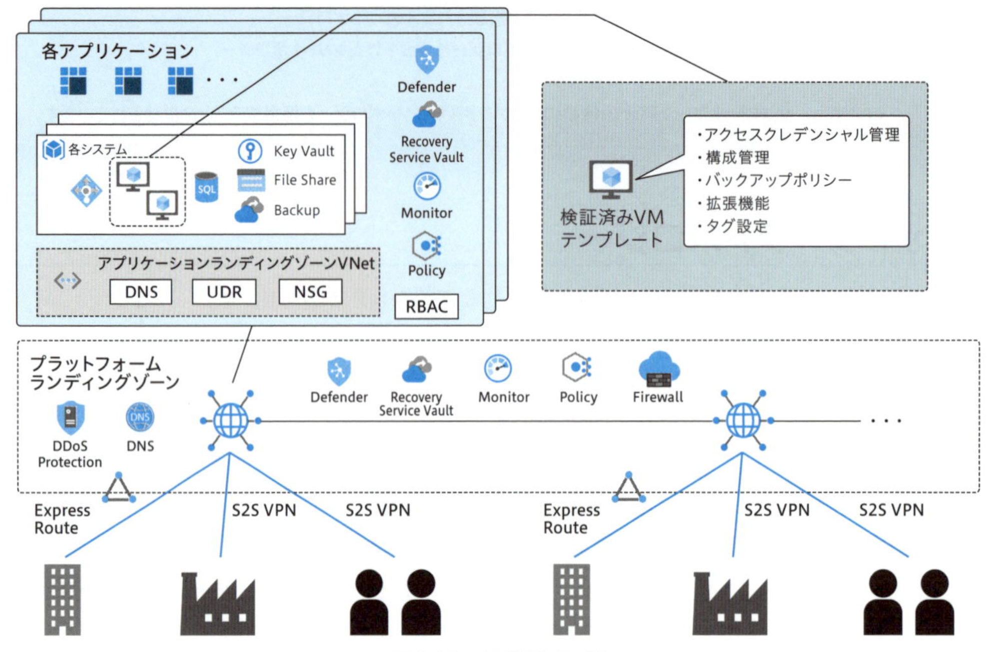

図8-10　vWANトポロジー

グローバルに展開する企業では、レイテンシの観点で世界の各リージョンにAzureを展開する場合があります。その場合でもvWANを利用すると、各リージョンの仮想ハブ（vWANハブ）を相互接続することで各リージョン間を容易に接続できます。

また、vWANは、多数のIPsec接続、ExpressRoute接続に対応しており、多くの拠点を直接Azureに接続できます（**図8-11**）。vWANに接続した拠点同士の通信も可能で、これまで一般的に企業WANに利用されていたMPLS-VPN [▶6] の置き換えも視野に入れることが可能です。

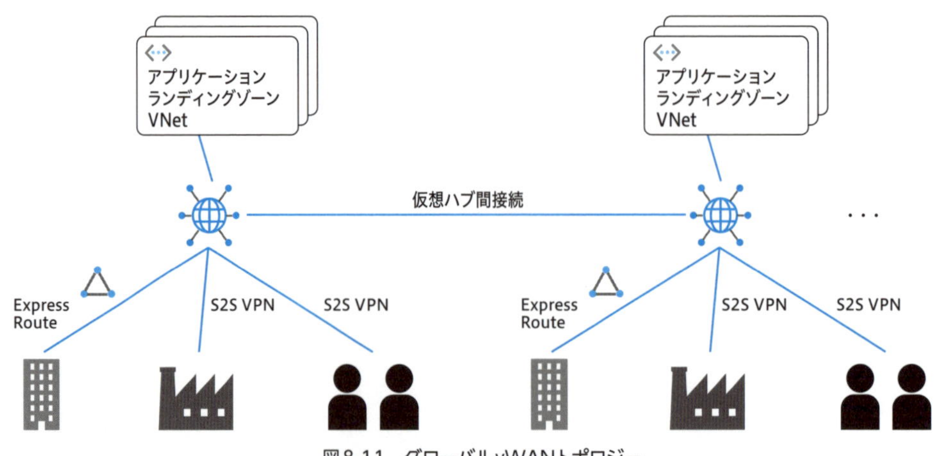

図8-11　グローバルvWANトポロジー

[▶6] MPLS-VPN　通信キャリアの専用線で、ネットワークサービスを利用した閉域型のIP-VPNのこと。バックボーンネットワークでMPLSという技術を用いていることからMPLS-VPNとも呼ばれる。

一方でvWAN自体は、VPNやExpressRouteを使ったオンプレミスとの接続機能、VNetの接続機能、Azure Firewallを付加してTCP/IPレベルでのアクセス制御の機能のみを提供します。アプリケーション共通で利用する、インターネットからのインバウンドトラフィックに対するWAF（Web Application Firewall）の機能やADDS、アプリケーションで用意したAPIのリバースプロキシ[▶7]にあたるAPI Management（APIM）[▶8]の機能を実装する場合は、これらの機能を実装したスポークVNetをプラットフォームランディングゾーンとして別途用意する必要があります。これらも実装する場合、図8-12のような構成となります。

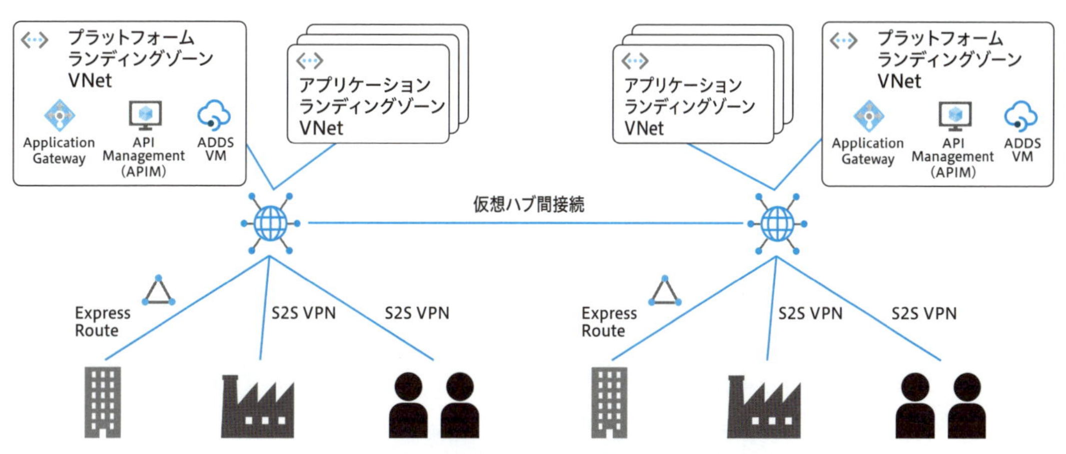

図8-12　追加機能も付加したvWANトポロジー

[▶7] リバースプロキシ　クライアントとサーバーの間に位置し、クライアントのリクエストを受け取り、それを適切なサーバーに転送する役割を果たす中継サーバー。ユーザーはリバースプロキシを通じてサーバーにアクセスするが、実際のサーバーの位置や構成は隠されている。これにより、セキュリティの強化、負荷分散、キャッシュの効率化が実現する。たとえば、リバースプロキシはサーバーへの直接アクセスを防ぎ、攻撃リスクを軽減する。また、複数のサーバーにトラフィックを分散させることで、システム全体のパフォーマンスを向上させる。キャッシュ機能を使えば、静的コンテンツの配信速度が向上する。第3章 p.91 も参照。

[▶8] API Management（APIM）　仮想マシンやコンテナで作成したWeb APIを公開するにあたり、備えるべき認証、認可、レート制限、IPフィルタリングなどのセキュリティ機能を提供する、Azureのサービス。また、APIの利用者向けのマニュアルを掲載するポータル機能などAPIを運営するにあたり、必要な機能を総合的にカバーする。

vWANを使うと、vWANに接続したオンプレミスの拠点、VNet、また他の仮想ハブに接続した拠点やVNetがルーティング情報に従って自動で通信可能になる点が大きな特徴です。VNetベースのトポロジーと比較して、このルーティング設定の自動化によってルート制御の管理工数を抑えられること、ハブに対して接続できる拠点やVNetの数が多いことが優位点と言えます。そのため、大規模な企業WANやAzureの共通利用基盤を構築する場合は、vWANを使ったトポロジーが向いていると考えられます。

VNetベースのネットワークトポロジー

VNetを使った構成の特徴は、ハブの機能を、ユーザーがVNetやAzure Firewallなどを使って自身で構築する点です（**図8-13**）。vWANの場合は、vWAN自身の機能で拠点への接続機能、スポークVNetとの接続機能、および接続した拠点やVNetのルーティングが提供されていました。対してVNetベースの場合は、**カスタマイズしながら自身でハブの機能を実装していく**という点が大きく異なります。

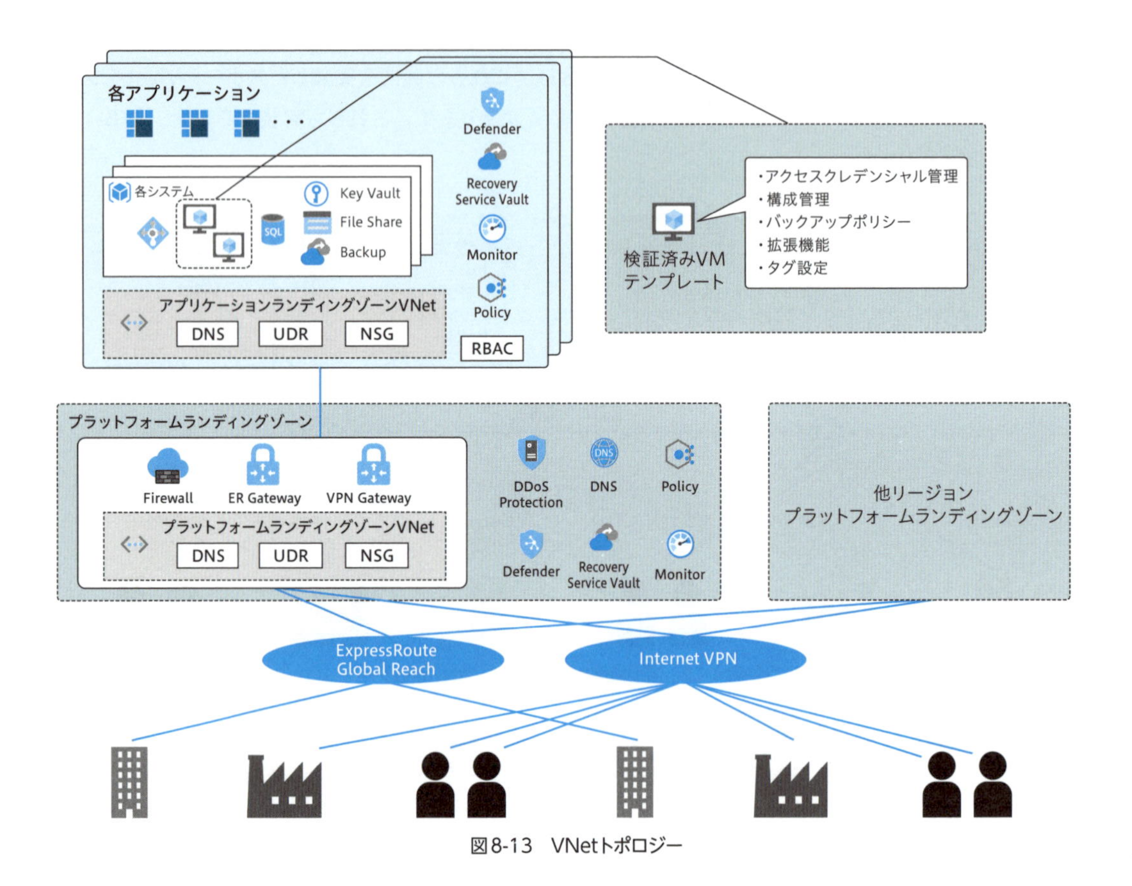

図8-13　VNetトポロジー

vWANトポロジーの場合は、拠点やVNetへの接続機能、ルーティング以外によく共通機能として利用されるインターネットからのインバウンドトラフィックに対するWAF、踏み台サーバー、ADDS、各スポークVNetのアプリケーションで提供するAPIのリバースプロキシ機能などはプラットフォームランディイングゾーンとして別途スポークVNetを用意して、そこに実装する必要がありました。対してVNetベースのトポロジーでは、ハブに一緒に実装できます。そのため、ネットワークトポロジーは、結果的にvWANと比較してシンプルになる場合があります（**図8-14**）。

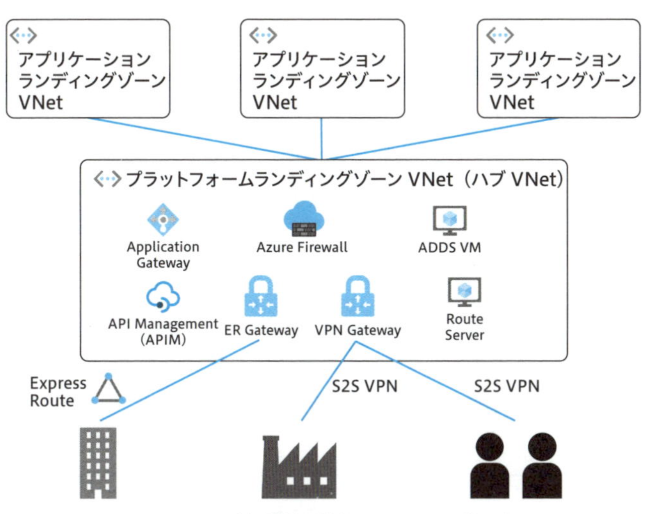

図8-14　追加機能も付加したVNetトポロジー

一方でVNetベースのトポロジーの場合、ルーティングの制御もユーザーで実装する必要があります。たとえば、ハブVNetにVPN GatewayとER Gatewayをデプロイし、VPN接続拠点を1つ、ExpressRoute接続拠点を1つ、スポークVNetを3つ、ハブVNetに接続したとします。この構成において、VNetとVPN Gateway、ER Gatewayのルーティングの相互作用の機能によって、拠点とスポークVNet間の通信は可能ですが、スポークVNet間の通信やVPN拠点とExpressRoute拠点の拠点間通信はできません（**図8-15**）。ハブVNetにAzure Firewallなど一元的にアクセス管理をする機能がない場合は、拠点とスポークVNetのアクセス制御はスポークVNet内でサブネットやVMのNICにNSGを設定し、設定ポイントごとに管理していく必要があります。

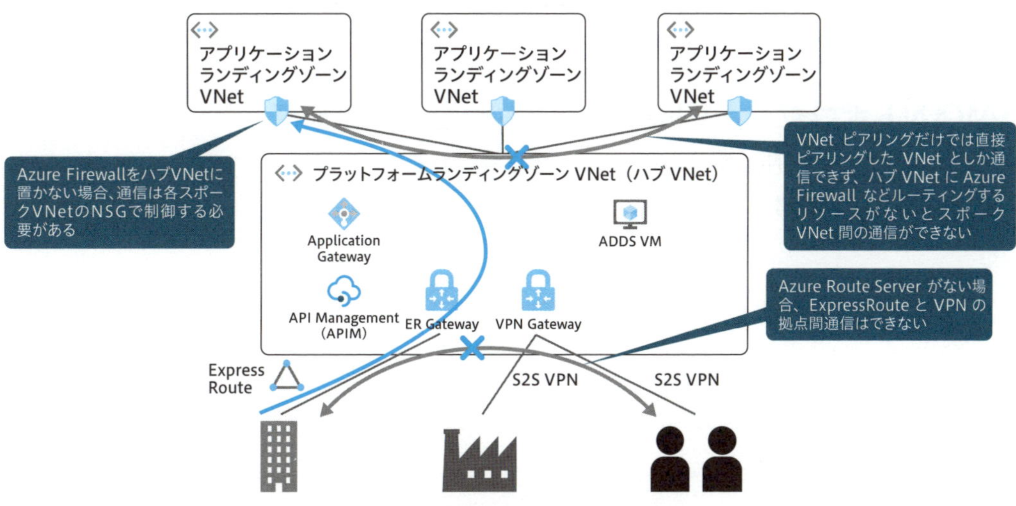

図8-15　多拠点多スポークVNetトポロジー

VNetベースのトポロジーでスポークVNet間の通信、アクセス制御の集中管理を行なうには、ハブVNetにAzure FirewallやNVAを実装し、それを経由するようにルーティング（UDR）を設定する必要があります。また、VPN拠点とExpressRoute拠点の拠点間通信を行なうためには、Azure Route Serverを実装する必要があります（**図8-16**）。そのため、ルーティングの管理が複雑化することが難点です。VNetベースのトポロジーを複数、各リージョンに展開して相互通信させる場合、一層リージョン間のトポロジーとルーティングが複雑になります。

Route Serverは1つのBGPピアから学習できるルート数が1000、ER Gatewayに**広告**できるルート数が1000とあまり大きな値となっていません。VNetベースのトポロジーはハブVNetに接続機能やルーティング以外の機能を実装できるカスタマイズ性に優れている反面、スケーラビリティやルーティングの管理性においてはvWANトポロジーのほうが優れていると言えます。

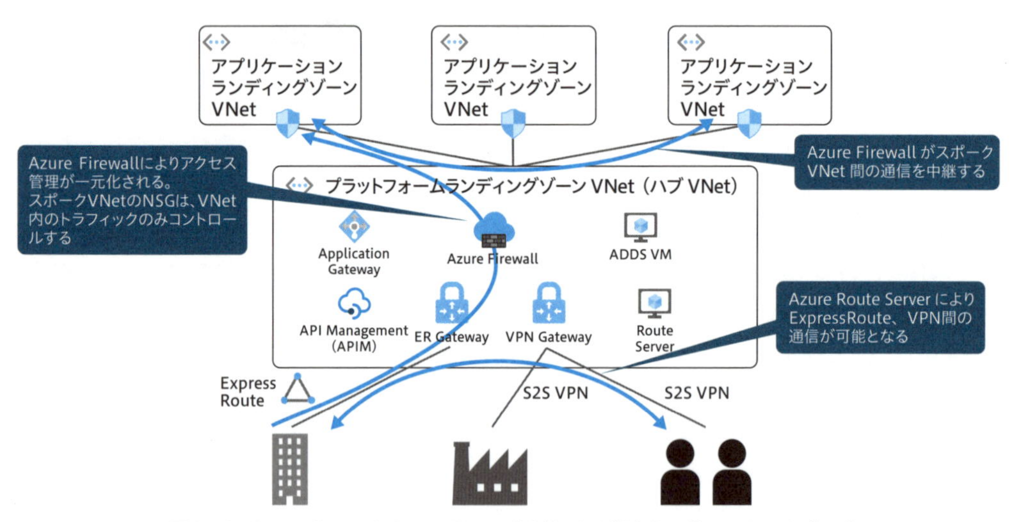

図8-16　Route ServerとAzure Firewallを使った2拠点2スポークVNetトポロジー

vWANトポロジーとVNetベーストポロジーの比較

vWANトポロジーとVNetベースのトポロジーを各機能の実装方法に基づいて比較すると、**表8-4**のようにまとめることができます。

表8-4　vWANトポロジーとVNetベーストポロジーの比較

ポイント	vWAN トポロジー	VNet ベースのトポロジー
拠点接続機能	仮想ハブにER GatewayやVPN Gatewayを実装する	ハブVNetにER GatewayやVPN Gatewayを実装する
VNet接続機能	仮想ハブにスポークVNetをリンクする	ハブVNetにスポークVNetをVNetピアリングで接続する
ルーティング	あらかじめ設定したルーティングテーブルを使って自動でルーティングが制御される	Azure Route ServerやUDRを使ってユーザーが手動で管理する
L3/L4ベースのアクセス制御	仮想ハブにAzure FirewallやNVAを実装する	ハブVNetにAzure FirewallやNVAを実装する
インターネットへのアウトバウンド接続集中管理機能	仮想ハブに設定したAzure Firewallをゲートウェイとする	ハブVNetに設定したAzure Firewallをゲートウェイとする
インターネットからのインバウンド接続集中管理機能(L3/L4)	仮想ハブに設定したAzure Firewallをゲートウェイとする	ハブVNetに設定したAzure Firewallをゲートウェイとする
インターネットからのインバウンド接続集中管理機能(L7)	プラットフォームランディングゾーンのスポークVNetに設定したApplication Gatewayをゲートウェイとする	ハブVNetに設定したApplication Gatewayをゲートウェイとする
踏み台サーバー	Azure BastionのIPベースの接続機能を使い、プラットフォームランディングゾーンVNetのAzure BastionからvWANを介してアクセスする	ハブVNetにAzure Bastionを実装することで各スポークVNetでAzure Bastionを共有できる
API ManagementやADDSなどその他の共通機能	vWANとは別にプラットフォームランディングゾーンとしてスポークVNetを用意しそこに実装する	ハブVNetに実装できる

VNetベースのネットワークトポロジーからvWANベースのトポロジーへの移行

Azureを利用する際、最初は単一リージョン、小規模な環境で開始するためにVNetベースのネットワークトポロジーからスタートするというのは、一般的なシナリオです。一方で、Azureの活用を進めていく、ビジネスが発展していくと、グローバルにAzureを利用できるようにvWANベースのトポロジーへ移行する必要性が出てくる場合があります。そのような場合に考えられる2つの移行方法を検討します。

ハブ＆スポークの構成の解体と再構成

1つ目は、**VNetベースのハブ＆スポークの構成を解体し、再構成する**方法です。例として以下の構成を出発点としましょう（**図8-17**）。

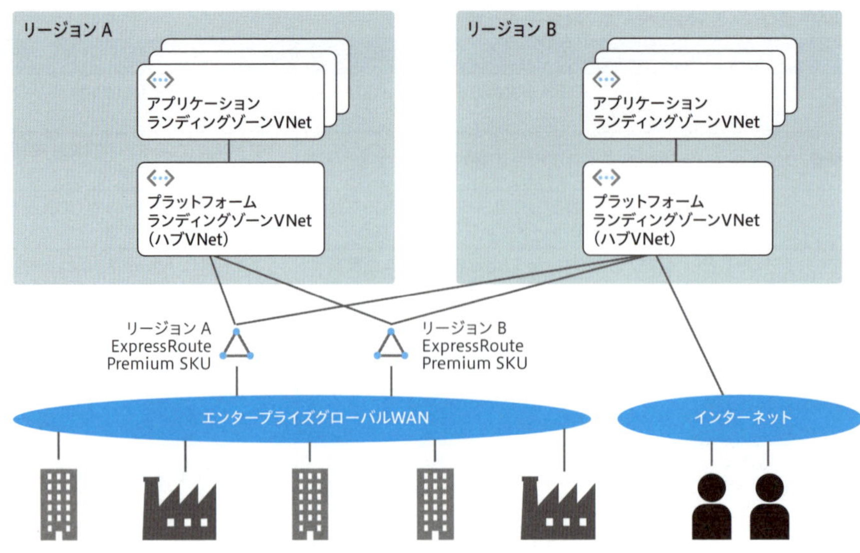

図8-17　vWAN移行：スタート時点の構成

この構成では、**表8-5**の機能を提供しています。また、新たな構成では、追加機能を実装する必要があります。

表8-5　vWAN移行：スタート時点の構成

機能	既存／新規	機能を提供するサービス／システム
拠点からローカルリージョンVNetへの通信	既存	企業の閉域WANとExpressRoute Premium、一部拠点はインターネットVPN
拠点からリモートリージョンVNetへの通信	既存	**企業のグローバル閉域WAN**[※1]とExpressRoute Premium
ローカルリージョン内の拠点間通信	既存	企業のグローバル閉域WAN
リージョン間の拠点間通信	既存	企業のグローバル閉域WAN
拠点からインターネットへの通信、および通信のフィルタリング	既存	企業のグローバル閉域WANと各リージョンDC（データセンター）のインターネットゲートウェイ[※2]
ローカルリージョン内のスポークVNet間通信	既存	VNetピアリングとハブVNetのAzure FirewallやNVA
リージョン間のスポークVNet間通信	既存	VNetピアリングとExpressRoute Premium
各リージョンハブVNetが提供する共通機能	既存	ADDS、Application Gateway、Azure FirewallやNVA
リモートワーカーから各リージョンVNetおよび拠点への通信	新規	未実装

[※1] 表内の「企業のグローバル閉域WAN」は、Azureの固有のサービス名ではなく、グローバルに展開する閉域WANの機能を意味します。

[※2] 表内の「インターネットゲートウェイ」は、Azureの固有のサービス名ではなく、企業ネットワークからインターネットへアウトバウンド、インバウンドの通信を橋渡しするインターフェイスを意味します。

この構成の機能を維持・追加することを目的に、**図8-18**の構成へ移行することを目指します。

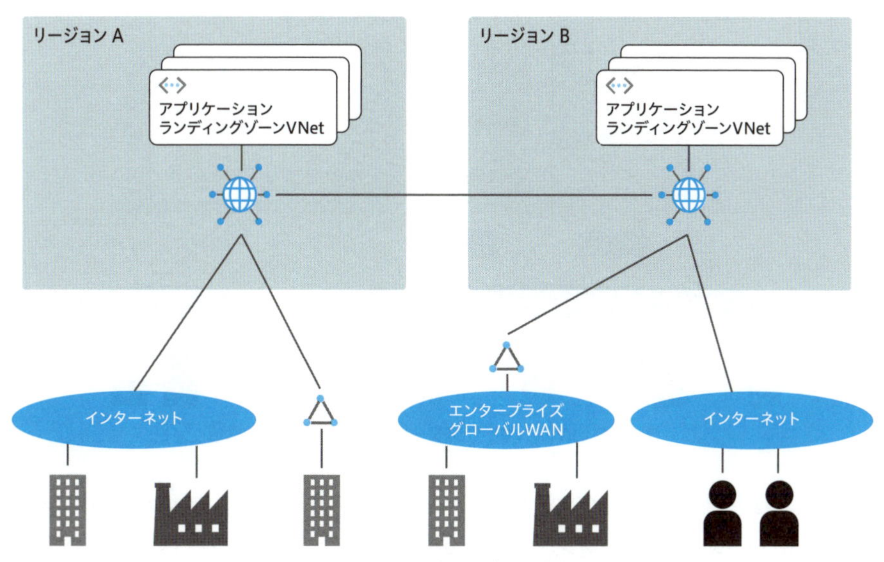

図8-18　vWAN移行：ゴール時点の構成

vWANを利用する際に注意するべきポイントは、vWAN単体では仮想ハブと直接リンクしたVNetとしかルーティングできない点です。直接リンクしたVNetの背後にさらにVNetピアリングしたVNetがあっても、そのVNetには拠点や他のスポークVNetからは仮想ハブ経由で通信できません。

今回の方法では、NVAなど他のソリューションは使わずに、ルーティングは仮想ハブだけで完結することを目指します。そのため、上記のように仮想ハブとすべてのスポークVNetが直接接続されている構成とします。

それでは、どのようなステップでVNetベースのトポロジーからvWANトポロジーに移行するか見ていきましょう。

■ リージョン内スタート時点の状態

最初に、スタート時点のリージョン内のネットワーク構成を確認します（**図8-19**）。

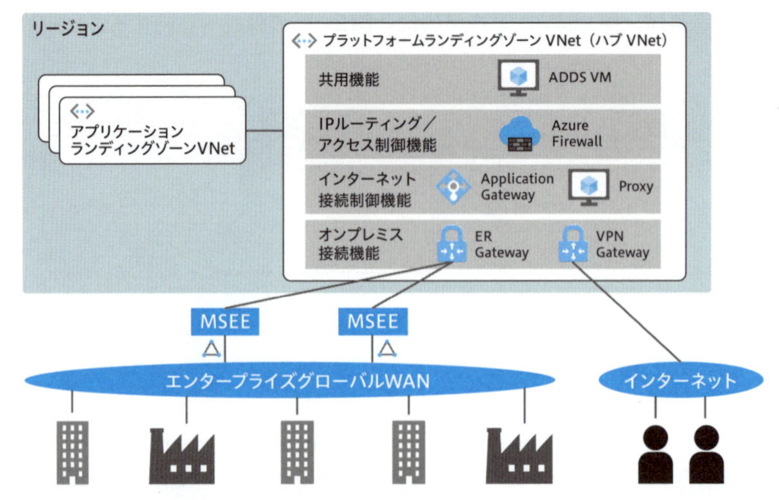

図8-19　vWAN移行：スタート時点のリージョン内構成

スタート時点では、VNetベースのハブ＆スポークの構成をとっており、今回の例の場合、ハブVNetにADDS、Azure Firewallとルーティング用のAzure Firewall、インターネットとのインバウンド、アウトバウンド通信を制御するApplication Gatewayとフォワードプロキシ、そしてオンプレミスとの接続のためのER GatewayとVPN Gatewayがデプロイされています。

オンプレミスとはプライベートWANを介してExpressRoute、およびインターネットVPNで接続されています。

ステップ1：仮想ハブのデプロイ

まずは、既存環境に影響を与えない作業として、仮想ハブをデプロイします（図8-20）。

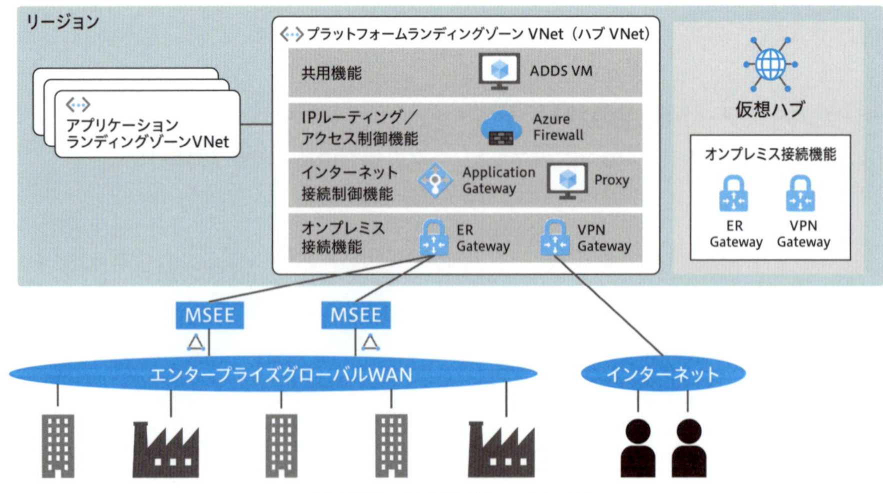

図8-20　vWAN移行：ステップ1

ステップ2：オンプレミスの拠点と仮想ハブの接続

次にオンプレミスの拠点、ユーザーと仮想ハブを接続します（**図8-21**）。インターネットVPNの拠点、ユーザーは直接仮想ハブのVPN Gatewayに対してトンネルを接続します。ExpressRouteで接続している拠点に対しては、既存のExpressRoute回線と仮想ハブのER Gatewayを接続します。ExpressRoute回線のSKUによって1回線あたり接続可能なER Gatewayの数は異なりますが、少なくとも10まで接続可能です。

この状態で仮想ハブに付与したIPセグメントが拠点へ広告されます。また、仮想ハブはExpressRouteで学習した経路をVPNへ広告するため、インターネットVPNで接続した拠点は既存のVNetの経路が従来のトンネルと新規のトンネルの2つから広告されます。通信の往復で異経路とならないようにインターネットVPNの拠点は注意が必要です。

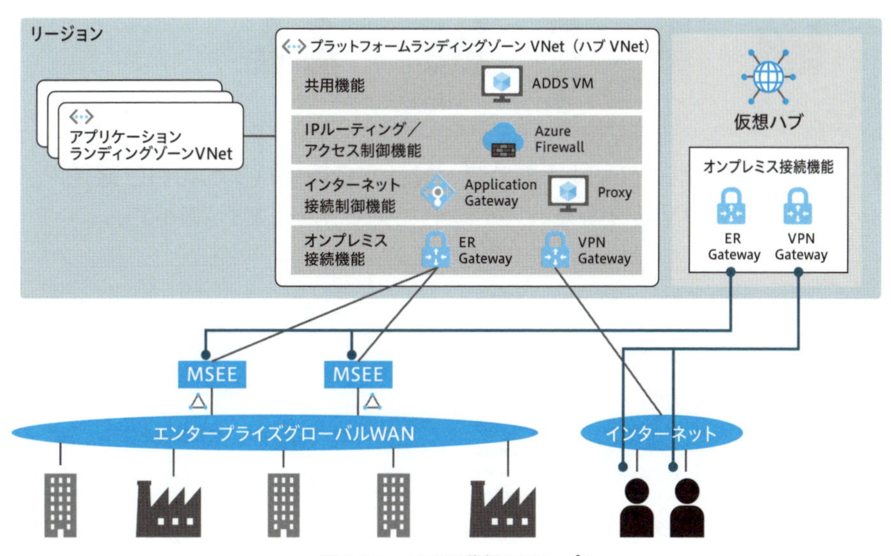

図8-21　vWAN移行：ステップ2

ステップ3：テスト用のスポークVNetと仮想ハブのリンク

既存のスポークVNetをハブVNetから仮想ハブにリンクを切り替える前に、テスト用のスポークVNetを作成し、仮想ハブにリンクします（**図8-22**）。この段階で重要な点はハブVNetと仮想ハブが同じExpressRoute回線で接続されていることです。これにより拠点からテスト用のスポークVNetへの通信だけではなく、ExpressRoute回線に含まれるMicrosoftのエッジルーター（MSEE）を介して、ハブVNetに接続されたスポークVNetと仮想ハブに接続されたテスト用のスポークVNetの通信も可能となります。そのため、この段階でシステム間連携などスポークVNet間の通信を利用するテストも実施可能となります。

また、ハブVNetの共通機能を仮想ハブに接続したスポークVNetが利用できることを確認することも重要なポイントです。

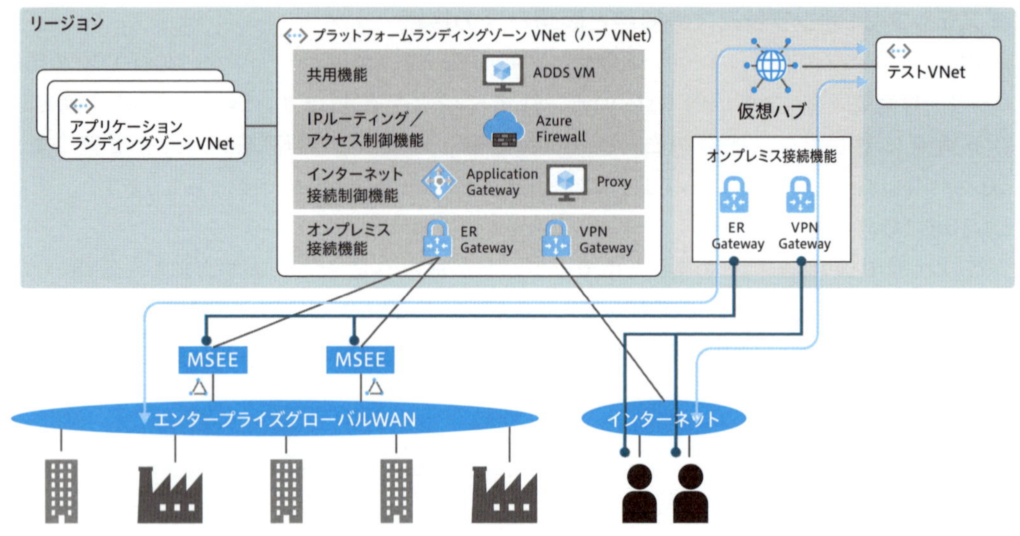

図8-22　vWAN移行：ステップ3

■ ステップ4：既存スポークVNetのハブVNetから仮想ハブへの付け替え

いよいよ既存のスポークVNetを仮想ハブへ接続するように移行します（**図8-23**）。

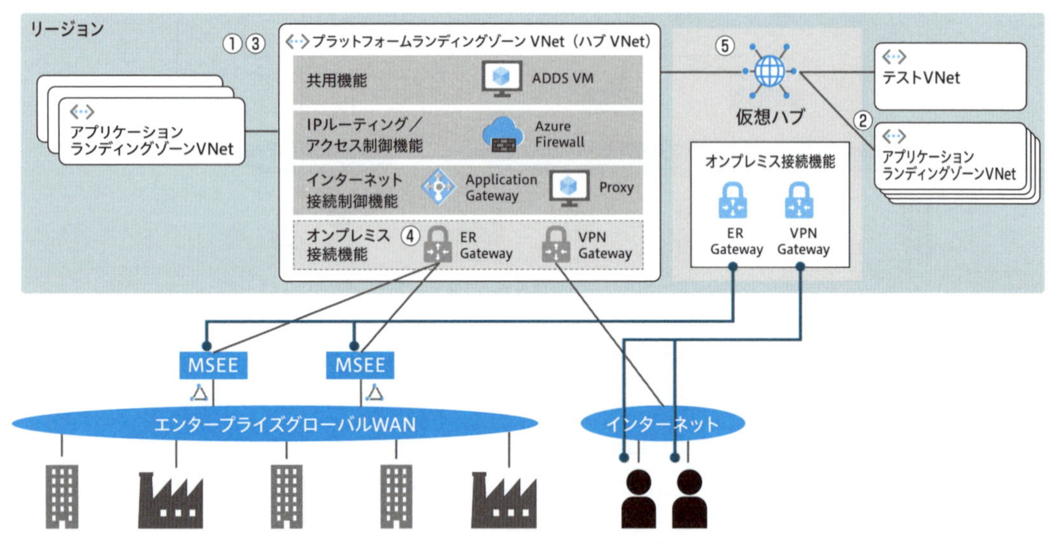

図8-23　vWAN移行：ステップ4

具体的な順序としては、以下の段階を踏みます。VNetピアリングの切断を伴うため、スポークVNetで提供しているサービスの停止が発生します。

① スポークVNetからハブVNetとのピアリングを切断する
② スポークVNetを仮想ハブへリンクする
③ スポークVNet内で利用していたスポークVNet間通信用のUDRを削除する。UDRで実現していたルーティングは仮想ハブが自動で実現する。
④（すべてのスポークVNetの移行が完了したら）ハブVNetのER Gateway、VPN Gatewayを削除する
⑤ハブVNetを仮想ハブにリンクする。この時点で従来のハブVNetは仮想ハブのプラットフォームランディングゾーンのスポークVNetになる

これらの段階を完了すると、**図8-24**の構成となります。

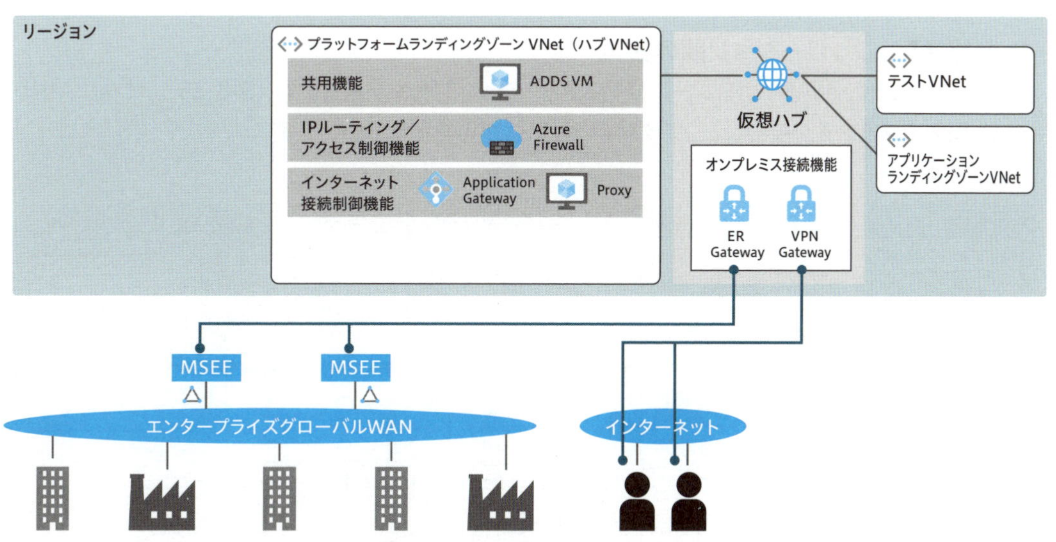

図8-24　vWAN移行：ステップ4完了後

■ ステップ5：拠点間通信の最適化

ステップ4まででAzure内の構成変更は完了です。このステップでは、拠点間通信をvWAN経由となるように最適化します（**図8-25**）。ブランチ拠点はプライベートWANとインターネット双方に接続されていた場合、インターネットVPNのみで要件が満たせるのであれば、プライベートWANの回線を廃止し、拠点間通信、Azureへの通信をvWAN経由とすることでコストを抑えることが可能です。

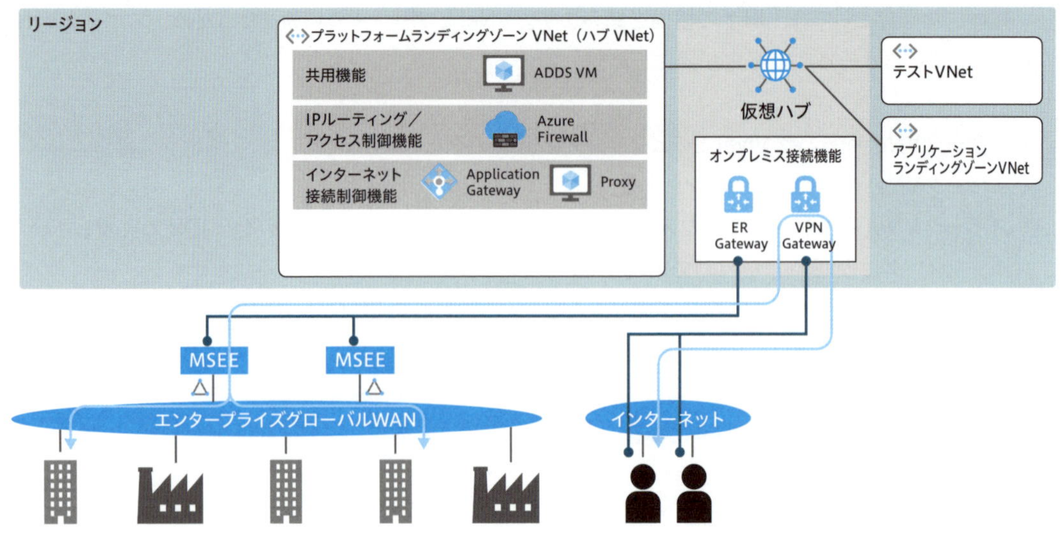

図8-25　vWAN移行：ステップ5

■ 最終ステップ：リージョン間の接続

最後に、同様にvWANトポロジーに移行したリージョン同士を接続します（**図8-26**）。これによりリージョン間でのブランチからAzure、ブランチ間の通信が可能となります。

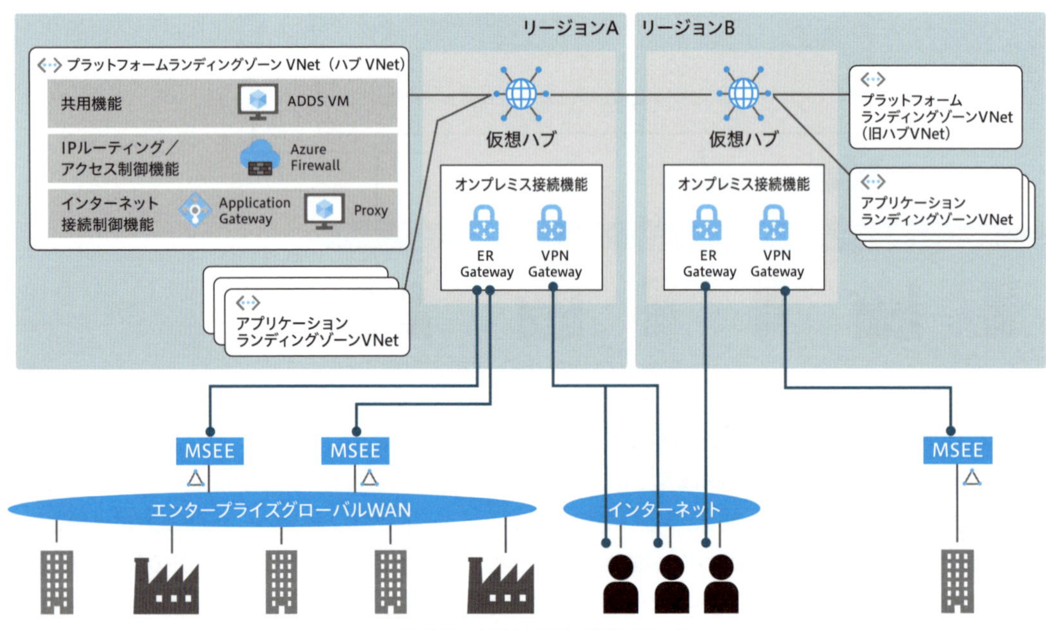

図8-26　vWAN移行：最終ステップ

この構成では、提供機能は**表8-6**のようになります。

表8-6　vWAN移行：最終ステップの構成の提供機能

機能	既存／新規	機能を提供するサービス／システム
拠点からローカルリージョンVNetへの通信	既存	vWAN、ExpressRoute、プライベートWAN、インターネットVPN
拠点からリモートリージョンVNetへの通信	既存	vWAN、ExpressRoute、プライベートWAN、インターネットVPN
ローカルリージョン内の拠点間通信	既存	vWAN、ExpressRoute、プライベートWAN、インターネットVPN
リージョン間の拠点間通信	既存	vWAN、ExpressRoute、プライベートWAN、インターネットVPN
拠点からインターネットへの通信、および通信のフィルタリング	既存	仮想ハブにアタッチしたAzure FirewallやNVA
ローカルリージョン内のスポークVNet間通信	既存	vWAN
リージョン間のスポークVNet間通信	既存	vWAN
各リージョン旧ハブVNetが提供する共通機能	既存	vWANにリンクしたプラットフォームランディングゾーンのVNetにデプロイされたADDS、Application Gateway、Azure FirewallやNVA
リモートワーカーから各リージョンVNetおよび拠点への通信	新規	vWANのP2S VPN Gateway

ハブ＆スポークの構成を維持した移行

前述の通り、仮想ハブ単体では直接リンクしたVNetとしか通信できませんが、HubにNVAがある場合、そのNVAと連携することでVNetのハブ＆スポーク構成を維持したまま、仮想ハブとリンクすることが可能です（図8-27）。

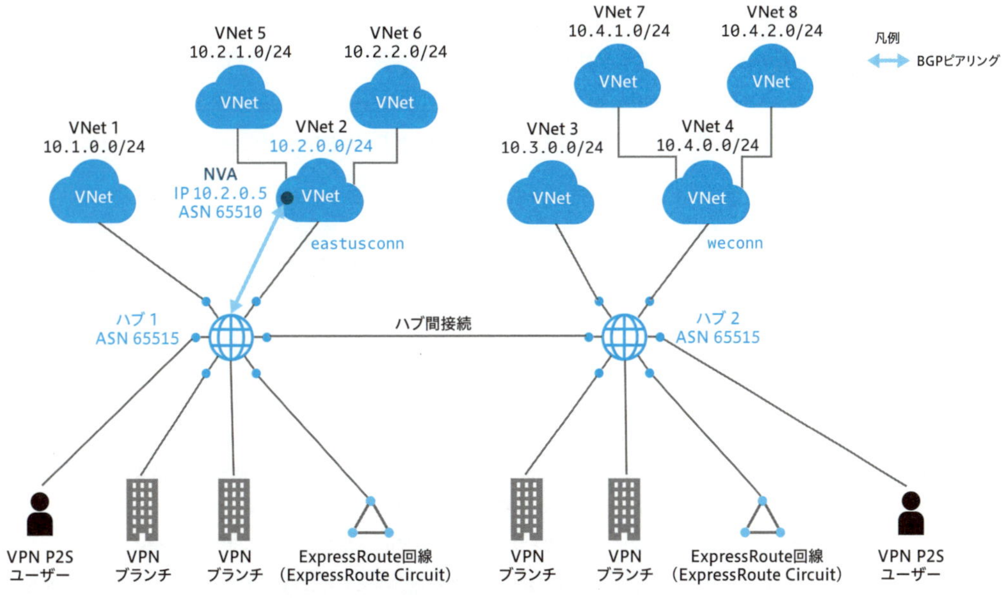

図8-27　ハブ＆スポークVNetトポロジーとvWANとの接続

出典 https://learn.microsoft.com/ja-jp/azure/virtual-wan/scenario-bgp-peering-hub

仮想ハブとハブVNet間のルーティングは、**スタティック**と**BGP**の2種類の方法を選択することが可能です。BGPルーティングを利用する場合は、BGPに対応したサードパーティのNVAを利用する必要があります。

スタティックルーティングの場合、基本的には仮想ハブからは接続されたスポークVNet群のIPセグメントをNVAへ、スポークVNetからはNVAをネクストホップとした任意の宛先へのルートを設定します。

ただし、スタティックルーティングを使うと、vWANトポロジーの利点であるルーティングの自動化が一部できないことを意味します。その点が問題になる場合は、仮想ハブとNVAでBGPのピアリングを行ないます。

なお、BGPの利用についてもいくつかの制約があります。

- BGPのピアとなるNVAとしてAzure Route Serverは利用できない
- 仮想ハブは16ビットのASN[▶9]のみ利用できるため、NVA側も16ビットASNに対応する必要がある
- BGPピアとなるNVAが存在するVNetは、vWANの`defaultRouteTable`（デフォルトルートテーブル）に関連付けられ、カスタムルートテーブルは利用できない
- 仮想ハブで受け入れられるルート数は10,000ルートまで
- NVAから関連するVNetのIPセグメントより細かなセグメント情報が仮想ハブに広告されても、オンプレミスにそのルートは広告されない
- 1つのNVAから仮想ハブへ広告できるルート数は最大で4000まで
- 仮想ハブに直接リンクされたVNetへのルーティングはBGPよりもVNetリンクによるシステムルートが優先される
- 仮想ハブにAzure Firewallがアタッチされている場合は、仮想ハブでルーティングインテント[▶10]が構成されている場合のみNVAとBGPで接続できる
- NVAから仮想ハブにBGPでルートされる際にBGPのNEXT HOPアトリビュート[▶11]の値はNVAのIPと同一である必要がある

そして、特にAzure Firewallがアタッチされた仮想ハブでは、仮想ハブでルーティングインテントの機能が構成されている場合のみ、BGPでのピアリングがサポートされています。そのため、vWANトポロジーをフルに活用するにあたり、ハブ＆スポークのVNetを仮想ハブと接続しようとする場合は上記のBGPに関する制約に注意しましょう。

[▶9] ASN　BGPのAS番号（AS Number）のこと。BGPはネットワーク同士の経路交換を行なうルーティングプロトコルであり、各ネットワークはAS番号によって一意に識別される。

[▶10] ルーティングインテント　特定のトラフィックが特定の経路を通るように制御する機能。

[▶11] NEXT HOPアトリビュート　BGPでは経路を制御するために様々なアトリビュート（属性）を設定し、経路交換に合わせて情報を付加できる。NEXT HOPアトリビュートはそのような情報のうち、宛先に到達するために経由するべきIPアドレスを示す。

8-5 Azure Well-Architected Frameworkから見たALZの利点

それでは、ALZのトポロジーがなぜこのようなアーキテクチャなのか、どのような利点があるのかを理解するために、Azure Well-Architected Framework（WAF）5つの柱を振り返ってみます。これにより、実際にAzureでシステム構築する際に、要件に対して押さえておくべきポイント、優先度の高いポイントが見えてくるでしょう。

信頼性の観点

- パブリッククラウドはクラウドベンダー側の都合でのメンテナンスやその規模の大きさからどこかしらで障害が発生しシステムがダウンすることがある。そのようなシステムダウンがあり得ることを前提に、回復力のある設計やSPOFを回避した設計がとれているか

VNetベースのトポロジー、vWANトポロジーともにオンプレミスとの接続機能を提供するVPN Gateway、ER Gatewayが可用性ゾーンに対応しており、複数の可用性ゾーンに配置してアクティブ−アクティブの構成をとることが可能です。また、VNet自体が可用性ゾーンにまたがったネットワーク機能を提供します。リージョン障害に対応する場合は別リージョンにメインリージョンと同様の構成をとっておき、ExpressRoute Premiumやインターネット VPNで接続することでネットワーク機能を継続することが可能です。

プラットフォームランディングゾーンの共通機能もVMだけではなく、Application Gatewayなども可用性ゾーン対応のSKUを選択することでゾーン障害に対する耐久性を持たせることが可能です。

- 人的なエラーの可能性・影響を抑えるために日々のオペレーションや修復について自動化を取り入れた設計になっているか

VNet、vWANともにARMテンプレート、もしくはBicep（バイセップ）[▶12]で設定をコード化することが可能です。また、プラットフォームランディングゾーンの共通機能としてAzure FirewallやApplication GatewayなどのPaaS、それらに関するルーティングを管理するUDRも同様にコードで管理することが可能です。これらのコードを使ってデプロイや設定変更を自動化することで、ヒューマンエラーを抑えることが可能です。

[▶12] Bicep（バイセップ） Azure上でのリソースとサービスの設定やデプロイメントを自動化するコードを記述するための言語（DSL：ドメイン固有言語）。同様の目的を持つARM テンプレートは、JSON 形式で記述することから、可読性に問題がある（人間が理解しにくい）という欠点があった。このBicep は、ARM テンプレートよりも可読性が高いコードを記述できる形式として開発された。arm（直訳で腕）に対してbicep（直訳で上腕二頭筋）というシャレになっている。

- 需要の増大に対応しつつ、信頼性を持たせるためにスケールアウト可能な設計になっているか

VNetベースのトポロジー、vWANベースのトポロジーともにアプリケーションランディングゾーンとなるVNetをスケールアウトすることが可能な設計になっています。オンプレミスとの接続はそれぞれのVPNの接続数、ExpressRouteの接続数の制限に合わせてスケールアウト可能です。

スループットやルート数も大きな量を裁けるキャパシティがありますが、これらについては直接数でカウントすることができないため、監視を行ない制限値に対してどれだけ利用しているか測定することが重要です。

セキュリティの観点

- ファイアウォールやWebアプリケーションファイアウォールを使って、各システムのエンドポイントに対してネットワークのセキュリティを確保し監視できているか
- DDoS攻撃など一般的な攻撃手法に対して防御する手段を用意しているか
- XSSやSQLインジェクションなどの攻撃に対してコードレベルの脆弱性を特定し軽減する手段を用意しているか

ALZのネットワークトポロジーは、プラットフォームランディングゾーンとしてNVAやWAFをデプロイすることが可能です。IDPSはAzure Firewall Premiumが、WAFはApplication Gatewayがそれぞれ機能を提供しています。また、インターネットとのインターフェイスをプラットフォームランディングゾーンのサービスに限定することで集中管理することも可能です。

DDoSに対しては、Azureではデフォルトのインフラストラクチャレベルの DDoS Protectionが適用されています。ただし、こちらは企業内で利用するようなアプリケーションにとっては閾値が高い場合があります。アプリケーションごとに最適化した閾値を利用したり、より高度な防御やDDoS攻撃の監視を行ないたい場合は、有償のDDoS ProtectionのSKUをプラットフォームランディングゾーンのアタックサーフェス[▶13]となるサービスに適用するのがよいでしょう。

[▶13] アタックサーフェス　システムにおいてハッキング、攻撃を受ける起点となるポイント（攻撃対象領域）のこと。外部のネットワークとの接続点やシステムの外部からアクセス可能なインターフェイスを指す。

コスト最適化の観点

- ビジネス目標やパフォーマンスの要件、可用性の要件に適したリソースを選択しているか。過剰なリソースを選択していないか
- 新たなワークロードであればクラウドネイティブなアーキテクチャやリソースが適用できるか検討したか。一般的に運用コストを鑑みるとIaaSと比較してPaaS、SaaSのほうがコスト効率が優れている

- 予算を設定し、コストの制約を維持できるようにアーキテクチャ、利用するサービス、サービスの価格モデルを検討したか。また、設計においてスケーラビリティ、冗長性、パフォーマンスに対してコストとして許容できる範囲を検討したか

ALZのトポロジーは、アプリケーションランディングゾーンごとに独立した設計を行なえる余地を残しています。そのためアプリケーションランディングゾーンごとに最適化したサイジングを行なうことが可能です。

また、利用するサービスにIaaS、PaaS問わず組み込むことが可能です。PaaSの中には、VNetの内部にデプロイするものとVNetの外部にデプロイするものがあります。VNetの外部にデプロイするPaaSとアプリケーションランディングゾーンのVNetをどのように接続するかは次章で説明します。

- パフォーマンスのニーズに合わせて動的にリソースの割り当てと割り当て解除を行なえるか
- ワークロードを最適化して、動的にリソースがスケールできる設計となっているか

vWANトポロジーの場合、vWANはVPN Gateway、ER Gatewayそれぞれのゲートウェイスケールユニットという単位で、ルーティングインフラストラクチャはルーティングインフラストラクチャユニットという単位でキャパシティを増減できます。VNetベースのトポロジーでも、VPN GatewayやER Gateway、Azure Firewallは、SKUを切り替えることで、キャパシティのコントロールができます。他のプラットフォームランディングゾーンのサービスは、Application GatewayやAPI Managementなどほとんどのマネージドサービスがサービス自身にスケールアウト、スケールインの機能を有しており、利用量に応じたパフォーマンスを発揮できます。

オペレーショナルエクセレンスの観点

- システムの開発ライフサイクル全体を通じて整合性、繰り返し、早期の問題検出を実現することを目的として、
  - システムにおいてアプリケーションだけではなく、インフラもInfrastructure as Codeを使って継続的インテグレーション（Continuous Integration：CI）と継続的デリバリー（Continuous Delivery：CD）を取り入れたビルドとリリースのプロセスを構築しているか
  - 自動テストを取り入れているか
  - 構成情報もコード化し、意図しない構成差異を回避しているか

ALZのトポロジーに従ってネットワークを構成すると、ほとんどすべてをAzureのネットワークサービスで構成できます。Azureのネットワークサービスは、アプリケーションサービスやデータベースサービスなどと同様に、構成をARMテンプレートやBicepでコード化できます。

システム構成をコードで管理し、CI/CDを取り入れることができます。

パフォーマンスの観点

- システムに対する需要が高まったときにスケールアウトで対処できるように分散アーキテクチャを採用しているか。また、分散アーキテクチャの課題を理解しているか
- 負荷の変動を予測しシステムがスケーリングできるように計画を立ているか。また予測した負荷をもとにテストを行なったか

コストとパフォーマンスは裏表の関係ですが、ALZの持つ柔軟にキャパシティをスケールする特徴によりパフォーマンスのポイントも押さえられていると考えられます。

以上で本章の解説は終了です。本章では、これまでの章で説明したAzureのネットワークサービスや構成パターンを組み合わせたときに具体的にどのような構成になるのかを示すために、ALZのアーキテクチャがどのようなものか、特にVNet同士、VNetとオンプレミス、VNetとインターネットなど他のネットワークとの接続について解説しました。次章では、VNet内やVNetとPaaSの接続について、具体的なシナリオをベースに解説します。

Azure ランディングゾーンを使ったユースケース

この章では、第8章で説明したAzureランディングゾーン（ALZ）に基づいて構成したネットワークアーキテクチャを使い、様々なワークロードやソリューションを構成する方法を解説します。オンプレミスからAzureへ仮想マシンを移行するためのAzure Migrateおよび移行後のVM構成、App ServiceとDBaaSを使ったフルPaaS構成、Azure Kubernetes Servicesによるコンテナアプリケーション構成、Azure Virtual DesktopによるVDI構成など、ユースケースごとのネットワーク構成を紹介します。

前章ではAzureランディングゾーン（ALZ）を使ってVNet同士、VNetとオンプレミスやインターネットなどの外部ネットワークとどのように接続するべきか、ネットワークトポロジーはどうするべきかについて説明しました。本章では、ALZに基づいて設計したAzureのネットワーク上でAzure VMやApp Serviceなど様々なサービスを利用してシステムを構築するために、VNet内部のネットワークやVNetとPaaSの接続に重点を置きつつ、主に次の4つのシナリオについて解説します。

- Azure Migrateを使ったオンプレミスからAzureへのシステム移行
- PaaSを使ったWebアプリケーションの構築
- Azure Kubernetes Serviceを使ったコンテナ基盤の構築
- Azure Virtual Desktopを使ったVDI基盤の構築

9-1 Azure Migrateを使った移行

最初に、一般的な3階層（以下、Web層／App層／DB層）※1のWebアプリケーションをオンプレミスからAzureへ移行するシナリオで、VMベースのシステムのネットワーク構成について解説します。Microsoftでは、オンプレミスからのシステム移行方法として、**Azure Migrate**というサービスを用意しています。まずは、Azure Migrateがどのようなものかについて解説します。

Azure Migrateの概要

Azure Migrateは、オンプレミスからAzureへシステムを移行するときに利用するサービスです。移行元は、オンプレミスだけではなく、他社クラウドにも対応しています。

もともとオンプレミスからAzureへのサーバーの移行では、DR（ディザスタリカバリ）ソリューションであるAzure Site Recovery（ASR）を利用するのが一般的でした。ASRはサーバーのイメージをAzureにアップロードし、そのイメージを利用してAzureにVMを複製するレプリケーション[▶1]を行なうことはできるものの、仮想マシンのSKUの選択やストレージのサイズ／種類の選択は手動で行なう必要がありました。そこで、移行元のサーバーのスペックやパフォーマンスを評価し、どのVM SKU、ストレージのサイズ／種類にするべきかも判定する機能も包含した移行ソリューションとして提供されたのがAzure Migrateです。現在、Azureへの移行では**Azure Migrateの利用が推奨**となっているので注意してください。

[▶1] レプリケーション　データを同期させること。Azure Migrateを使ったサーバー移行では、サーバーのデータをAzure Migrateに送信することを指す。

※1　Web層（プレゼンテーション層、Webサーバー）、App層（アプリケーション層、アプリケーションサーバー）、DB層（データ層、DBサーバー）というWeb3層アーキテクチャ。

Azure Migrateは、以下の機能を持っています（**図9-1**）。

❶Azure Migrate：Discovery and Assessment

サーバー、SQL Serverインスタンス／データベース、Webアプリケーションの検出と評価を行ないます。

❷Azure Migrate：Server Migration

事前に評価したサーバーのデータを元にAzure VMへサーバーを移行します。

❸Data Migration Assistant

移行元のSQL ServerがAzure SQL Database、SQL Managed InstanceまたはVMにデプロイしたSQL Serverへ移行するにあたって移行先でサポートされていない機能を利用しているなどの問題点を特定します。

❹Azure Database Migration Service

オンプレミスのデータベースをAzureのデータベースサービスに移行します。この機能はSQL Serverだけではなく、MySQLやPostgreSQL、MongoDBにも対応しています。オフライン移行だけではなく、オンライン移行にも対応しているかどうかはどのデータベースの移行シナリオかどうかに依存します。

❺Web App Migration Assistant

ASP.NETで作成されたWebアプリケーションをAzure App Serviceへ移行します。

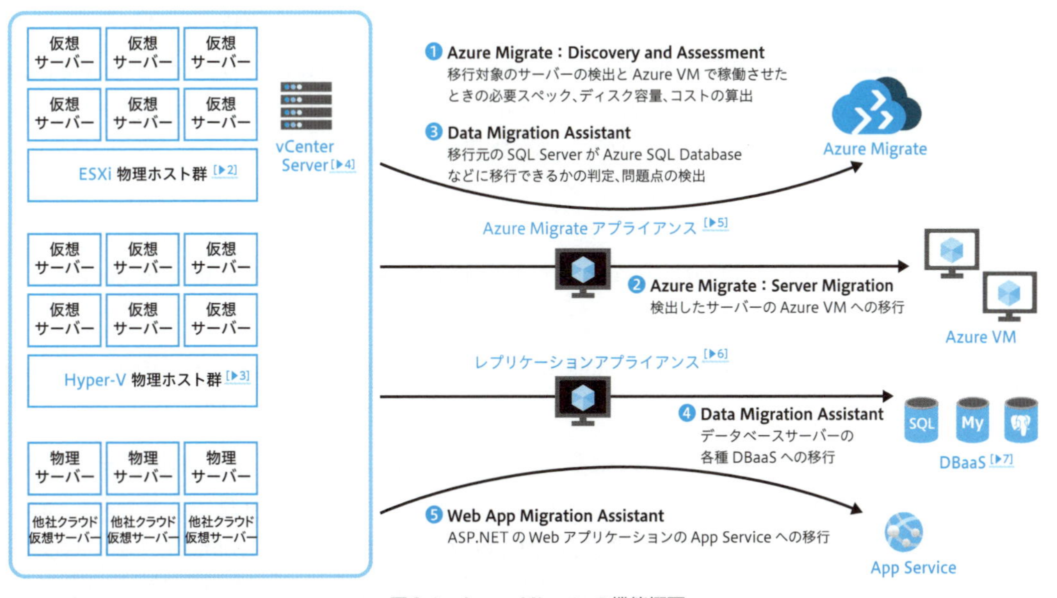

図9-1　Azure Migrateの機能概要

[▶2] ESXi　VMware社が開発したサーバー向けの仮想化技術。これを使うと、1台の物理サーバー上で複数の仮想マシン（VM）を実行でき、それぞれが独立したコンピュータのように動作する。

[▶3] Hyper-V　Microsoftが開発した仮想化技術。Windows Serverや特定のWindowsエディションに組み込まれており、物理コンピュータ上で複数の仮想マシン（VM）を実行できる。

[▶4] vCenter/vCenter Server　vCenterはVMwareの仮想化環境を集中管理するためのソフトウェア。複数のESXiホストと仮想マシンを一元管理し、リソースの割り当てや監視、バックアップ、リカバリを効率化する。vCenter ServerはvCenterが稼働するサーバーのこと。

[▶5] Azure Migrateアプライアンス　Azure Migrateアプライアンスサーバーとも呼ばれる。Azure Migrateを利用して移行対象のサーバーの検出と評価、VMware環境のサーバーの移行のコントロールを行なうサーバーソフトウェアのことで、移行対象のサーバーが存在する環境にデプロイして利用する。なお、アプライアンス（Appliance）は、特定の用途向けの機器や器具を表わす言葉。

[▶6] レプリケーションアプライアンス　サーバーイメージをAzureへ送信するためのサーバー。エージェントベース方式の場合、エージェントはこのレプリケーションアプライアンスへサーバーイメージを送る。もともとはAzure Site Recoveryで利用する仕組みだったが、Azure Migrateでも使われることになった。

[▶7] DBaaS　クラウドサービスのPaaSのうち、特にデータベースを提供するサービスを指す。Database as a serviceの略。

Azure Migrateは、この他にもサードパーティの評価、移行ツールとの連携機能を持っていたり、Azureへのオフラインデータ移行サービスであるAzure Data Boxを包含しています。ここでは、「オンプレミスの一般的なWeb/App層とDB層の2層で構成されたWebアプリケーションをAzure VMに移行する」シナリオで構成例を説明します。

Azure Migrateを利用したサーバー移行の注意事項

Azure Migrateの評価を実行すると、OSの種類、ブートの種類、CPUのコア数、RAMのサイズ、ディスクストレージの容量と数、NICの数に従ってAzureへの対応性を計算します。ただしAzure VMとして起動するには一定の条件があるため、Azure Migrateの評価の結果だけではなく、以下のドキュメントの内容も照らし合わせて前提条件に適合しているか確認したほうがよいでしょう。

- Linux VMの前提条件
  https://learn.microsoft.com/ja-jp/azure/virtual-machines/linux/create-upload-generic
- Windows VMの前提条件
  https://learn.microsoft.com/ja-JP/troubleshoot/azure/virtual-machines/server-software-support

Linux VMの場合、OSディスクに対しては多くのディストリビューションでインストール時にデフォルトで選択されるLogical Volume Manager(LVM）ではなく、標準パーティションが推奨となっていたり、swapパーティションのOSディスクへの配置の非推奨、Hyper-V環境で動作していたLinuxカーネルへのカーネルモジュールの追加、その他、ディストリビューションごとの追加設定があるため、注意しましょう。

Windows VMについても、DHCPやRights management[▶8]などのサービス、BitLocker[▶9]やRRAS[▶10]などオンプレミスではよく使われるサービス、機能の一部がAzure VMではサポートされていません。サーバーで提供しているサービス、機能をAzureに持っていけるか確認をしましょう。

[▶8] Rights management　Window Serverで利用できる、機密データの保護と管理を行なうためのサービス。データの閲覧、編集、印刷、転送などのアクセス権を細かく制御できる。これにより、企業内外の情報漏えいを防止し、機密情報の安全性を確保する。

[▶9] BitLocker　Windowsのディスク暗号化機能。ディスク全体を暗号化し、データの不正アクセスを防止する。これにより、紛失や盗難時でもデータの機密性が保持される。Azureの仮想マシンでディスクの暗号化を行なう場合は、Azure Disk Encryptionを利用する。

[▶10] RRAS　Routing and Remote Access Serviceの略語で、Windows Serverで利用できる、ルーティングとリモートアクセスのサービス。RRASを使用すると、リモートユーザーが企業ネットワークに安全にアクセスするためのVPNを構築してデータ通信を保護できる。

Azure Migrateを利用するためのネットワーク構成

Azure Migrateによるマイグレーション[▶11]は、移行元の環境として物理サーバー、VMware、Hyper-V、他社クラウドをサポートしています。移行元の環境に評価のためのパフォーマンスデータやサーバースペックの情報の収集、移行のためのサーバーイメージの収集を行なうAzure Migrateアプライアンスサーバーを構築し、それが各環境と連携します。Azure Migrateアプライアンスサーバーは、Microsoftが提供するOVA[▶12]のイメージファイルで仮想サーバーとしてデプロイすることもできますし、既存のWindows Server 2019または2022のサーバーにPowerShellスクリプトを使ってインストールすることも可能です。

[▶11] マイグレーション　移行すること。ここではサーバーをオンプレミスのデータセンターや他社クラウドからAzureへ移行することを意味する。

[▶12] OVA　仮想マシンを配布および展開するためのファイル形式。OVAファイルは、複数のファイルを1つのアーカイブにまとめたもので、通常、OVF（Open Virtualization Format）ディスクリプターファイル、仮想ディスクイメージ（VMDKなど）、およびマニフェストファイルで構成される。OVFは仮想マシンのメタデータを記述し、ハードウェア構成やネットワーク設定などを定義する標準形式。

VMware環境の場合

Azure Migrateアプライアンスサーバーがv Centerと連携することで、移行対象のサーバーにエージェントソフト[▶13]をインストールすることなく、検出、評価、移行を行なうことが可能です（エージェントレス方式）。

[▶13] エージェントソフト　移行対象のサーバーにデータを送信するためのソフトウェア。

物理サーバー、Hyper-V、他社クラウドの場合

vCenterのようなAzure Migrateアプライアンスサーバーが対応する移行のために連携する仕組みがないため、移行対象のサーバーから直接、Azure Migrateアプライアンスにデータを送信する必要があります。そのため、データ送信のためのエージェントソフトをインストールし、各サーバーのエージェントソフトがAzure Migrateアプライアンスサーバーと連携し、検出、評価、移行を行ないます（エージェントベース方式）。

なお、VMware環境であっても、vCenterの必要な権限を持てない場合などはエージェントベース方式を使うこともできます。

Azure Migrate検出（Azure Migrate：Discovery）のためのネットワーク構成

それでは、Azure Migrateの検出と評価のフェーズでは、移行対象のサーバー、Azure Migrateアプライアンスサーバー、Azureがネットワーク内でどのような関係になるのか、詳細を見ていきましょう。

VMware環境の場合

図9-2のようなネットワーク構成になります。

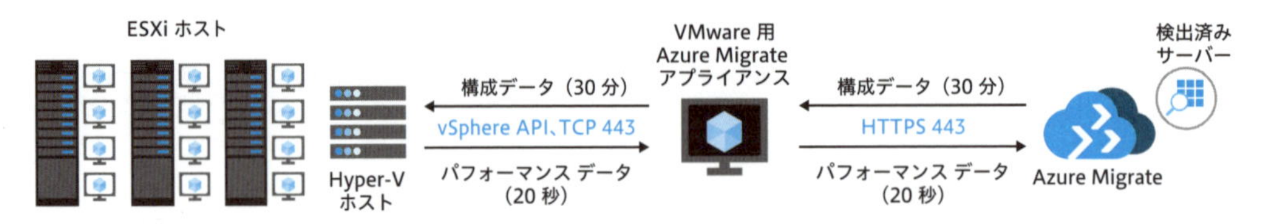

図9-2　Azure Migrate VMware環境：移行対象サーバー検出構成図

Azure Migrateアプライアンスサーバーは、vCenterとAPIを介して通信し、移行対象のサーバーの情報を収集します。Azure Migrateアプライアンスサーバーからv Center、Azure Migrateアプライアンスサーバーから Azure Migrateの双方の通信にはTCP 443を利用し暗号化されます。

さらにソフトウェアインベントリ[▶14]などを収集する場合は、Azure Migrateアプライアンスサーバーが TCP 443で各ESXiホストにアクセスします。

移行の通信時に使うプロトコルとポート

本章では、通信に利用するプロトコル／ポートを、「TCP 443」「UDP 53」のように、プロトコル名のあとにポート番号を付けて記述しています。

- TCP 443：TCPの443番ポートを利用するプロトコルであるHTTPSを指す
- TCP 902：TCPの902番ポートを利用するプロトコルであるVMware Server Consoleプロトコルを指す
- UDP 53：UDPの53番ポートを利用するプロトコルであるDNSを指す

[▶14] ソフトウェアインベントリ　移行対象のサーバーでインストールされているソフトウェアの目録のこと。

Hyper-V環境の場合

図9-3のようなネットワーク構成になります。

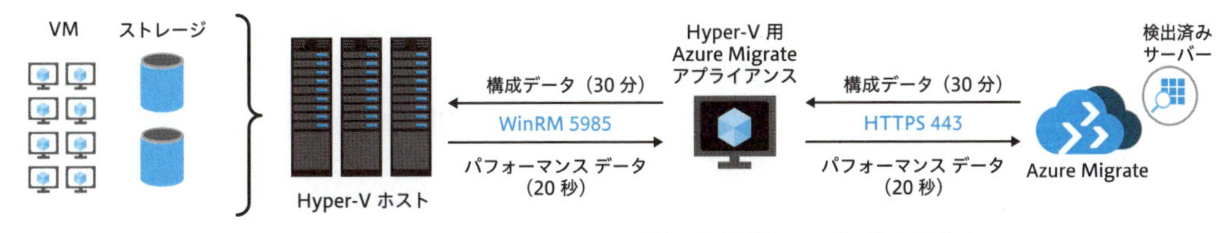

図9-3　Azure Migrate Hyper-V環境：移行対象サーバー検出構成図

仮想マシンを動作させている各Hyper-VホストとAzure Migrateアプライアンスサーバーが通信します。Azure Migrateアプライアンスサーバーから Hyper-Vホストへは、WinRM HTTPのTCP 5985でアクセスします。このWinRMは、HTTPのため平文です。Azure Migrateアプライアンスサーバーから Azure Migrateへは、TCP 443で暗号化されます。

さらにソフトウェアインベントリなどを収集する場合は、Azure Migrateアプライアンスサーバーが各仮想マシンに対してアクセスします。Windowsの場合は引き続きWinRM HTTPのTCP 5985、Linuxに対してはSSHのTCP 22でアクセスします。

WinRMとWinRM HTTP

WinRMは、Windows Remote Managementの略で、Windows環境でリモート管理とスクリプト実行を行なうための通信プロトコルです。WinRMはWS-Managementプロトコルに基づき、異なるデバイスやシステム間の相互運用性を確保します。これにより、管理者はリモートでのシステム管理、構成変更、状態監視が可能になり、PowerShellなどのツールを使ってリモートコマンドの実行やスクリプトの実行を簡単に実施できます。

WinRM HTTPは、WinRM通信をHTTPプロトコル上で行なう通信形態のことです。HTTPまたはHTTPSを使用することで、ファイアウォールやネットワークアーキテクチャを超えてリモート管理が容易になります。HTTPを使った通信は、ポート5985（HTTP）および5986（HTTPS）をデフォルトで使用します。

物理サーバー環境や他社クラウドの場合

図9-4のようなネットワーク構成になります。

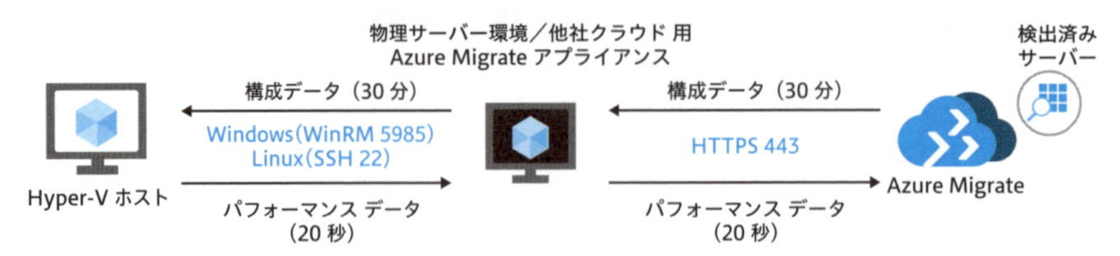

図9-4　Azure Migrate 物理サーバー環境／他社クラウド：移行対象サーバー検出構成図

移行対象の仮想マシンや物理サーバーに対してAzure Migrateアプライアンスが通信します。Azure Migrateアプライアンスサーバーから仮想マシン、物理サーバーへの通信は、対象がWindows Serverの場合はWinRM HTTPのTCP 5985で、Linuxの場合はSSHのTCP 22でアクセスします。Azure MigrateアプライアンスサーバーからAzure Migrateへは、TCP 443で暗号化されます。

上記の移行対象の仮想マシン、物理サーバーの検出と合わせて、ソフトウェアインベントリの収集によりそれらの中にSQL Serverのインスタンスが存在する場合、SQL Serverインスタンスのデータベースの構成とパフォーマンスデータも収集することが可能です。

Column　FCI構成のSQL Serverインスタンスの移行

SQL Serverをオンプレミスで利用しているユーザーの中には、可用性の向上を目的としてWindows Server Failover Cluster（WSFC）[▶15]を構成し、Always Onフェールオーバークラスターインスタンス（FCI）[▶16]として構築している場合もあるでしょう。

[▶15] Windows Server Failover Cluster（WSFC）　Windows Serverで利用できる高可用性とディザスタリカバリ（DR）のための機能のこと。複数のサーバー（ノード）をクラスター p.311 として連携させ、1つのノードに障害が発生した場合に他のノードが自動的にその役割を引き継ぐことで、サービスの中断を最小限に抑えることができる。

[▶16] Always Onフェールオーバークラスターインスタンス（FCI）　SQL Serverの高可用性と災害復旧機能のこと。この機能により、複数のサーバー（ノード）を用いてSQL Serverインスタンスを実行し、1つのノードに障害が発生した場合、自動的に別のノードにフェールオーバー（切り替え）する。これにより、データベースのダウンタイムを最小限に抑え、個別のデータベースで障害が発生したときでもデータアクセスができるようになる。

Azure Migrateでは、このようなFCIの移行もサポートしています。ただし、筆者としては、AzureにSQL Serverを移行する際にFCIのまま移行するのはあまりおすすめできないと考えています。

FCIを構成するうえで複数のサーバーでディスクを共有しますが、Azure VMの場合、マネージドディスクの共有ディスク[▶17]や記憶域スペースダイレクト(S2D)[▶18]の機能を利用することになります。この際、共有ディスクの機能では、「一部のディスクは可用性ゾーン間で共有することができない」「一部のディスクは可用性セット構成でもストレージ障害ドメイン配置を適用できない」「ASRがサポートされない」「Azure Backup[▶19]では、VMのイメージバックアップはサポートされず、ディスクバックアップを利用する必要がある」など様々な制約があります。また、S2Dでは、「可用性ゾーンがサポートされない」「各VMが各ディスクスペースに接続するためディスクスペースの容量を大きく持つ必要がある」「ASRでマルチVM整合性グループを適用する必要があるが、アプリケーション整合性はサポートされない」などの制約があります。

そのため、Azure VMでSQL Serverを構築し、高可用性を持たせる、DR(ディザスタリカバリ)に対応させる場合には、FCIではなく、上記のような特殊なディスク構成にする必要がないAlways On可用性グループ(AG)[▶20]で構成することをおすすめします。リージョンをまたいだDRが必要な場合は、AGのセカンダリレプリカをセカンダリリージョンに立てておき、プライマリレプリカから非同期コミットモードでレプリケーションを行なう構成がよいでしょう。

[▶17] マネージドディスクの共有ディスク　Azureのマネージドディスクの機能で、複数の仮想マシン間で同じマネージドディスクへのアクセスができるようになる。特に、クラスタリングされたアプリケーションやデータベースシステムにおいて、同じデータに複数のサーバーから同時にアクセスする必要がある場合に利用するが、Azure BackupやASRを利用する場合、制約が発生する。

[▶18] 記憶域スペースダイレクト(S2D)　S2DはStorage Spaces Directの略語。Windows Serverの機能の1つで、複数のサーバーに内蔵されたドライブを組み合わせて、高性能で柔軟な共有ストレージシステムを構築するための技術。

[▶19] Azure Backup　AzureのVMやAzure Files、Azure Database for PostgreSQLなど様々なサービスに対応したバックアップソリューション。

[▶20] Always On可用性グループ(AG)　SQL Serverの高可用性と災害復旧機能(Azureの可用性セットや可用性ゾーンとは関係がない、SQL Serverの固有機能)。AGは、マスターノードであるプライマリレプリカと、その複製である複数のセカンダリレプリカで構成され、データの同期または非同期レプリケーションを行なう。プライマリレプリカは読み書き操作を担当し、セカンダリレプリカはバックアップや読み取り専用操作を担当する。

 Azure Migrate評価(Azure Migrate：Assessment)

Azure Migrateで移行対象の仮想マシンや物理サーバーを検出したら、現状のスペックやパフォーマンスデータがAzure Migrateサービスに送信され、そのデータを元に評価を行なうことが可能となります。評価では、スペックやパフォーマンスに基づいてAzure VMのどのモデルに移行するべきか、ディスクのモデルはどれを利用するべきか、ディスクサイズはいくつとするべきかの評価を行ないます。選択したモデルに基づいてAzureの費用の見積もりを行なうこともできます。

また、それぞれの移行対象のマシンに対して、Azureで対応できるかどうかの対応性の評価を行なうこともできます。ただし実際に動作させるには、前述のAzure VMとして動作するための条件を満たしておく必要があるため、あわせて手動でのチェックを行なうことをおすすめします。

Azure Migrate移行（Azure Migrate: Server Migration）

Azure Migrateの評価を行なったら、いよいよ移行対象のマシンのデータをAzure Migrateサービスに送信し、移行を行ないます。

VMware環境からの移行

図9-5のようなネットワーク構成になります。**オーケストレーション**とは、複数のコンピュータ、システムをうまく連携させることです。

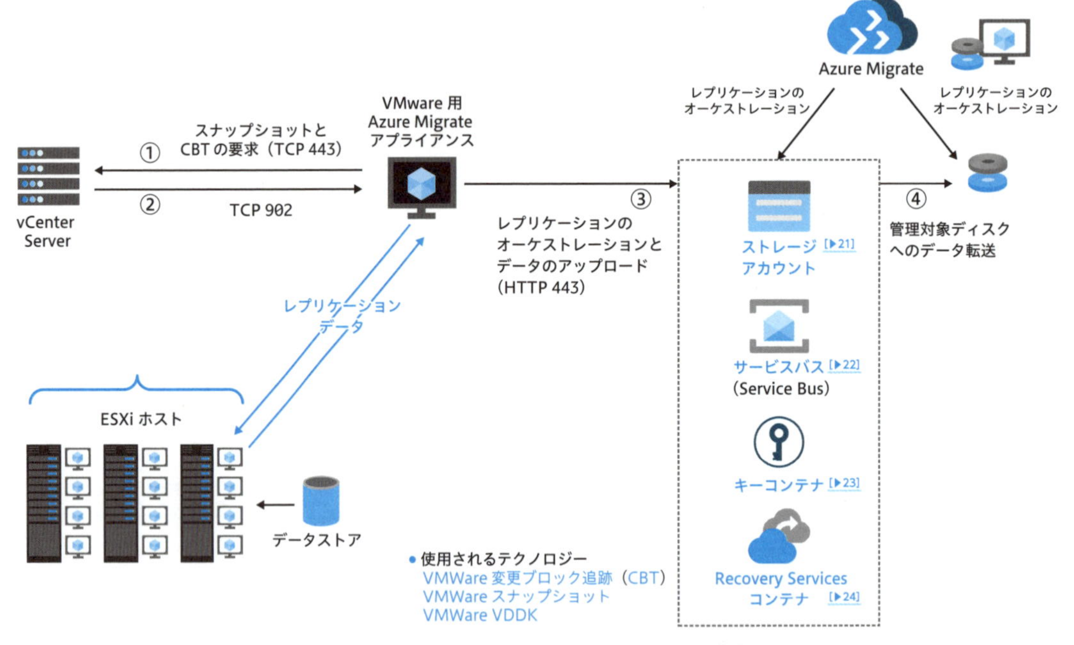

図9-5　Azure Migrate VMware環境：移行構成図

- **VMware変更ブロック追跡（CBT）**：仮想マシンのバックアップとリカバリを効率化するための機能。CBT（Change Block Tracking）は、仮想ディスク上で変更されたデータブロックのみを追跡し、バックアップ時に差分データのみをコピーする。これにより、バックアップやデータのレプリケーションが大幅に短縮され、ストレージの使用量も削減される
- **VMwareスナップショット**：**スナップショット**は特定の時点のデータのこと。VMwareスナップショットは、仮想マシンの特定時点の状態を保存できる
- **VMware VDDK**：VMwareのVDDK（Virtual Disk Development Kit）は、仮想ディスクへのアクセスと操作を支援するための開発ツールキット。VDDKを使用すると、開発者は仮想ディスクの読み書きやバックアップ、リストア、データ移行などの操作をプログラムから直接行なうことができる。これにより、カスタムアプリケーションやバックアップソリューションの開発が容易になる。CBTと連携することで、変更されたデータブロックだけを効率的にバックアップすることもできる

[▶21] ストレージアカウント　Azureの汎用ストレージサービスで、オブジェクトストレージのBlob Storage、ファイルストレージのAzure Files、キューストレージのQueue Storage、NoSQLデータベースのTable Storageの機能を提供する。高い耐久性とスケーラビリティが特徴。

[▶22] サービスバス（Service Bus）　マイクロサービスや分散アプリケーション間のメッセージ通信を管理するためのフルマネージドなメッセージングサービス。高スループットと低遅延のメッセージング機能を提供し、アプリケーション間の疎結合と信頼性の高い通信を実現する。

[▶23] キーコンテナ　Azure Key Vault p.318 の実際にデータを格納するストレージ部分のこと。

[▶24] Recovery Serviceコンテナ　Azure Site RecoveryやAzure Migrateで利用する機能の1つで、仮想マシンのレプリケートされたデータを格納する。主な機能には、データのバックアップ、復旧ポイントの管理、自動化された復旧プロセスの設定が含まれる。これにより、システムやアプリケーションの状態を特定の時点に戻すことができる。

VMware環境に対してエージェントレスでマイグレーションをする場合、VMwareスナップショット、VMware変更ブロック追跡（CBT）の機能を利用してレプリケーションを行ないます。移行のための通信としては、Azure MigrateアプライアンスからvCenter Serverに対してはTCP 443で、ESXiホストに対してはTCP 902で通信を行ないます。Azure MigrateアプライアンスからAzure Migrateに対しては、TCP 443でレプリケーションデータの送信などを行ないます。

移行対象のマシンに対してレプリケーションを構成したら、最初にイニシャルレプリケーション（初回のレプリケーション）が実行されます。その際にVMスナップショットが作成され、スナップショットディスクからのデータのコピーがマネージドディスクに同期されます。イニシャルレプリケーションが完了すると、以降は増分レプリケーション[▶25]を行ないます。マシンのデータは永続化される際に自動的に暗号化されます。

また、移行時には、ハイドレーション[▶26]と呼ばれる、AzureでVMが正常に機能するようにするための構成変更プロセスが走ります（図9-6）。移行にはテスト移行と本番移行の2つのフェーズがありますが、それぞれのフェーズが実行された際にハイドレーションプロセスに対応したOSであれば、ハイドレーションプロセスが実行されます。ハイドレーションプロセスでは、必要なドライバーの検証やシリアルコンソールの有効化、ネットワークの設定、VMゲストエージェント[▶27]のインストールなどが行なわれます。ハイドレーションプロセスでは、設定変更のために一時的なAzure VMが作成され、ディスクをアタッチし、変更が行なわれます。

[▶25] 増分レプリケーション　前回のレプリケーション以降に変更されたデータのみをコピーする。差分レプリケーションが初回のフルレプリケーション以降に変更されたデータをすべてコピーしようとするのに対して、増分レプリケーションは前回のレプリケーションでコピーした分は省略するのでコピーの効率がよい。

[▶26] ハイドレーション　Azure VMで仮想サーバーを動作させるためには、ドライバーのインストールやネットワーク設定の変更、VMゲストエージェントのインストールなどオンプレミスでサーバーを動作させていたときとは異なる設定が必要となる。Azure Migrateのハイドレーションは、そのような移行対象のサーバーの設定変更を自動で行なうプロセスのこと。

参考 VMwareのエージェントレス移行の準備をする
https://learn.microsoft.com/ja-jp/azure/migrate/prepare-for-agentless-migration

[▶27] VMゲストエージェント　Azure VMとして稼働するのに必要なエージェントソフト。Azureのプラット

フォームからVMの設定などを可能とする。これにより仮想マシン拡張機能を通じてソフトウェアのインストールや自動アップデートなどを実行できる。

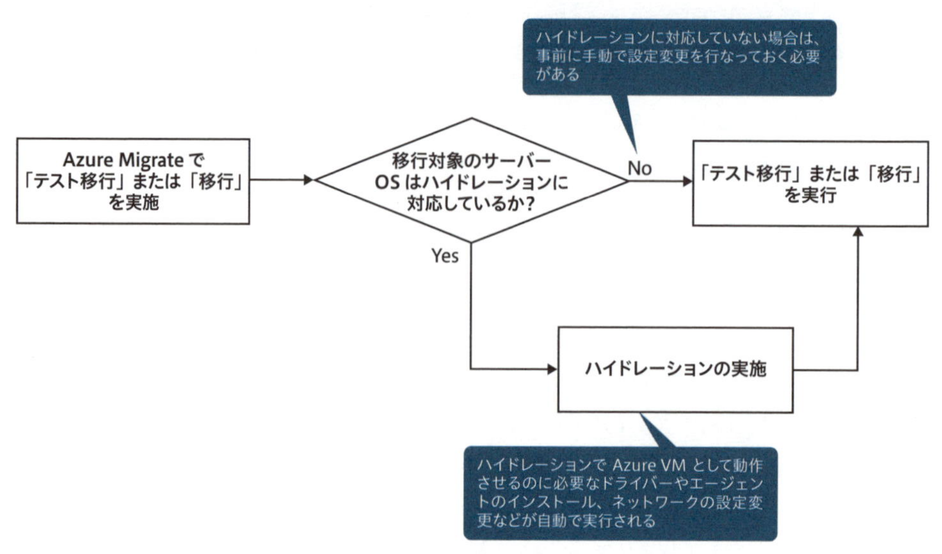

図9-6　Azure Migrate ハイドレーションプロセスの位置づけ

Hyper-V環境からの移行

図9-7 のようなネットワーク構成になります。

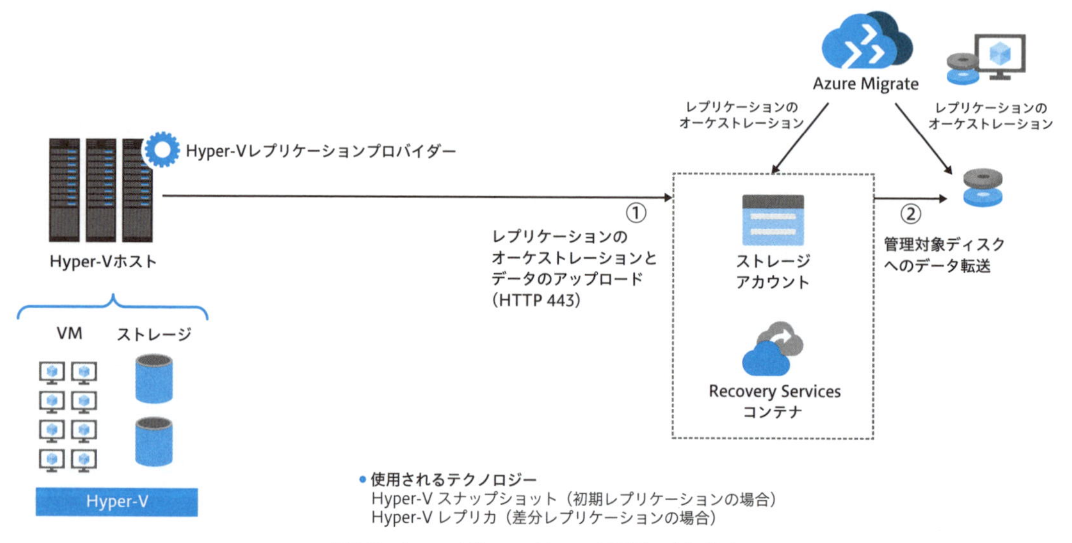

図9-7　Azure Migrate Hyper-V環境：移行構成図

Hyper-V環境では、Azure Migrate検出時と異なり、移行対象のマシンのデータのレプリケーションにはAzure Migrateアプライアンスは介在せず、Hyper-Vホスト、Hyper-V VMから直接TCP 443でAzure Migrateサービスにデータを送信します。移行にあたっては、Hyper-Vホスト、もしくはクラスター[▶28]のノードに対して、移行エージェントソフトであるソフトウェアプロバイダー（Microsoft Azure Site Recoveryプロバイダーおよび Microsoft Azure Recovery Servicesエージェント[▶29]）をインストールします。

[▶28] クラスター　複数のコンピュータ（ノード）を1つのシステムとして連携させ、高い可用性、スケーラビリティ、およびパフォーマンスを実現する技術のこと。

[▶29] Microsoft Azure Site Recoveryプロバイダー／Microsoft Azure Recovery Servicesエージェント　いずれもAzure Site Recovery（ASR）のコンポーネント。プロバイダーはレプリケーションプロセスを管理し、計画的なフェールオーバーやテストフェールオーバーを実行する。エージェントは、オンプレミスの物理サーバーや非Hyper-Vの仮想マシンをAzureにバックアップするためのエージェントソフトウェア。

移行のためにWindowsマシン、Linuxマシンともに手動で変更を加える必要がある場合があります。その内容はAzure VMとして起動するための条件に対応するものですが、項目が多いため注意しましょう。

- Azureへの移行に向けてオンプレミスのマシンの準備を整える
  https://learn.microsoft.com/ja-jp/azure/migrate/prepare-for-migration

物理サーバーや他社クラウド環境からの移行

図9-8のようなネットワーク構成になります。

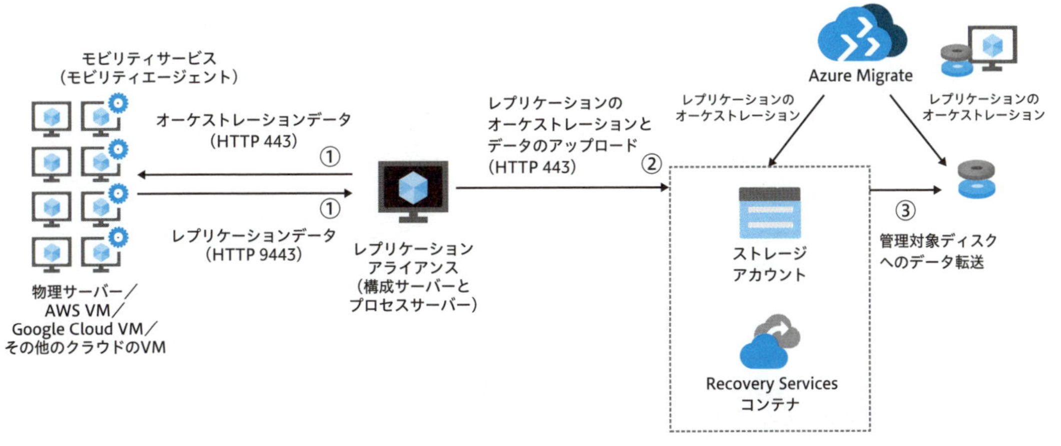

図9-8　Azure Migrate物理サーバー／他社クラウド：エージェントベース移行構成図

物理サーバーや他社クラウド環境の場合は、移行にもエージェントを利用します。エージェントベースの移行では、モビリティエージェント[▶30]をインストールしたマシンからレプリケーションアプライアンスに対してレプリケーションの管理としてTCP 443で、実際のレプリケーションデータの送信としてTCP 9443で通信を行ないます。レプリケーションアプライアンスは、Azure Migrateアプライアンスとは異なる点に注意しましょう。

こちらも移行にあたっては、Windowsマシン、Linuxマシンともに手動で変更を加える必要がある場合があります。移行の実行前に事前にチェックして対応を行ないましょう。

［▶30］モビリティエージェント　レプリケーションアプライアンスと連携するための移行対象サーバーにインストールするエージェントソフト。モビリティエージェントソフトをインストールすると、そのエージェントがサーバーの情報を読み取り、データをレプリケーションアプライアンス経由でAzureに送信する。

Azure Migrate移行実行後のネットワーク構成

Azure Migrateで移行対象マシンのデータのレプリケーションを行なったら、あとはAzure Migrateサービスからテスト移行、移行を行ない、VMを起動します。これはネットワークの観点から言うと、「Azure MigrateでVMを移行する前に、移行対象のシステムに適したネットワーク環境を用意しておく必要がある」ということを意味します。

ここで例として扱っている、一般的なWeb/App層とDB層の2層で構成されたWebアプリケーションの移行先のVNetではどのような構成をとるべきか見てみましょう（**図9-9**）。

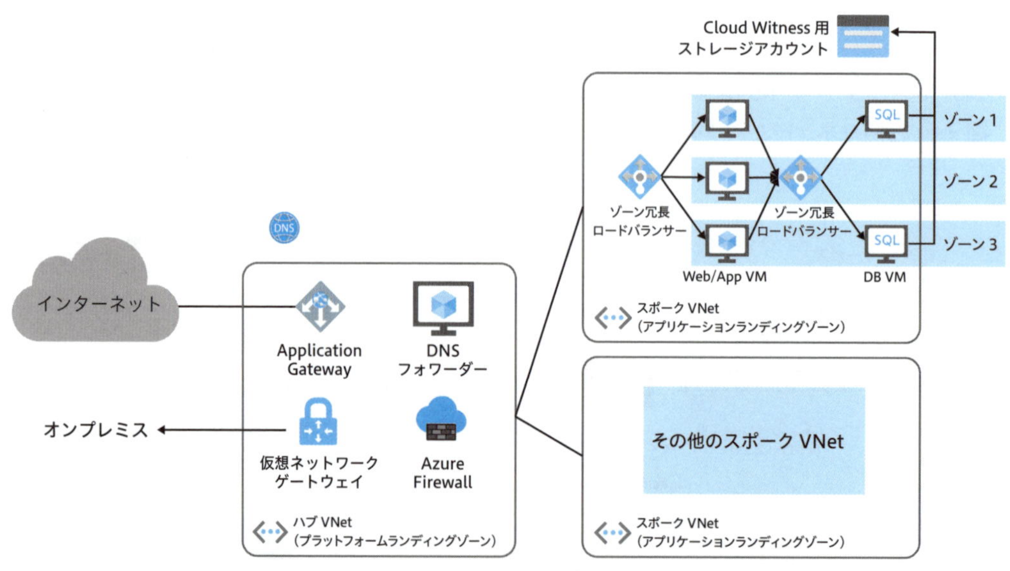

図9-9　Azure VMを使った2階層Webアプリケーションの構成図

出典 https://learn.microsoft.com/ja-jp/azure/architecture/high-availability/ref-arch-iaas-web-and-db

2階層のWebアプリケーションを構成するにあたり、Web/App層、DB層ともに可用性ゾーンにVMを分散させ、高可用性を持たせることが重要です。これにより、リージョン内の単一ゾーン障害に対応することができるようになります。

分散させたWeb/App層へのトラフィックのルーティングには、Webアプリケーションに対してはApplication Gatewayを使います。Application Gatewayを利用することで、送信元、宛先のIP、TCP/UDPポートに基づいた5タプルのトラフィックコントロールだけではなく、HTTPの宛先パスに基づいたルーティングやバックエンドサーバーの障害時のエラーページ表示、TLSオフロードによるバックエンドサーバーの負荷軽減などが可能です。また、Application Gateway自体も可用性ゾーンに対応したSKUを選択することで、分散して可用性ゾーンに配置できます。Application Gatewayは、アプリケーションランディングゾーン※2のVNetにデプロイできますし、インターネットへ露出するインターフェイスを集中管理することを目的にプラットフォームランディングゾーン※3に用意したApplication Gatewayを利用することもできます。**図9-9**では、プラットフォームランディングゾーンのVNetにデプロイしています。

DBも高可用性のために可用性ゾーンを分散させながら複数配置することが重要です。今回の例ではSQL Serverを利用していますが、その場合は前述したようにWSFC p.306 をOSで構成し、可用性グループを構築することをおすすめします。可用性グループ構成にしておくことで、のちのち別リージョンにさらにセカンダリレプリカを構築しDRに対応することもできます。

図9-9上では、Cloud Witness [▶31] としてストレージアカウントが存在しています。これは、SQL Serverのクラウド監視機能を利用し、障害発生時にどのノードがプライマリノードとして機能するかの優先順位を決定するために利用します。このストレージアカウントも、ゾーン障害に対応するために可用性ゾーンに対応したZRS/GZRS [▶32] を選択することが重要です。

[▶31] Cloud Witness　Windows Serverのフェールオーバークラスターは、ネットワークの問題などでクラスター内のノード群が分断された場合、各ノードが異なるデータを書き込むことによる不整合が起きないよう、稼働を継続するノードを選択する仕組みを持っている。この選択の際、Azure Blob Storageへのアクセス可否が判断基準となり、この判断に利用されるAzure Blob StorageをCloud Witnessと呼ぶ。

[▶32] ZRS/GZRS　ストレージアカウントのデータ冗長化方式のこと。ZRSは、リージョン内で可用性ゾーンに分散してストレージアカウントのデータを三重化して保持する。GZRSは、さらにペアリージョンにもデータを分散してデータを合計6重化して保持する。

DBへのトラフィックのルーティングには、Azure Standard Load Balancerを利用します。これも可用性ゾーンに対応したSKUを選択しましょう。

ネットワークセキュリティに関しては、単一のアプリケーションランディングゾーンのVNetの中にすべてのコンポーネントが存在するため、レイヤー間のアクセス制御にはNSGを利用します。DB層ではベースとして仮想ネットワークやインターネットからの受信トラフィックをすべて拒否しておき、Web/App層、Bastion、DB層内の通信、Load Balancerからの正常性プローブだけを許可するようにします。Web/App層は、Application Gatewayからのトラフィック、Bastionからのみ許可するなど必要最低限のトラフィックのみを許可するように構成します。

これにより、オンプレミスで展開していた2階層のWebアプリケーションをAzure VMへマイグレー

※2　Azureランディングゾーンにおいて個別システムを格納する領域、もしくは個別システムそのもののこと。詳細は第8章 p.276 参照。

※3　Azureランディングゾーンにデプロイする様々なシステムが共用するシステムを格納する領域、もしくは共用するシステムそのもののこと。詳細は第8章 p.275 参照。

ションすることが可能になります。

正常性プローブ

第5章で「バックエンドが使用可能かどうかを確認する機能のことを指す」と説明しましたが、もう少し詳しく説明します。正常性プローブは、Load Balancerがバックエンドとして登録されたサーバーの正常性（正常に利用できるか）を確認するためにサーバーに対して送信する通信のことです。たとえば、正常性プローブにHTTPが利用される場合、Load Balancerはバックエンドの各サーバーの指定されたパスに対してHTTP GETを送信し、レスポンスを得られるか試みます。TCPを利用する場合は、バックエンドの各サーバーに対してLoad BalancerからTCPの3ウェイハンドシェイクを実施し、コネクションが接続できるか試みます。それぞれレスポンスが得られなかったり、コネクションが成立しない場合は異常とみなし、該当のサーバーにはトラフィックが流れないようにLoad Balancerが制御します。

9-2 App ServiceなどPaaSとの統合

今度はAzureのPaaSを使ってどのようにアプリケーションランディングゾーンを構成するのかを見てみましょう。

ネットワークの観点からのAzure PaaSの分類

AzureのPaaSをネットワーク的な観点で分類すると、以下の2つのタイプのサービスに分類できます。

❶ VNetの外部、Microsoftのバックボーン上にデプロイし、そのサービスのエンドポイントのパブリックIP、パブリックFQDNに対してアクセスする
❷ VNetの内部にデプロイし、そのサービスのエンドポイントとなるVNetから割り当てられたプライベートIP、プライベートDNSゾーンや企業の内部DNSに設定されたプライベートFQDNに対してアクセスする

パブリックFQDNとプライベートFQDN

FQDN（Fully Qualified Domain Name）は、特定のホスト（サーバーまたはデバイス）を一意に特定するための完全なドメイン名のことです※4。特にパブリックFQDNは、インターネットで名前解決可能なドメイン名を指します。対して、プライベートFQDNは、特定のネットワークでのみ名前解決可能なドメイン名を指します。

❷は、VNetインジェクション（VNet Injection）と呼ばれるデプロイ方式です。この2つの分類に基づくと、各PaaSは**表9-1**のように分けられます。

※4 たとえば、ブラウザでhttps://www.example.com/index.htmlにアクセスする場合、www.example.comの部分がFQDNにあたり、https://www.example.com/index.html全体はURL（Uniform Resource Locator）です。

表9-1　Azure PaaSのデプロイ先による分類※

カテゴリ	VNetの外にデプロイ	VNetの中にデプロイ（VNetインジェクション）
Web	・App Service（Web Apps、Functions、Logic Appsなど） ・API Management外部	・App Service Environment（Web Apps、Functions、Logic Appsなど） ・API Management内部
Compute/ Container	・Azure Kubernetes Serviceコントロールプレーン ・Azure Container Apps外部環境 ・Azure Container Registry ・Azure Virtual Desktopコントロールプレーン	・Azure Kubernetes Serviceデータプレーン ・Azure Container Apps内部環境
Integration	・Event Grid ・Service Bus ・Storage Account（Queue）	
Storage	・Storage Account（Blob、Files） ・Azure Data Lake Storage Gen2	・Azure NetApp Files
Database	・Storage Account（Table） ・Azure SQL Database ・Azure Database for PostgreSQL（単一サーバー） ・Azure Database for MySQL（単一サーバー） ・Azure Database for MariaDB ・Cosmos DB ・Azure Cache for Redis	・Azure SQL Managed Instance ・Azure Database for PostgreSQL（フレキシブルサーバー） ・Azure Database for MySQL（フレキシブルサーバー） ・Azure Managed Instances for Apache Cassandra ・Azure Cache for Redis（VNetインジェクション）
Analytics	・Azure Synapse Analytics ・Azure Stream Analytics ・Azure Data Explorer ・Azure Data Factory ・Azure Databricks ・Power BI Embedded	・Azure Databricksデータプレーン（VNetインジェクション時）
IoT	・IoT Hub ・Azure Digital Twins	
AI	・Azure Cognitive Services ・Azure Machine Learning ・Azure Bot Service	

※ この表はすべてのAzureのPaaSを網羅しているわけではありません。VPN GatewayやApplication Gatewayなど実態としてはPaaSであるネットワーク系サービスは省略しています。ネットワーク系のサービスは、Traffic ManagerやFront Doorのようなグローバルで動作するものを除き、基本的にVNetの内部にデプロイします。

Kubernetesのコントロールプレーン、データプレーン

Kubernetesのコントロールプレーンは、クラスターの全体的な管理と制御を担当する部分です。主要なコンポーネントには、APIサーバー、スケジューラー、コントローラーマネージャー、etcdです。APIサーバーは、すべての操作を受け付け、認証と認可を行ない、クラスターの状態を管理します。スケジューラーは、新しいPodを最適なノードに配置し、コントローラーマネージャーは、クラスターの望ましい状態を維持するためにリソースを監視・管理します。etcdは、クラスターの構成情報や状態を保存するキーバリューストアです。

一方、データプレーンは、コンテナアプリケーションの稼働を担当する部分です。ノード内のkubeletとkube-proxyが主なコンポーネントです。kubeletは、ノード上でPodという単位でコンテナを管理し、コンテナランタイムと連携してコンテナを起動・停止します。kube-proxyは、ネットワークルーティングを管理し、Pod間の通信を制御します。

フレキシブルサーバー

フレキシブルサーバーは、Azure Database for PostgreSQLやAzure Database for MySQLの提供形態の1つです（単一サーバー、フレキシブルサーバーの2種類の提供形態があります）。従来はVNet外にデプロイするシングルサーバー（単一サーバー）のみで、仕様がAzureのインフラの発展に追いついていませんでした。そのため、可用性ゾーンに対応したり、よりセキュリティ要件の高い業界向けにVNet内に閉じ込めたりなど、現在のAzureのインフラ機能を活用できるフレキシブルサーバーという提供形態が追加されました。

表9-1を見てみると、PaaSは基本的にはVNet外にデプロイし、サービスによってはVNet内にデプロイする選択肢も用意されているという傾向があることがわかります。ALZを参照してVNetを構成したときに、これらVNet外に存在するサービスとどのように連携するのかが重要なポイントです。この連携を実現するためにプライベートエンドポイントやVNet統合の機能がキーとなってきます。

前項ではVMをベースにWebアプリケーションの構成を紹介したため、次項では対比的にPaaSを使ったWebアプリケーションアーキテクチャを例に、どのようにPaaSを使ってアプリケーションランディングゾーンを構成するべきかを見ていきましょう。

PaaSを使ったWebアプリケーションアーキテクチャ

ここでは、**表9-2**の要件とサービスを想定します。

表9-2　想定するWebアプリケーションの要件と利用サービス

カテゴリ	要件	利用サービス
Web/App層	・OSやミドルウェアまで管理をクラウドに任せたい ・リソースはプライベートIPを消費しないようにVNet外にデプロイしたい	・App Service（Web Apps）
DB層	・OSやミドルウェアまで管理をクラウドに任せたい ・DBのソフトウェアはPostgreSQLを利用したい ・VNet内にデプロイしたい	・Azure Database for PostgreSQL（フレキシブルサーバー）
セキュリティ	・Web/App層へのトラフィックはWAFで検査したい ・パスベースでアプリケーションを拡張していきたい	・プラットフォームランディングゾーンのApplication Gateway

表9-2のサービスを組み合わせる場合、Application GatewayとPostgreSQLフレキシブルサーバー（Flexible Server）はVNet**内**にあり、App ServiceはVNet**外**にあるため、連携方法を考える必要があります。ここで登場するのがプライベートエンドポイントとApp ServiceのVNet統合の機能です（プライベートエンドポイントの代わりに、サービスエンドポイントを利用する構成も可能です）。

プライベートエンドポイントは、VNet内に対応するPaaSのエンドポイントをデプロイし、VNet内部からPaaS方向へトラフィックをルーティングするサービスです。これを利用することによってApplication Gateway → App Service方向の通信を成立させます。

VNet統合はApp Service特有の機能でApp ServiceからVNet内に専用のエンドポイントを設定し、そのエンドポイントを介してVNet内のリソースにアクセスできるようになります。これを利用することによってApp Service → PostgreSQLフレキシブルサーバー方向の通信を成立させます。

Application GatewayとApp Serviceの連携

これらのサービス、機能を組み合わせたネットワーク構成図は、**図9-10**のようになります。

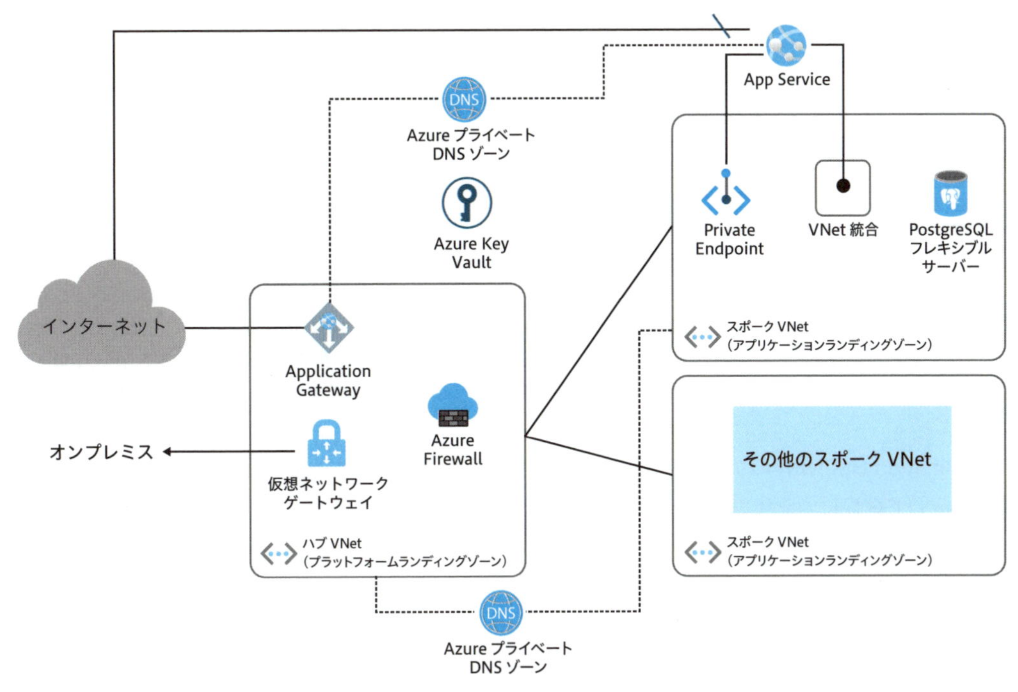

図9-10　Azure PaaSを使った2階層Webアプリケーションの構成図

Application GatewayとApp Serviceのカスタムドメイン、証明書

Application GatewayとApp Serviceを統合する際に重要な点は、**（特に本番環境では）App ServiceにはカスタムドメインR[▶33]を利用し、Application Gatewayのリスナー[▶34]となっているFQDNとApp Serviceが利用できるカスタムドメイン名を一致させる**ことです。これは、App Serviceのアプリケーションが着信したトラフィックに記載されたホスト名を利用して絶対URLを組み立てる場合に、その絶対URLがApplication Gatewayのリスナーを指すようにしたり、Microsoft Entra ID認証を利用する際のリダイレクト先をApplication Gatewayのリスナーとなるようにするためです。

[▶33] カスタムドメイン　Azureの各サービスが持つもともとのドメイン名とは別に任意のドメイン名を付与する機能、またはその任意のドメインそのもののこと。

[▶34] Application Gatewayのリスナー　Application Gatewayを利用するWebアプリケーションにアクセスするためのインターフェイス。Application Gatewayに設定し、設定に応じてインターネットもしくはVNetからのアクセスを受け付ける。

カスタムドメインを使わずに、Application Gatewayのリスナーを指すFQDNとApp Serviceのドメインが一致しない場合、こういった絶対URLの生成やMicrosoft Entra ID認証のリダイレクト時にApplication Gatewayをバイパスし直接App Serviceへトラフィックがバイパスする可能性があります※5。

※5　この点は、Azure Architecture Centerにも重要なポイントとして記載されているため、以下をぜひ確認してください。
- リバースプロキシとそのバックエンドWebアプリケーションの間で、元のHTTPホスト名を維持する
https://learn.microsoft.com/ja-jp/azure/architecture/best-practices/host-name-preservation

カスタムドメインを利用するときには、App Serviceのカスタムドメイン利用認証のためのTXTレコードをAzureパブリックDNSゾーンに登録します。そのうえでカスタムドメインとして登録したFQDNに対してCNAMEレコードもしくはAレコードを記述し、対応するIPはApplication Gatewayのリスナーにあたる IPを設定します。

TXTレコード、CNAMEレコード、Aレコード

第3章 p.97 で説明した通り、いずれもDNSの名前解決クエリに対して返されるデータ（リソースレコード）です。Aレコードは、クエリで問い合わされたFQDNがひも付けられたIPv4アドレスが返されます。CNAMEレコードは、Canonical Nameの略で、問い合わされたFQDNにひも付けられた別のFQDNが返されます（この別にひも付けられたFQDNをエイリアスとも呼びます）。TXTレコードは、任意のテキスト情報をDNSに格納するためのレコードです。電子メールの送信元認証技術であるSPFやDKIMの設定、ドメイン所有権の確認などに使用されます。

Application Gatewayのリスナー、App Serviceで利用するTLS証明書は、Azure Key Vault[▶35]の証明書として登録し、それぞれのサービスはKey Vaultから読み取る構成にすることをおすすめします。これは、同一の証明書をそれぞれのサービスにアップロードして管理するよりも、証明書の更新などの管理作業が容易になるためです。それぞれのサービスからKey Vault証明書を読み込むために、Application GatewayのマネージドID、App Serviceのユーザー割り当てマネージドIDに対して、Key Vaultのアクセスポリシーでシークレット取得の許可を与えます（図9-11）。

[▶35] Azure Key Vault　機密情報の管理と保護を目的としたサービス。暗号鍵、パスワード、証明書などのシークレットを安全に格納し、アクセス制御を行なう。Key Vaultは、機密情報のライフサイクル全体を管理し、アプリケーションやサービスが必要なときに安全に利用できるようにする。主な機能には、ハードウェアセキュリティモジュール（HSM）を使用した暗号鍵の保護、シークレットのバージョン管理、自動更新、証明書の管理が含まれる。

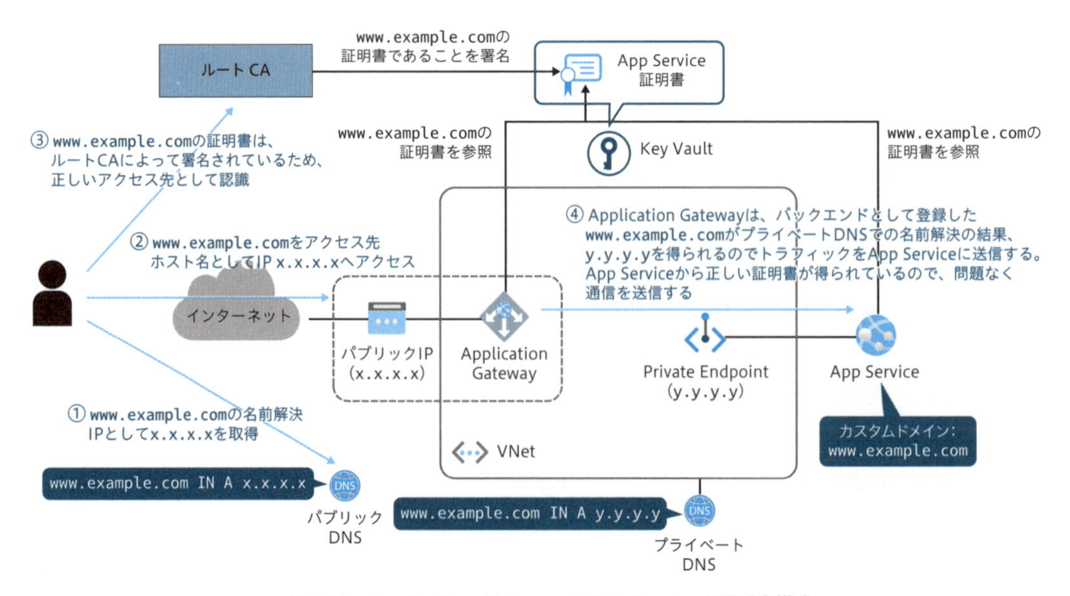

図9-11　Application GatewayとApp Serviceの証明書構成

マネージドID

マネージドIDは、Microsoft Entra IDで管理できるアプリケーションやシステム用のIDの一種です。Microsoft Entra IDでは、アプリケーション用のIDとしてサービスプリンシパルという仕組みが用意されていますが、サービスプリンシパルでは利用するシークレットや証明書をユーザーが管理する必要があります。マネージドIDもサービスプリンシパルの一種ですが、マネージドIDではシークレットや証明書の管理をユーザーの代わりにMicrosoftが行ないます。

マネージドIDには、システム割り当てとユーザー割り当ての2種類があります。

- システム割り当てマネージドID：仮想マシンなどリソースをデプロイしたときにAzureのシステムが自動で割り当てるマネージドID
- ユーザー割り当てマネージドID：ユーザーが任意のタイミングで作成するマネージドID

「VMSSやAzure Kubernetes Serviceに同じ機能を果たすアプリケーションインスタンスを複数作成する際、アプリケーションとしての認証はどのインスタンスからでも同じIDを利用したい」というような場合にユーザー割り当てマネージドIDを利用します。

これにより、Application GatewayのリスナーとApp Serviceのカスタムドメインで同じFQDNを利用し、同じ証明書を利用することができるようになります。Azureでは、ルートCAとしてGoDaddy※6が署名し、更新処理が自動化されたプライベート証明書を購入できるApp Service証明書というサービスがあります。このApp Service証明書をApplication Gatewayのリスナー、App Serviceのカスタムドメインで利用する場合は、一度ダウンロードしてパスワードを設定後にKey Vaultの証明書として再アップロードしましょう。

ルートCA

インターネットでの暗号化通信および通信の認証には、公開鍵暗号方式に基づいた証明書が用いられます。証明書は誰でも発行できますが、どこの誰が発行したのかわからない証明書では信頼することができません。そのため、その証明書が適切な証明書なのかを認証局の証明書を使って署名を書き加えます。つまり、証明書 → 認証局の証明書を使った署名 → さらに上位の認証局の証明書での署名 → …… というように証明書は鎖状に信頼関係を構築しています。この関係を信頼チェーンと呼びます。ルートCA（root Certificate Authority）は、最上位の認証局にあたり、ルートCAの証明書はあらかじめOSやブラウザにインストールされています。ブラウザが取得した証明書の信頼チェーンをたどっていき、ルートCAの証明書に行き着くことができると、「証明書は適切でアクセス先は正しいもの」と認識します。

■ プライベートエンドポイントの設定

App Serviceにプライベートエンドポイントを設定する際に、プライベートDNSゾーンも重要なサービスです。プライベートエンドポイントに対応したPaaSは、プライベートエンドポイント設定時に、Microsoftのパブリック権威DNSでもともと用意されていたパブリックエンドポイントとなるFQDNに対して、パブリックIPを示すAレコードと、プライベートエンドポイントのCNAMEのレコードが追加されます。追加されるCNAMEのドメインは、PaaSのサービスごとに固定されています。

※6　ルートCAを運用する企業の1つ。https://jp.godaddy.com/

- Azureプライベートエンドポイントのプライベート DNS ゾーンの値
  https://learn.microsoft.com/ja-jp/azure/private-link/private-endpoint-dns

今回はApp Service (Web Apps) に対してプライベートエンドポイントを設定するため、

- privatelink.azurewebsites.net
- scm.privatelink.azurewebsites.net

のプライベートDNSゾーンを展開しましょう※7。展開したプライベートDNSゾーンは、Application Gatewayがデプロイされているハブ VNetにリンクさせます。これによって、Application Gatewayは、App Serviceのプライベートエンドポイントの IPを知ることができます。Application Gatewayは、DNSの名前解決の結果をキャッシュします。そのため、Application Gatewayをデプロイしたあとにプライベートエンドポイント、プライベートDNSゾーンを展開した場合は、一度Application Gatewayを再起動しましょう（**リスト9-1・リスト9-2**）。

リスト9-1 Application Gatewayの再起動コマンド (Azure PowerShellの場合)

```
# Get Azure Application Gateway
$appgw=Get-AzApplicationGateway -Name <Application Gateway名> -ResourceGroupName <リソースグループ名>

# Stop the Azure Application Gateway
Stop-AzApplicationGateway -ApplicationGateway $appgw

# Start the Azure Application Gateway
Start-AzApplicationGateway -ApplicationGateway $appgw
```

リスト9-2 Application Gatewayの再起動コマンド (Azure CLIの場合)

```
# Stop the Azure Application Gateway
az network application-gateway stop -n <Application Gateway名> -g <リソースグループ名>

# Start the Azure Application Gateway
az network application-gateway start -n <Application Gateway名> -g <リソースグループ名>
```

プライベートエンドポイントへのアクセス

Application Gatewayのバックエンドとして App Serviceを登録するためにFQDNを利用する場合や、オンプレミスから直接プライベートエンドポイントにアクセスする場合、直接プライベートDNSゾーンに登録されたFQDNを指定するのではなく、パブリックエンドポイントのFQDNまたはカスタムドメイ

※7 privatelink.azurewebsites.net、scm.privatelink.azurewebsites.netは、App Serviceにプライベートエンドポイントを設定したときに、元のFQDNと対になるように設定されるCNAMEのドメインです。

ンに対してアクセスするようにします。これは、PaaSアクセス時のTLSのセッションに対応するためです。

クライアントからプライベートエンドポイントのFQDNに直接アクセスするようにしても、名前解決さえできれば、一見、IPの観点からは通信が成立するように見えます。ただし、TLSのセッションでPaaSから提示される証明書には、SANs[▶36]としてプライベートエンドポイントのドメイン名は記載されていないため、クライアント側で証明書エラーを検出します（図9-12）。このエラーを回避するために、クライアントからはパブリックエンドポイントのFQDN、もしくはカスタムドメインに対してアクセスするようにします。

[▶36] SANs　Subject Alternative Namesの略語。TLS証明書の値の1つで、1つの証明書で複数のドメインやホスト名を保護するためのフィールド。SANsフィールドに複数のドメイン名やIPアドレスをリストアップすることで、これらのすべてを1つの証明書でカバーできる。これにより、証明書管理が簡素化され、複数の証明書を発行・管理する手間が省ける。

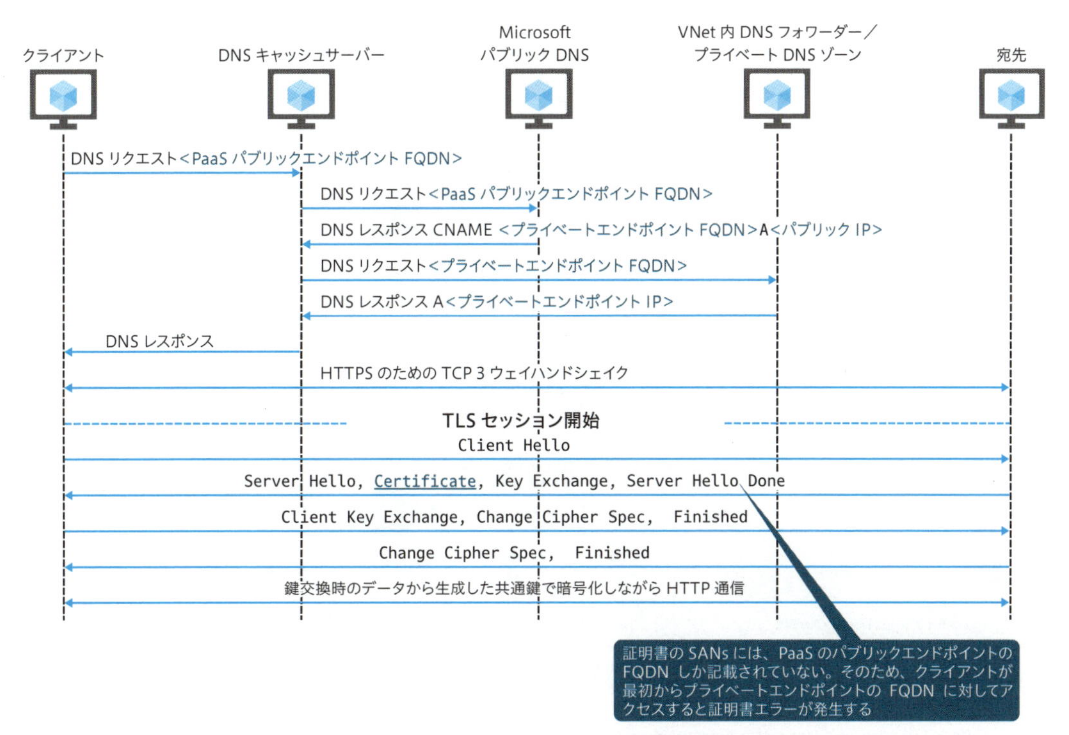

図9-12　プライベートエンドポイントアクセスのシーケンス図

Application GatewayとApp Serviceのプライベートエンドポイントの間にAzure Firewallを挟む場合、トラフィックはネットワークルールだけではなくアプリケーションルールも使ってコントロールするようにします。これは、Application Gateway → プライベートエンドポイント方向の通信と、プライベートエンドポイント → Application Gateway方向の通信のパスを一致させるためです。プライベートエンドポイントに対してはUDR※8でトラフィックの経路をコントロールすることが現状できません。そのため、送信元IPがApplication Gatewayやクライアントを示すトラフィックがプライベートエンドポイントに到着すると、プライベートエンドポイントからの戻りのトラフィックはVNetのUDR以外のルートに従って直接Application Gatewayやクライアントに返そうとします。この場合、行きのトラフィックにAzure Firewallが挟まっていると、往復で異経路となり、再度の行きのトラフィックがセッション不成立で遮断されます。

異経路

クライアントとサーバー間の通信において、クライアント → サーバー方向の通信と、サーバー → クライアント間の通信で異なる経路をとることを異経路と言います。特にどちらかの方向の通信だけファイアウォールを経由する場合、Azure Firewallを含め、だいたいのファイアウォールはどちらの方向の通信もファイアウォールを経由していることを監視しており（ステートフルな通信の監視）、片方向の通信だけ検出した場合、次のパケットをドロップしてしまいます。そのため、何らかの要件がない限り、できるだけ異経路とならないようにネットワークを設計する必要があります。

トラフィックがAzure Firewallのアプリケーションルールで処理されると、自動で送信元NATがかかり、送信元IPがAzure Firewallを示すようになります。これにより、プライベートエンドポイントからの戻りのトラフィックもAzure Firewallを経由するようになります（図9-13）。

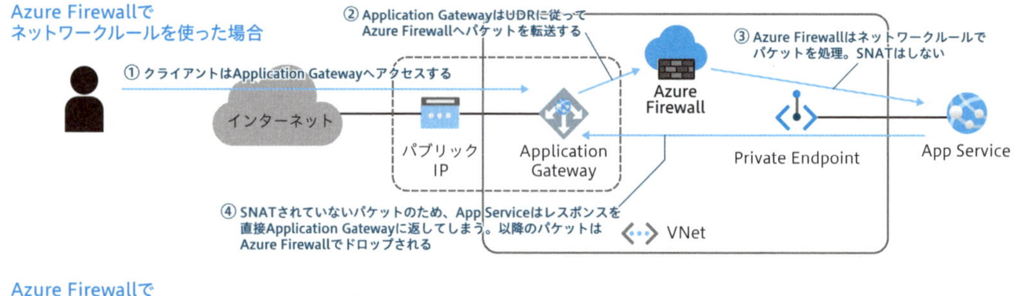

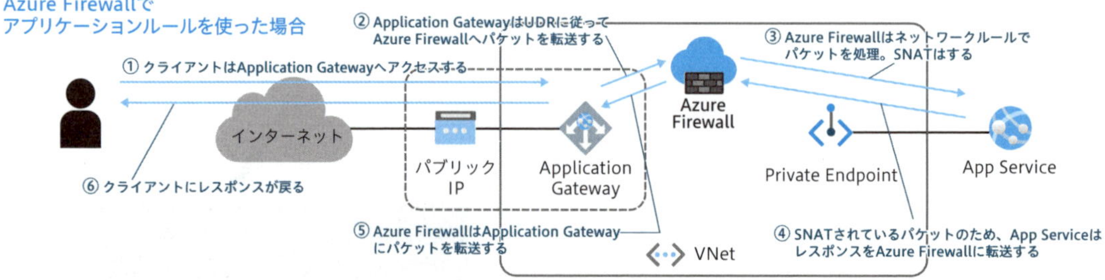

図9-13　Azure FirewallとApplication Gatewayを使ったプライベートエンドポイントへの通信制御の構成図

App Serviceでアクセスログを取得し、アクセスしてきたクライアントのIPを見たい場合は、HTTPヘッダの`X-Forwarded-For`を参照しましょう。これは今回の構成の場合、

※8　Azureで利用できるスタティックルーティングの機能である、ルートテーブルのこと（UDRはUser Defined Routeの略語）。詳細は第5章 p.133 を参照してください。

- Application Gatewayでセッションが分割されている
- Azure Firewallで送信元IPがNATされている
- App ServiceのLinux版の場合は、内部的にアプリケーションはDockerコンテナとして動作していて、DockerエンジンによりトラフィックがNATされている

といった要因により、アプリケーションが受け取ったパケットのIPヘッダには送信元IPが記述されていないからです。

App ServiceとPostgreSQLフレキシブルサーバーの連携

ここまでApplication GatewayとApp Serviceを連携させる方法を見てきましたが、App ServiceとPostgreSQLフレキシブルサーバーの連携はもっとシンプルです。

まず、App ServiceからPrivate IPでVNet内部にアクセスできるようにするために、App ServiceのVNet統合を設定します。これは、VMに対してセカンダリNICを設定するのと似ています。PostgreSQLフレキシブルサーバーはVNet内部にデプロイされており、App ServiceはVNet統合したエンドポイントからPostgreSQLにアクセスします。PostgreSQLにてアクセス制御が必要な場合は、デプロイしたサブネットにNSGを設定します。NSGではサービスとして必要なサブネット内の宛先TCP 5432のポート、ログアーカイブ用のAzure Storageへの送受信、そして実際にDBを利用するApp Serviceやクライアントからの受信を許可します（**図9-14**）。

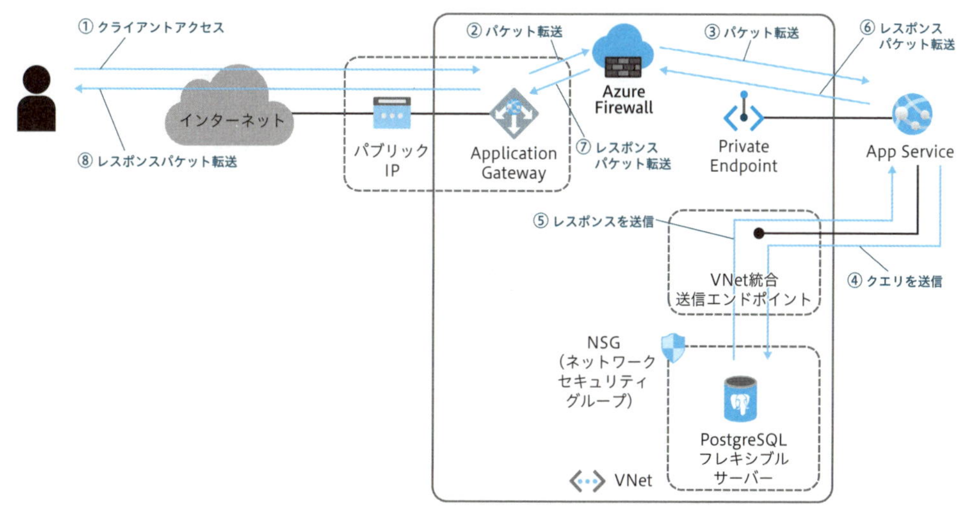

図9-14　App ServiceとPostgreSQLフレキシブルサーバーの連携の構成図

ここまで構成することで、App Serviceがもともと持っているパブリックエンドポイントでのアクセスを規制することができるようになります。注意するべき点は、App Serviceはアプリケーションへの通信を受け付けるエンドポイント以外にもう1つアプリケーションのデプロイを制御するKudu[▶37]というエンジ

ンのエンドポイントを持っていることです。GitHub ActionsなどSaaSのCI/CDサービスを利用している場合、このKuduのパブリックエンドポイントにアクセスしてくるため、アプリケーションのパブリックエンドポイントを閉じた場合でも、利用している開発環境に応じてKuduのエンドポイントは一部の通信を許可するようにしましょう。SaaSのCI/CDサービスの送信元IPが特定できない場合は、Kuduのエンドポイントは開けておくようにします。

[▶37] Kudu　App Serviceのデプロイメントエンジンおよび管理ツールで、Webアプリケーションのデプロイ、管理、診断を支援する。Kuduは、Gitリポジトリとの連携を通じて、コードのプッシュで自動デプロイメントを実行する。さらに、Kuduコンソールからファイルシステムのアクセス、環境変数の設定、ログファイルの閲覧、プロセスの管理などが可能。

以上で、プラットフォームランディングゾーンにデプロイしたセキュリティ機能とPaaSを使ったWebアプリケーションが連携できます。

9-3 Azure Kubernetes Serviceとの接続

次に、大規模にコンテナアプリケーションを利用するために、Azure Kubernetes Service（AKS）をどのようにアプリケーションランディングゾーンにデプロイするべきかを見てみましょう。

Azure Kubernetes Service（AKS）は、その名の通りKubernetesのクラスターを利用するためのサービスです。Kubernetesは、コンテナアプリケーションが動作するためのワーカーノードと、コンテナの実行を制御するためのコントロールプレーンで構成され、AKSではコントロールプレーンがMicrosoftによって管理されるマネージドサービスとして提供されます（図9-15）。ワーカーノードは、Azure VMを使ってユーザーが構成します。GPUを搭載したVMをワーカーノードとして利用することも可能です。

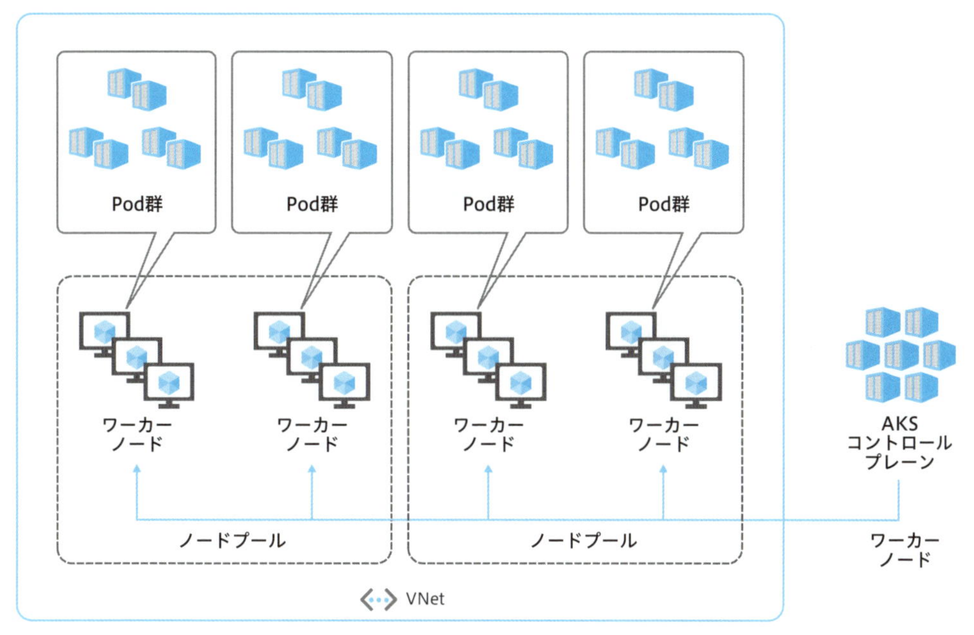

図9-15　Azure Kubernetes Service（AKS）の概要

 ワーカーノードとコントロールプレーンの構成

最初に、コントロールプレーンとワーカーノードを構成してみましょう。ここでは、AKSはユーザーが利用するアプリケーションランディングゾーンとしてデプロイするシナリオで考えてみます。

コントロールプレーンは通常、パブリックIPが設定されたエンドポイントを持ち、ワーカーノードはそのパブリックエンドポイントを通じてコントロールプレーンと通信します。一方で、エンタープライズで利用する際にできるだけパブリックエンドポイントは閉じたいという要件もあります。AKSのコントロールプレーンは、プライベートエンドポイントに対応しているため、プライベートIPの閉じたネットワークでも利用可能です。このようなAKSの利用形態を**プライベートクラスター**と呼びます（**図9-16**）。

9

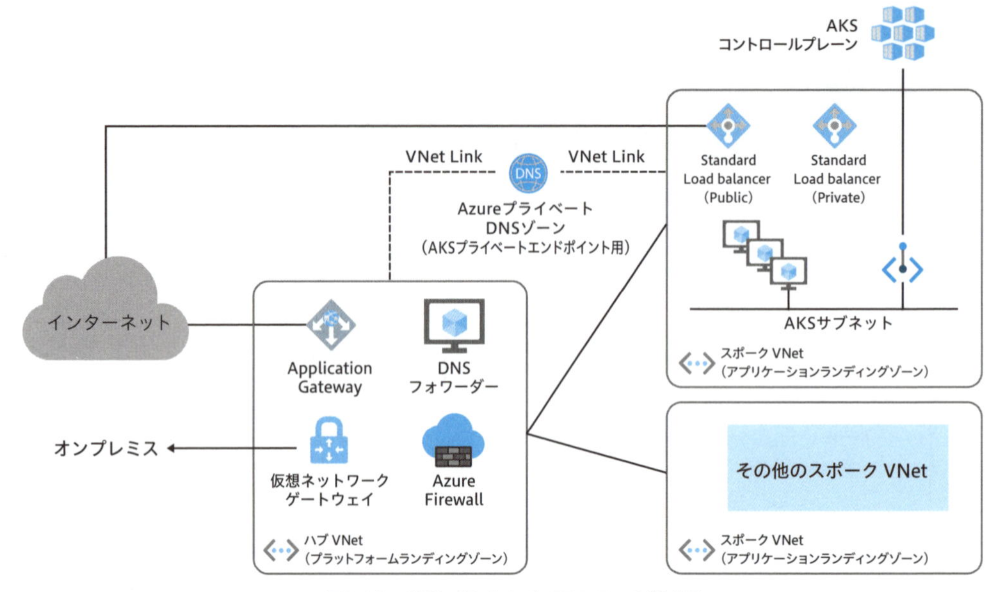

図9-16　AKSプライベートクラスターの構成図

プライベートクラスターを利用するときに重要なのが、AKSコントロールプレーンへのプライベートエンドポイントのレコードを登録しているプライベートDNSゾーンです。AKSクラスター展開時に、既存のVNetを使って、そのVNetがカスタムDNSを参照している場合、そのカスタムDNSがプライベートDNSゾーンを利用できるように構成しておかないとクラスターのデプロイが失敗します[※9]。また、Podをデプロイするにあたり、開発端末などからコントロールプレーンにアクセスする必要があるため、ハブVNetなど必要な他のVNetをプライベートDNSゾーンにリンクさせ、DNSフォワーダー経由でクライアントから名前解決できるように構成しておく必要があります。

 Kubernetes内のコンテナが通信を受信する仕組み

Kubernetesでは、コンテナを1つ、または複数束ねたPod（ポッド）という単位で動作させます。Kubernetesのワーカーノードで動作するPodがどのようにパケットを受信するのかを説明します。

PodにはIPアドレスが割り当てられますが、Podは直接通信を受信するのではなく、ServiceというKubernetesに用意された仕組みを介して通信を受信します。Serviceは、Podへの通信を受け付けるインターフェイスと言えます。通信をServiceを介して行なうことにより、Podへアクセスしたいクライアントは、Serviceの背後にいくつのPodが動作しているのか、Podは何のIPアドレスを持っているのかを意識する必要がありません。

Serviceには、いくつかのServiceType（KubernetesにおけるServiceの種類）があります。以降で代表的なServiceTypeを概念図とともに解説します。

※9　AKSクラスター展開時に、あわせて新規のVNetを使い、Azure Provided DNS（既定のDNS）を利用する場合は、特に問題ありません。

- ClusterIP
- NodePort
- LoadBalancer

ClusterIP

ClusterIPは、Kubernetesクラスター内部で通信可能なServiceTypeです。Kubernetesのネットワーク方式である、kubenet、Azure CNIともにNATを利用した仮想的なネットワーク空間を持ち、ClusterIPはそのネットワーク空間のIPが割り当てられます（kubenet、Azure CNIについては後述します）。このようなネットワーク空間のため、クラスター外に広告されず、クラスター外から直接ClusterIPに通信することはできません。主にPod間通信に利用され、Serviceの設定で明示的にServiceTypeを設定しない場合は、ClusterIPとしてデプロイされます（**図9-17**）。ClusterIPに着信したトラフィックは、ClusterIPにひも付けられたPodにロードバランスされます。

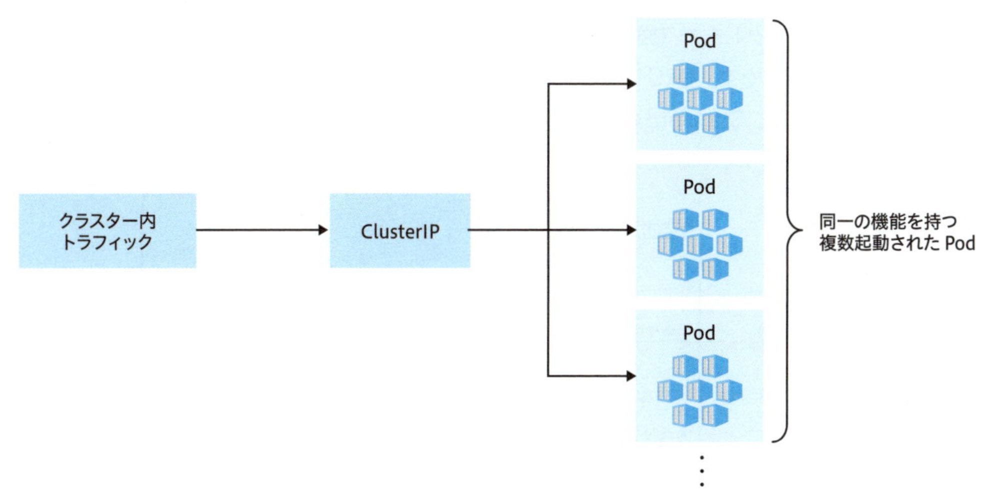

図9-17　ClusterIPの概念図

NodePort

NodePortは、ワーカーノードのIP／ポートと、PodのIP／ポートをマッピングして、クラスター外部からのアクセスを受け付けるServiceTypeです（**図9-18**）。NodePortは、ClusterIPとしても機能します。簡易的にPodをクラスター外部に公開したい場合に利用します。

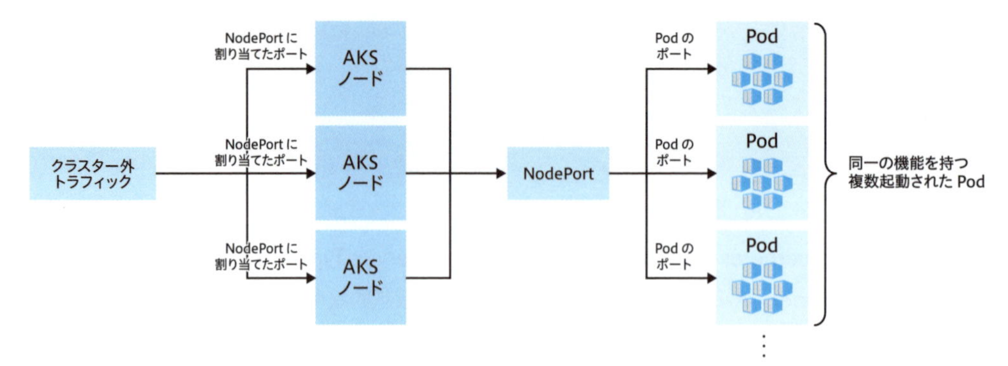

図9-18　NodePortの概念図

LoadBalancer

LoadBalancerは、クラスター外からのトラフィックを受けつつ、PodへL4負荷分散しながらトラフィックを流すServiceTypeです。AKSの場合、Azure Load Balancer(ALB) と連携し、ALB経由でPodへトラフィックをルーティングします（**図9-19**)。ALBは外部ロードバランサー、内部ロードバランサーどちらも利用することが可能です。SKUはStandardとBasicともに利用可能ですが、BasicのSKUは2025年9月30日廃止のため、Standardの利用をおすすめします。

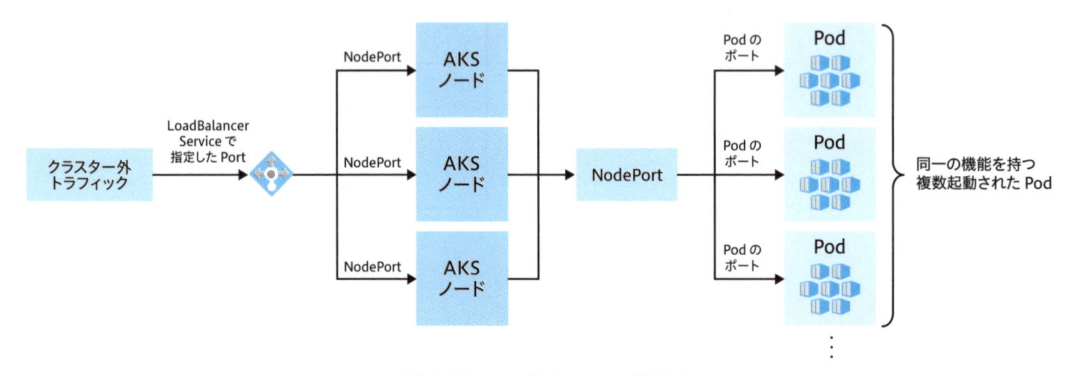

図9-19　LoadBalancerの概念図

Ingress

Ingressは正確にはServiceTypeではありませんが、外部からのトラフィックをPodへルーティングするためのKubernetesの機能なので、ここで解説します。LoadBalancerがL4ロードバランサーであるのに対し、IngressはHTTP/HTTPSの通信に対してL7ロードバランサーの機能を提供します。主に負荷分散、TLS終端、パスベースのルーティングが可能です。IngressのバックエンドにはServiceもしくはResource[※10]が設定できます（**図9-20**)。

※10　Kubernetesにおける管理対象オブジェクト（Pod、Deployment、Serviceなど)。

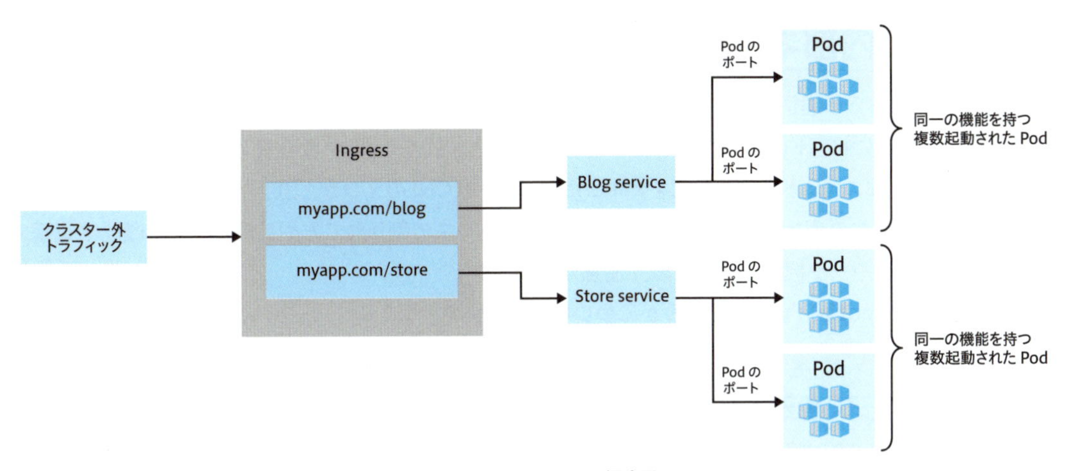

図9-20　Ingressの概念図

AKSでは、NGINX（エンジンエックス）[▶38] コンテナイメージを使って、クラスター内部にIngressをデプロイする方式とApplication GatewayをIngressとして利用する方式（AGIC [▶39]）を利用できます。AGICを利用する場合、Application GatewayのSKUは、Standard_v2もしくはWAF_v2 SKUである必要があります。

「AKSのリソースを消費したくない」「L7ロードバランサーはマネージドサービスを利用したい」「Application GatewayのWAFでWebアプリケーションを保護したい」などの場合はAGICを利用しましょう。AGIC利用時の注意点として、1つのAKSクラスターで複数のAGICアドオンを利用したり、複数のApplication Gatewayを利用したりしたい場合は、Helm [▶40] を使ってデプロイする必要があります。

Application GatewayとAKSクラスターは、別のVNetにデプロイしておくことが可能なため、プラットフォームランディングゾーンのApplication GatewayをIngressにすることも可能です。また、AGIC v0.8.0以降では、他のAzureサービス（たとえばVMSS）とAKSでApplication Gatewayが共有できるようになりました。

Application Gatewayを使わない場合は、NGINX Ingressコントローラー [▶41] を利用してIngressを構築する方法があります。

9

[▶38] NGINX（エンジンエックス）　高性能で軽量なWebサーバーソフトウェア。HTTPサーバー、リバースプロキシ、ロードバランサー、メールプロキシなど、多機能な役割を持つ。NGINXは、イベント駆動型アーキテクチャを採用し、高い同時接続性を実現するため、大量のリクエストを効率的に処理する。

[▶39] AGIC　Application Gateway Ingressコントローラーの略語。AzureのApplication Gatewayを利用して、AKSクラスター内で外部トラフィックを適切なサービスにルーティングするためのコンポーネント。

[▶40] Helm　Kubernetesでアプリケーションのデプロイと管理を簡素化するためのパッケージマネージャー。

[▶41] NGINX Ingressコントローラー　AKSクラスター内で外部トラフィックを適切なサービスにルーティングするためのコンポーネント。NGINXの高性能なリバースプロキシ機能を活用し、HTTPおよびHTTPSトラフィックを管理する。ロードバランシング、SSL/TLS終端、名前ベースのバーチャルホスティング、リクエストのリダイレクトやリライトなどの機能を提供。

AKSの内部ネットワーク方式

クラスター内外から通信を受信するServiceは、ワーカーノードでどのように実装されているのでしょうか。それを知るには、Kubernetes内部のネットワーク方式を理解する必要があります。AKSでは、Kubernetes内部のネットワーク方式を**kubenet**と**Azure CNI**の2つから選択することが可能です。このネットワーク方式の選択によって、Podに対するIPアドレスの割り当て方や、利用できる機能や連携するAzureのネットワーク機能も違うため、注意が必要です。

まずは、kubenetがどのようなものかについて説明します。

kubenet方式を選択した場合

kubenetは、AKSに限らず、広くKubernetes環境で利用されるネットワーク方式です。ワーカーノードとなるVM自身はデプロイされたVNetからIPアドレスを取得しますが、ノード内部で構成されるコンテナネットワークはVNetと切り離されたIPアドレス空間が展開されます（**図9-21**）。

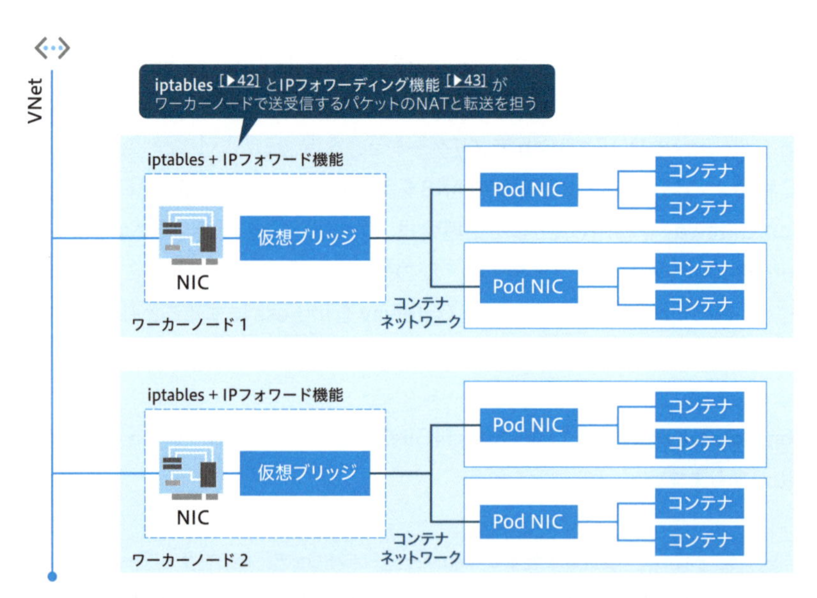

図9-21　kubenetにおけるVNet、ワーカーノード、PodのIPアドレスの関係

[▶42] iptables　Linuxで利用される通信制御機能。パケットのフィルタリングやNATを行なうことができる。

[▶43] IPフォワーディング機能　Linuxにおいて、あるネットワークインターフェイス（NIC）から受信したパケットを別のインターフェイスへ転送する機能のこと。

そのため、kubenet方式のクラスターにPod（Kubernetesにおけるコンテナの単位）を展開すると、PodにはVNetとは直接通信できないIPアドレスが割り当てられます。VNetから内部ネットワークのPodへの通信は、KubernetesのServicesが橋渡しを行ないます。

PodがVNetを通じてクラスター外と通信するには、kube-proxyという各ワーカーノード内で動作するコンポーネントの機能を通じて行なわれます。KubernetesのAPIに対して、すべての名前空間のPodを表示するようにリクエストすると、kube-proxyもPodとして動作していることが見てとれます（リスト9-3❶）。Kubernetesの状態確認には、コマンドラインツールであるkubectlを利用します。

リスト9-3　[コマンド例1] Kubernetes Pod一覧

```
$ kubectl get pods --all-namespaces
NAMESPACE     NAME                                    READY   STATUS    RESTARTS   AGE
default       <ユーザーがデプロイしたPod>
kube-system   azure-ip-masq-agent-5t5g7               1/1     Running   0          3h48m
kube-system   cloud-node-manager-85g9v                1/1     Running   0          3h48m
kube-system   coredns-59b6bf8b4f-4pp7x                1/1     Running   0          3h43m
kube-system   coredns-59b6bf8b4f-wnm9l                1/1     Running   0          3h43m
kube-system   coredns-autoscaler-5655d66f64-n9gzh     1/1     Running   0          3h43m
kube-system   csi-azuredisk-node-qmvd4                3/3     Running   0          3h48m
kube-system   csi-azurefile-node-pjf7g                3/3     Running   0          3h48m
kube-system   konnectivity-agent-66fbb656c7-8bktp     1/1     Running   0          3h43m
kube-system   konnectivity-agent-66fbb656c7-gl48j     1/1     Running   0          3h43m
kube-system   kube-proxy-jxbvp                        1/1     Running   0          3h48m   ❶
kube-system   metrics-server-7dd74d8758-9t2fc         2/2     Running   0          3h38m
kube-system   metrics-server-7dd74d8758-svr7p         2/2     Running   0          3h38m
```

このkube-proxyがルーティングやNATができるように、ワーカーノードのネットワーク構成を設定します（図9-22）。

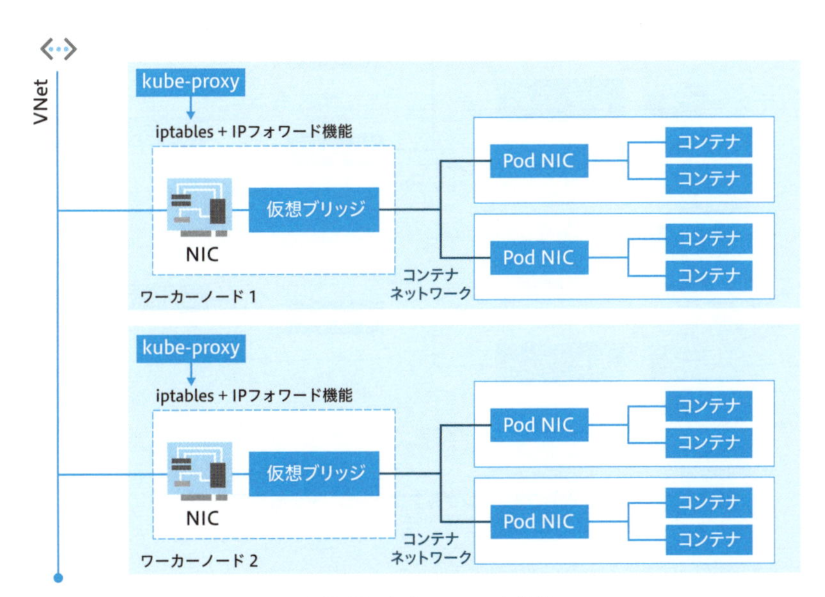

図9-22　kube-proxyの役割

Serviceは、本来Podに直接割り当てられてられていないIPを宛先にしたパケット※11をPodが受け取れるようにする機能です。これを実現しているのは、kubenet方式ではワーカーノードのiptablesのNATであり、Serviceの実体はkube-proxyによって制御されたiptablesのNATの設定ということになります※12。

■ サンプルアプリケーションの概要

それでは、実際にiptablesがどのように設定されているか確認してみましょう。

確認のため、コンテナで構成された、簡単な投票ができるWebアプリケーションazure-vote-frontとazure-vote-backを使います。このWebアプリケーション（以下、サンプルアプリ）は、以下で公開されています。

https://github.com/Azure-Samples/azure-voting-app-redis

azure-vote-frontは、PythonのFlaskフレームワークで作成されたWebアプリケーションです。azure-vote-backは、Redis※13を利用したデータストアで、azure-vote-frontで投票されると、結果がazure-vote-backに保存されるという仕組みです。

サンプルアプリの設定を少し変え、**図9-23**のようなコンテナの構成になっています。

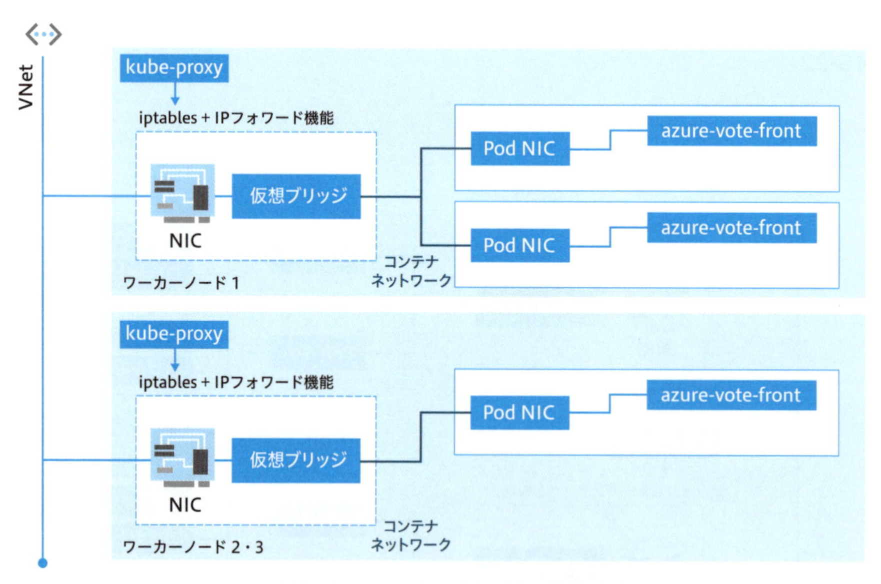

図9-23　サンプルアプリのコンテナ構成図

※11　クライアントはPodのIPを知らないし、直接通信できないため。

※12　kube-proxyには、他にもuser-spaceプロキシモード、IPVSモードもありますが、AKSでkubenetを使う場合、デフォルトではiptablesモードで動作します。

※13　メモリ上で動作するインメモリデータベース。https://redis.io/

ワーカーノードは3つ用意し、コンテナの数はazure-vote-frontの各ワーカーノードに1つずつで合計3つ起動させています（**リスト9-4**❶）。azure-vote-frontのServiceは、NodePortとします（**リスト9-4**❷）。

リスト9-4　azure-vote-all-in-one-redis.yamlの修正

```
apiVersion: apps/v1
kind: Deployment
metadata:
  name: azure-vote-back
spec:
  replicas: 1
  selector:
    matchLabels:
      app: azure-vote-back
  template:
    metadata:
      labels:
        app: azure-vote-back
    spec:
      nodeSelector:
        "kubernetes.io/os": linux
      containers:
      - name: azure-vote-back
        image: mcr.microsoft.com/oss/bitnami/redis:6.0.8
        env:
        - name: ALLOW_EMPTY_PASSWORD
          value: "yes"
        ports:
        - containerPort: 6379
          name: redis
---
apiVersion: v1
kind: Service
metadata:
  name: azure-vote-back
spec:
  ports:
  - port: 6379
  selector:
    app: azure-vote-back
---
apiVersion: apps/v1
kind: Deployment
metadata:
  name: azure-vote-front
spec:
  replicas: 3 ——————————————————————————————— ❶
  selector:
    matchLabels:
```

```
      app: azure-vote-front
  strategy:
    rollingUpdate:
      maxSurge: 1
      maxUnavailable: 1
  minReadySeconds: 5
  template:
    metadata:
      labels:
        app: azure-vote-front
    spec:
      nodeSelector:
        "kubernetes.io/os": linux
      containers:
      - name: azure-vote-front
        image: mcr.microsoft.com/azuredocs/azure-vote-front:v1
        ports:
        - containerPort: 80
        resources:
          requests:
            cpu: 250m
          limits:
            cpu: 500m
        env:
        - name: REDIS
          value: "azure-vote-back"
---
apiVersion: v1
kind: Service
metadata:
  name: azure-vote-front
spec:
  type: NodePort  ❷
  ports:
  - port: 80
    targetPort: 80  ❷
    nodePort: 30007
  selector:
    app: azure-vote-front
```

■ ワーカーノードにSSHで接続

このサンプルアプリをデプロイしたAKSの環境で、iptablesのNATがどのように設定されているかを確認してみましょう。

最初に、AKSのワーカーノードにSSHで接続し、iptablesの設定を確認する準備を行ないます(**リスト9-5～9-7**)。

リスト9-5　［コマンド例2］AKSワーカーノードへアクセスするためのSSH鍵登録

```
# SSH公開鍵のVMSSノードへの登録
az vmss extension set  \
    --resource-group <ワーカーノードVMSSのリソースグループ名> \
    --vmss-name <ワーカーノードVMSSのリソース名> \
    --name VMAccessForLinux \
    --publisher Microsoft.OSTCExtensions \
    --version 1.4 \
    --protected-settings "{\"username\":\"azureuser\", \"ssh_key\":\"$(cat <SSH公開鍵のパス>)\"}"

# VMSSノードのアップデート
az vmss update-instances --instance-ids '*' \
    --resource-group <ワーカーノードVMSSのリソースグループ名> \
    --name <ワーカーノードVMSSのリソース名>
```

※この例の場合、SSHのユーザー名はazureuserになります。

リスト9-6　［コマンド例3］アクセスするワーカーノードのIPアドレスを確認

```
$ kubectl get nodes -o wide
NAME                                STATUS   ROLES   AGE   VERSION   INTERNAL-IP   EXTERNAL-IP   OS-IMAGE                         KERNEL-VERSION      CONTAINER-RUNTIME
aks-nodepool1-12345678-vmss000000   Ready    agent   13m   v1.19.9   10.240.0.4    <none>        Ubuntu 18.04.5 LTS               5.4.0-1046-azure    containerd://1.4.4+azure
aks-nodepool1-12345678-vmss000001   Ready    agent   13m   v1.19.9   10.240.0.35   <none>        Ubuntu 18.04.5 LTS               5.4.0-1046-azure    containerd://1.4.4+azure
aksnpwin000000                      Ready    agent   87s   v1.19.9   10.240.0.67   <none>        Windows Server 2019 Datacenter   10.0.17763.1935     docker://19.3.1
```

リスト9-7　［コマンド例4］ワーカーノードへのSSHアクセス

```
ssh -i <SSH秘密鍵のパス> azureuser@<アクセスしたいワーカーノードのIPアドレス>
```

■ iptablesの処理順序とNATテーブル

　ここまででワーカーノードにSSHで接続し、iptablesを確認する準備ができました。Linuxのiptablesでアプリケーションがパケットを受信するまでの処理順序は、**図9-24**のようになっています。

　パケット自体が自ホスト向けか、別のホスト向けかで処理が変わりますが、今回はあるワーカーノードで稼働しているコンテナでパケットが受信するまでを追うため、PREROUTING → INPUTの順で設定を確認していきます。

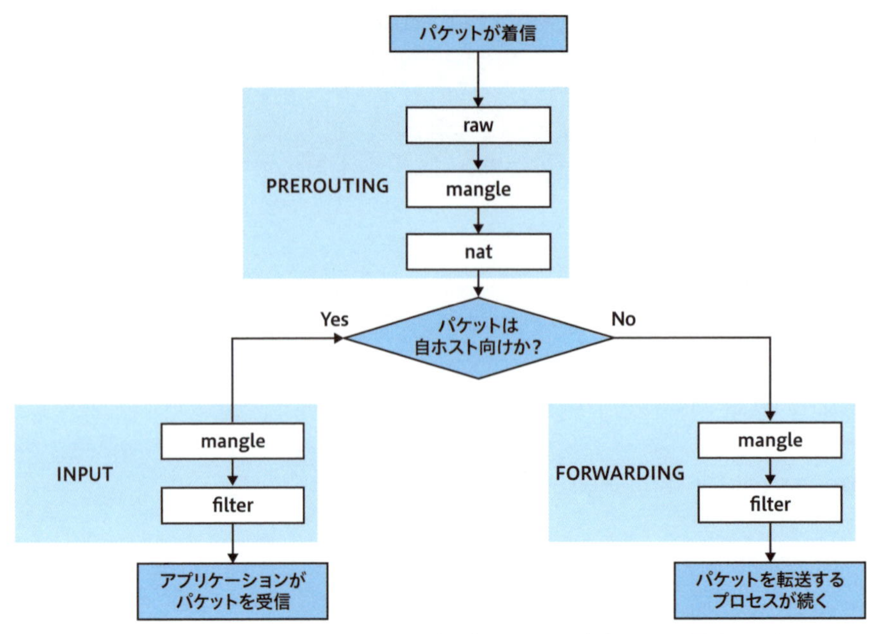

図9-24　Linux iptablesの処理順序（アプリケーションがパケットを受信するまで）

PREROUTINGの中は、さらにraw、mangle、natの3段階に分かれています。rawはパケットに対する接続追跡機能をバイパスさせるための処理、mangleはIPヘッダのToSフィールド※14などの書き換え、natは宛先IPアドレスの変更（Destination NAT：DNAT）を行ないます。コンテナがパケットを受信することに直接的に関わっているのはNATによる宛先IPアドレスをPodのアドレスへ変換する機能のため、PREROUTINGのNATテーブルを見てみましょう（リスト9-8❶）。

リスト9-8　［コマンド例5］ワーカーノードのiptablesのNATテーブル出力例

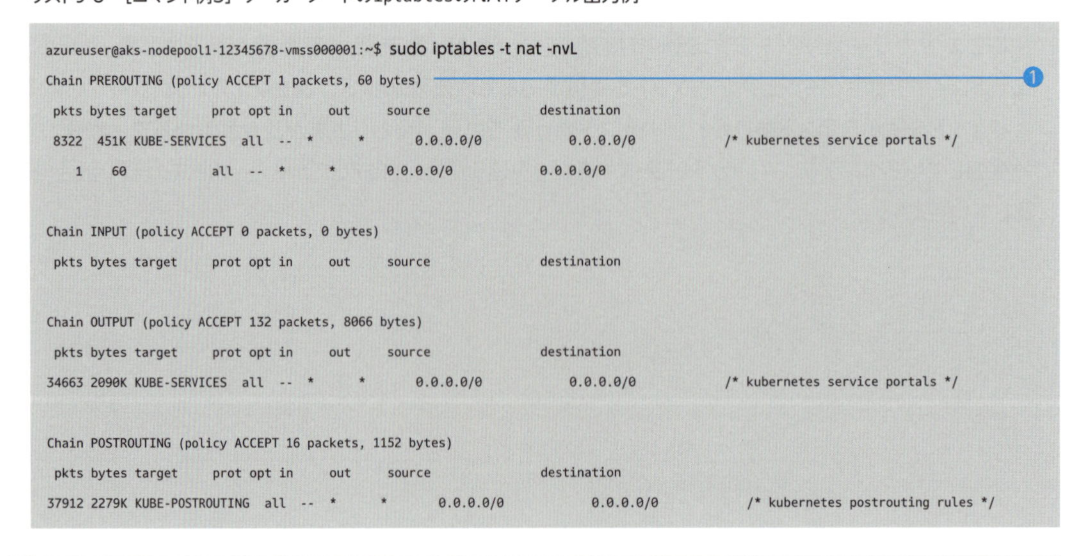

```
azureuser@aks-nodepool1-12345678-vmss000001:~$ sudo iptables -t nat -nvL
Chain PREROUTING (policy ACCEPT 1 packets, 60 bytes) ――――――――――――――――――――― ❶
 pkts bytes target     prot opt in     out     source               destination
 8322  451K KUBE-SERVICES  all  --  *      *       0.0.0.0/0            0.0.0.0/0            /* kubernetes service portals */
    1    60            all  --  *      *       0.0.0.0/0            0.0.0.0/0

Chain INPUT (policy ACCEPT 0 packets, 0 bytes)
 pkts bytes target     prot opt in     out     source               destination

Chain OUTPUT (policy ACCEPT 132 packets, 8066 bytes)
 pkts bytes target     prot opt in     out     source               destination
34663 2090K KUBE-SERVICES  all  --  *      *       0.0.0.0/0            0.0.0.0/0            /* kubernetes service portals */

Chain POSTROUTING (policy ACCEPT 16 packets, 1152 bytes)
 pkts bytes target     prot opt in     out     source               destination
37912 2279K KUBE-POSTROUTING  all  --  *      *       0.0.0.0/0            0.0.0.0/0            /* kubernetes postrouting rules */
```

※14　IPヘッダにおけるQoS（Quality of Service：サービス品質）のための優先度を記す場所。

```
33447 2032K IP-MASQ-AGENT  all  --  *       *       0.0.0.0/0           0.0.0.0/0           /* ip-masq-agent: ensure nat POSTROUTING
directs all non-LOCAL destination traffic to our custom IP-MASQ-AGENT chain */ ADDRTYPE match dst-type !LOCAL

# 他たくさんのログが出力される
```

PREROUTINGのNATテーブルには、KUBE-SERVICESがチェイン（関連付け）されていることが確認できます。KUBE-SERVICESのNATテーブルを確認してみましょう（**リスト9-9❶〜❸**）。

リスト9-9　[コマンド例6] ワーカーノードのiptablesのNATテーブル／KUBE-SERVICESの例

```
azureuser@aks-nodepool1-12345678-vmss000001:~$ sudo iptables -t nat -L KUBE-SERVICES -n  | column -t
Chain                       KUBE-SERVICES  (2   references)
target                      prot           opt  source     destination
KUBE-SVC-NPX46M4PTMTKRN6Y  tcp            --   0.0.0.0/0  10.0.0.1      /*  default/kubernetes:https                                 cluster  IP          */
tcp  dpt:443
KUBE-SVC-TCOU7JCQXEZGVUNU  udp            --   0.0.0.0/0  10.0.0.10     /*  kube-system/kube-dns:dns                                 cluster  IP          */
udp  dpt:53
KUBE-SVC-ERIFXISQEP7F7OF4  tcp            --   0.0.0.0/0  10.0.0.10     /*  kube-system/kube-dns:dns-tcp                             cluster  IP          */
tcp  dpt:53
KUBE-SVC-QMWWTXBG7KFJQKLO  tcp            --   0.0.0.0/0  10.0.174.29   /*  kube-system/metrics-server                               cluster  IP          */
tcp  dpt:443
KUBE-SVC-AFFXCXK5MQ4B5SNI  tcp            --   0.0.0.0/0  10.0.201.233  /*  default/azure-vote-back                                  cluster  IP          */
tcp  dpt:6379 ――――――――――――――――――――――――――――――――――――――――――――――――――――――――――――――――――――――❶
KUBE-SVC-SSQMP4TPUAAKO5BV  tcp            --   0.0.0.0/0  10.0.230.67   /*  default/azure-vote-front:azure-vote-front-nodeport  cluster  IP          */
tcp  dpt:8080 ――――――――――――――――――――――――――――――――――――――――――――――――――――――――――――――――――――――❷
KUBE-NODEPORTS              all            --   0.0.0.0/0  0.0.0.0/0     /*  kubernetes                                               service  nodeports;  NOTE:
this  must   be  the  last  rule  in  this  chain  */  ADDRTYPE  match  dst-type  LOCAL ――――――――――――――――――――――――――――❸
```

PREROUTINGのNATテーブルのチェインを追っていくと、リスト9-9❶と❷のようにPodにひも付けたServiceに関するエントリー（iptablesの設定行）が見えてきます。この❶と❷でazure-vote-backにはIPアドレス10.0.201.233／TCP 6379が、azure-vote-frontにはIPアドレス10.0.230.67／TCP 8080がひも付けられていることを覚えておいてください。

また、❸でKUBE-SERVICESにさらにKUBE-NODEPORTSがチェインされている様子が確認できます。ここについては後述します。

■ kubectlから見たService

それでは、kubectlコマンドを使って、azure-vote-backのServiceとazure-vote-frontのServiceがどのように見えるのかを確認してみましょう（**リスト9-10❶、❷**）。

リスト9-10　[コマンド例7] kubectlから見たServiceの出力例

```
# VMからログアウトして端末のターミナルから
$ kubectl get services -o wide
NAME              TYPE        CLUSTER-IP     EXTERNAL-IP   PORT(S)          AGE   SELECTOR
azure-vote-back   ClusterIP   10.0.201.233   <none>        6379/TCP          60m   app=azure-vote-back  ――❶
azure-vote-front  NodePort    10.0.230.67    <none>        8080:30080/TCP    60m   app=azure-vote-front ――❶
kubernetes        ClusterIP   10.0.0.1       <none>        443/TCP           8h    <none>
```

リスト9-9❶と❷で確認した、azure-vote-backとazure-vote-frontのServiceがkubectlのコマンドからも確認できます。azure-vote-backは、Serviceのタイプ（ServiceType）としてClusterIPが設定され、IPは10.0.201.233が、ポートはTCP 6379が指定されています（**リスト9-10**❶）。azure-vote-frontは、ServiceのタイプとしてNodePortが設定され、IPは10.0.230.67が、ポートはTCP 8080が指定されています（**リスト9-10**❷）。iptablesの設定と一致していますね。

azure-vote-frontは、ServiceのタイプとしてNodePortを利用し、クラスター外部からのアクセスを受け付けるように設定しています。iptablesの設定でも、KUBE-SERVICESにさらにKUBE-NODEPORTSがチェインされている様子が確認できました（**リスト9-10**❸）。

それでは、iptablesに戻って、KUBE-NODEPORTSの内容を追ってみましょう（**リスト9-11**）。

リスト9-11　[コマンド例8] ワーカーノードのiptablesのNATテーブル／KUBE-NODEPORTSの例

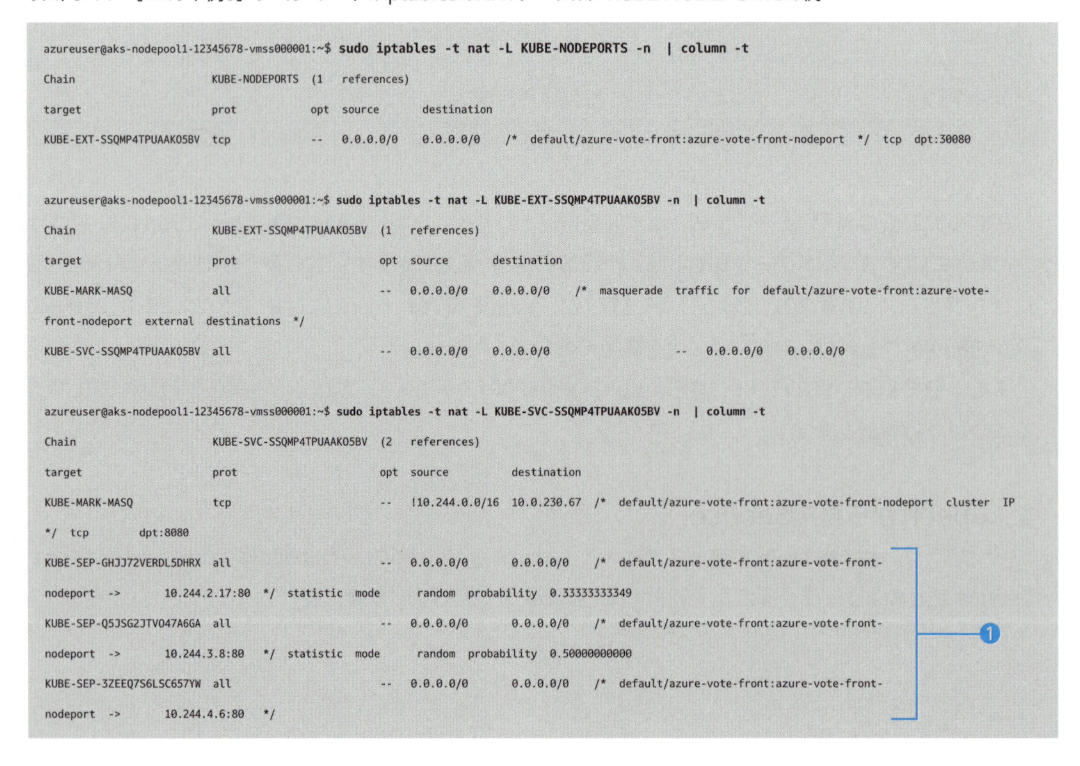

```
azureuser@aks-nodepool1-12345678-vmss000001:~$ sudo iptables -t nat -L KUBE-NODEPORTS -n  | column -t
Chain                      KUBE-NODEPORTS  (1   references)
target                     prot         opt  source      destination
KUBE-EXT-SSQMP4TPUAAKO5BV  tcp          --   0.0.0.0/0   0.0.0.0/0   /*  default/azure-vote-front:azure-vote-front-nodeport  */  tcp  dpt:30080

azureuser@aks-nodepool1-12345678-vmss000001:~$ sudo iptables -t nat -L KUBE-EXT-SSQMP4TPUAAKO5BV -n  | column -t
Chain                      KUBE-EXT-SSQMP4TPUAAKO5BV  (1   references)
target                     prot                       opt  source      destination
KUBE-MARK-MASQ             all                        --   0.0.0.0/0   0.0.0.0/0   /*  masquerade  traffic  for  default/azure-vote-front:azure-vote-
front-nodeport  external  destinations  */
KUBE-SVC-SSQMP4TPUAAKO5BV  all                        --   0.0.0.0/0   0.0.0.0/0                --   0.0.0.0/0   0.0.0.0/0

azureuser@aks-nodepool1-12345678-vmss000001:~$ sudo iptables -t nat -L KUBE-SVC-SSQMP4TPUAAKO5BV -n  | column -t
Chain                      KUBE-SVC-SSQMP4TPUAAKO5BV  (2   references)
target                     prot                       opt  source          destination
KUBE-MARK-MASQ             tcp                        --   !10.244.0.0/16  10.0.230.67  /*  default/azure-vote-front:azure-vote-front-nodeport  cluster  IP
*/  tcp       dpt:8080
KUBE-SEP-GHJJ72VERDL5DHRX  all                        --   0.0.0.0/0       0.0.0.0/0    /*  default/azure-vote-front:azure-vote-front-   ┐
nodeport  ->      10.244.2.17:80  */  statistic  mode      random  probability  0.33333333349                                            │
KUBE-SEP-Q5JSG2JTVO47A6GA  all                        --   0.0.0.0/0       0.0.0.0/0    /*  default/azure-vote-front:azure-vote-front-   ├―❶
nodeport  ->      10.244.3.8:80   */  statistic  mode      random  probability  0.50000000000                                            │
KUBE-SEP-3ZEEQ7S6LSC657YW  all                        --   0.0.0.0/0       0.0.0.0/0    /*  default/azure-vote-front:azure-vote-front-   │
nodeport  ->      10.244.4.6:80   */                                                                                                      ┘
```

ここまでのiptablesのPREROUTINGのNATテーブルにおけるチェインの内容を整理してみましょう（**図9-25**）。Podとおぼしき IPアドレスまで見えてきました。

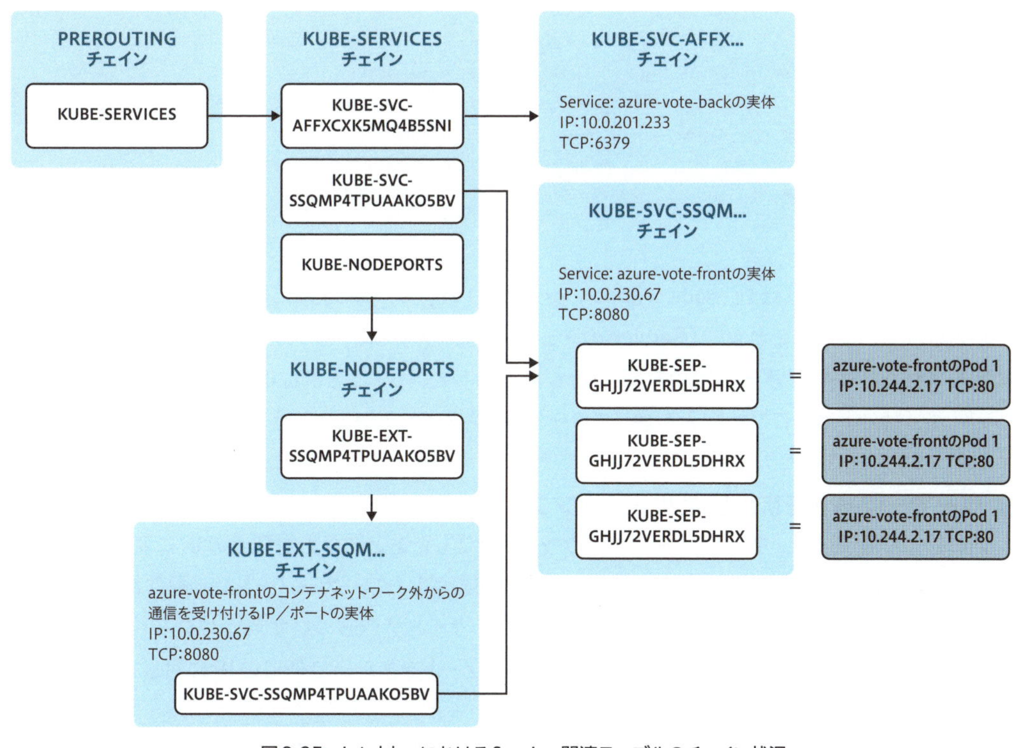

図9-25　iptablesにおけるService関連テーブルのチェイン状況

kubectlから見たPod

kubectlのコマンドで各PodのIPも確認してみましょう（**リスト9-12**）。

リスト9-12　[コマンド例9] kubectlから見たPodの出力例

```
# VMからログアウトして端末のターミナルから
$ kubectl get pods -o wide
NAME                               READY  STATUS   RESTARTS  AGE   IP           NODE                               NOMINATED NODE  READINESS GATES
azure-vote-back-7cd69cc96f-d5qt6   1/1    Running  0         122m  10.244.3.7   aks-nodepool1-91642662-vmss000003  <none>          <none>
azure-vote-front-7c95676c68-hrs99  1/1    Running  0         122m  10.244.2.17  aks-nodepool1-91642662-vmss000000  <none>          <none>
azure-vote-front-7c95676c68-xgcpl  1/1    Running  0         122m  10.244.4.6   aks-nodepool1-91642662-vmss000004  <none>          <none>
azure-vote-front-7c95676c68-zdjr8  1/1    Running  0         122m  10.244.3.8   aks-nodepool1-91642662-vmss000003  <none>          <none>
```

iptablesで見えてきたIPアドレスがPodのIPと一致します。iptablesの仕組みを使ってServiceのIPで通信を受信し、PodのIPにNATしてコンテナがパケットを受信できていることがわかります。

また、**リスト9-11**❶ p.338 のPodのIPへの変換を示す3つの行に注目してください（当該部分を以下に再掲）。

```
azureuser@aks-nodepool1-12345678-vmss000001:~$ sudo iptables -t nat -L KUBE-SVC-SSQMP4TPUAAKO5BV -n  | column -t
Chain                   KUBE-SVC-SSQMP4TPUAAKO5BV  (2   references)
target                  prot                       opt  source          destination
KUBE-MARK-MASQ          tcp                        --   !10.244.0.0/16  10.0.230.67  /*  default/azure-vote-front:azure-vote-front-
nodeport  cluster  IP           */  tcp        dpt:8080
KUBE-SEP-GHJJ72VERDL5DHRX  all                     --   0.0.0.0/0       0.0.0.0/0    /*  default/azure-vote-front:azure-vote-front-
nodeport  ->       10.244.2.17:80  */  statistic  mode     random  probability  0.33333333349
KUBE-SEP-Q5JSG2JTV047A6GA  all                     --   0.0.0.0/0       0.0.0.0/0    /*  default/azure-vote-front:azure-vote-front-
nodeport  ->       10.244.3.8:80   */  statistic  mode     random  probability  0.50000000000
KUBE-SEP-3ZEEQ7S6LSC657YW  all                     --   0.0.0.0/0       0.0.0.0/0    /*  default/azure-vote-front:azure-vote-front-
nodeport  ->       10.244.4.6:80   */
```

上2行には、「statistic mode random probability 0.33333333349」といったオプションが付け加えられています。これは、「Serviceのチェインにヒットすると、ランダムに0.33333333349のように定義された確率で、該当の行のNATが行なわれる」ということを示しています。Serviceチェインにヒットしたパケットは、この仕組みを通じてロードバランスされているということです。

ワーカーノードをまたいだルーティング

別の観点で考えると、ワーカーノードにパケットが着信したあとに宛先がPodのIPに変換されたとしても、このiptablesのルールだと、必ずしもパケットが着信したワーカーノードで、動作させるPodのIPに変換されるとは限りません。言い換えると、さらにパケットがPodのいずれかにロードバランスされます。この通信を成立させるためには、さらにワーカーノードをまたいでPodのIPに対して通信する手段が必要となるということになります。

その役割を担っているのが、AKSによって管理されるUDRです（図9-26）。

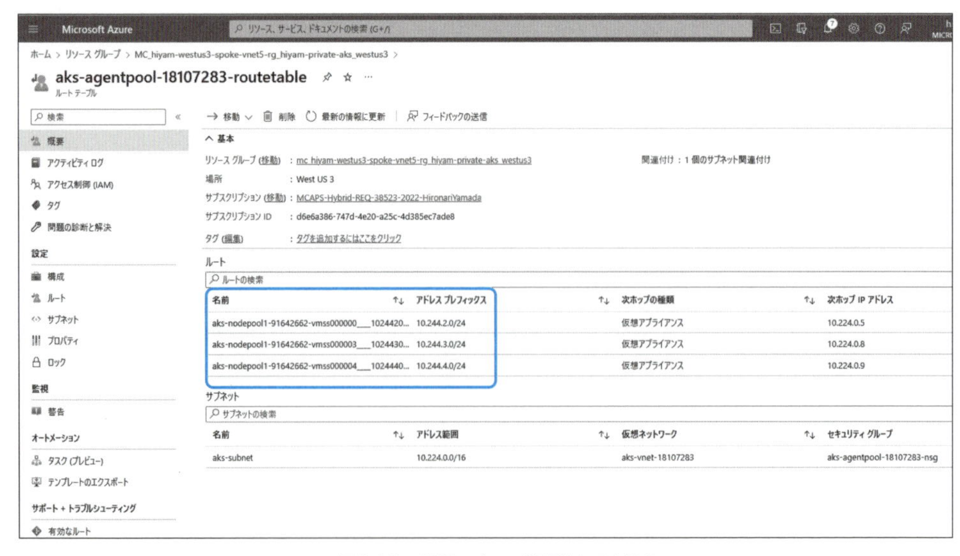

図9-26　AKSによって管理されるUDR

見ての通り、PodのCluster IPに相当するルートである`10.244.2.0/24`、`10.244.3.0/24`、`10.244.4.0/24`宛てのルートがUDRに記述されています。そのため、自ワーカーノード以外のPod宛てとなったパケットも今度はそのワーカーノードから出て、Podが稼働しているワーカーノードへ転送されます（**リスト9-13**）。

リスト9-13　[コマンド例10]ワーカーノードのルーティングテーブルの例

```
azureuser@aks-nodepool1-12345678-vmss000001:~$ sudo route
Kernel IP routing table
Destination     Gateway         Genmask         Flags Metric Ref    Use Iface
default         10.224.0.1      0.0.0.0         UG    100    0        0 eth0
10.224.0.0      0.0.0.0         255.255.0.0     U     0      0        0 eth0
10.244.3.0      0.0.0.0         255.255.255.0   U     0      0        0 cbr0
168.63.129.16   10.224.0.1      255.255.255.255 UGH   100    0        0 eth0
169.254.169.254 10.224.0.1      255.255.255.255 UGH   100    0        0 eth0
```

ワーカーノード自身は、自分の中で展開されているPodのネットワークが仮想ブリッジ[▶44]の先にいることを知っているため、仮想ブリッジを介してパケットを転送できます。

このようにAKSのkubenet方式では、クラスターの外部から着信したパケットをコンテナに届けるためにLinuxの`iptables`の機能とAzureのUDRと連携しながら通信を実現しています。

[▶44] 仮想ブリッジ　物理ネットワークと仮想ネットワークインターフェイス（仮想マシンやコンテナ）を接続するためのソフトウェアスイッチ。仮想ブリッジは、複数のネットワークインターフェイスを1つのネットワークセグメントにまとめ、データパケットを転送する。Kubernetesでは、Podのネットワークインターフェイスとワーカーノードのネットワークインターフェイスを関連付け、ワーカーノードのインターフェイス経由でPodが通信を行なうために利用される。

■ PodからPodへの通信

Pod間の通信もServiceを介して行なわれます。たとえば、今回の例だと`azure-vote-front`から`azure-vote-back`に対するDB通信です。`azure-vote-back`はClusterIPのServiceの背後にいるため、`azure-vote-front`は`azure-vote-back`のClusterIPを宛先としたパケットを送信します。このパケットの宛先IPは、`KUBE-SERVICES` → `KUBE-SVC-<azure-vote-back用の識別子>` → `KUBE-SEP-<azure-vote-back用の識別子>`を経て、そのPodのIPにNATされます（**図9-27**）。

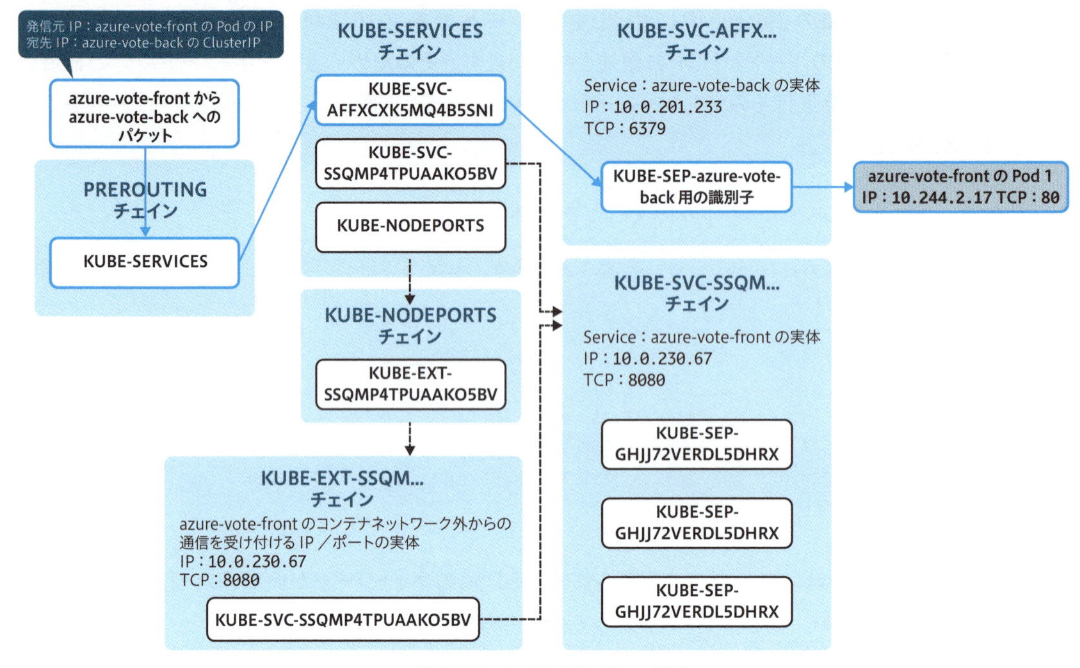

図9-27　PodからPodへの通信

送信元IPは、PodのIPのままです。ワーカーノードをまたぐ通信であれば、送信元のワーカーノードから送出されたパケットはUDRに基づいて、宛先Podが動作するワーカーノードへ着信します。宛先ワーカーノードへ着信したパケットは、上記と同じく仮想ブリッジの先のPodへパケットが転送されます。ClusterIPを使ったクラスター内通信も、このように`iptables`のNATをうまく使って通信を行なっています（図9-28）。

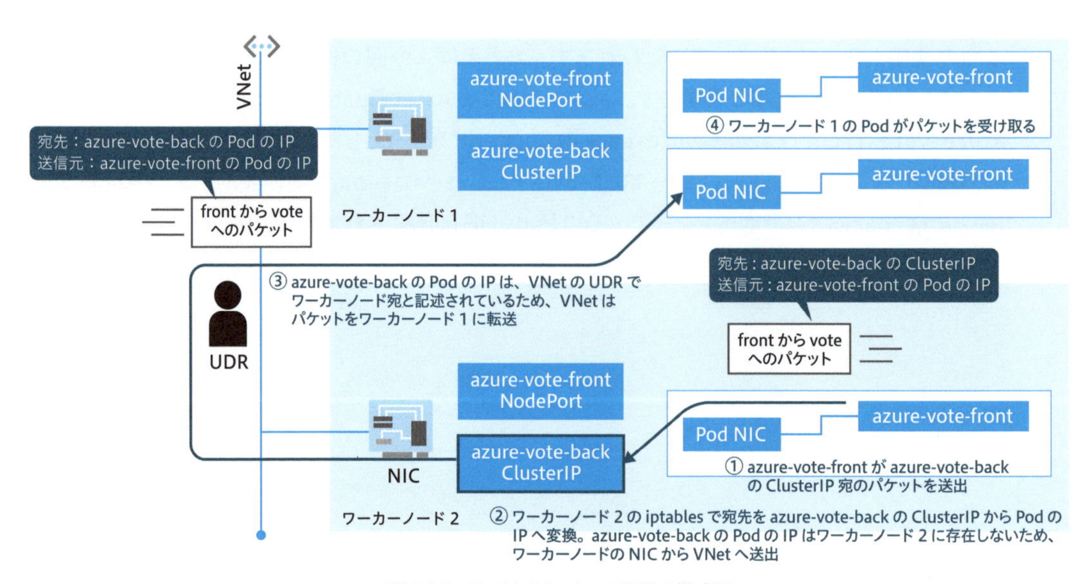

図9-28　PodからPodへの通信の構成図

kubenet方式は、Linuxのみサポートし、Windowsでは利用できません。これは、kubenet方式がLinuxの機能である`iptables`と連携しているためです。.NETで作成したアプリをWindowsコンテナとして稼働させたい場合、この点に注意しましょう。Windowsは、後述するAzure CNI方式であれば利用できます。

kubenet方式の利点としては、PodにはワーカーノードのVNetとは独立したネットワークを利用するため、VNetのIPアドレスを節約できる点があります。Podネットワークは、あくまでクラスター内で通信できればよいため、クラスター外へ広告する必要はなく、またkubenetの仕様上NATされるため、クラスター外からクラスターへ広告されなければ、他のネットワークとアドレス空間が重複しても問題ありません。典型的なユースケースは、複数のAKSクラスターを構築する際にクラスター間で同じIPアドレスを使用してPodネットワークを設定することです（クラスター間でUDRを共有しないように注意する必要があります）。

Azure CNI方式を選択した場合

AKSでは、kubenetとは別にAzure CNIという方式を選択できます。kubenetとの最大の違いは、PodにワーカーノードVNetのIPが割り当てられる点です（**図9-29**）。そのため、ServiceのClusterIPやNodePortにアクセスしたあとにパケットの宛先IPがPodのIPにNATされたら、UDRは介さずにパケットが転送されます。PodにVNetのIPが割り当てられるため、クラスター外からServiceを介さずに直接アクセスすることも可能です。Podからクラスター外へ発信される通信は、送信元IPがワーカーノードのIPにNATされます。

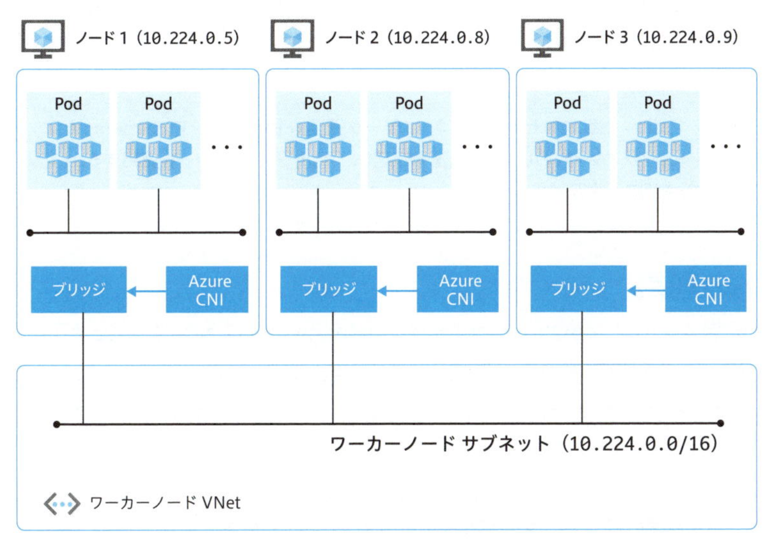

図9-29　Azure CNIの構成図

この性質から、Azure CNIはVNetのアドレス消費がkubenetより激しくなります。そのため、VNetおよびサブネットのサイジング（リソースや負荷の見積もり）には注意する必要があります。

kubenetとAzure CNIの比較

ネットワークのサイジング

AKSのクラスターのように/24のネットワークを用意した場合、kubenetではワーカーノードは251台サポートされますが、Azure CNIでは8台までしかサポートされません。一方で、kubenetではPodネットワークとVNetの接続にUDRを使用しますが、UDRが最大400行までという制約があるため、ネットワークのプレフィックスが/23以上の大きな空間であっても、そのVNetにデプロイできるワーカーノード数は400台まででです。

Azure CNIを利用する場合は、アドレス空間を分離するために、構築したアプリケーションをAzure Private Linkで公開するようにする、という戦略も考えられます。

Windowsコンテナの利用

kubenetは、Linuxでのみ利用できます。Azure CNIは、Linux、Windowsともに利用することが可能です

Pod間通信の制限、ネットワークセキュリティの向上

kubenet、Azure CNIともに、デフォルトではPod間の通信は制限がありません。一方で、DBコンテナに対しては特定のアプリコンテナからのみアクセスできるように制限したいという場合もあります。その場合、AKSでは、ネットワークポリシーの機能を利用することができます。ネットワークポリシーの実装は、Azureネットワークポリシーマネージャー（Azure NPM）とCalico [▶45] のいずれかを選択することが可能です。Azure NPMは、kubenetでは利用できず、Azure CNIのみに対応しています。Calicoは、kubenet、Azure CNIの双方で利用することが可能です。

[▶45] Calico　高速でセキュアなネットワーク通信を提供する、Kubernetesのネットワークプラグイン。Kubernetesクラスター内のポッド間通信を管理し、ネットワークポリシーを適用することにより、セキュリティとパフォーマンスが向上する。

仮想ノードの利用

AKSでは、仮想ノードとしてAzure Container Instances [▶46] を利用することが可能です。仮想ノードは、Azure CNIでのみ利用可能です。仮想ノードは、Azure Container Instanceの制限、AKS仮想ノードの制限に依存するため、利用する際は十分に考慮事項をふまえて設計する必要があります。

[▶46] Azure Container Instances　Azure上でコンテナを迅速に実行するためのフルマネージドなサービス。持続時間の短いジョブやイベント駆動型のワークロードに最適。ネットワーキング機能により、VNet内の他のAzureリソースと安全に通信可能。

さらにネットワークセキュリティの向上を目指す場合

暗号化など、さらにネットワークセキュリティを向上させたい場合は、サービスメッシュ※15を利用します。特にサービスメッシュの1つであるOpen Service Mesh（OSM）を利用すると、Pod間通信の相互認証および通信の暗号化が可能となります。その他にも、OSMを利用することで、A/Bテストやカナリアデプロイのためのトラフィックコントロールやアプリケーショントラフィックの監視が可能となります。OSMは、kubenet、Azure CNIの双方で利用可能です。

AKSとAzureのサービスの連携

続いて、AKSと他のAzureのサービスをどのように連携できるのか、ALZの観点で説明します。

Podからクラスター外へのエグレス通信

デフォルトでは、AKSのPodからクラスター外のVNetやExpressRouteなどで接続されたオンプレミス、インターネットに対しての通信は制限されていません。そのため、企業のセキュリティポリシーに従って、AKSからアクセスできる宛先を制限する必要があります。一方で、AKSには、アウトバウンドでアクセスする必要のある宛先がいくつかあります※16。この依存しているアクセス先は、静的なIPアドレスではなくFQDNで都度、名前解決する必要があります。このような状況の場合、送信先は、IPではなくFQDNで制限する必要があり、NSGでは制限できず、Azure Firewallを利用する必要があります。Azure Firewallでは、AKSに必要なアクセス先をまとめた`AzureKubernetesService`というFQDNタグが用意されており、ルール管理が簡略化されます。

VNetベースのトポロジーでプラットフォームランディングゾーンに限らず、Azure Firewallを利用する場合、kubenetのAKSではUDRの手動でのカスタマイズが必要です。kubenetのUDRは、一部のルートがクラスターが自動で管理しているため、削除や変更しないように注意する必要があります。すべての送信トラフィックをAzure Firewall経由とするだけであれば、デフォルトルートを設定し、ネクストホップをAzure Firewallとするだけです。

AKSは、受信トラフィックについては特に依存関係がありません。そのため、Serviceへの通信に対して、VMなどIaaSと同様にアクセス管理を行なうことが可能です。

※15 Kubernetesのサービスメッシュは、マイクロサービス間の通信を管理するためのインフラストラクチャ層です。主な機能には、トラフィック管理、サービスディスカバリ、負荷分散、セキュリティ（認証と暗号化）、および観測（モニタリングとトレーシング）が含まれます。

※16 参考 Azure Globalに必要なネットワーク規則
https://learn.microsoft.com/ja-jp/azure/aks/outbound-rules-control-egress#azure-global-required-network-rules

DBaaSなどその他のAzureのサービスとの連携

AKSにデプロイしたアプリケーションがバックエンドとして機能するPodを利用するのではなく、Azure SQL DatabaseなどAzureのPaaSを利用したい場合があります。AKSのPodからプライベートエンドポイントを経由してPaaSにアクセスすることが可能です（**図9-30**）。その場合、Podはプライベートエンドポイントの名前解決をする必要があるので、プライベートエンドポイントのレコードが管理されたAzureプライベートDNSゾーンの名前解決が可能なようにネットワークを構成しましょう。

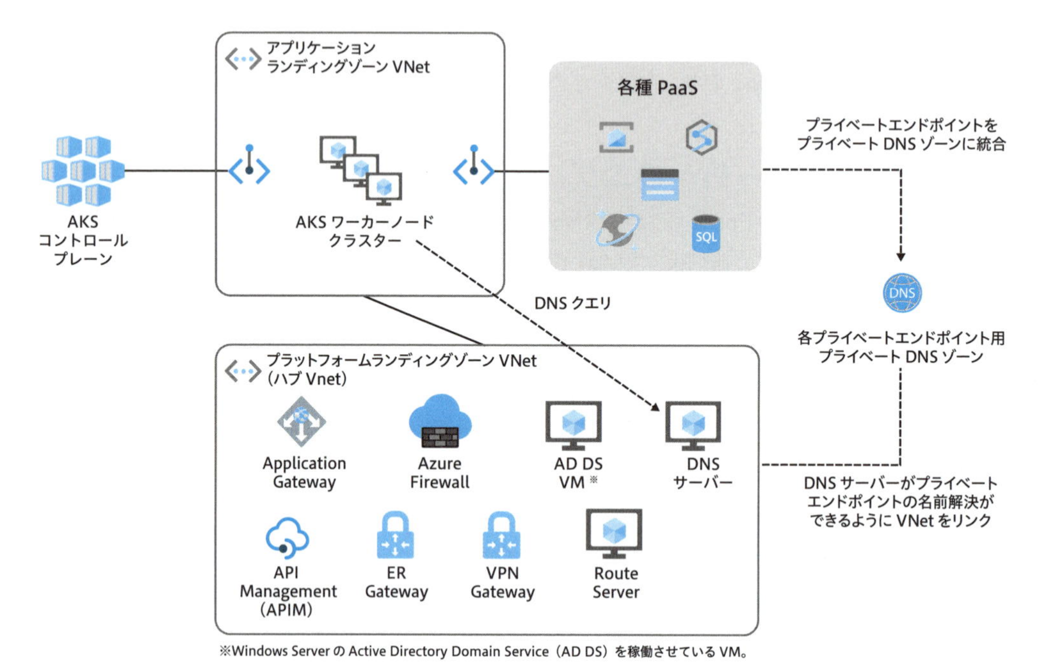

図9-30　AKSプライベートエンドポイントの構成図

9-4 Azure Virtual Desktopのデプロイ

Azure Virtual Desktop（AVD）は、Azure VMを利用してユーザーの仮想デスクトップ（VDI）を提供するサービスです（**図9-31**）。これまでALZへの組み込み方を紹介してきたシステムは、サーバーとして機能するものでした。AVDは、クライアントとなるため、考慮するべき点が異なります。

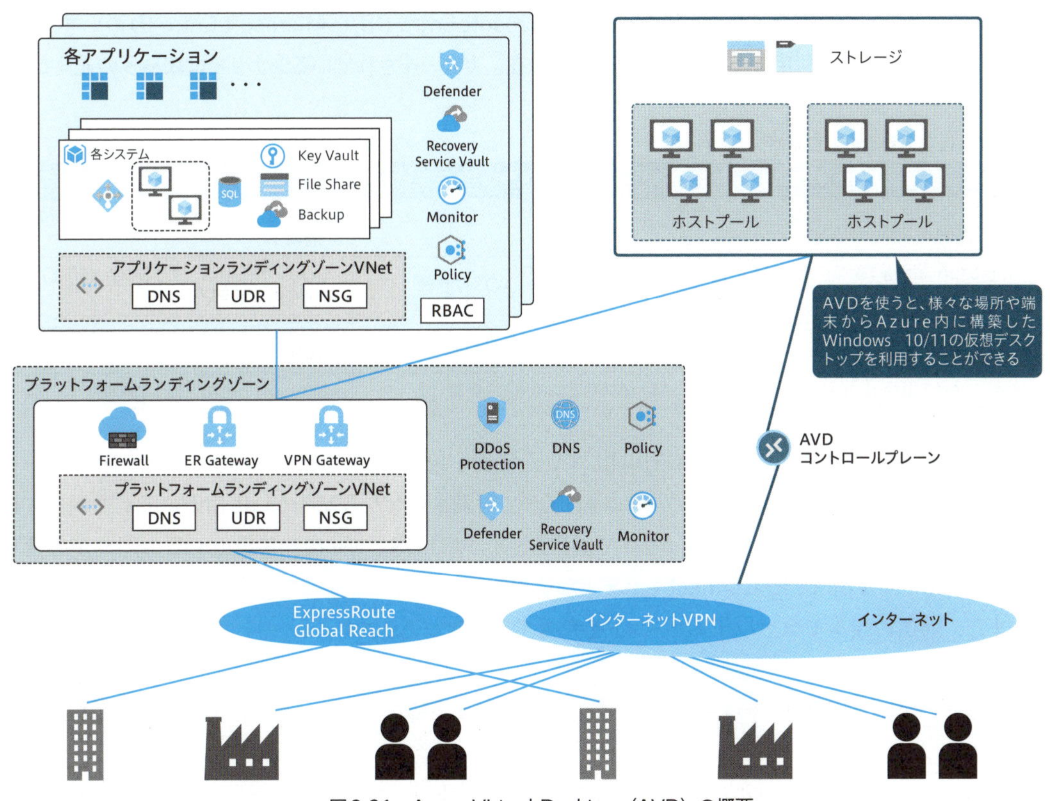

図9-31 Azure Virtual Desktop（AVD）の概要

それでは、どのようにALZの中にAVDを組み込んでいくかを見ていきましょう。

 AVDの必要要件と考慮事項

AVD、はユーザーのデスクトップ環境が動作するVM(セッションホスト)、ユーザープロファイルが格納されたファイルストレージ、ユーザーからのアクセスを受け付けたり認証を行なうコントロールプレーンから構成されます。ネットワーク構成としては、コントロールプレーンはVNet外、VMはVNet内にあり、ストレージはAzure Files [▶47] を使う場合はVNet外、Azure NetApp Files（ANF）を使う場合はVNet内に存在します。

[▶47] Azure Files　Azureのフルマネージドファイルサーバーサービス。ストレージアカウントの一機能であり、プロトコルはSMB、NFS、REST APIに対応。Windows、Linux、macOSなどからアクセスでき、オンプレミスとクラウドでシームレスに利用できる。Microsoft Entra IDおよびAD DSと組み合わせることで、厳格なアクセス制御とセキュリティを提供。

AVDを利用するうえで最初に重要な点は、ID基盤をどうするかという点です。ユーザーアカウント、セッションホストを管理するにあたって、Windows Serverで稼働するActive Directory Domain Service

(AD DS)、Microsoft Entra Domain Service(Microsoft Entra DS)、Microsoft Entra IDのいずれか、もしくは組み合わせて利用する必要があります。現在、サポートされているシナリオは**表9-3**の通りです。

表9-3　AVDで利用するID基盤シナリオ一覧

IDのシナリオ	セッションホスト	ユーザーアカウント
Microsoft Entra ID + AD DS	AD DSに参加	AD DSとMicrosoft Entra ID内で管理／同期
Microsoft Entra ID + Microsoft Entra ID DS	Microsoft Entra ID DSに参加	Microsoft Entra IDとMicrosoft Entra ID DS内で管理／同期
Microsoft Entra ID + Microsoft Entra ID DS + AD DS	Microsoft Entra ID DSに参加	Microsoft Entra IDとAD DS内で管理／同期
Microsoft Entra IDのみ	Microsoft Entra IDに参加	Microsoft Entra ID内で管理

本書では、すでに社内でAD DSを展開している状況を想定して1つ目のシナリオのセッションホストはAD DSに参加し、ユーザーアカウントはAD DSで管理されながらMicrosoft Entra IDにも同期され管理されているハイブリッドIDのシナリオで解説します。AD DSとMicrosoft Entra IDの同期が必要なため、Microsoft Entra ID Connectも必要となります。

また、通信の観点では、以下のポイントを考慮する必要があります。

1. クライアントがAVDコントロールプレーンにアクセスする際のインターネットを介した通信の送受信要件
2. クライアントとセッションホスト間の接続モデル（コントロールプレーンを介したネイティブ接続かRDP Shortpath※17か）
3. AVDセッションホストからのインターネットエグレス※18
4. AVDセッションホストへのインターネットのイングレス※19
5. AVDセッションホストからオンプレミスのデータセンターへのアクセス
6. AVDセッションホストから他のVNetへのアクセス
7. AVD仮想ネットワーク内のトラフィック

基本的なAVDのアーキテクチャとトラフィックフロー

AVDの基本的なアーキテクチャは、上記の要件をどのように選択したとしても、あまり複雑ではありません。アプリケーションランディングゾーンのVNetにセッションホストおよびユーザープロファイルを格納するAzure Filesのプライベートエンドポイントもしくは Azure NetApp Files（ANF）をデプロイします(**図9-32**)。

※17　クライアントからセッションホストへのRDP（リモートデスクトッププロトコル）接続において、コントロールプレーンを介さずに直接接続する方式。
※18　インターネットへ出ていく通信のこと（エグレス＝出ていく通信）。
※19　インターネットから入ってくる通信のこと（イングレス＝入ってくる通信）。

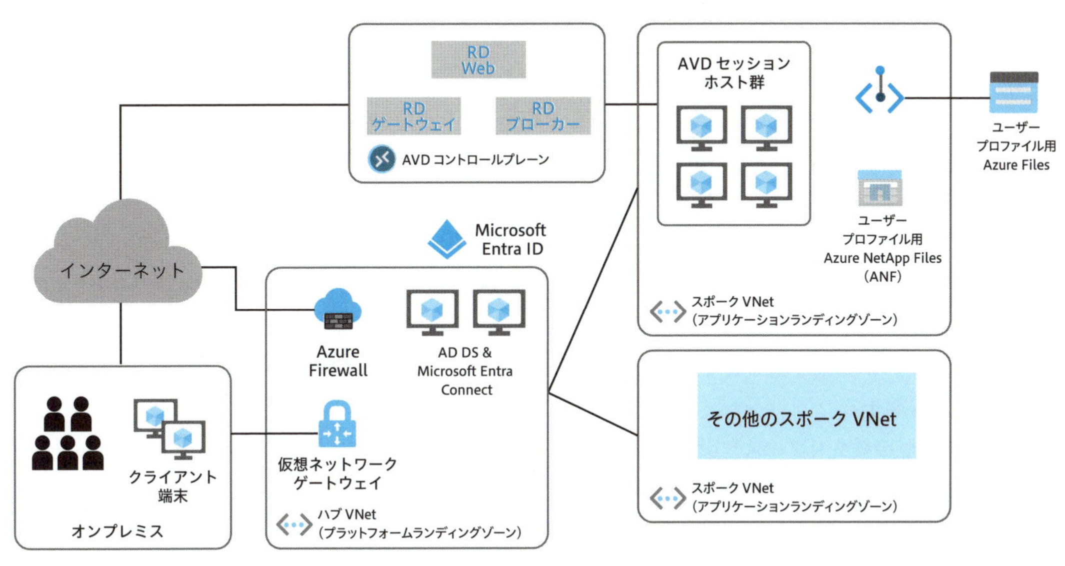

図9-32　AVD構成図

- **RD Web**：リモートデスクトップのWebクライアント用のサービス。リモートデスクトップにブラウザからアクセスする際に利用する
- **RDゲートウェイ**（ゲートウェイインスタンス）：ユーザーがインターネット経由でセキュアに企業内のリモートデスクトップやリモートアプリケーションにアクセスできるようにするためのコンポーネント。RD（リモートデスクトップゲートウェイ）は、RDP（リモートデスクトッププロトコル）トラフィックをHTTPSにトンネリングすることで、ファイアウォール越しの安全な接続を提供する
- **RDブローカー**（ブローカー）：ユーザーのリモートデスクトップおよびRemoteAppセッション※20を管理し、負荷分散と高可用性を提供するためのコンポーネント（接続ブローカーとも呼ぶ）。ユーザーのセッションを追跡し、再接続を適切なホストにリダイレクトする役割を果たす

クライアントの接続シーケンス

アーキテクチャ自体はそれほど複雑ではないのに対して、ネットワークの観点からは様々なトラフィックが行き交うことが難しい点です。まずは、クライアントの接続シーケンスがどのようになっているのかを確認しましょう。

※20　RemoteAppは、ユーザーがリモートで実行されるアプリケーションを、自分のデバイス上でローカルに実行しているかのように利用できる機能。

① クライアントからAVDの**ワークスペースをサブスクライブする**※21
② クライアントが接続を開始すると、AVDコントロールプレーンはMicrosoft Entra IDへリダイレクトし、ユーザー認証を行なう。ユーザーが認証されると、Microsoft Entra IDはクライアントにトークン（認証情報が記述されたデータ）を渡す
③ クライアントは、AVDのコントロールプレーンに対してトークンを渡す
④ AVDコントロールプレーンの**フィードサブスクリプションサービス**※22がトークンを検証する
⑤ AVDフィードサブスクリプションサービスが使用可能なデスクトップとRemoteAppのリストをクライアントに返す
⑥ クライアントは使用可能な各リソースの接続構成をファイルとして保存するために`.rdp`ファイルのセットに格納する
⑦ ユーザーが接続先リソースを選択すると、クライアントは関連付けられた`.rdp`ファイルを使い、最も近いAVDコントロールプレーンのゲートウェイインスタンスへ接続する
⑧ AVDのゲートウェイは、クライアントのリクエストを検証し、AVDコントロールプレーンのブローカーへ接続調整を依頼する
⑨ AVDブローカーは、セッションホストを識別し、クライアントとのセッションの初期化を行なう
⑩ セッションホストの**リモートデスクトップスタック**※23はクライアントが利用しているのと同じAVDゲートウェイへ接続する
⑪ クライアントとセッションホストがゲートウェイに接続すると、ゲートウェイはクライアントとセッションホスト双方の間で通信できるようにデータのリレーを始める。これにより、RDP※24の**リバース接続トランスポート**※25が確立する
⑫ **ベーストランスポート**※26が確立すると、そのコネクションを使ってクライアントはセッションホストに対してRDPのセッションを開始する（コントロールプレーンを介したネイティブ接続時）

なかなか理解するのが難しい内容ですね。流れを図にしてみましょう。

■ ①～⑤（図9-33）

①から⑤の通信は、クライアントとAVDコントロールプレーン間、クライアントとMicrosoft Entra ID間、AVDコントロールプレーンとMicrosoft Entra ID間はすべてVNet外で通信が成立します。すべてのトラフィックは、TLS1.2で暗号化されます。

※21 「ワークスペースをサブスクライブする」とは、ユーザーがWindows Serverのリモートデスクトップサービス（RDS）を通じて提供される仮想デスクトップやアプリケーションへのアクセスを設定することを指します。
※22 Windows ServerのRDSで、ユーザーが提供されたリモートデスクトップやリモートアプリケーションへのアクセスを簡単に設定するための機能。
※23 セッションホストのリモートデスクトップサービスを提供する一連のサービス群。
※24 Remote Desktop Protocol（リモートデスクトップサービスが利用する通信プロトコル）。
※25 ファイアウォールやNAT越しにリモートデスクトップ接続を確立するための技術。
※26 RDPの通信のためのコネクションのこと。リバース接続トランスポートもベーストランスポートの一種。

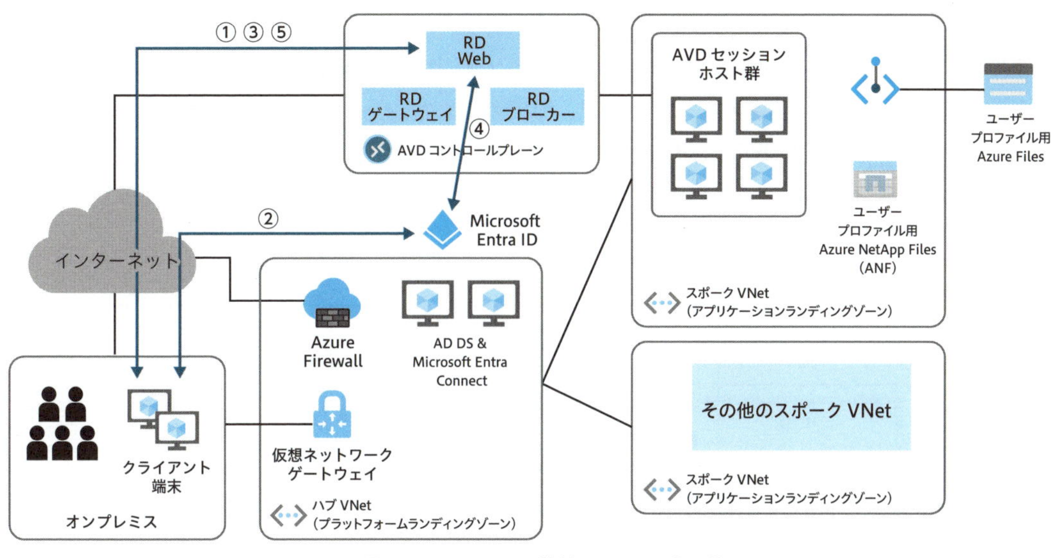

図9-33　クライアント接続シーケンス ①～⑤

⑥～⑨（図9-34）

重要な点は、⑦でまずクライアントがゲートウェイとコネクションを確立する点です。あとでこのコネクションを使ってRDPの実通信が走ります。コネクションは、TLS1.2で暗号化されます。⑧と⑨では、RDブローカーが管理対象のセッションホストの中からどのセッションホストにアクセスするべきかを判断します。このあたりは、オンプレミスのRDS環境と似ています。ログアウトせずにクライアントがセッションを切断した場合は、同じセッションホストにアクセスするように調整したりもします。

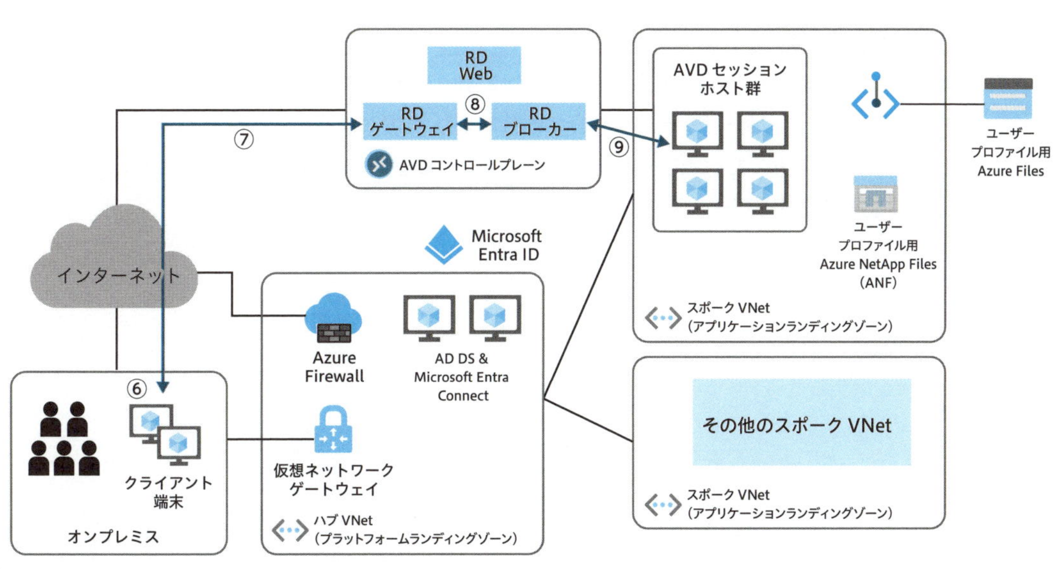

図9-34　クライアント接続シーケンス ⑥～⑨

⑩〜⑫（図9-35）

接続するべきセッションホストが決まると、そのセッションホストからクライアントと同様にRDゲートウェイへのコネクションを開きます。これにより、RDPのためのリバース接続トランスポートが確立します。ゲートウェイは、クライアント向け、セッションホスト向けのコネクションをリレーして、RDPの通信を通すようになります。クライアントとゲートウェイ間、セッションホストとゲートウェイ間のコネクションは、やはりTLS1.2で暗号化されます。

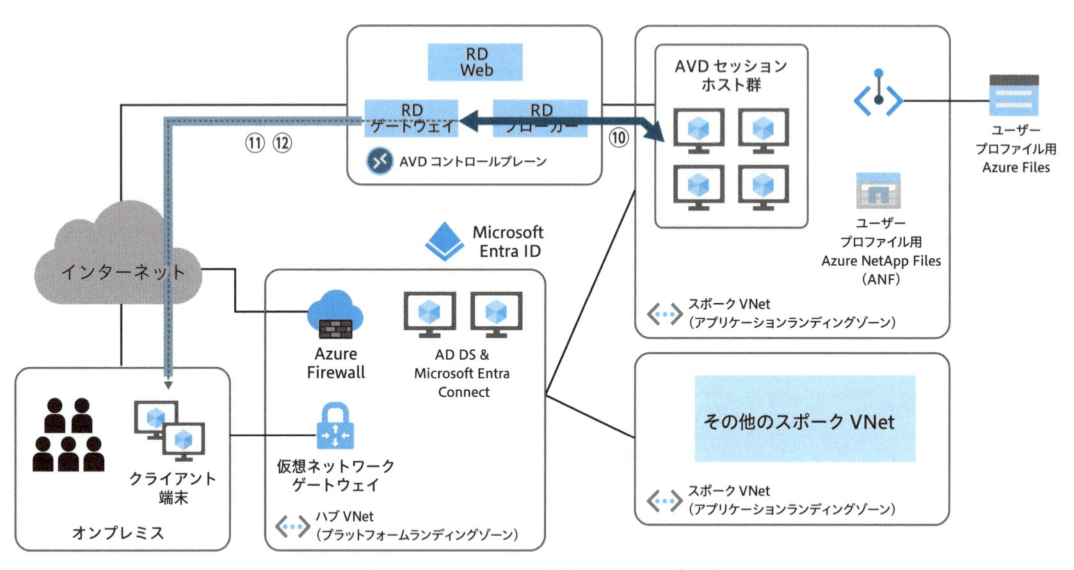

図9-35　クライアント接続シーケンス ⑩〜⑫

RDP Shortpath方式

ゲートウェイでRDPの通信を仲介する場合、トランスポート層はTCPとなります。また、インターネットを介した通信となります。ゲートウェイが仲介する分およびTCPによる通信のオーバーヘッドがかかるため、RDPの通信をどうしてもインターネットに流したくない場合には、RDP Shortpathという方式を選択することも可能です（図9-36）。

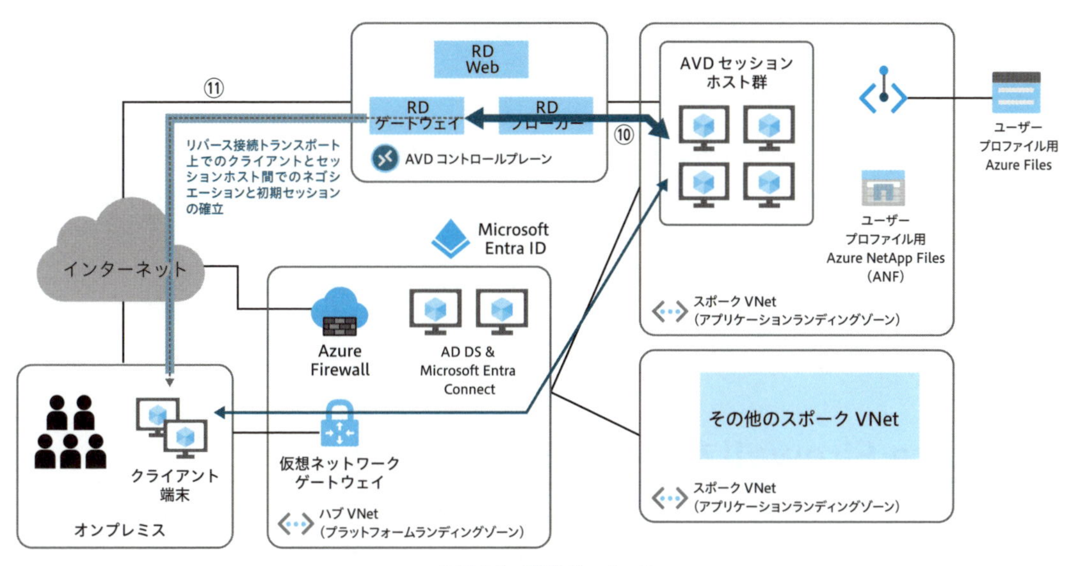

図9-36　RDP Shortpath

セッションホストがゲートウェイとコネクションを確立し、クライアントとセッションホストがゲートウェイを仲介して通信できるようになるまでは同じです。クライアントとセッションホストが通信できるようになったあと、コネクション上でセッションホストは直接接続可能なIPの一覧を送信します。クライアントは、一覧の中からアクセス可能なIPを探索します。クライアントが探索している間、いったんゲートウェイを介したコネクション上でRDPの初期セッションを確立します。その後、クライアントとセッションホストが直接通信できるようになると、RDPはこの直接通信のコネクションにセッションを移動します。

このようにクライアントとセッションホストは直接通信し、トランスポートにUDPを使うため、ネイティブ接続に比べてより低遅延な環境で利用することができるようになります。

RDP Shortpathを使いながらプラットフォームランディングゾーンのAzure Firewallでアクセス制御する場合、このUDPの通信は通しておく必要があります。

セッションホストへ通信を確立するにあたり、いくつかクライアントが通信できる必要のある宛先があります。これらの宛先に対して、インターネットを介して通信できるようにオンプレミスのネットワークで許可しておきましょう。

- Azure Virtual Desktopに必要なFQDNとエンドポイント
  https://learn.microsoft.com/ja-jp/azure/virtual-desktop/required-fqdn-endpoint

クライアントとセッションホスト間のセッションを確立するにあたり、間にフォワードプロキシを入れる構成は非推奨となっています。これは、「クライアントとセッションホスト間のコネクションで利用するような長時間の接続を多くのプロキシサーバーはサポートしていない」「クライアント、セッションホスト、プロキシサーバーの地理関係によって遅延が増大する」「プロキシサーバーを介することにより、UDPでのセッションが確立できず、TCPしか利用できない」などの制限があるからです。

どうしてもクライアントとセッションホスト間をプロキシサーバーで中継したい場合は、以下の注意点を考慮する必要があります。

- AVDのクラスターに近い場所のプロキシサーバーを利用する
- セッションにはRDP Shortpathを利用し、UDPはバイパスさせる（RDP以外の通信はプロキシサーバーを経由させる）
- 負荷による遅延を抑えるためにプロキシサーバーでTLSターミネーションは行なわない
- 認証を必要とするプロキシサーバーを利用しない
- プロキシサーバーは十分なトラフィックを処理できるサイズにする

Azure Firewallを使ったアクセス管理

ユーザーがセッションホストにログインしたあとは、VNet内のVMから様々な通信が発生します。これらの通信は、プラットフォームランディングゾーンのAzure Firewallで制御していくことになります。Azure Firewallで制御するにあたり、セッションホストとして動作させるために最低限必要なアクセス先への通信を許可しておきましょう。

- Azure Virtual Desktopに必要なFQDNとエンドポイント
  https://learn.microsoft.com/ja-jp/azure/virtual-desktop/required-fqdn-endpoint

Azure Firewallでは、セッションホストが正しく動作するために必要なアクセス先に対して、「`AzureVirtualDesktop`」FQDNタグが用意されています。これを使うと、容易にアクセスを許可することができます。

最低限必要なアクセス先を許可したら、セッションホストからインターネットへのアウトバウンドを制限します。Azure Firewallでは、Webカテゴリの機能が用意されており、一般的にあまりビジネスで利用していないサイトへのアクセスはカテゴリ単位で規制することが可能です。Azure Firewallをインターネットへのアウトバウンドゲートウェイとして利用する場合、Azure Firewallで十分にSNATできるようにパブリックIPは複数設定しておくことに注意しましょう。現代的なアプリケーションは、多くのポートを利用します。そのため、Azure Firewallで保持しているパブリックIPが少ない場合、すぐに枯渇してインターネットへのアクセスができなくなることがあります。

Azure FirewallのSNATは、1つのパブリックIPに対して、2496個のSNATポートが利用できますが、SNATの性能だけで見るとNAT Gatewayに劣ります。NAT Gatewayは、1つのパブリックIPで64512個のSNATポートが利用可能です（**表9-4**）。

表9-4　Azure FirewallとNAT GatewayのSNAT性能比較

	Azure Firewall	NAT Gateway
パブリックIP1つあたりのSNATポート数	2496	64512
リソースに設定できる最大パブリックIP数	250（パブリックIPプレフィックス16個分）	16（パブリックIPプレフィックス1個分）
リソース1つあたりの最大SNATポート数	624,000	1,032,192

より大規模にAVDのセッションホストをデプロイするときに、Azure FirewallとNAT Gatewayを併用したインターネットゲートウェイを構築することも可能です。Azure FirewallとNAT Gatewayを併用する構成は、本書執筆時点では複数可用性ゾーンにデプロイしたAzure Firewallはサポートしておらず、高可用性とトレードオフになるため、注意してください。

- Azure NAT Gatewayを使用したSNATポートのスケーリング
  https://learn.microsoft.com/ja-jp/azure/firewall/integrate-with-nat-gateway

9-5 BCDR戦略

BCDRとは、ビジネス継続性と災害復旧（Business Continuity and Disaster Recovery）の略語で、災害やシステム障害が発生した際に、企業や組織の重要な業務を継続し、迅速に復旧させるための戦略やプロセスのことです。特にAzureでは、特定のリージョンや可用性ゾーンが被災し機能を停止したときに、別のリージョン、可用性ゾーンでシステムを継続稼働させることを指します。

BCDR戦略を考える場合、どのような災害、障害を想定するかでとるべき対策が変わります。本来は、システムに求められるSLAおよび、RTO、RPOの要件を明らかにしたうえで、コストと照らし合わせながら、どのような構成をとるべきかを検討する必要がありますが、本節ではAzureの機能を使って最大限高可用性、サービスの継続性を保つ場合にどのような構成があり得るかを検討してみます。

Azureの可用性ゾーンに対する災害

Azureは、グローバルに60以上のリージョンに展開しており、そのうちのいくつかのリージョンで可用性ゾーンをサポートしています。可用性ゾーンは、1つ以上のデータセンターで構成された論理的な単位です。可用性ゾーンをサポートしているリージョンは、水害や火災など局所的な災害、ソフトウェアやハードウェアの障害による影響を受けてもサービスを継続できるように、独立した電源、冷却設備、ネットワークインフラを備えた最低3つの可用性ゾーンで構成されています。可用性ゾーンは、障害ドメインが分離されるとともに、更新ドメインも分離されています。そのため、特定のタイミング／何らかのメンテナンスでサービスに影響が出る場合でも、対象の可用性ゾーン以外には影響を及ぼしません。

ネットワークの特徴をふまえた基本戦略

ネットワークの観点での特徴として、以下の点が挙げられます。

- 可用性ゾーン間は、遅延2ミリ秒未満の低遅延ネットワークで接続されている
- VNetおよびサブネットは、可用性ゾーンをまたがってセグメントを展開できる
- 可用性ゾーンが3つあるときに、たとえば可用性ゾーンの1番を指す物理的なデータセンター群はサブスクリプションごとに異なる場合がある（同じデータセンター群でもサブスクリプションによって1番だったり2番だったりする）

高可用構成をとるための基本戦略は、システムのリソースを複数の可用性ゾーンに分散配置して1つの可用性ゾーンのダウンに備えることです。そのために他の要件で問題にならない限り、できるだけ可用性ゾーンに対応したサービスを選択します。各サービスが可用性ゾーンに対応しているかどうかは第5章を参照してください。

また、可用性ゾーンに対応したサービスでも、特定のゾーンに固定してデプロイするサービス（Zonal／ゾーン型）なのか、サービス自体がゾーン冗長性を持っていて障害時に別ゾーンへ自動でレプリケートされる（Zone-redundant／ゾーン冗長型）のかを把握しておく必要があります。たとえば、VMは、可用性ゾーン利用時にはゾーンを固定する必要があります。一方で、ストレージアカウントは、ZRS(ゾーン冗長ストレージ）という冗長方式を選択すると、自動で3つの可用性ゾーンにデータのレプリケーションが行なわれます。パブリックIPのStandard SKUは、ゾーン型、ゾーン冗長型の双方に対応しており、付加するサービスによってゾーン型かゾーン冗長型かを選択します。BCDRに重要なAzure Backupはゾーン冗長型で、Azure Site Recovery（ASR）はゾーン型にあたります。

ちなみに、VMをゾーンなしでデプロイした場合には、実際にデプロイされる可用性ゾーンはランダムで選択されます。特殊な可用性ゾーンが存在するわけではありません。

可用性を考慮したアプリケーションのアーキテクチャ

以上のような可用性ゾーンの特性、サービスの特性をふまえると、9-1節で提示したように、IaaSで構成されたWebアプリケーションは**図9-37**のようなアーキテクチャとなります。

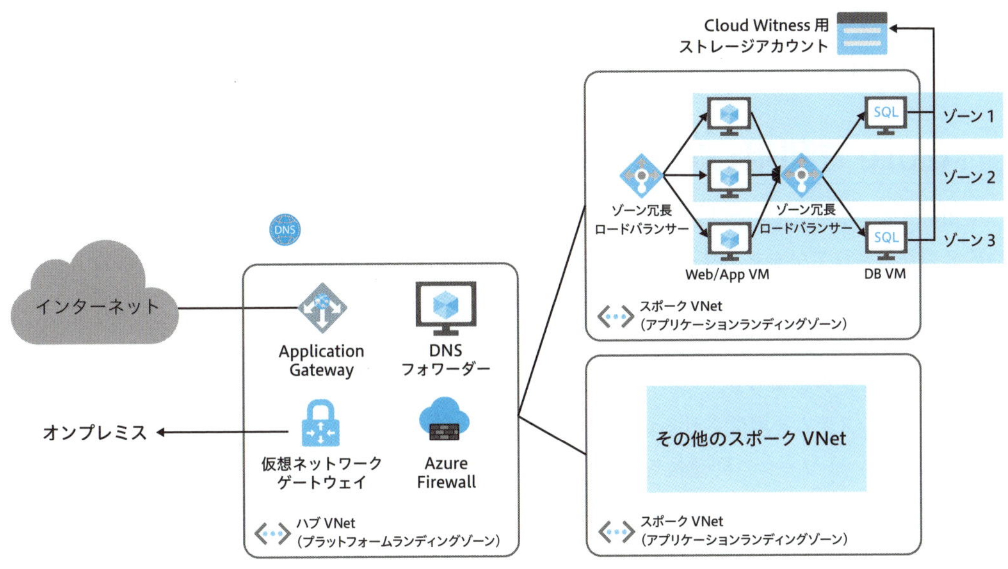

図9-37　可用性ゾーンに分散させたAzure VMを使った2階層Webアプリケーションの構成図（図9-9再掲）
出典 https://learn.microsoft.com/ja-jp/azure/architecture/high-availability/ref-arch-iaas-web-and-db

このアーキテクチャで中心となるApplication Gateway、VM、Load Balancer、ストレージアカウントは、すべて可用性ゾーンに対応しています。バックエンドのSQL Serverは、さらにDBの機能として可用性グループを利用することでデータの損失を防止します。

周辺ソリューションも確認してみましょう。Application Gatewayに付加しているパブリックIPは、前述の通り可用性ゾーンに対応しています。Azure DDoS Protectionも可用性ゾーンに対応しています。Bastionは、一部のリージョンを除き、可用性ゾーンをサポートしていないため、問題がありそうです。障害時の代替手段として別の踏み台サーバーを用意したほうがよいでしょう。Azure DNSは、非リージョン型なので、可用性ゾーンの障害に関係なく利用できます。

では、VMにアタッチするマネージドディスクはどうでしょうか。マネージドディスクもZRSに対応しています。そのため、VMがシングル構成となっており、別の可用性ゾーンに立て直す必要がある場合も、マネージドディスクをZRSで作成しておけば、データが同期されたディスクを再度アタッチすることができます。

ここで、可用性ゾーンに分散させてシステムを構築する場合のデメリットをまとめておきましょう。

- 単一のゾーンにすべてリソースを構築した場合よりもレイテンシが劣る

レイテンシの問題は、たとえばSAP S/4 HANAをデプロイする場合に要件を満たさなくなります。S/4 HANAのような極めて低遅延のネットワークが必要な場合、可用性ゾーンに分散させず、逆に物理的に近いホストを利用するようにVMを配置する近接通信配置グループ（PPG）でVMをグルーピングして構築します。

実際のシステムアーキテクチャの設計をする際は、このように高可用性と別要件、コストのバランスを考えて設計しましょう。

Azureで利用しているメインリージョン全域にわたる災害

Azureでは、リージョン全域がダウンしたときに、別リージョンでシステムを復旧するためのサービスや機能も用意されています。リージョンをまたいだDR（ディザスタリカバリ）を考えるときのポイントは、以下の4つです。

❶ どのようにデータを保つか
❷ どのようにシステムを再開させるか
❸ どのようにネットワークの到達性を持たせるか
❹ マルチリージョンのシステムをアクティブ／アクティブで稼働させるか、アクティブ／スタンバイで稼働させるか

❶どのようにデータを保つか

ポイント❶については、システムにPaaSを採用するか、IaaSを採用するかでかなり考え方が異なります。特にPaaSのストレージサービスやDBの場合は、あらかじめサービスの中にリージョン間でのデータのレプリケーションの機能が含まれていることが多いです。

■ PaaSのストレージ、DBのリージョン間のDR機能

表9-5のようなサービスがあります。

表9-5　PaaSのストレージ、DBのリージョン間のDR機能

サービス名	データレプリケーション機能
ストレージアカウント	・(RA-) GRS[※1] ・(RA-) GZRS[※2]
SQL Database、SQL Managed Instance	・アクティブGeoレプリケーションと自動フェールオーバー
Cosmos DB	・複数の書き込みリージョンをサポートしたアクティブ／アクティブのGeoレプリケーション
Azure Database for PostgreSQL（フレキシブルサーバー）	・Geo冗長バックアップ ・リージョンをまたがる読み取りレプリカ
Azure Redis for Cache	・Geoレプリケーション ・アクティブGeoレプリケーション（マルチリージョンでの書き込みサポート）
サービスバス（Service Bus）	・Geoディスカバリ

［※1］読み取りアクセスgeo冗長ストレージ（Read-Access Geo-Redundant Storage：RA-GRS）。
［※2］読み取りアクセスgeoゾーン冗長ストレージ（Read-Access Geo-Zone-Redundant Storage：RA-GZRS）。

これらのデータ系サービスは、サービスごとにマルチリージョンでの書き込みをサポートしているのか、セカンダリリージョンでは読み取りレプリカのみサポートしているのかが異なります。セカンダリリージョンからプライマリリージョンのDBに書き込みに行く場合、遅延によってコミットに時間がかかるため、それでもビジネス要件を満たすのか検討が必要です。この機能差異によって、ポイント❹の方針に基づくサービス選定がある程度限定されます。

また、ストレージアカウントなど一部のサービスは、レプリケーション先のセカンダリリージョンがメインリージョンのペアリージョンに固定されています。たとえば、東日本リージョンのストレージアカウントをGRSで構成した場合、セカンダリリージョンは西日本リージョンとなります。このようなサービスを利用しながら、もともとの機能とは別に任意のリージョンをセカンダリリージョンとしたい場合は、個別にカスタマイズされたデータレプリケーションの仕組みを考える必要があります。

AzureのPaaSを使って完全なアクティブ／アクティブ構成をとろうとすると、Cosmos DBやRedis for Cacheなどマルチリージョンでの書き込みをサポートしたNoSQL系のDBがバックエンドの中心となってきます。ストレージへの書き込みやRDBMSへの書き込みは非同期にする、シャーディング［▶48］するなど、アプリケーションアーキテクチャの検討が必要となります。

［▶48］シャーディング　データベースのシャーディングは、データを水平に分割して複数のデータベースサーバーに分散する手法。各分割部分を「シャード」と呼び、これによりデータベースの負荷分散とスケーラビリティを実現する。シャーディングは、大量のデータや高トラフィックを効率的に処理するために使用される。

■ IaaSのストレージ、DBのリージョン間のDR機能

VMをDBとして利用している場合は、VM自身にはリージョンをまたいだDRの機能はなく、またマネージドディスクもGRSには対応していません。マルチリージョンでの完全なアクティブ／アクティブ構成、アクティブ／読み取り専用アクティブ構成をとろうとする場合、利用しているDBのソフトウェアの機能に依存します。たとえば、SQL ServerのAlywas On 可用性グループなどの機能です。

アクティブ／スタンバイ構成にする場合は、Azure Backupのクロスリージョンレプリケーション（CRR）［▶49］、Azure Site Recovery（ASR）を利用することで、セカンダリリージョンにVMのデータのレプリケーションを行ない、起動しなおすことができます。DB用のVMにAzure Backup、ASRを適用する場合は、やはりアプリケーション整合性に注意する必要があります。Azure BackupやASRでアプリケーション整合性をサポートしているソフトウェア、システム構成ではない場合、定期的なメンテナンス期間を設け、静止点を作ってデータのレプリケーションを行なうなど運用でのフォローが必要となります。

ファイルサーバーにAzure FilesやAzure NetApp Filesを利用している場合は、これらのサービスが持っているDRの機能を利用することで、セカンダリリージョンへのレプリケーションが可能となります。

［▶49］クロスリージョンレプリケーション（CRR）　Azure Backupの機能で、ペアリージョンにリストアすること。通常、Azure Backupはバックアップ対象と同じリージョンにリストアするが、この機能を使うとリージョンをまたいだリストアができる。リストアに時間がかかるので、Azure Site Recoveryの代わりに利用することはおすすめしない。

❷どのようにシステムを再開させるか

ポイント❷については、PaaSのCompute系サービス、IaaSのVM双方にリージョンをまたいだDRの機能そのものはありません。そのため、アプリケーションを担う部分はデータを保持しないように、ステートレスなアプリケーションアーキテクチャを採用しておくことが重要です。アプリケーションを担当するApp ServiceやVMは、インスタンスを起動して、コードやパラメータをデプロイするだけ、もしくはVMの場合はAzure BackupやASRでリストアするだけで復旧できるようにします。

アプリケーションとDBを接続するために、VNetなどネットワークインフラも復旧できるように準備を行なうことが重要です。可能であれば、Azure Resource ManagerかBicep p.295 でセカンダリリージョンのインフラ構成をコードとして管理しておき、すぐにデプロイできるように準備しましょう。コードで管理できない場合も、復旧手順を文書化しておくことが重要です。

❸どのようにネットワークの到達性を持たせるか

ポイント❸については、インターネットからアクセスするシステムなのか、ExpressRouteやVPN Gatewayからアクセスするシステムなのかで大きく異なります。

インターネットからアクセスするシステムの場合、第5章で紹介したAzure Traffic Manager、Azure Front Doorが有効です。これらのサービスはVNet外で動作し、設定に従ってトラフィックを任意のリージョンに振り分けることができます。DR構成が完全なアクティブ／アクティブ構成の場合は、負荷やユーザーネットワークからの遅延に基づいて振り分けするのがよいでしょう。アクティブ／読み取り専用アクティブの場合は、読み取りアクセスのときはアクティブ-アクティブに振り分けながら、書き込みアクセスのときはパスベースでプライマリリージョンにルーティングするようなネットワーク設計、もしくはセカンダリリージョンからプライマリリージョンに非同期で書き込むようなアプリケーションアーキテクチャの設計が必要です。アクティブ／スタンバイ構成の場合は、セカンダリリージョンでシステムが復旧したあとに、セカンダリリージョンにトラフィックが流れるように設定を変更します。

ExpressRouteやVPN Gatewayでアクセスする場合、そもそもセカンダリリージョンにExpress RouteやVPN Gatewayを用意しておく必要があります。また、リージョン全体がダウンするような災害時は、オンプレミスの接続点も影響していることが予想されているため、オンプレミスにもセカンダリの接続点を用意する必要があります。このことから、ExpressRouteやVPN Gatewayでアクセスする内部システムのDRを考えた場合、あらかじめセカンダリリージョンにもESLZのトポロジーを用意しておく必要があります。さらに、セカンダリリージョンへのIPの到達性を確保しても、システムのエンドポイントへユーザーがアクセスできるように準備しておく必要があります。内部システムの場合は。Azure Traffic ManagerやAzure Front Doorが利用できないため、DNSのレコードを切り替えてセカンダリリージョンのエンドポイントへ誘導するか、ユーザー側の運用対処でセカンダリリージョンのエンドポイントのFQDNへアクセスさせるかの検討が必要です。

運用と監視

最後に、Azureで構築したネットワークの運用と監視について説明します。システムを安定して運用するには、インベントリの管理とシステムの監視が重要です。管理・監視のポイントやAzure Monitorを使った具体的な監視方法などについて解説します。

10-1 ネットワークとシステムの運用項目

Azureランディングゾーン（ALZ）を参考に、ネットワークとシステムを構築したあとは運用フェーズに入ります。ここでは、運用フェーズにおいてどのような事柄に取り組む必要があるのかを確認しましょう。

運用項目として挙げられるのは、以下の3つです（図10-1）。

❶ インベントリの管理とシステムの監視
❷ システム構成のコンプライアンスの管理
❸ システムの障害からの保護と回復

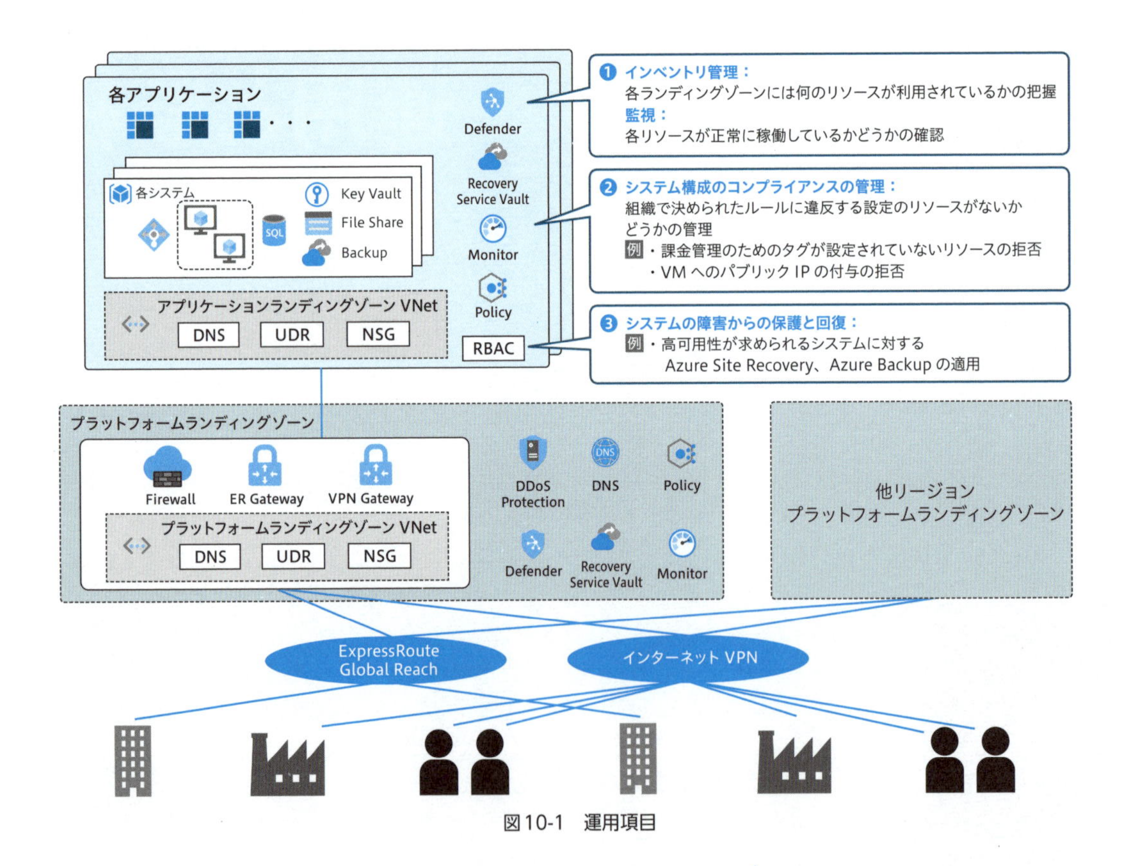

図10-1　運用項目

上記の運用で実施するべき項目は、Azureでもオンプレミスでも変わらず共通です。ビジネス要件に従ったサービスを提供できるようにシステムを運用管理することが求められます。これらの運用項目をプラットフォームランディングゾーンの管理チーム、アプリケーションランディングゾーンのチームそれぞれが実施します。

インベントリの管理とシステムの監視

インベントリの管理とシステムの監視では、管理対象のシステムのアプリケーション、利用しているAzureのサービスを把握し、アプリケーション、サービスの動作状況、セキュリティの監視を行ないます。セキュリティも含まれているため、Azureのアクティビティログ[▶1]やMicrosoft Entra IDの監査レポート、Microsoft Defender for Cloud[▶2]のレポートも監視することが重要です。この運用項目はITILのプロセスでいうところのCMDBの管理とイベント管理といってもよいかもしれません。

[▶1] アクティビティログ　Azureの各リソース（仮想マシンなど）の作成、削除、更新などの操作ログや、アクセス権限の変更などのセキュリティ関連のイベントを記録するためのサービス。

[▶2] Microsoft Defender for Cloud　クラウド環境およびオンプレミス環境に対する統合的なセキュリティ管理（CSPM：Cloud Security Posture Management）と脅威防御（CSPP：Cloud Security Posture Protection）を提供するサービス。

監視を行なううえで考慮するべきポイントは、以下の項目です（図10-2）※1。

❶ **アラートの通知先**：アラートはどのチームに通知するべきか

❷ **アラートの通知先のグルーピング**：複数のチームにアラートを通知するべきサービスのグループはあるか

❸ **利用する監視システム**：監視にはオンプレミスで利用している監視システムを利用するか、Azureで別に用意するか。Azureで別に用意する場合、アラート管理は運用業務で利用しているプラットフォームで一元管理できるか

❹ **アラートの分類**：ビジネスに影響が大きいアラート、優先度の高いアラートを分類できているか

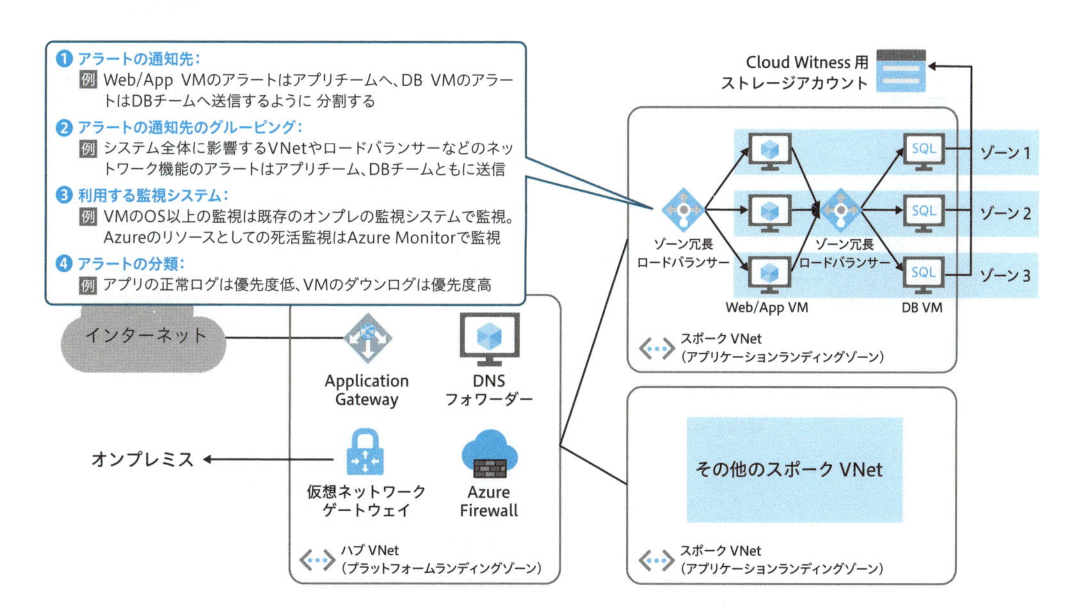

図10-2　監視のポイント

※一般的なWeb/App層とDB層の2層で構成されたWebアプリケーションでの監視例。

※1　Azure MonitorなどAzureの監視サービスについては次項で説明します。

上記のポイントもAzure特有のものではなく、オンプレミスのシステムでも共通するものです。日々行なわれているシステム運用の業務が最適化を定期的に棚卸しし、その運用フレームワークをAzureにもあてはめましょう。

システム監視を行なうときの推奨項目は、以下の4つです（**図10-3**）。ここで挙げた監視ツールの使い方は10.3節で説明します。

❶ 基本的に特別な要件がない限り、ワークロードごとにログスペース（Azureの監視サービスを利用する場合は、Log Analyticsワークスペース）は分割せずに1つに集約する。これにより、システムのコンポーネント間のログ、イベント管理、インシデント管理、変更管理などのプロセス間のログを統合して管理でき、可観測性を向上させることができる

❷ 7年を超えるような長期間、ログを保持する必要がある場合、Log Analyticsワークスペースからストレージアカウントへログを退避させる（Log Analyticsワークスペースのログの保持期間は、最長のアーカイブポリシーを適用した場合、7年）。ログの変更、改ざんを防ぐ場合は、Blob Storageの不変ストレージを利用する

❸ Network Watcher NSGフローログを利用してトラフィックフローも監視する

❹ 監視する対象としてAzure Service Health、Azure Resource Healthも含め、Azureが正常に動作しているのかを監視する

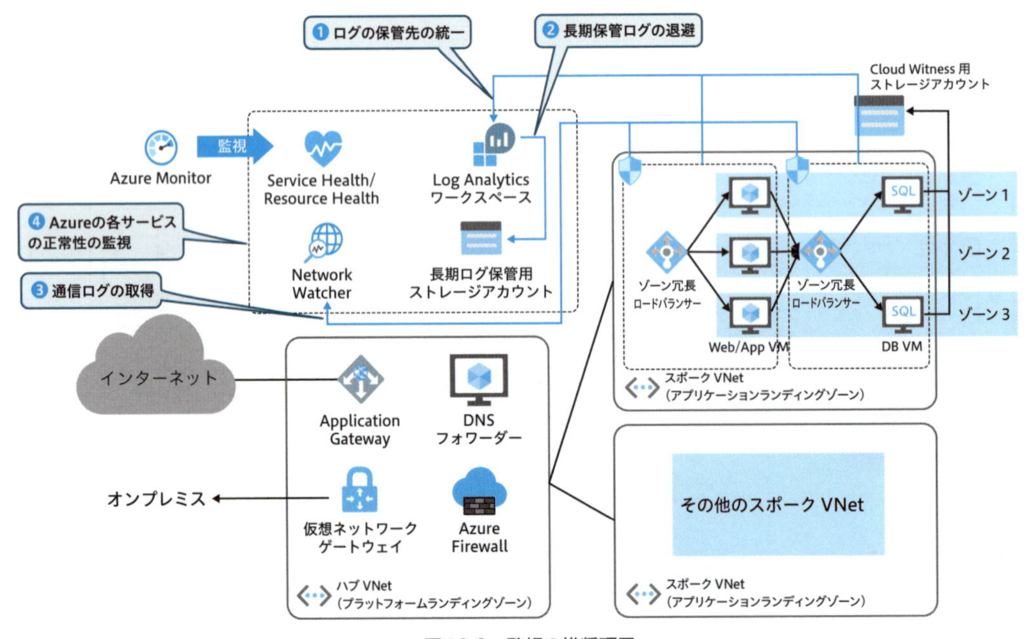

図10-3　監視の推奨項目

システム構成のコンプライアンスの管理

「コンプライアンス」=法令遵守を思い浮かべる方もいるかもしれませんが、システム構成でのコンプライアンスとは**システム構築で守るべきルール、ポリシーをいかに遵守するか**です。システムは、日々のバグ対応や機能追加により、変更管理のプロセスを通じて変化していきます。ここで加えられた変更が企業のセキュリティポリシーやルールに従ったものになっているかを管理していく必要があります。

Azureでは、このようなポリシーに従ったサービスの設定を行なうことをサポートする、以下のサービス・機能が提供されています。

- Azure Policy
- Azure RBAC
- リソースのロック

Azure RBACを利用した権限管理については、第8章8-2節 p.266 を参照してください。以降では、Azure Policyとリソースロックについて解説します。

Azure Policy

Azureのサービスを使う際に様々な制約を設定したいことがあります。たとえば、以下のようなものです。

- 指定したリージョンのみを利用できるようにする
- 大きすぎるVMサイズなど高額なサービスは利用できないようにする
- 自由にパブリックIPを設定できないようにする
- 必ずAzure Monitorの監視設定を適用する
- 必ずパッチ管理はAzure Update Managerを適用する

Azure Policyは、サブスクリプションやリソースグループに対して、このような制限を設定できる機能です。Azure Policyの仕組みは、**図10-4**のようになっています。Azure Resource Managerに入力されたリクエストに対して、それを適用してよいか、ポリシーに設定された規則に照らし合わせて許可や拒否などを行ないます。

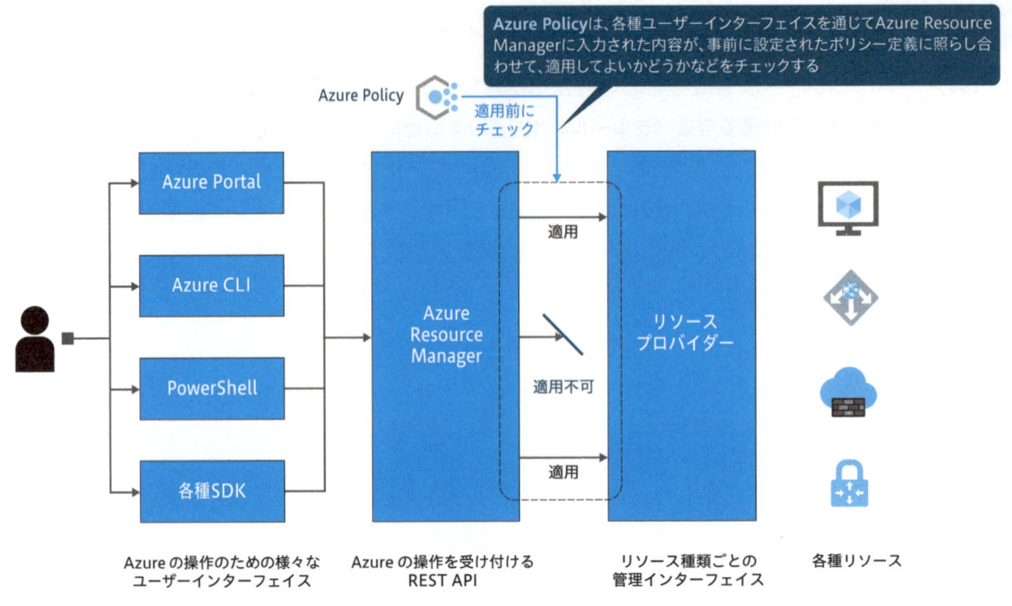

図10-4　Azure Policyの仕組み

Azureリソースとしての設定の制限だけではなく、VMのOSやApp Serviceのアプリケーションの構成にも拡張することができます。

また、Azure Policyには**イニシアチブ**という考え方があり、複数のAzure Policyを1つのイニシアチブにまとめることができます。運用時には、1つ1つのAzure Policyを個別に適用するのではなく、事前に企業のルールに基づいたAzure Policyイニシアチブを用意しておき、新しいサブスクリプションを受け取ったときには、必要なネットワーク設定だけでなく、サブスクリプションやリソースグループにAzure Policyイニシアチブを適用して引き渡します。これにより、システム的にコンプライアンスの逸脱を防ぐことができます。

リソースロック

リソースロックは、Azureのリソースに対して、削除禁止もしくは読み取り専用の制限をかけることができる機能です（**図10-5**）。Azure Policyとは異なり、リソースごとに設定し、設定変更やリソースの削除に関する操作のみに作用します。

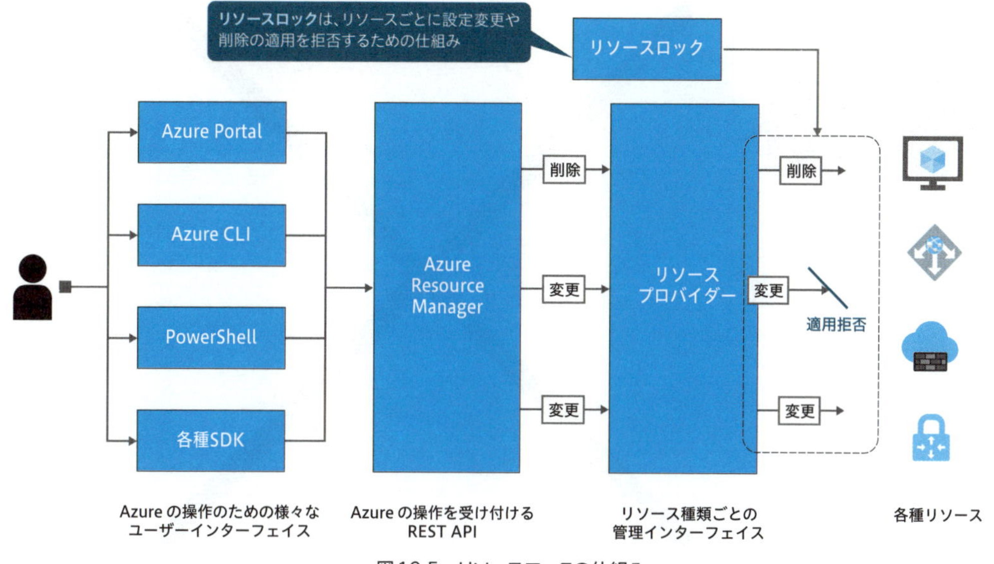

図10-5　リソースロックの仕組み

Azure RBACで適切な権限を持っている人でも、オペレーションミスによってリソースに対して誤った削除や変更を行なう場合があります。リソースロックは、このようなオペレーションミスを防止するためのものです。単純な機能ですが、システムの安定稼働には重要なものなので、システム構築後に削除の防止や変更の防止が必要なリソースにはロックをかけましょう。

 システムの障害からの保護と回復

システムの障害からの保護と回復は、第9章で解説したBCDR（ビジネス継続性と災害復旧）の仕組みを使って実施します。BCDRの仕組み、運用手順をシステム構築時にあらかじめ設計しておかないと、実際の災害時などに役目を果たすことができないので、必ず設計するようにしましょう。

システムの障害からの保護と回復の手段は、**図10-6**のようにホットスタンバイの**アクティブ／アクティブ構成**やコールドスタンバイの**アクティブ／スタンバイ構成**、セカンダリは常時起動しておくものの、被災時に切り替えを実行する**ウォームスタンバイ構成**などがあります。

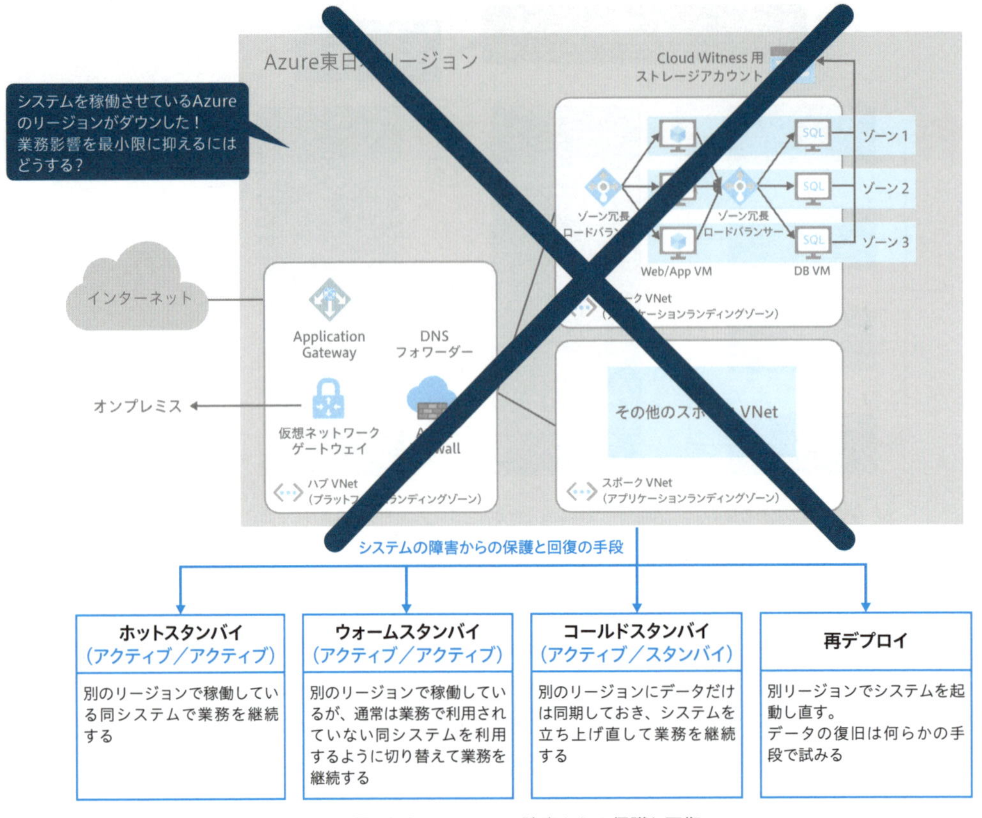

図10-6　システムの障害からの保護と回復

災害や大規模障害時は、大きな混乱状況にあることが想定されます。そこで、ヒューマンエラーを防止するために、できるだけBCDRの運用手順も自動化することが重要です。アプリケーションのコードだけではなく、Azureのリソースも、Azure Resource Managerテンプレート（ARMテンプレート）[▶3]やBicep p.295 を使ってInfrastructure as Code（IaC）[▶4]として管理するようにしましょう。

[▶3] Azure Resource Managerテンプレート（ARMテンプレート）　Azure上でのリソースとサービスの設定やデプロイメントを自動化するためのJSON形式のファイル。Azure Resource Manager（ARM）のREST APIに、このテンプレートに従って記述されたコードを入力することで、リソースの作成、削除、設定変更を行なうことができる。ARMテンプレートを使うと、コードでリソースの設定をすべて管理できるため、Azure Portalを利用して手動でリソース管理を行なうよりも、設定ミスを減らすことができる。

[▶4] Infrastructure as Code（IaC）　システムインフラストラクチャ（サーバー、ネットワーク、ストレージなど）を自動的に管理／デプロイするための手法。インフラストラクチャの構成をコード（スクリプト）で記述することにより、手動での設定作業を減らし、再現性と効率性を高めることができる。Azureでは後述するARMテンプレートの仕様により宣言的にコードを記述でき、IaCによってシステムリソースを管理することで、インフラリソースのデプロイの際の手順ミスなどを減らすことができる。

アプリケーション、インフラ構成をコード化したらGitHubやAzure DevOpsで管理し継続的インテグレーション／継続的デリバリー（CI/CD）のプロセスに取り込み、自動でテスト、デプロイを行なえるようにします。CI/CDのプロセスを構築したら、実際に機能するか、DR（ディザスタリカバリ）の切り替えテスト、訓練を実施することが重要です。Azureを利用しているユーザーの中には、東日本リージョンと西日本リージョンでDR構成を組み、定期的にDRを通じてプライマリとセカンダリ※2を入れ替えているケースもあります。

これにより、実際の災害が発生した場合でも、これまでの切り替えテスト、訓練の実績に基づいて、確実な対策を行なうことができるようになります。

10-2 監視データの種類と取得方法

Azureにおけるネットワーク監視は、**図10-7**のように様々な機能やツールが提供されています。これらは主にAzure MonitorおよびNetwork Watcherに含まれる機能であり、この節ではネットワークを監視する際に必要となるログとメトリックの考え方、監視ツールについて説明します。

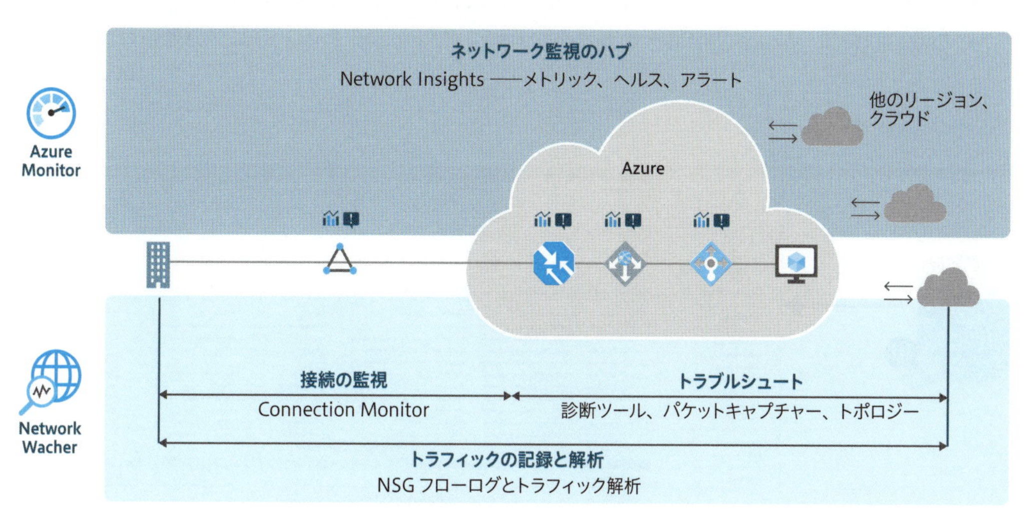

図10-7　ネットワーク監視の全体像

※2　この文脈では、プライマリは被災やトラブルのない正常な状況で業務に利用されるシステムのこと、セカンダリは被災時、トラブル時などでプライマリが利用できなくなった場合に利用する代替システムのこと。

オンプレミスと同様、ネットワークを監視するには、監視対象となるデータが必要であり、Azureでは主に**ログ**と**メトリック**が監視対象データとなります。ネットワークサービスごとにいくつかのログとメトリックが用意されており、ユーザーは要件に応じて取得データを選択できます。ここではログとメトリックの違い、種類、取得方法について解説します。

ログとメトリックの違い

Azureのサービスでは、事前定義された**スキーマ**[▶5]に基づく**ログ**と**メトリック**を提供しており、それらに対してクエリを実行したりダッシュボードで可視化したりするなど各種分析ができるようになっています。

[▶5] スキーマ（schema）　データの構造や形式を定義するための枠組みやテンプレートのこと。ログデータは通常、システムやアプリケーションの動作やイベントの記録として生成されるが、スキーマを用いることで、これらのデータが一貫性を持ち、効率的に解析されることが可能になる。

ログとメトリックの違いを理解することで、ネットワークサービスに限らず、Azureサービスの監視の基礎を理解できます。

- **ログ**：システム内で発生したイベント（**図10-8**）
  - **アクティビティログ**：外部からAzureリソースに対する操作に関するログ
  - **リソースログ**：AzureリソースがAzureの内部に対して実行した操作に関するログ※3
  - **Entra IDログ**：Azure Portalへのサインインなど、Microsoft Entra IDログの監査ログ

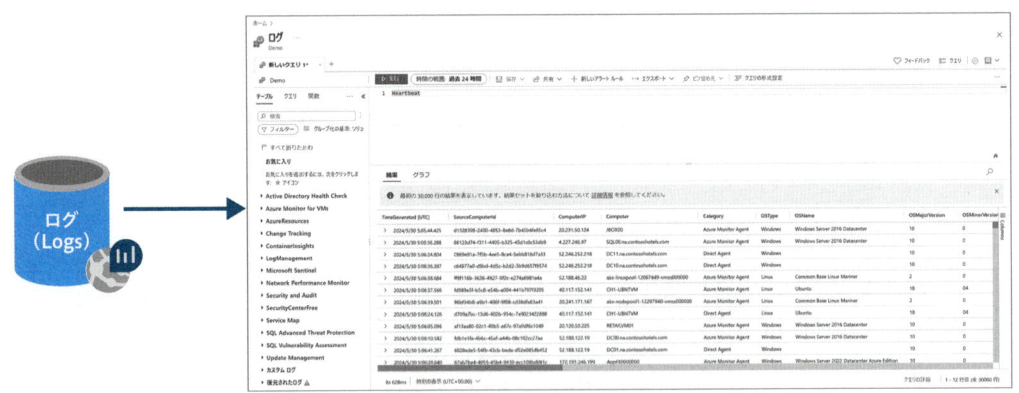

図10-8　ログ

- **メトリック**：特定の時点におけるシステムの何らかの側面を表わす数値（**図10-9**）
  - **プラットフォームメトリック**（標準メトリック）：既定で収集されコストが発生せず利用可能なメトリック
  - **カスタムメトリック**：既定では収集されず、エージェントなど利用し収集するメトリック

※3　リソースログは、以前は**診断ログ**と呼ばれていました。

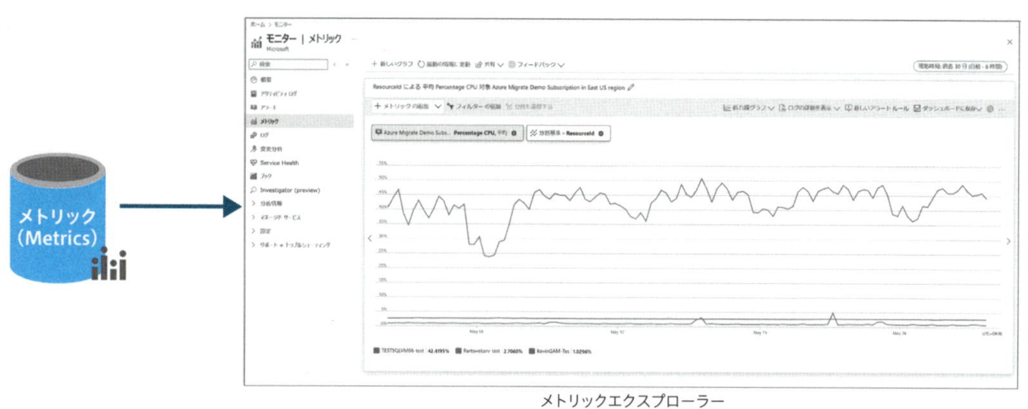

図10-9　メトリック

主なネットワークサービスにおけるログとメトリックの種類

ログとメトリックにもいくつか種類があることを説明しましたが、中でも監視分析に利用されることが多いリソースログとプラットフォームメトリックについて、主なネットワークサービスを中心に紹介します（表10-1）。

表10-1　主なネットワークサービスにおけるログとメトリック

サービス名	プラットフォームメトリック（主にリソースのパフォーマンスと状態に関する定量的な情報）	リソースログ（Azure リソースの操作やイベントに関する詳細な情報）
ExpressRoute	・BitsInPerSecond ・BitsOutPerSecond	・PeeringRouteLog
VPN Gateway	・Gateway S2S Bandwidth ・Gateway P2S Bandwidth ・P2S Connection Count ・Tunnel Bandwidth ・Tunnel Egress Bytes ・Tunnel Ingress Bytes ・Tunnel Egress Packets ・Tunnel Ingress Packets ・Tunnel Egress TS Mismatch Packet Drop ・Tunnel Ingress TS Mismatch Packet Drop	・GatewayDiagnosticLog ・TunnelDiagnosticLog ・RouteDiagnosticLog ・IKEDiagnosticLog ・P2SDiagnosticLog
Application Gateway	・Throughput ・Unhealthy Host Count ・Healthy Host Count ・Total Requests ・Failed Requests ・Response Status ・Current Connections	・ApplicationGatewayAccessLog ・ApplicationGatewayPerformanceLog ・ApplicationGatewayFirewallLog
Azure Load Balancer	・Data Path Availability ・Health Probe Status ・Byte Count ・Packet Count ・SYN Count ・SNAT Connection Count ・Allocated SNAT Ports（Preview） ・Used SNAT Ports（Preview）	・LoadBalancerAlertEvent ・LoadBalancerProbeHealthStatus

（次ページへ続く）

サービス名	プラットフォームメトリック（主にリソースのパフォーマンスと状態に関する定量的な情報）	リソースログ（Azure リソースの操作やイベントに関する詳細な情報）
Azure Traffic Manager	・Queries by Endpoint Returned ・Endpoint Status by Endpoint ・ProbeHealthStatusEvents	
Azure DNS	・Query Volume ・Record Set Count ・Record Set Capacity Utilization	
DDoS	・Inbound packets DDoS ・Inbound packets dropped DDoS ・Inbound packets forwarded DDoS ・Inbound TCP packets DDoS ・Inbound TCP packets dropped DDoS ・Inbound TCP packets forwarded DDoS ・Inbound UDP packets DDoS ・Inbound UDP packets forwarded DDoS ・Inbound bytes DDoS ・Inbound bytes dropped DDoS ・Inbound bytes forwarded DDoS ・Inbound TCP bytes DDoS ・Inbound TCP bytes dropped DDoS ・Inbound TCP bytes forwarded DDoS ・Inbound UDP bytes DDoS ・Inbound UDP bytes dropped DDoS ・Inbound UDP bytes forwarded DDoS ・Under DDoS attack or not ・Inbound TCP packets to trigger DDoS mitigation ・Inbound UDP packets to trigger DDoS mitigation ・Inbound SYN packets to trigger DDoS mitigation ・Data Path Availability ・Byte Count ・Packet Count ・SYN Count	・DDoSProtectionNotifications
Azure Firewall	・Azure Firewall Application Rule（Legacy Azure Diagnostics） ・Azure Firewall Network Rule（Legacy Azure Diagnostics） ・Azure Firewall DNS Proxy（Legacy Azure Diagnostics） ・Azure Firewall Network Rule ・Azure Firewall Application Rule ・Azure Firewall Nat Rule ・Azure Firewall Threat Intelligence ・Azure Firewall IDPS Signature ・Azure Firewall DNS query ・Azure Firewall FQDN Resolution Failure ・Azure Firewall Fat Flow Log ・Azure Firewall Flow Trace Log ・Azure Firewall Network Rule Aggregation (Policy Analytics) ・Azure Firewall Application Rule Aggregation（Policy Analytics） ・Azure Firewall Nat Rule Aggregation (Policy Analytics) ・AllMetrics	・AzureFirewallApplicationRule ・AzureFirewallNetworkRule
NSG	・NetworkSecurityGroupEvent ・NetworkSecurityGroupRuleCounter	

また、ログの中でも、送信元、宛先アドレスなど各トラフィックの詳細を確認するようなアクセスログは、トラブル発生時の切り分けや監査目的で利用されることが多いのが特徴です。**表10-2**に、Azureネットワークサービスで取得可能なアクセスログをまとめておきます。単一の通信のサイズは「Bytes per traffic」列、リソース単位でのスループットは「Throughput」列で表現しています。

表10-2　主なネットワークサービスで取得可能なアクセスログ

リソース名	Layer（層）	Src IP（送信元 IPアドレス）	Src Port（送信元ポート）	Dst IP/FQDN（宛先 IPアドレス/ FQDN）	Dest Port（宛先ポート）	Bytes per traffic（トラフィックあたりのバイト数）	Throughput（スループット）	備考
Azure Load Balancer	L4	×	×	×	×	×	○	メトリックのみ
NAT Gateway	L4	×	×	×	×	×	○	メトリックのみ
Private Endpoint	L4	×	×	×	×	×	○	メトリックのみ
Azure DNS（プライベートDNS 含む）	L4	×	×	×	×	×	○	クエリ数のメトリックのみ
Private DNS Resolver	L4	×	×	×	×	×	○	クエリ数のメトリックのみ
仮想ネットワークゲートウェイ（ER/VPN）	L4	×	×	×	×	×	○	メトリックのみ
ExpressRoute回線	L4	×	×	×	×	×	○	メトリックのみ
NSG フローログ	L4	○	○	IP	○	○	×	非対応シナリオあり
NSG フローログ Traffic Analytics	L4	○	x	IP	○	○	○	非対応シナリオあり
DDoS Standard	L4	○	○	IP	○	○	×	攻撃中のトラフィックが対象
Bastion	L4	○	○	IP	○	×	×	
Azure Firewall DNAT Rule	L4	○	○	IP	○	×	○	ルール種別ごとのスループットは確認不可
Azure Firewall Network Rule	L4	○	○	IP	○	×	○	ルール種別ごとのスループットは確認不可
Azure Firewall Application Rule	L7	○	○	FQDN	○	×	○	ルール種別ごとのスループットは確認不可
Application Gateway	L7	○	○	FQDN or IP	○	○	○	
Application Gateway WAF	L7	○	○	FQDN or IP	×	×	○	
Azure Front Door	L7	○	○	FQDN	○	○	○	
Azure Front Door WAF	L7	○	○	FQDN	×	×	○	
Azure CDN (Microsoft)	L7	○	○	FQDN	○	○	×	

［※］NSGフローログTraffic Analyticsについては後述 p.376 。Azure Firewall DNAT Rule、Azure Firewall Network Rule、Azure Firewall Application Ruleについては第7章「アプリケーションルール、ネットワークルール、DNATルール」p.244 参照。

表10-2で示した通り、Load BalancerやExpressRoute回線などは、メトリックでスループットなどの通信状況を確認できますが、アクセスログは提供されていないので注意してください。

ログとメトリックの取得方法

一部のログ／メトリック（アクティビティログやプラットフォームメトリック）は既定で収集されますが、それ以外のログ／メトリック（アクティビティログなど）を収集する場合や、ログ／メトリックを長期保管する場合は、別途設定が必要となります。設定方法は主に2通りあり、どちらの方法でも同じように設定できます。

❶ 各リソースの診断設定
❷ Azure Monitorの診断設定

❶各リソースの診断設定

診断設定の例を示します（**図10-10**・**図10-11**）。

図10-10　各リソースの診断設定（Load Balancerの場合）(1)

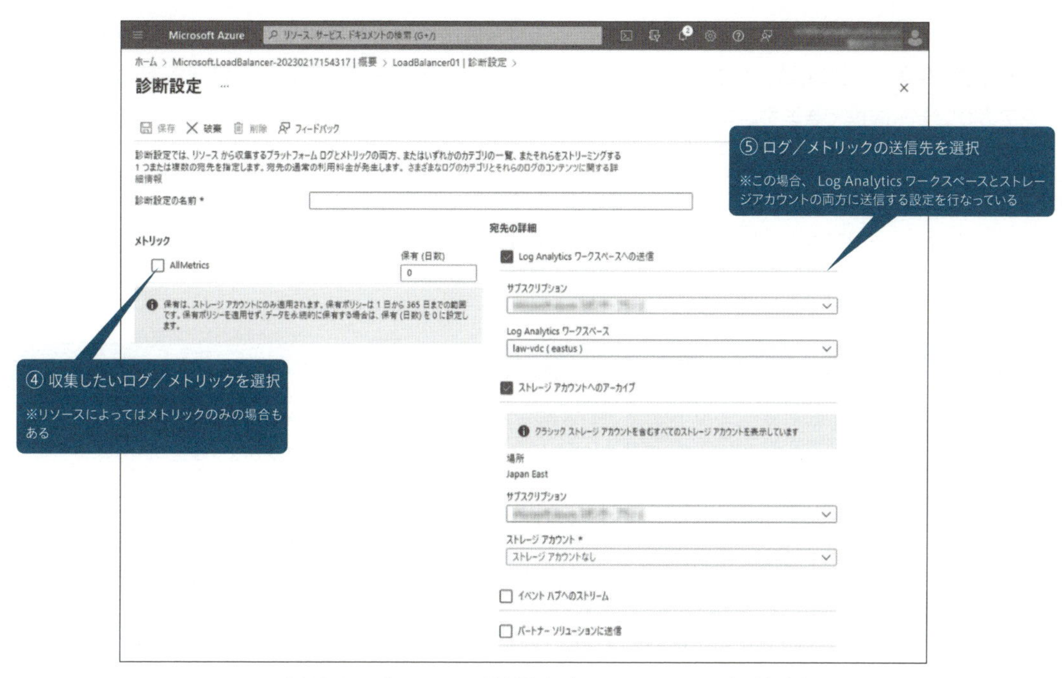

図10-11 各リソースの診断設定(Load Balancerの場合)(2)

❷Azure Monitorの診断設定

診断設定の例を示します(**図10-12**)。対象のリソースをクリックすると、**図10-10**と同様の画面に遷移します。

図10-12 Azure Monitorの診断設定(Load Balancerの場合)

❶と❷いずれの設定方法でも、診断設定の宛先は4種類提供されており、この中から複数指定できます（**表10-3**）。たとえば、分析用にLog Analyticsワークスペースに送信し、長期保管用にストレージアカウントへ送信できます。また、2つの異なるLog Analyticsワークスペースにデータを送信することも可能です（この場合は、2つの診断設定を作成する必要があります）。

宛先を指定する際にサブスクリプションなどの入力項目が必要となり、事前にLog Analyticsワークスペースやストレージアカウントを作成しておく必要があるため、注意してください。

表10-3　診断設定の宛先

No.	宛先	主なシナリオ	入力項目
1	Log Analyticsワークスペースへの送信	クエリ、アラート、可視化したい場合	・サブスクリプション ・Log Analyticsワークスペース
2	ストレージアカウントへのアーカイブ	監査やバックアップ用にアーカイブしたい場合	・サブスクリプション ・ストレージアカウント
3	イベントハブへのストリーム	Azure外部へのデータ送信したい場合	・サブスクリプション ・イベントハブの名前空間 ・イベントハブポリシー名
4	パートナーソリューションに送信	Microsoft以外の監視サービスを利用する場合	・サブスクリプション ・宛先

NSGフローログ

NSGフローログは、第4層（L4）で動作し、ファイアウォールのNSG(ネットワークセキュリティグループ）との間で送受信されるすべてのトラフィックを記録します（**図10-13・図10-14**）。NSGには、他にもイベントログ（NetworkSecurityGroupEvent）やカウンターログ（NetworkSecurityGroupRule Counter）があり、これらは診断設定から取得できますが、NSGフローログは「NSGフローログ」という別のメニューから設定します。NSGフローログを設定する際に、NSGフローログのバージョンやTraffic Analytics（トラフィック分析）を有効にするかどうかが含まれます。Traffic Analyticsには、NSGフローログおよび他のAzureリソースのデータに基づく豊富な分析と視覚化の機能が備わっています。

図10-13　NSGフローログ設定方法（1）

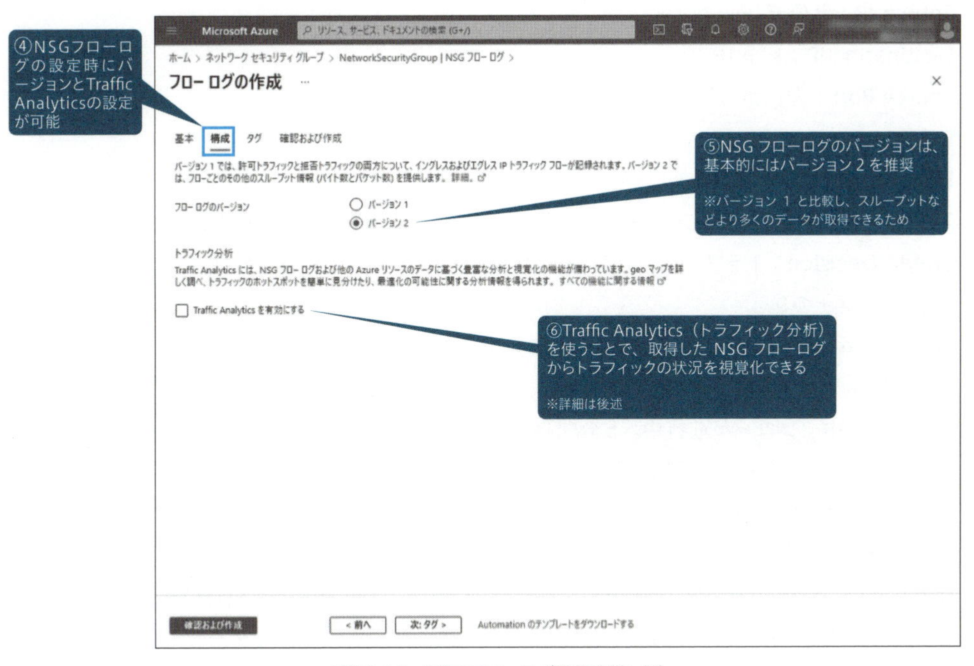

図10-14　NSGフローログ設定方法（2）

NSGフローログの形式

NSGフローログを有効にすると、5タプル（送信元IP／宛先IP／送信元Port／宛先Port／プロトコル）で記録し、1分ごとにまとめてJSON形式のログレコードを生成します（**図10-15**）。

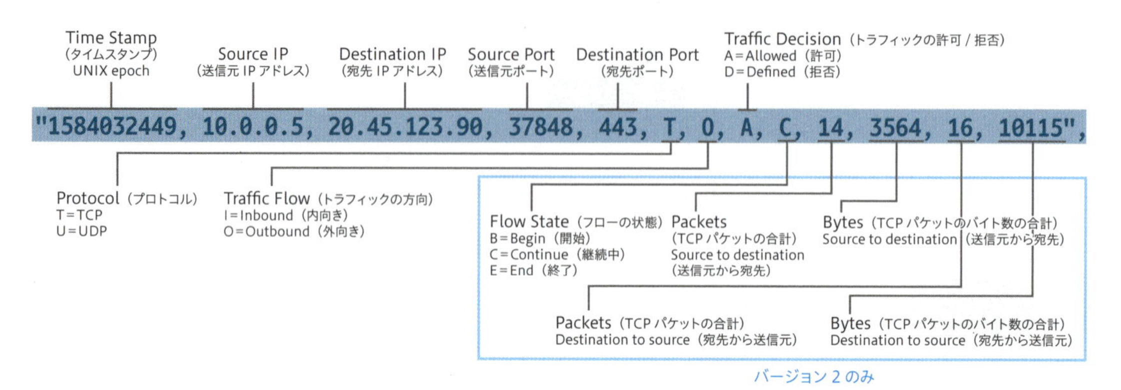

図10-15　NSGフローログのログ形式

出典 https://learn.microsoft.com/ja-jp/azure/network-watcher/nsg-flow-logs-overview

- **Time Stamp**：タイムスタンプ
- **Source IP**：発信元IP
- **Destination IP**：宛先IP
- **Source Port**：発信ポート
- **Destination Port**：宛先ポート
- **Protocol**：フローのプロトコル。有効な値はTCPのTとUDPのU
- **Traffic Flow**：トラフィックフローの方向。有効な値はInbound（送信）のIとOutbound（受信）のO
- **Traffic Decision**：トラフィックが許可または拒否されたかどうか。有効な値はAllow（許可）のAとDeny（拒否）のD
- **Flow State**（バージョン2のみ）：フローの状態をキャプチャする
  - B：開始　フローが作成された時点。統計は提供されない
  - C：継続中　フローが進行中。5分間隔で統計が提供される
  - E：終了　フローが終了した時点。統計が提供される
- **Packets - Source to destination**（バージョン2のみ）：最後の更新以降に送信元から宛先に送信されたTCPパケットの総数
- **Bytes sent - Source to destination**（バージョン2のみ）：最後の更新以降に送信元から宛先に送信されたTCPパケットバイトの総数。パケットのバイト数には、パケットヘッダーとペイロードが含まれる
- **Packets - Destination to source**（バージョン2のみ）：最後の更新以降に宛先から送信元に送信されたTCPパケットの総数
- **Bytes sent - Destination to source**（バージョン2のみ）：最後の更新以降に宛先から送信元に送信されたTCPパケットバイトの総数。パケットのバイト数には、パケットヘッダーとペイロードが含まれる

NSGフローログの料金

NSGフローログ利用時

- NSGフローログ取得に対する費用（GB単位）
- NSGフローログを保存しておくストレージに対する費用

NSGフローログの取得に対する費用は、1つのサブスクリプションにつき、1か月あたり5GBまでは無料です※4。

また、後述するNSGフローログが提供する可視化ツールの1つであるTraffic Analyticsを併用する場合は、以下の費用感となります。

NSGフローログとTraffic Analytics併用時

上記「NSGフローログ利用時」の費用に加えて、

- NSGフローログをストレージからLog Analytics（10.3節で解説）に取り込むための費用
- Log Analyticsでログを取り込む費用
- Log Analyticsでログを保存しておく費用

NSGフローログのベストプラクティス

図10-15のログ形式で示した通り、NSGフローログにはTraffic Decisionという項目があり、これによりトラフィックが許可されたか（Allow）、拒否されたか（Deny）を記録できるため、一般的なファイアウォールログ[▶6]として取り扱うことができます。また、ネットワークの使用状況の監視することにより、トラフィック量を予測し、将来的にネットワーク最適化するための判断材料として利用できます。そのため、基本的にはリソースに接続されているすべてのNSGでNSGフローログを有効にすることが推奨されています。

一方で、生成されたログの量に対して課金されるため、トラフィック量が多いと、NSGフローログの量が大きくなり、コストも上がります。そのため、重要なサブネットで有効にすることもあわせて検討してください※5。

[▶6] ファイアウォールログ　従来、オンプレミスに設置されているファイアウォールでネットワークトラフィックを監視し、フィルタリングする過程で記録するデータのこと。これらのログは、セキュリティインシデントの分析、トラブルシューティング、ネットワークパフォーマンスの監視に役立つ。

※4　NSGフローログの費用については以下も参照してください。
・NSGフローログ｜価格
https://docs.microsoft.com/ja-jp/azure/network-watcher/network-watcher-nsg-flow-logging-overview#pricing

※5　詳細は以下を参照してください。
・NSGフローログのベストプラクティス
https://learn.microsoft.com/ja-jp/azure/network-watcher/network-watcher-nsg-flow-logging-overview#best-practices

10-3 監視ツール

Azureネットワークの監視は、主に**Azure Monitor**と**Network Watcher**を使用します。ここでは、それぞれの機能について解説します。

Azure Monitor

Azure Monitorは、Log Analyticsを始めとするAzureの監視ツールの集合体であり、収集されたログ／メトリックに対してAzure Monitorが実行する様々な機能を提供しています（**図10-16**）。特にネットワーク監視という観点で、ここでは**Log Analytics**および**Network Insights**を解説します。

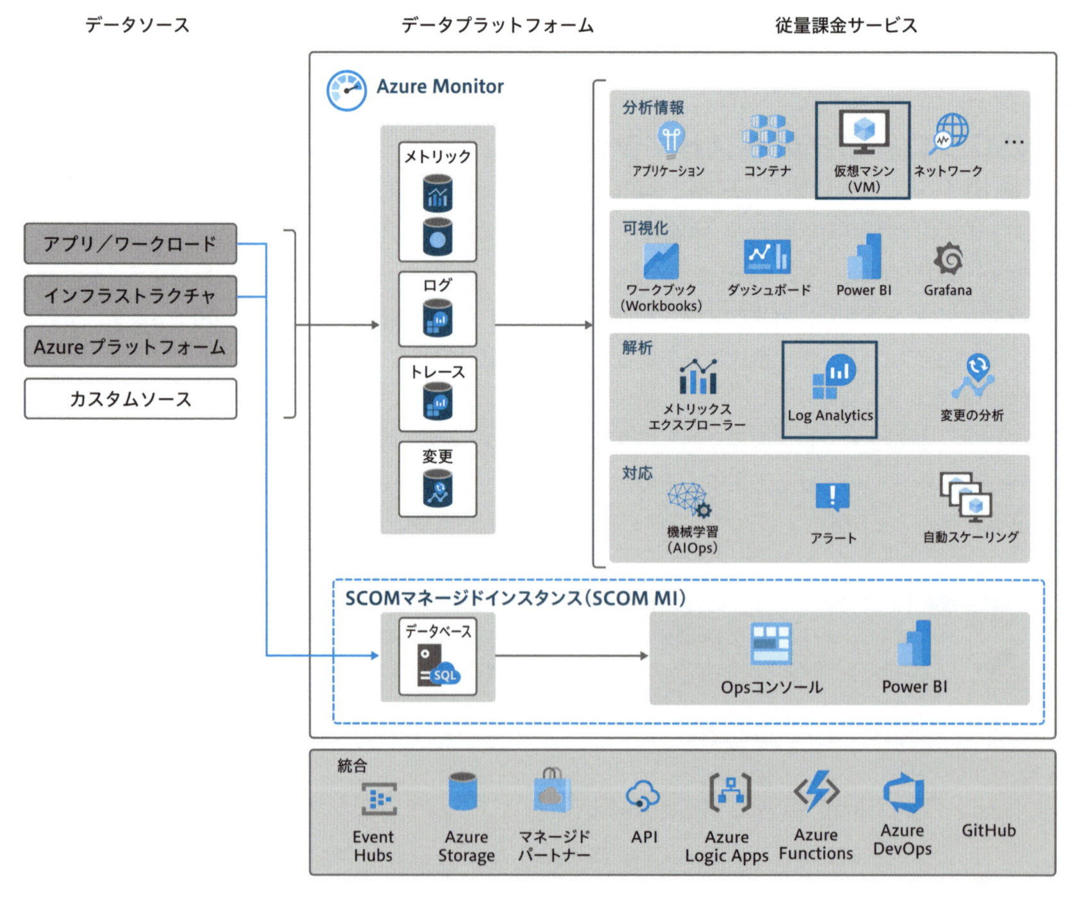

図10-16　Azure Monitorの全体像

出典 https://learn.microsoft.com/ja-jp/azure/azure-monitor/overview

Log Analytics

Log Analyticsは、Microsoftのサポート部門でも利用している**KQL**（Kusto Query Language）というシンプルかつ高速な検索言語を利用し、収集したログ／メトリックを分析するサービスです。以前は、ネットワーク監視でもLog Analyticsを利用した分析が主流でした。しかし、最近では、このあと解説するNetwork Insightsなど数多くのネットワーク可視化ツールが提供されているため、Network Insightsなどを確認の起点として利用し、より詳細な分析が必要な場合にLog Analyticsを利用する、という使い分けがされています。

Log Analyticsは、以下のデモサイトが提供されています（**図10-17**）。

https://portal.azure.com/#view/Microsoft_OperationsManagementSuite_Workspace/LogsDemo.ReactView

また、サンプルクエリも多く提供されているため、まずは上記URLにアクセスして試すことができます。

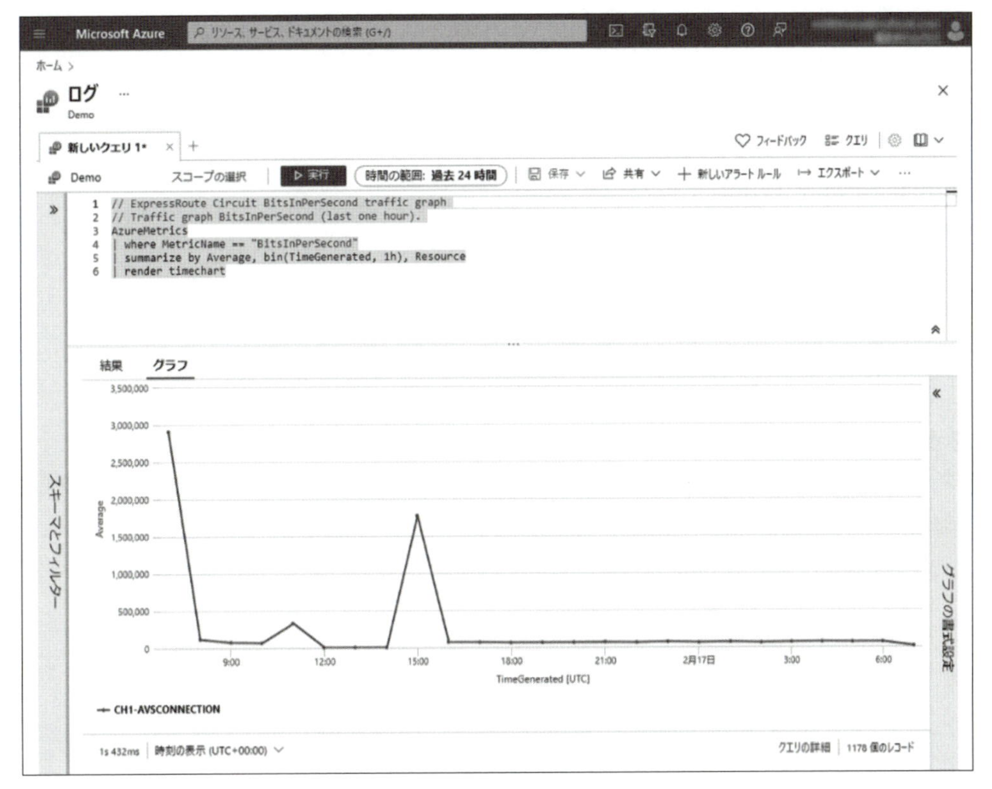

図10-17　Log Analyticsデモサイトの画面

Network Insights

Azure Monitorでは、取得したログ／メトリックをベースに、Microsoftが提供する可視化ツールを利用できます。Network Insightsはその可視化ツールの1つであり、他にもVM InsightsやApplication Insightsなどが提供されています。

Network Insightsでは現在、「ネットワーク正常性」「接続」「トラフィック」の3つの機能が提供されており、以下のリソースの可視化に対応しています。

- Application Gateway
- ExpressRoute
- Azure Firewall
- Private Link
- Azure Load Balancer
- ローカルネットワークゲートウェイ
- ネットワークインターフェイス
- ネットワークセキュリティグループ
- パブリックIPアドレス
- ルートテーブル／ UDR
- Azure Traffic Manager
- Virtual Network（VNet）
- Virtual Network NAT
- Virtual WAN
- ER/VPN Gateway
- 仮想ハブ

■ ネットワーク正常性

「ネットワーク正常性」のタブ（**図10-18**）では、各ネットワークリソース自体が正常に稼働しているかを把握できます[※6]。

※6　リソース正常性は、Azure Resource Healthで利用できるリソースのみで使えます。
・Azure Resource Healthで利用できるリソースの種類と正常性チェック
https://learn.microsoft.com/ja-jp/azure/service-health/resource-health-checks-resource-types

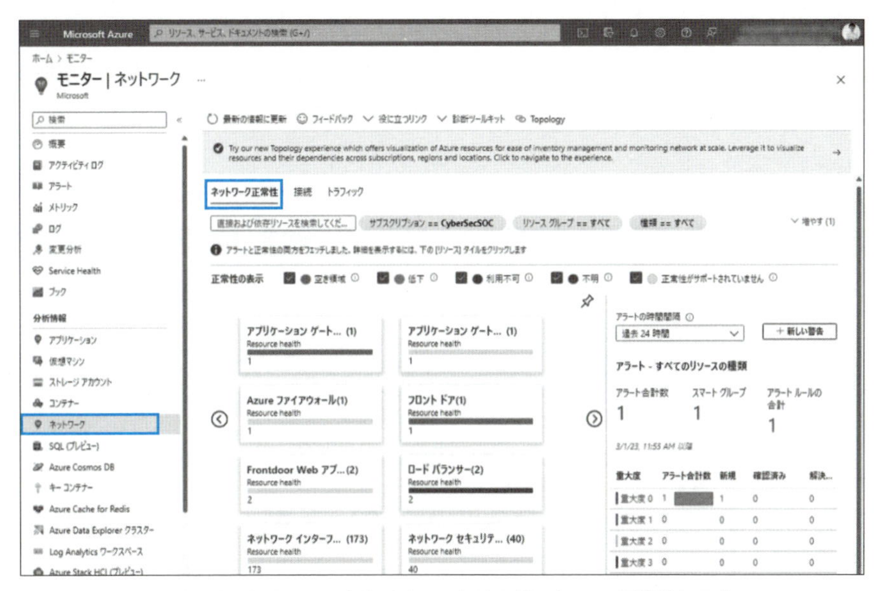

図10-18　Network Insightsにおける「ネットワーク正常性」タブ

また、各リソースを選択すると、収集されたメトリックが視覚的に表示され、Application Gateway、Virtual WAN、およびAzure Load Balancerではリソースがどのように構成されているかを視覚的に把握できます（**図10-19**）。この機能は**リソースビュー**と呼ばれ、resource nameの左側の「クリックして依存関係ビューを表示します」というボタンをクリックすることで確認できます。

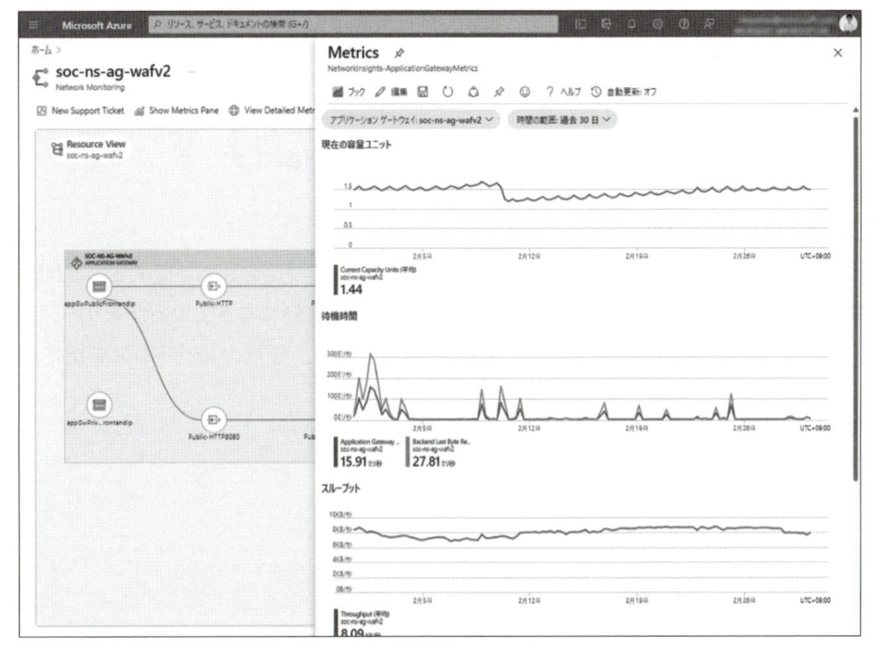

図10-19　Application Gatewayのリソースビュー

10

■ 接続

「接続」のタブ（**図10-20**）では、接続モニター（後述の死活監視機能）のサマリが把握できます。接続モニターはNetwork Watcherの機能であり、事前に接続モニターのセットアップが必要となります。

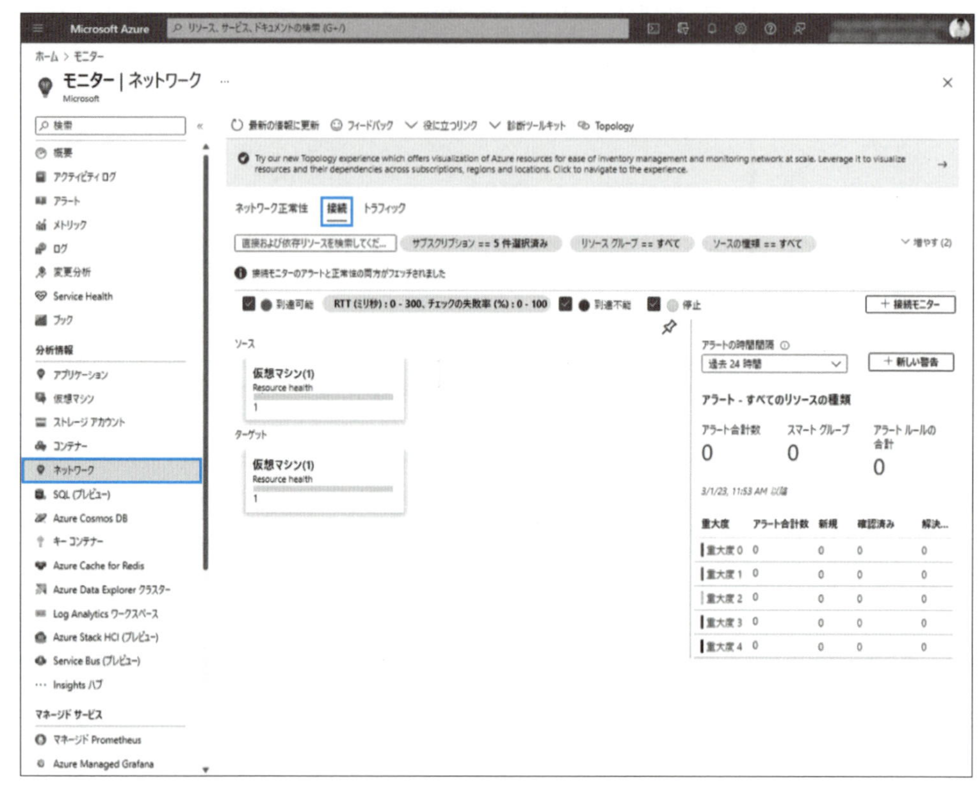

図10-20　Network Insightsにおける「接続」タブ

■ トラフィック

「トラフィック」のタブ（**図10-21**）では、指定したサブスクリプションで提供されるNSGに対して、NSGフローログが有効になっているか、Traffic Analyticsが有効になっているかをリージョンごとにグルーピングされた状態で把握できます。多くのNSGがある場合、任意のIPアドレスを指定して検索できます。

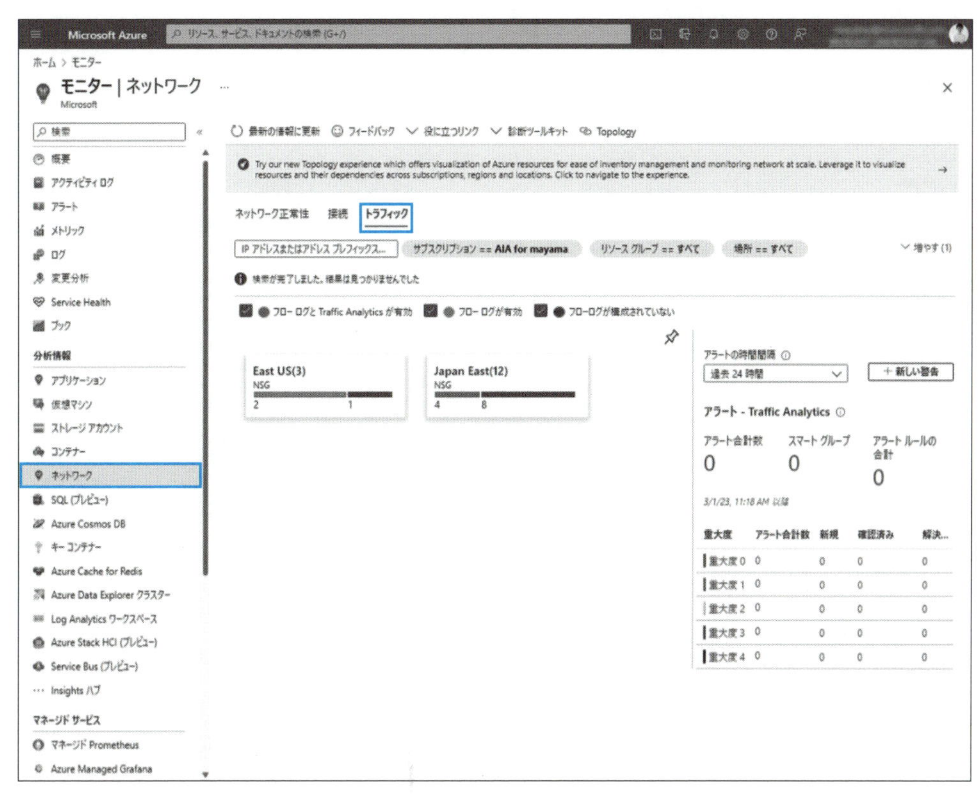

図10-21　Network Insightsにおける「トラフィック」タブ

Network Watcher

Network Watcherは、主にVMなどのIaaS製品のネットワーク監視および診断をするためのサービスで、具体的には以下の機能が提供されます（**図10-22**）。

- **監視**：仮想ネットワーク内のリソース間の関係性や接続状況、待機時間を監視できる※7
- **ネットワーク診断ツール**：トラフィックやルーティングに関する問題の検出できる。また、パケットキャプチャやVPNや接続のトラブルシューティングを実行することも可能
- **メトリック**：ネットワーク関連のリソースがクォータ（制限値）に達しているかどうか、使用状況を確認できる
- **ログ**：NSGを通過するすべてのトラフィックをNSGフローログとして保存できる

※7　監視のカテゴリに含まれる「ネットワークパフォーマンスモニター」は非推奨となり、使用できなくなりました。後継として「接続モニター」というサービスを提供しているため、ネットワークパフォーマンスモニターを利用中の方は、以下のURLを参考に接続モニターへの移行を検討してください。

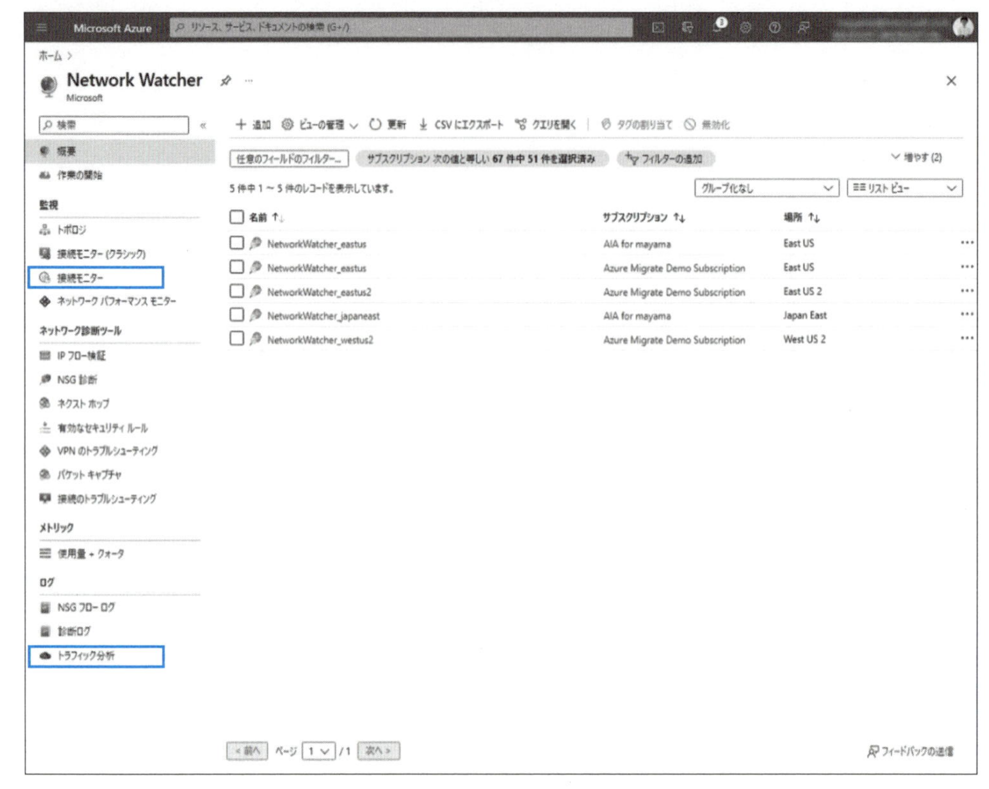

図10-22　Network Watcherの概要

ここでは、監視ツールとして利用される監視のカテゴリに含まれる「接続モニター」とログのカテゴリに含まれる「トラフィック分析」について解説し、ネットワーク診断ツールについては「トラブルシューティング」のセクションで解説します。

- Network Performance Monitorから接続モニターに移行する
  https://learn.microsoft.com/ja-jp/azure/network-watcher/migrate-to-connection-monitor-from-network-performance-monitor

接続モニター

オンプレミス環境で**死活監視**[▶7]を実装することがよくありますが、Azure上では接続モニターを使って死活監視を実現できます。接続モニターではVM間の死活監視だけでなく、オンプレミスなどAzure以外に対しても死活監視ができ、またプロトコルもICMP/HTTP/TCPから選択できます。設定した宛先への到達可能性に加え、RTT p.159 も計測できるため、ネットワークレイテンシを計測・比較することにも利用できます。

［▶7］死活監視　**ネットワークデバイスやサーバー、アプリケーションなどのITリソースが正常に稼働しているかどうかを定期的に確認するプロセス。この監視により、システムの稼働状態を把握し、異常が発生した場合に迅速に対応できる。**

接続モニターでは、複数のテストグループを作成でき、テストグループは**図10-23**のようにソース／テスト構成／ターゲットという要素で構成されています[※8]。

- **ソース**：Azureエンドポイント、Azure以外のエンドポイントから選択可能。
- **テスト構成**：プロトコル(ICMP/HTTP/TCP)、テストの頻度(30秒から30分)、成功のしきい値(チェックの失敗率、RTT時間)を指定。
- **ターゲット**：Azureエンドポイント、Azure以外のエンドポイント、外部アドレス[※9]から選択可能

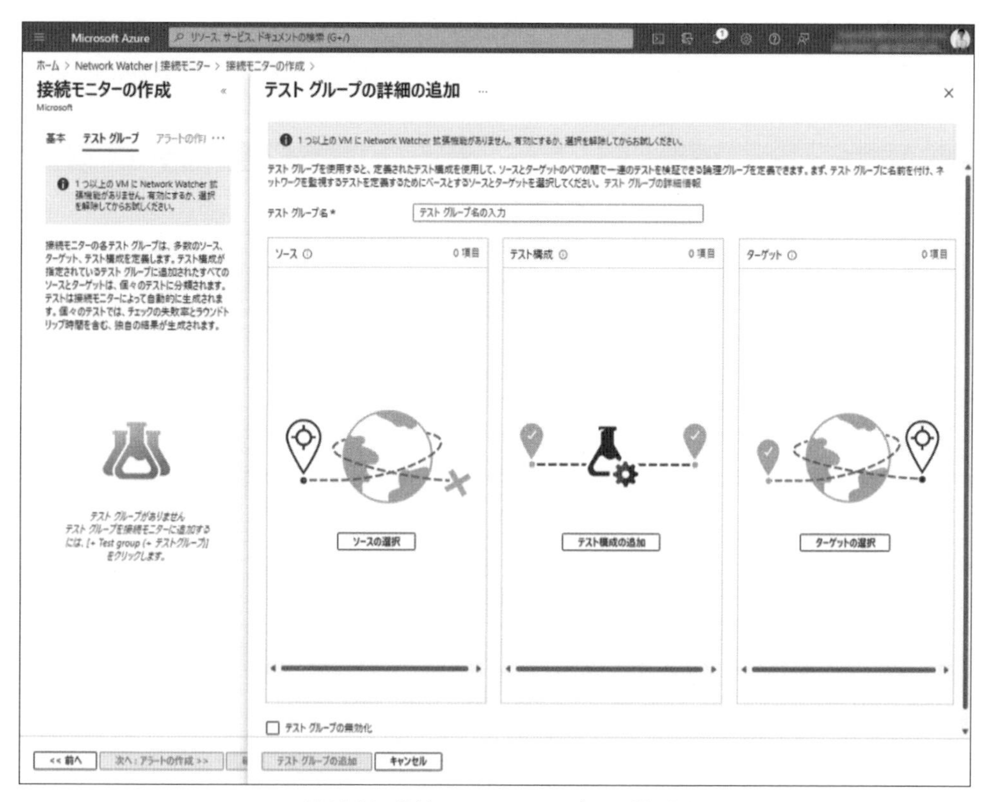

図10-23　接続モニターのテストグループ作成画面

※8　ソースとターゲットのVMまたはVMSSには、Network Watcherの拡張機能がインストールされている必要がありますが、AzureおよびAzure以外のエンドポイントの拡張機能の自動有効化をサポートするようになりました。これにより、接続モニターの作成中に監視ソリューションを手動でインストールする必要がなくなります。

※9　外部アドレスは、Microsoft 365 URL、Dynamics 365 URL、カスタムURL、Azure VMリソースID、IPv4、IPv6、FQDN、または任意のドメイン名を使用できます。

Traffic Analytics

Traffic Analytics（トラフィック分析）を使うことで、取得したNSGフローログからトラフィックの状況を視覚化できます（**図10-24**）。現在、Traffic Analyticsで提供されている機能を以下にまとめます[※10]。

- **トラフィックの視覚化**：総トラフィック量（受信／送信）の把握
- **環境**：利用しているAzureリージョン／仮想ネットワーク／サブネットの把握、地域ごとのトラフィック分布の視覚化
- **トラフィックの分布**：許可／ブロックされたトラフィックの把握
- **NSGヒット**：NSG/NSGルールヒット数の傾向把握
- **アプリケーションポート**：最も使用されているアプリケーションプロトコルの特定、またそのアプリケーションプロトコルを最も使用しているホストの調査
- **ネットワークアプリケーションリソース**：VPN Gateway、ER Gatewayの容量使用率の傾向把握

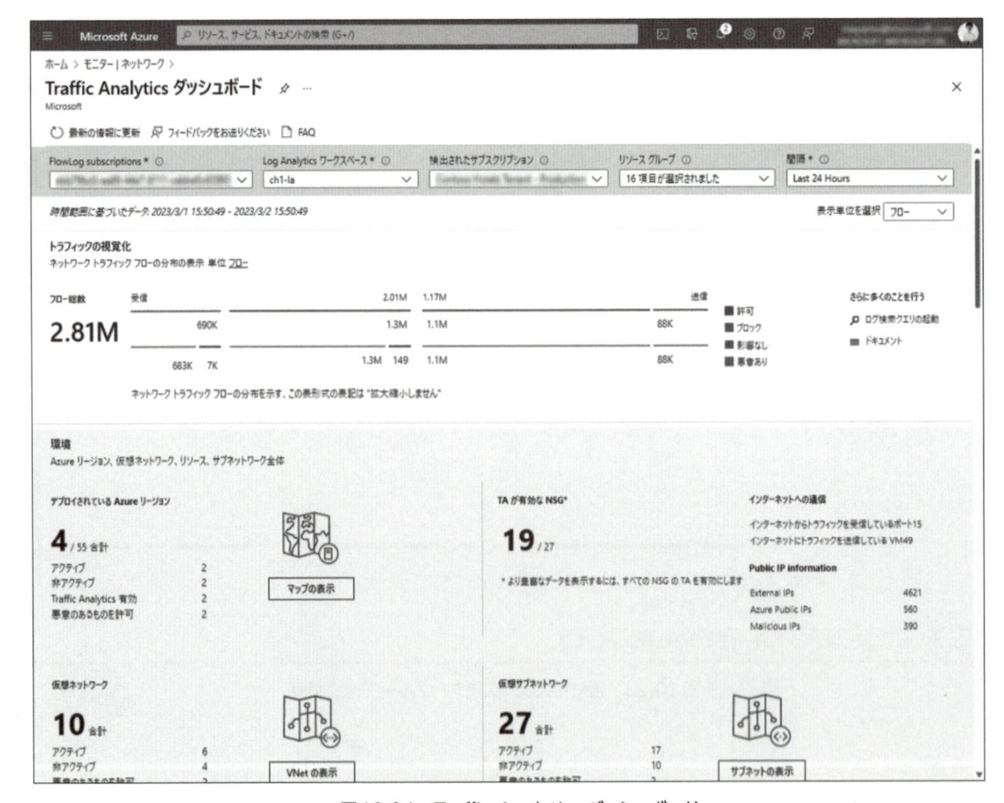

図10-24　Traffic Analyticsダッシュボード

※10　Traffic Analyticsのその他の使用シナリオについては、以下を参照してください。
・Traffic Analyticsの使用シナリオ
https://learn.microsoft.com/ja-jp/azure/network-watcher/usage-scenarios-traffic-analytics

Traffic Analyticsを利用するには、Network WatcherおよびNSGフローログが有効になっている必要があり、NSGフローログを有効化する際に、Traffic Analyticsを有効にするように設定できます。設定完了後、十分なデータが蓄積するまでに時間を要することがあるため、注意してください。

その他のツール

ネットワークに特化したツールではありませんが、Azure自体を監視するために有効なツールを紹介します。

Azure Service Health

Azure Service Healthでは、Azureサービスやリージョンの正常性に関して、サービスに影響するイベント、計画メンテナンスなど、現在および将来的な情報を提供するツールです（**図10-25**）。

また、障害が発生した場合に、最終的な調査結果をRCA [▶8] として、Azure Service Healthから入手できます。

[▶8] RCA　Root Cause Analysis（根本原因分析）の略語で、Azureサービスで問題が発生した際、その問題の根本的な原因を特定し、再発を防止するための分析プロセスを指す。RCAは特定のフォーマットに基づき記載され、問題が発生した原因や再発防止策などが含まれる。過去のRCAは以下のサイトから確認できる。
https://azure.status.microsoft/ja-jp/status/history/

図10-25　Azure Service Healthの概要

Azure Resource Graph

Azure Resource Graphは、KQLを使ってAzureリソースを迅速かつ大規模に検索するツールです。たとえば、**図10-26**のようにサブスクリプションごとに利用しているIPアドレスの数を集計しグラフ化できます。多くのサンプルが用意されており、かつ、無料のサービスなので、試してみてください。

出典 カテゴリ別のAzure Resource Graphサンプルクエリ

https://learn.microsoft.com/ja-jp/previous-versions/azure/governance/resource-graph/samples/samples-by-category

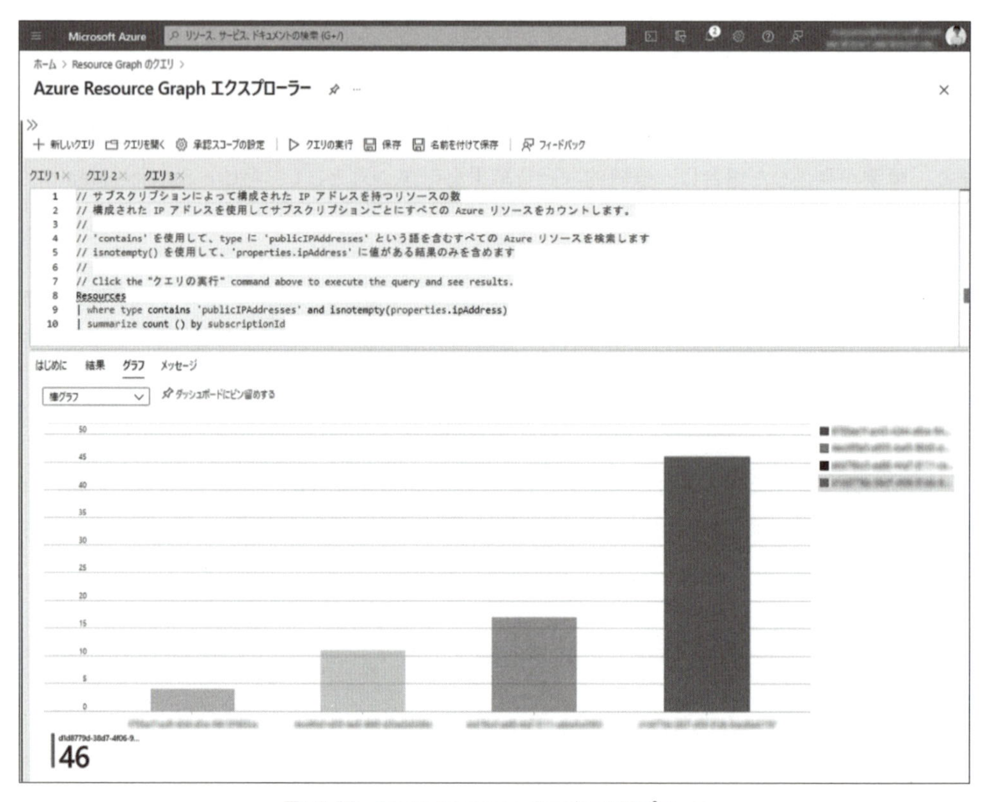

図10-26 Azure Resource Graphエクスプローラー

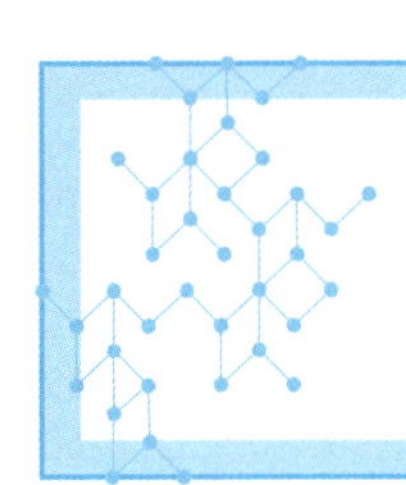

索引

き

く

け

こ

さ

し

す

せ

そ

た

へ

ほ

ま

み

め

も

ゆ

よ

ら

り

る

れ

ろ

わ

著者紹介

◯ 山本 学（やまもと まなぶ）

日本マイクロソフト株式会社 インフラテクノロジー スペシャリスト。大学卒業後、大手通信キャリアへ入社。ネットワークエンジニアとして日本国内の次世代ネットワークの構築・運用や東日本大震災の復興工事などに従事。その後、プロジェクトマネージャーとして自治体向け基幹システム導入を経験後、2019年1月に日本マイクロソフトへ入社。現在はAzureのインフラ領域における技術支援を担当。

◯ 山田 浩也（やまだ ひろなり）

日本マイクロソフト株式会社 インフラテクノロジー スペシャリスト。大学卒業後、某通信キャリアに入社し、ネットワークエンジニアとして従事。国内製造業、小売業のWANやDC LANの提案、設計、運用に従事する。その後、運用保守のアウトソースサービスの企画、開発に携わり、運用監視のサーバーなどの設計、構築を行なう。その中でコンテナと出会い、パブリッククラウドのコンテナサービスに関した仕事をしたくなり、縁があって日本マイクロソフトへ入社。

◯ 山口 順也（やまぐち じゅんや）

日本マイクロソフト株式会社 クラウドソリューションアーキテクト。大学院卒業後、日本マイクロソフト株式会社に技術サポートエンジニアとして新卒入社、エンタープライズ向けのAzureネットワークの製品サポートに従事する。2022年に社内異動し、Azureインフラ部門のクラウドソリューションアーキテクトとして活動を開始。ネットワークアーキテクチャ設計や仮想デスクトップ基盤の支援等を担当する。著書に『Azure定番システム設計・実装・運用ガイド 改訂新版』（日経BP社）。

装丁/本文デザイン　轟木 亜紀子（株式会社トップスタジオ）
ＤＴＰ　木内 利明（株式会社トップスタジオ）
編　集　コンピューターテクノロジー編集部
校　閲　東京出版サービスセンター

■商品に関する問い合わせ先
このたびは弊社商品をご購入いただきありがとうございます。本書の内容などに関するお問い合わせは、下記のURLまたは二次元バーコードにある問い合わせフォームからお送りください。

https://book.impress.co.jp/info/

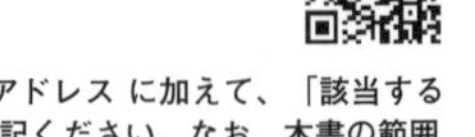

上記フォームがご利用いただけない場合のメールでの問い合わせ先
info@impress.co.jp
※お問い合わせの際は、書名、ISBN、お名前、お電話番号、メールアドレス に加えて、「該当するページ」と「具体的なご質問内容」「お使いの動作環境」を必ずご明記ください。なお、本書の範囲を超えるご質問にはお答えできないのでご了承ください。

- 電話やFAX でのご質問には対応しておりません。また、封書でのお問い合わせは回答までに日数をいただく場合があります。あらかじめご了承ください。
- インプレスブックスの本書情報ページ https://book.impress.co.jp/books/1122101083 では、本書のサポート情報や正誤表・訂正情報などを提供しています。あわせてご確認ください。
- 本書の奥付に記載されている初版発行日から3 年が経過した場合、もしくは本書で紹介している製品やサービスについて提供会社によるサポートが終了した場合はご質問にお答えできない場合があります。

■落丁・乱丁本などの問い合わせ先
FAX　03-6837-5023
service@impress.co.jp
※古書店で購入された商品はお取り替えできません。

Azureネットワーク設計・構築入門
基礎知識から利用シナリオ、設計・運用ベストプラクティスまで

2024年 9月11日　初版発行

著　者　山本 学（やまもと まなぶ）
　　　　山田 浩也（やまだ ひろなり）
　　　　山口 順也（やまぐち じゅんや）

発行人　高橋隆志
編集人　藤井貴志
発行所　株式会社インプレス
〒101-0051　東京都千代田区神田神保町一丁目105番地
ホームページ　https://book.impress.co.jp/

印刷所　株式会社暁印刷

ISBN978-4-295-02010-3 C3055

Printed in Japan